高等职业教育机电类专业“十三五”规划教材

电子技术基础

（第二版）

张　钢　主　编
李晓洁　张岱威　毛　瑞　副主编
毛晓波　主　审

U0310869

中国铁道出版社有限公司
CHINA RAILWAY PUBLISHING HOUSE CO., LTD.

内容简介

本书内容包括半导体器件基础、交流放大电路、模拟集成电路、信号发生电路、直流稳压电源、数字逻辑基础、组合逻辑电路、触发器与时序逻辑电路、脉冲波形的产生与变换、数-模与模-数转换器、典型例题解析等。

本书在编写上以培养学生的实际能力为主线，内容上注重实用性和针对性，降低理论分析的难度和深度，理论知识以“必需”和“够用”为尺度，理论和实践结合密切，内容深入浅出，语言通俗易懂，可读性、实用性强。

本书适用于高等职业院校、独立学院、成人高校的机电类、计算机类、自控类、电气类、能源类、制造类和电子类等专业作为电子技术课程的教材，也适用于相关人员作为培训教材和工作参考书。

图书在版编目（CIP）数据

电子技术基础/张钢主编.—2版.—北京：
中国铁道出版社,2017.1(2021.1重印)
高等职业教育机电类专业“十三五”规划教材
ISBN 978-7-113-22682-4

Ⅰ.①电… Ⅱ.①张… Ⅲ.①电子技术—高等职业教育—教材 Ⅳ.①TN01

中国版本图书馆CIP数据核字(2016)第317861号

书　　名：电子技术基础
作　　者：张　钢

策　　划：何红艳　　　　编辑部电话：(010)83552550
责任编辑：何红艳
编辑助理：绳　超
封面设计：付　巍
封面制作：白　雪
责任校对：王　杰
责任印制：樊启鹏

出版发行：中国铁道出版社有限公司(100054,北京市西城区右安门西街8号)
网　　址：http://www.tdpress.com/51eds/
印　　刷：国铁印务有限公司
版　　次：2013年1月第1版　2017年1月第2版　2021年1月第3次印刷
开　　本：787mm×1092mm　1/16　印张：18.5　字数：447
书　　号：ISBN 978-7-113-22682-4
定　　价：42.00元

前言（第二版）

FOREWORD

《电子技术基础》（第二版）是在第一版的基础上，根据电子技术的发展状况，并广泛吸纳多所院校广大师生的意见，总结提高、修改增删而成的。力求有较宽的覆盖面以容纳较大的信息量，力求合理的理论深度，并淡化原理的分析，强化实际案例的运用。

《电子技术基础》（第二版）除继续保持第一版的特点外，在修订时，本着"必需"和"够用"的原则，制订了"保证基础，精选内容，浅显易懂，突出应用，体现先进，优化体系，联系实际，利于教学，引导创新"的修订方针。本书在体例上，继承传统，适时升级，图文并茂，汲取中西；在内容上，精选了传统电子技术中经典及有应用价值的内容，引入了现代新型器件、新技术及新的分析设计方法，以集成电路为主线，介绍各种常用的模拟放大组件、组合和时序逻辑电路的功能和使用方法，以及一些实用电子电路的知识。修订中增加了各种典型项目的设计和应用实例，使理论与实践应用相结合，利于拓宽读者的应用思路，培养创新思维。考虑到课后作业及复习巩固的需要，增加了第11章典型例题解析，使读者开阔解题的思路和方法，亦有益于考查。本书原则上侧重理论学习，实践内容通常由学校配合教材另行安排，这一模式依然比较适合当前的教学情况。编者也看到国外一些优秀教材的优点，就是图文并茂，容易看懂，这些特点都值得我们借鉴。当然，也考虑到近年招生生源的变化特点，修订指向更加浅入深出，适合自学，不刻意追求"偏、涩、难"的内容叙述。

本书改版主要工作如下：

① 调整、修改了第1章至第9章的少量内容，语言方面充分利用图、表等形象化的语言，使问题的叙述更为简练、直观、清晰。

② 增加了电工基础基本定律的复习强化。实践证明，掌握它们对学好本课程至关重要。删去了第3章的部分内容；精简升级了一些图片。

③ 增加了第11章典型例题解析的内容，便于开阔读者解题的思路和方法并拓展知识。

④ 调整并加强了部分习题内容；引入工程实例，题型丰富，可布置性更好。

本书由张钢任主编，李晓洁、张岱威、毛瑞任副主编，李建坡参与了本书的编写。具体分工如下：张钢修订了第2、3、6、8章；李晓洁修订了第4章，编写了第11章；张岱威修订了第1、9章；毛瑞修订了第7章；李建坡修订了第5章。

本书由毛晓波教授主审，他对书稿进行了认真详尽的审阅，提出了许多很有价值的宝贵意见，在此表示深切的谢意。

本书适用于高职高专院校多种专业"电子技术"课程的教学，如机电类、电气类、电力类、计算机类和信息类专业等。也可供从事电子技术工作的工程技术人员参考。本书的部分内容可作为选讲内容，教师可视专业的学时多少适当取舍。参考学时为50~75学时。

本书内容将制作成用于多媒体教学的PowerPoint课件并将免费提供给采用本书作为教材的高职高专院校使用。如有需要可登录中国铁道出版社教学资源网（http://www.51eds.com）获取。

由于编者水平有限，书中疏漏和不妥之处在所难免，恳请使用本书的师生和读者不吝批评指正，以便不断完善与提高。

编　者

2016年12月

FOREWORD

前言（第一版）

现代电子技术的发展推动着一个新的时代的到来，各种电子设备与信息技术应用在各个领域中均扮演着重要的角色，发挥着越来越重要的作用。掌握电子技术的基础知识成为工科各专业学生的基本技能要求，因此高职高专院校工科专业普遍开设了“电子技术”“电子技术基础”“电工学”或类似课程。

本书是根据教育部制定的高等职业教育培养目标和规定的有关文件精神及电子技术课程教学的基本要求，并结合现代电子技术系列课程的建设实际编写的。编写时既考虑到要使学生获得必要的电子技术基础理论、基本知识和基本技能，也充分考虑到专科生的实际情况，在编写过程中认真贯彻理论以够用为度，加强应用，提高分析和解决实际问题的能力的原则。

本书从教材题材特色上看，属于传统改良型，继承传统，推陈出新，贴近时代，汲取中西，有所变革。本书主要讲理论知识，实践环节一般由各校结合设备自备讲义，这样分开比较符合多数院校的现状。在编写上以培养学生的实际能力为主线，内容上注重实用性和针对性，降低理论分析的难度和深度，理论知识以“必需”和“够用”为尺度，编排时适当削减分立元件，重点突出集成电路的特性和应用；内容既适合于传统的课堂教学，又适合于学生预习、复习和自学。各章在基本概念、原理和分析方法的阐述上力求通俗易懂，突出了高职高专的实用性和综合性的特色，既确保了服务于核心知识的学习，又汲取了相关领域的发展趋势及应用现状。尤其通过学以致用可提高学生的学习兴趣以及自主学习的能力。为顺应培养创新型人才的要求，编写者将长期在教学中取得的教学成果和积累的经验融入教材编写之中。

本书内容包括半导体器件基础、交流放大电路、模拟集成电路、信号产生电路、直流稳压电源、数字与逻辑基础、组合逻辑电路、触发器与时序逻辑电路、脉冲波形的产生与变换、数-模与模-数转换器等。建议教学学时为 50 ~ 75 学时。各专业可根据需要对内容酌情取舍。

归纳本书的主要特色是：

1. 注重理论与工程实践相结合，重在会用。各章列举大量应用实例，以加深学生对各个单元电路功能的理解。

2. 以集成电路为主，分立元件为辅。各章相应介绍常用的最新模拟集成电路和新的常用电子器件，重在对电路的认知和应用能力的培养。对某些重点教学内容，会在不同的章节不同的情境下用不同的方式加以呈现。

3. 讲授内容与习题融为一体。每章习题中设置填空题、选择题、判断题、分析题与计算题，习题尽量贴近基本应用，不刻意设计难题偏题，便于帮助学生树立信心，总结内容，有所收获，避免所有知识难以学懂的情形。

4. 讲解详尽，深入浅出，便于初学者阅读，也适用于自学。避免了保内容减叙述的弊病。

本书适用于高等专科学校、高等职业院校、独立学院、成人高校的机电类、计算机类、自控类、电气类、能源类、制造类和电子类等专业作为电子技术课程的教材，也适用于相关人员作为培训教材和工作参考书。

全书共分10章。张钢编写第2、3、6、7、8章，任万强编写第1、9章，赵峥编写第5、10章，李晓洁编写第4章及附录。全书由张钢任主编，负责全书的组织、修改和定稿工作。

本教材由毛晓波教授主审，他对书稿进行了认真详尽的审阅，提出了许多很宝贵意见，在此表示深切的谢意。

在本书的编写过程中得到了各方面的大力支持，并参考了一些相关资料（详见本书后面的参考文献），在此向相关人员及有关作者表示衷心的感谢，同时感谢中国铁道出版社同志大力支持和扶助。

为了方便教师教学，本书还配有电子教案，有此需要的教师可登录中国铁道出版社天勤教学网（http://www.51eds.com）免费下载。

由于编者水平有限，书中难免存在疏漏和不妥之处，敬请广大读者批评和指正。

编　者

2012年10月

目　录

CONTENTS

第1章 半导体器件基础

学习目标

- 掌握半导体的基本知识和半导体二极管、三极管等器件的结构、工作原理、特性曲线、主要参数、符号及性能等；熟悉常用电子器件的基本知识。
- 学会合理地选用器件型号。

电子电路中最常用的半导体器件是用半导体材料制成的电子器件。也是构成集成电路的基本单元。常用的半导体器件有二极管、三极管、特殊晶体管等。

1.1 半导体基本知识

导电能力介于导体与绝缘体之间的物质称为半导体。自然界中不同的物质，由于其原子结构不同，因而导电能力也各不相同。半导体的电阻率为 $10^{-3} \sim 10^{9}\Omega \cdot cm$。根据导电能力的强弱，可以把物质分成导体、半导体和绝缘体。半导体的导电能力介于导体和绝缘体之间，如硅、锗、砷化镓以及金属氧化物和硫化物等都是半导体。

1.1.1 本征半导体

本征半导体是化学成分纯净、物理结构完整的半导体。半导体在物理结构上有多晶体和单晶体两种形态，制造半导体器件必须使用单晶体，即整个一块半导体材料是由一个晶体组成的。制造半导体器件的半导体材料纯度要求很高，要达到99.999 9%以上。

1. 结构特点

自然界的一切物质都是由原子组成的，而原子是由带正电荷的原子核和绕核运动着的、与核电荷数相等的电子所组成的。电子分层围绕原子核做不停的旋转运动，其中内层的电子受原子核的吸引力较大，外层电子受原子核的吸引力较小，外层电子的自由度较大，因此外层的电子如果获得外来的能量，就容易挣脱原子核的束缚而成为**自由电子**。把最外层的电子称为**价电子**。在电子器件中，用得最多的半导体材料是硅和锗，它们的原子结构如图1－1所示。硅和锗都是四价元素，其原子最外层轨道上都具有4个价电子。

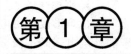

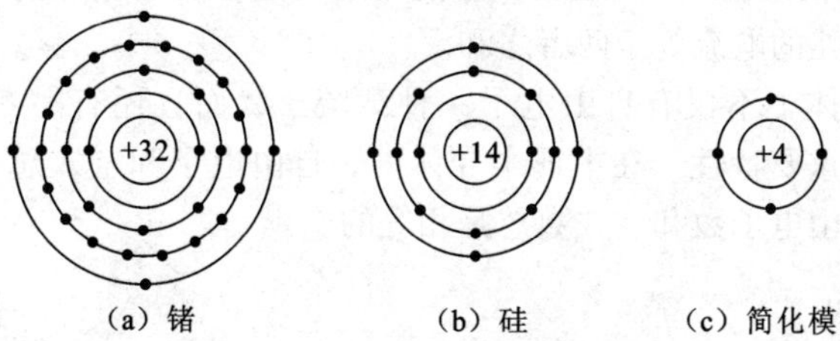

（a）锗　（b）硅　（c）简化模型

图1－1　原子结构示意图

价电子的数目越接近8个，物质的化学结构也就越稳固。对于金属材料，其价电子一般较少，因此金属中的价电子很容易变成自由电子，所以金属是良导体；对于单质绝缘体，其价电子数一般多于4个，因此绝缘体中的价电子均被原子核牢牢地吸引着，很难形成自由电子，所以不能导电；对于半导体来说，原子的价电子数为4个，其原子的外层电子既不像金属那样容易挣脱出来，也不像绝缘体那样被原子核紧紧束缚住，因此半导体的导电性能就比较特殊，具备可变性。

当硅或锗被制成单晶体时，其原子有序排列，每个原子最外层的4个价电子不仅受自身原子核的束缚，而且还与周围相邻的4个原子发生联系。这时，每两个相邻原子之间都共用一对电子，使相邻两原子紧密地连在一起，形成**共价键结构**，如图1-2所示。

2. 半导体的导电机理

当本征半导体的温度升高或受到光线照射时，其共价键中的价电子就从外界获得能量。由于半导体原子外层的电子不像绝缘体那样被原子核紧紧地束缚着，因此就有少量的价电子在获得足够能量后，挣脱原子核的束缚而成为**自由电子**，同时在原来共价键上留下了相同数量的空位，这种现象称为**本征激发**。在本征半导体中，每激发出来一个自由电子，就必然在共价键上留下一个空位，把该空位称为**空穴**，由于空穴失去电子，因而带正电。可见自由电子和空穴总是成对出现的，称之为**电子-空穴**对，如图1-3所示。

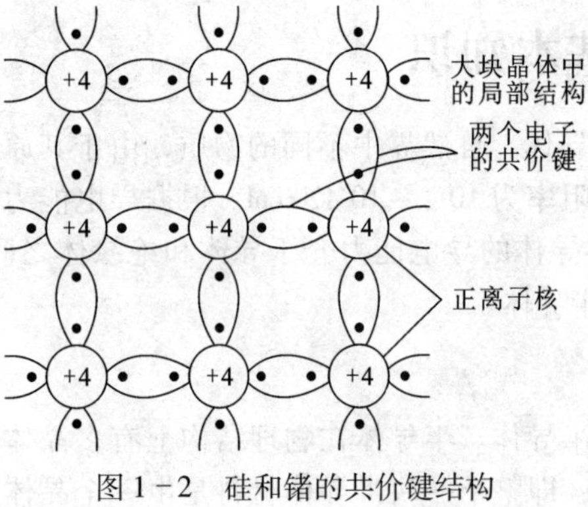

图1-2　硅和锗的共价键结构

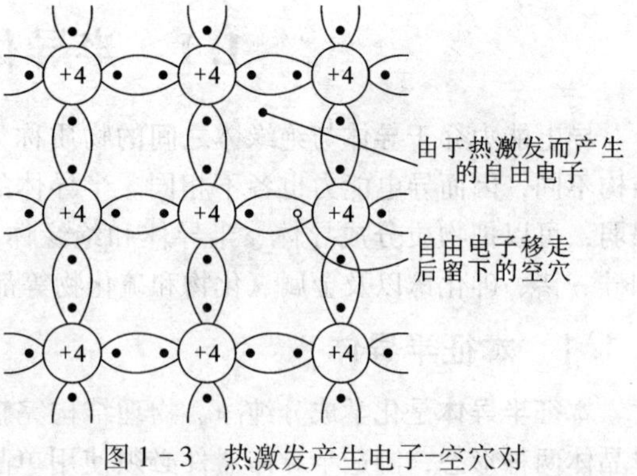

图1-3　热激发产生电子-空穴对

在产生电子-空穴对的同时，有的自由电子在杂乱的热运动中又会不断地与空穴相遇，重新结合，使电子-空穴对消失，这称为**复合**。在一定温度下**载流子**的产生过程和复合过程是相对平衡的，载流子的浓度是一定的。在常温下，本征半导体受热激发所产生的自由电子和空穴数量很少，同时本征半导体的导电能力远小于导体的导电能力，导电能力很差。温度越高，所产生的电子-空穴对也越多，半导体的导电能力也就越强。

在外电场的作用下，一方面自由电子产生定向移动，形成**电子电流**；另一方面价电子也按一定方向依次填补空穴，即空穴流在键位上产生移动，形成**空穴电流**。

由于电子和空穴所带电荷的极性相反，它们的运动方向也是相反的，因此形成的电流方向是一致的，流过外电路的电流等于两者之和。

综上所述，在半导体中不仅有自由电子一种载流子，而且还有另一种载流子——**空穴**。这是半导体导电的一个重要特性。在本征半导体内，自由电子和空穴总是成对出现的，任何时候本征半导体中的自由电子数和空穴数总是相等的。

1.1.2　杂质半导体

本征半导体中虽然存在两种载流子，但因本征半导体内载流子的浓度很低，所以导电能力很差。在本征半导体中，人为有控制地掺入某种**微量杂质**，即可大大改变它的导电性能。掺入的杂质主要是三价或五价元素。掺入杂质的本征半导体称为**杂质半导体**。按照掺入杂质的不同，可获得 N 型和 P 型两种掺杂半导体。

1. P 型半导体

在本征半导体（硅或锗的晶体）中掺入三价元素杂质，如硼、镓、铟等，因杂质原子的最外层只有 3 个价电子，它与周围硅（锗）原子组成共价键时，缺少一个电子，于是在晶体中便产生一个空位。当相邻共价键上的电子受到热振动或在其他激发条件下获得能量时，就有可能填补这个空位，使硼原子成为不能移动的负离子，而原来硅原子的共价键则因缺少一个电子，形成空穴，如图 1－4（a）所示。

这样，掺入硼杂质的硅半导体中就具有数量相当的空穴，空穴浓度远大于电子浓度，这种半导体主要靠空穴导电，称为 P **型半导体**。

掺入的三价杂质原子，因在硅晶体中接受电子，故称为**受主杂质**。受主杂质都变成了负离子，它们被固定在晶格中不能移动，也不参与导电，如图 1－4（b）所示。此外，在 P 型半导体中由于热运动还产生少量的电子–空穴对。总之，在 P 型半导体中，不但有数量很多的空穴，而且还有少量的自由电子存在，空穴是**多数载流子**，自由电子是**少数载流子**。

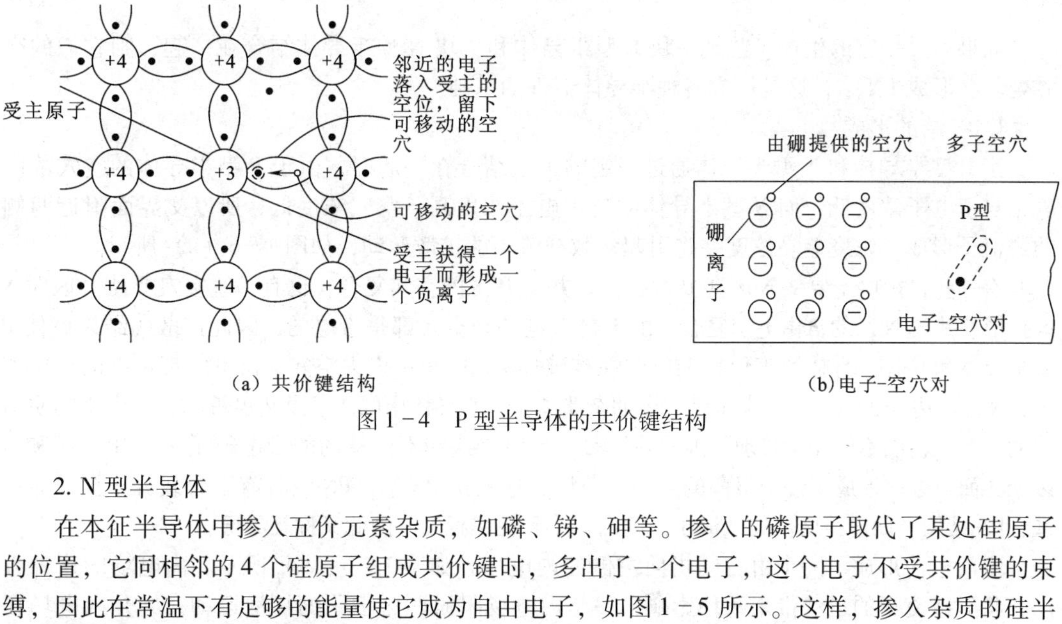

（a）共价键结构　　（b）电子–空穴对

图 1－4　P 型半导体的共价键结构

2. N 型半导体

在本征半导体中掺入五价元素杂质，如磷、锑、砷等。掺入的磷原子取代了某处硅原子的位置，它同相邻的 4 个硅原子组成共价键时，多出了一个电子，这个电子不受共价键的束缚，因此在常温下有足够的能量使它成为自由电子，如图 1－5 所示。这样，掺入杂质的硅半导体就具有相当数量的自由电子，且自由电子的浓度远大于空穴的浓度。显然，这种掺杂半导体主要靠电子导电，称为 **N 型半导体**。

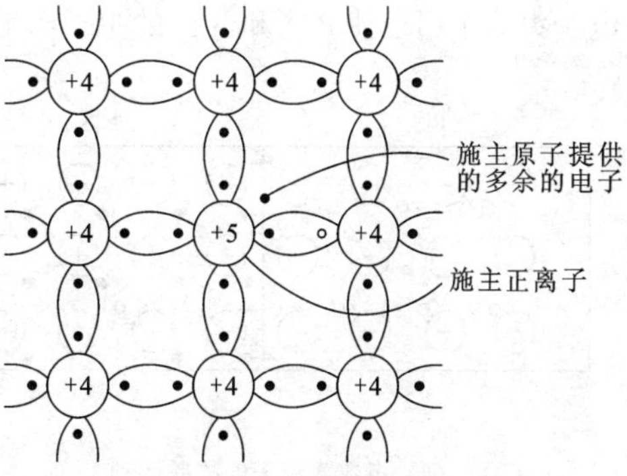

图 1－5　N 型半导体的共价键结构

由于掺入的五价杂质原子可提供自由电子，故称为**施主杂质**。每个施主原子给出一个自由电子后都带上一个正电荷，因此杂质原子都变成正离子，它们被固定在晶格中不能移动，也不参与导电。

此外，在 N 型半导体中热运动也会产生少量的电子–空穴对。总之，在 N 型半导体中，不但有数量很多的自由电子，而且也有少量的空穴存在，自由电子是**多数载流子**，空穴是**少数载流子**。

必须指出，虽然N型半导体中有大量带负电的自由电子，P型半导体中有大量带正电的空穴，但是由于带有相反极性电荷的杂质离子的平衡作用，无论N型半导体还是P型半导体，对外表现都是电中性的。

3. 半导体的其他主要特性

（1）热敏性。半导体对温度很敏感。例如纯锗，温度每升高10 ℃，它的电阻率就会减小到原来的一半。由于半导体的电阻对温度变化的反应灵敏，而且大都具有负的电阻温度系数，所以就把它制成了各种自动控制装置中常用的热敏电阻传感器和能迅速测量物体温度变化的半导体点温计等。

（2）光敏性。与金属不同，半导体对光和其他射线都很敏感。例如，一种硫化镉半导体材料，在没有光照射时，电阻高达几十兆欧；受到光照射时，电阻可降到几十千欧，两者相差上千倍。

利用半导体的这种光敏特性可以制成光敏电阻器、光电二极管、光电三极管及太阳能电池等。

1.1.3 PN结及其特性

单纯的P型或N型半导体仅仅是导电能力增强了，但还不具备半导体器件所要求的各种特性。

如果通过一定的生产工艺把一块P型半导体和一块N型半导体结合在一起，则它们的交界处就会形成PN结，这是构成各种半导体器件的基础。

1. PN结的形成

当P型半导体和N型半导体通过一定的工艺结合在一起时，由于P型半导体的空穴浓度高，自由电子浓度低，而N型半导体的自由电子浓度高，空穴浓度低，所以交界面附近两侧的载流子形成了浓度差。浓度差将引起多数载流子的扩散运动，如图1-6（a）所示。

有一些自由电子要从N区向P区扩散，并与P区的空穴复合；也有一些空穴要从P区向N区扩散，并与N区的自由电子复合。由于自由电子和空穴都是带电的，因此扩散的结果就使P型半导体和N型半导体原来保持的电中性被破坏。P区一边失去空穴，留下了带负电的杂质离子；N区一边失去电子，留下了带正电的杂质离子。半导体中的离子虽然也带电，但由于物质结构的关系，它们不能任意移动，因此并不参与导电。这些不能移动的带电粒子集中在P区和N区交界面附近，形成了一个很薄的空间电荷区，这就是PN结。PN结具有阻碍载流子扩散的特性，PN结的空间电荷区内的载流子浓度已减小到耗尽程度，因此又称**耗尽层**。

空间电荷形成了一个由右侧指向左侧的内电场，如图1-6（b）所示。内电场的这种方向，将对载流子的运动带来两种影响：一是内电场阻碍两区多子的扩散运动；二是内电场在电场力的作用下使P区和N区的少子产生与扩散方向相反的**漂移运动**。

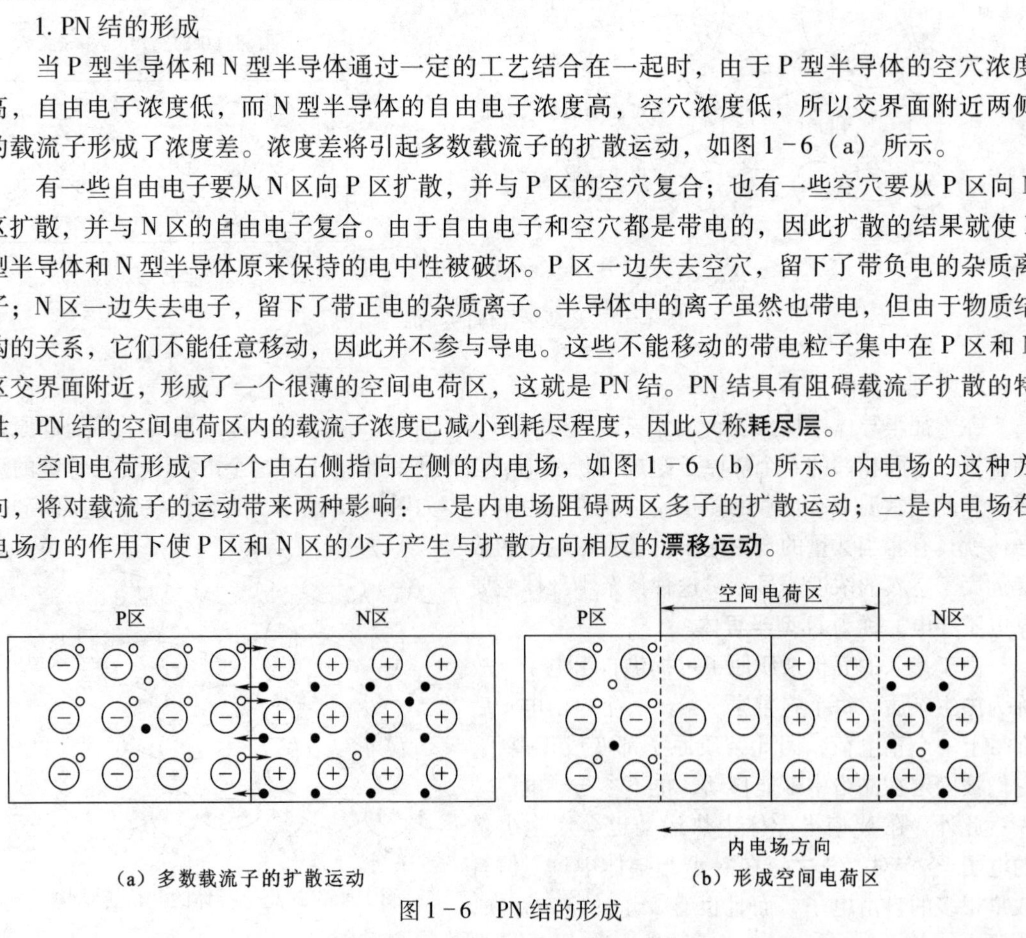

（a）多数载流子的扩散运动　　（b）形成空间电荷区

图1-6　PN结的形成

PN 结形成的最初阶段，载流子的扩散运动占优势，随着空间电荷区的建立，内电场逐渐增强，载流子的漂移运动也在加强，最终漂移运动将与扩散运动达到动态平衡。

2. PN 结的单向导电性

PN 结上外加电压的方式通常称为偏置方式，如果在 PN 结上加**正向**电压（又称正向偏置），即 P 区接电源正极，N 区接电源负极，如图 1－7（a）所示，这时电源产生的外电场与 PN 结的内电场方向相反，内电场被削弱，使空间电荷区变窄，多子的扩散运动大于漂移运动，形成较大的扩散电流，即正向电流。这时 PN 结的正向电阻很低，处于**正向导通**状态。正向导通时，外部电源不断向半导体供给电荷，使电流得以维持。

如果给 PN 结加**反向**电压（又称反向偏置），即 N 区接电源正极，P 区接电源负极，如图 1－7（b）所示，这时外电场与内电场方向一致，增强了内电场，使空间电荷区变宽。

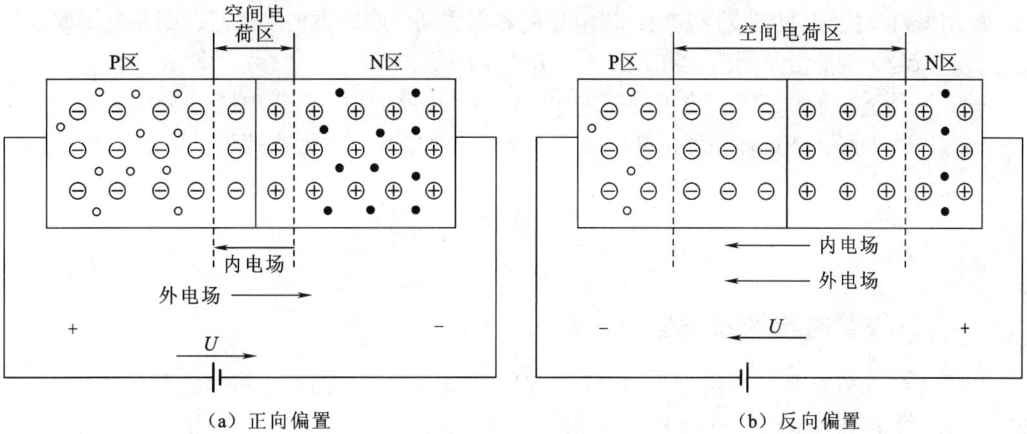

图 1－7　PN 结的单向导电性

空间电荷区变宽削弱了多子的扩散运动，增强了少子的漂移运动，从而形成微小的漂移电流，即反向电流。这时 PN 结呈现的电阻很高，处于**反向截止**状态。反向电流由少子漂移运动形成，少子的数量随温度升高而增多，所以温度对反向电流的影响很大。在一定温度下，反向电流不仅很小，而且基本上不随外加反向电压变化，故称其为**反向饱和电流**。

由此可见，PN 结在正向电压作用下，电阻很小，PN 结导通，电流可顺利流过；而在反向电压作用下，电阻很大，PN 结截止，阻止电流通过。这种现象称为 PN 结的**单向导电性**。

1.1.4　几个电路基本定律

在学习半导体器件之前，有必要简单温习一下在电工基础课程里面讲到的几个基本定律。

1. 欧姆定律

对一段电路，不含电动势，只含有电阻的一段电路，若 U 与 I 参考方向一致，则欧姆定律可表示为

$$U = IR \quad 或 \quad I = \frac{U}{R}$$

换言之，导体中的电流跟导体两端电压成正比，跟导体的电阻成反比。

对一个简单的闭合电路，R_L 为负载电阻，R_0 为电源内阻，E 为电源，若略去导线电阻不计，则此段电路可用欧姆定律表示为

$$I = \frac{E}{R_L + R_0}$$

电阻不同的两导体**并联**：电阻较大的通过的电流较小，通过电流较大的导体电阻小。
电阻不同的两导体**串联**：电阻较大的两端电压较大，两端电压较小的导体电阻较小。

2. 基尔霍夫电流定律（KCL）

在电路中，任何时刻对于任一节点而言，流入节点电流之和等于流出节点电流之和，即

$$\sum I_{\mathrm{I}} = \sum I_{\mathrm{O}}$$

例如，$I_1 + I_2 = I_3$。或描述为，假设进入某节点的电流为正值，离开这节点的电流为负值，则所有涉及这节点的电流的代数和等于零。

3. 基尔霍夫电压定律（KVL）

在电路中，任何时刻沿任一回路绕行一周，回路中所有电压的代数和等于0，即

$$\sum U = 0$$

应用KVL时，先假定绕行方向，当电压的参考方向与绕行方向一致时，则此电压取正号；反之，取负号。例如沿某回路，有 $E_1 - E_2 - I_1R_1 + I_2R_2 = 0$。

KVL原是适用于回路的，也可以把它推广运用于电路的任一开口电路。

还有一些电路基本定理和理论都应复习一下，掌握它们对学好本课程至关重要。

1.2　半导体二极管

1.2.1　二极管的结构和类型

半导体二极管是最简单的半导体器件。它由一个PN结、两根电极引线并用外壳封装而成。从PN结的P区引出的电极称为**正极**（阳极）；从PN结的N区引出的电极称为**负极**（阴极）。

几种常见的二极管的外形如图1-8所示，二极管的图形符号如图1-8（d）所示。

二极管的种类很多，按制造材料分，有硅二极管和锗二极管等；按用途分，有整流二极管、开关二极管等；按结构工艺分，有面接触型、点接触型等。

常用的较大功率的整流二极管为面接触型结构的。它的PN结面积较大，允许流过较大的电流，同时其结电容也大，适应于工作在较低频率（几十千赫以下）。其结构如图1-8（b）所示。

点接触型二极管的结构如图1-8（a）所示。它的PN结面积很小，结电容也小，适用于高频（几百兆赫）、小电流（几十毫安以下）的场合，主要应用于高频检波、小功率整流等。

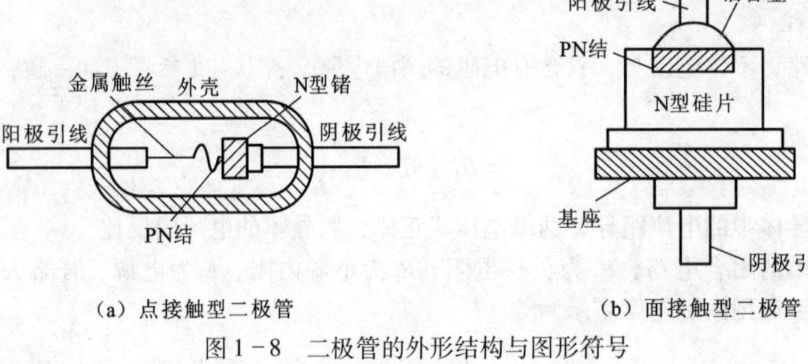

（a）点接触型二极管　　（b）面接触型二极管

图1-8　二极管的外形结构与图形符号

（c）二极管实物　　　　（d）图形符号

图 1-8　二极管的外形结构与图形符号（续）

1.2.2　二极管的伏安特性

1. 二极管的伏安特性

实际的二极管伏安特性如图 1-9 所示。

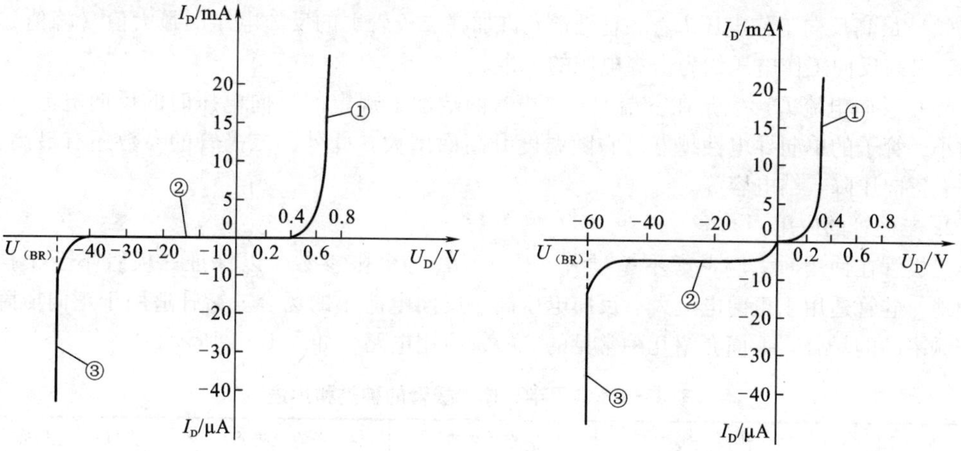

（a）硅二极管2CZ52的特性曲线　　　　（b）锗二极管2AP15的特性曲线

图 1-9　二极管伏安特性曲线

它主要包括三个区域：

（1）正向特性。当外加正向电压时，正极（阳极）接电源正极，二极管将导通，产生正向电流，如图 1-9 中曲线①所示。从图中可以看出：当正向电压数值较小时，由于外电场较小，尚不足以克服内电场对多数载流子扩散运动的阻力，正向电流几乎为零，这个区域称为**死区**。当正向电压增大超过某一数值后，二极管导通，正向电流随正向电压增加而迅速增大。这个电压 U_{on} 称为**门槛电压**或**阈值电压**。

二极管导通后，在正常使用的电流范围内，其正向电压数值很小，且基本上恒定。对于小功率**硅管**为 0.6~0.8 V（典型值取 0.7 V）；对于**锗管**，为 0.2~0.3 V（典型值取 0.3 V）。

（2）反向特性。当外加反向电压时，正极（阳极）接电源负极，由少数载流子产生反向饱和电流，其数值很小。一般硅管的反向饱和电流比锗管的要小得多。小功率硅管的反向饱和电流约为几百纳安，锗管约为几十微安，如图 1-9 中曲线②所示。

（3）反向击穿特性。当外加反向电压增大至某一数值 U_{BR} 时，反向电流急剧增大，这种现象称为二极管的反向击穿。U_{BR} 称为反向击穿电压，如图 1-9 中曲线③所示。二极管的反向击穿电压一般在几十伏至几千伏之间。

在反向击穿时，只要反向电流不是很大，PN 结未被损坏；当反向电压降低后，二极管将退出击穿状态，仍恢复单向导电性。这种击穿又称 PN 结的**电击穿**。

在反向击穿时，流过 PN 结的电流过大，使 PN 结温度过高而烧毁，就会造成二极管的永久损坏。这种击穿又称 PN 结的**热击穿**。

2. 温度对二极管特性的影响

当温度变化时，二极管的反向饱和电流与正向压降将会随之变化。

当正向电流一定时，温度每增加 1℃，二极管的正向压降减少 2 ~ 2.5 mV。

温度每增高 10℃，反向电流约增大一倍。

1.2.3 二极管的参数和应用

1. 二极管的主要参数

（1）最大整流电流 I_F。它是二极管长期运行允许通过的最大正向平均电流。它由 PN 结的面积和散热条件所决定，使用时不得超过此值，否则会烧坏二极管。

（2）最高反向工作电压 U_{RM}。它是指允许加在二极管上的反向电压的最大值（峰值）。一般地，最高反向工作电压约为击穿电压的一半。

（3）反向电流 I_R。它是在室温下，二极管两端加上规定的反向电压时的反向电流。其数值越小，管子的单向导电性越好。它随温度升高而增大。此外，二极管的参数还有最高工作频率、正向压降、结电容等。

2. 二极管的应用

二极管在使用时，应考虑不超过 I_F、U_{BR}、U_{RM} 等极限参数，以保证二极管不至于损坏。一般地，硅管适用于正向电流大、反向电压高、反向电流小的场合。锗管适用于正向压降小、工作频率高的场合。下面介绍几种常见的二极管应用电路，如表 1－1 所示。

表 1－1 常用半导体二极管的种类和用途

种　类	普通二极管	整流二极管	开关二极管	稳压二极管
型号列举	2AP1 ~ 2AP9 2CP8 ~ 2CP60	2CZ50 ~ 2CZ60 2DZ2 ~ 2DZ20	2AK1 ~ 2AK20 2CK70 ~ 2CK86	2CW50 ~ 2CW19 2DW1 ~ 2DW19
用　途	高频检波，鉴频限幅，小功率整流等	大小功率的整流	电子计算机，脉冲控制，开关电路等	各种稳压电路

（1）**整流电路**。利用二极管的单向导电性，将交流电变换为单向脉动直流电的电路，称为整流电路。常见的有单相半波、全波和桥式整流电路等。图 1－10 所示为常见的半波整流电路及波形。

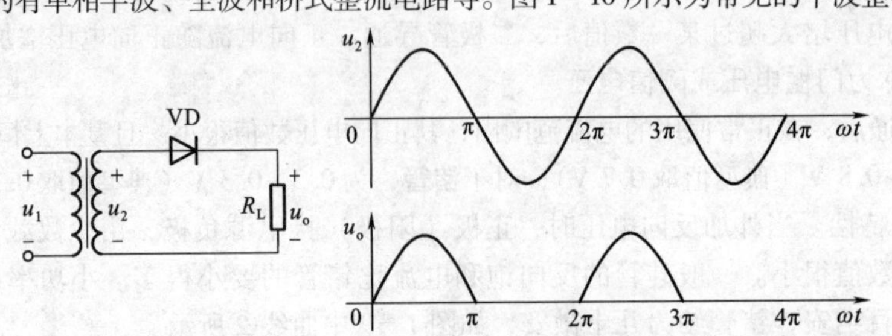

（a）半波整流电路　　（b）波形

图 1－10 半波整流电路及波形

（2）**限幅电路**。利用二极管正向导通后其两端电压很小且基本不变的特性，可以构成各种限幅电路，使输出电压幅度限制在某一电压值内。

【例1-1】画出图1-11所示电路的输出波形。

解：图1-11（a）的分析：输入电压 u_i 为正弦波，根据二极管的单向导电性，将输入 u_i 与 -3 V叠加，看看二极管两端是否正向压降，据此判断二极管是否导通。VD_1 导通时，二极管上压降为0，u_{o1} 等于 -3 V；VD_1 不导通时，二极管截止，相当于断开，故 u_{o1} 等于 u_i，得出输出电压 u_{o1} 的波形［见图1-12（a）］。从波形图中可以看出，输出电压幅度在一定范围被限制在 -3 V上。

对图1-11（b）的分析：正半周时，VD_2 一直承受反向电压截止，这一路视为断开。当 u_i 大于3 V时，二极管 VD_1 承受正向电压，导通，相当于短路，$u_{o2}=3$ V；当 u_i 小于3 V时，二极管 VD_1 承受反向电压，截止，相当于断路，$u_{o2}=u_i$。

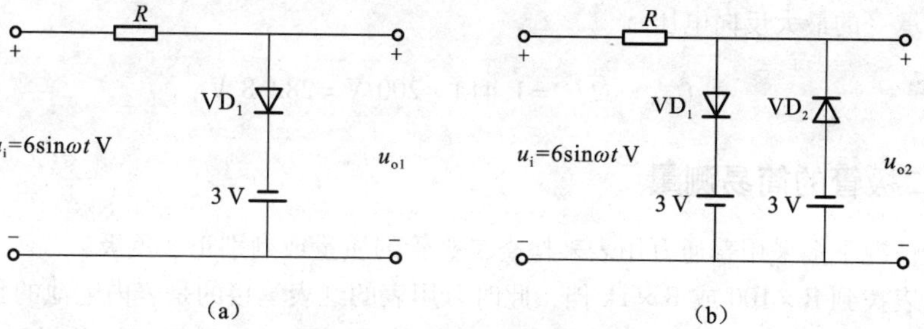

图1-11　例1-1电路图

u_{o2}波形如图1-12（b）所示。负半周分析同理。二极管在该电路中起的是限幅作用。

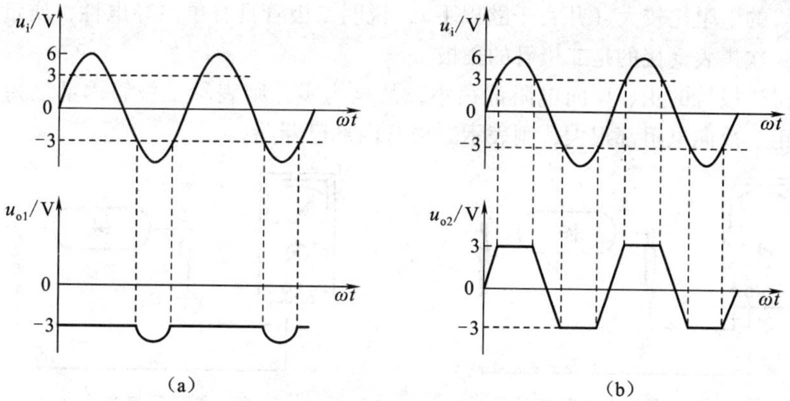

图1-12　例1-1输出波形图

【例1-2】图1-13是可调温度电热毯的电路图，它有空挡（开关S处于位置1，关断状态）、高温（S置于位置2）、低温（S置于位置3）三挡。试说明为什么S置于位置3是电热毯的低温挡？若电热毯在高温挡的额定功率为60 W，试计算流过二极管平均电流和二极管承受的最大反向电压。

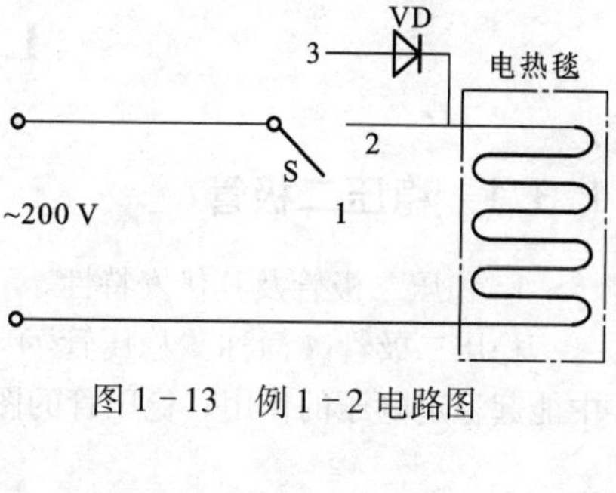

图1-13　例1-2电路图

解：因为S置于位置3时，只有正半周时VD才导通，流过电热毯的平均电流为S置于位置2时流过电热毯平均电流的一半，所以S置于位置3时电热毯为低温挡。

由 $P=\dfrac{U^2}{R}$，得电热毯的电阻值 R 为

$$R=\frac{U^2}{P}=\frac{200^2}{60}\ \Omega=666.67\ \Omega$$

当 S 置于位置 3 时，流过电热毯的平均电流为 S 置于位置 2 时流过电热毯平均电流的一半，根据二极管半波整流电路的知识（后面第 5 章直流稳压电源将详细讲到），流经二极管的平均电流为 $I_{\rm D}=0.45\dfrac{U}{R}$，故流过二极管的平均电流为

$$0.45\times\frac{200}{R}=\left(0.45\times\frac{200}{666.67}\right)\ \text{A}=0.135\ \text{A}=135\ \text{mA}$$

二极管承受的最大反向电压

$$U_{\rm RM}=\sqrt{2}U_{\rm i}=1.414\times200\ \text{V}=282.8\ \text{V}$$

1.2.4　二极管的简易测量

在一般情况下多采用普通万用表来检查二极管的质量或判别正、负极。

将万用表拨到 R×100 或 R×1k 挡，此时万用表的红表笔接的是表内电池的**负极**，黑表笔接的是表内电池的**正极**。因此当黑表笔接至二极管的正极、红表笔接至负极时为正向连接。具体的测量方法是：将万用表的红、黑表笔分别接在二极管两端，如图 1－14（a）所示，而测得电阻比较小（几千欧以下），再将红、黑表笔对调后连接在二极管两端，如图 1－14（b）所示，而测得的电阻比较大（几百千欧以下），说明二极管具有单向导电性，质量良好。测得电阻小的那一次黑表笔接的是二极管的正极。

如果测得二极管的正、反向电阻都很小，甚至为零，则表示二极管内部已短路；如果测得二极管的正、反向电阻都很大，则表示二极管内部已断路。

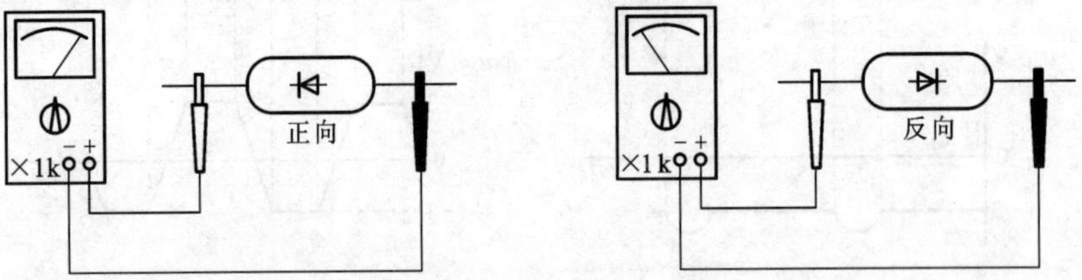

（a）测量正向电阻　　（b）测量反向电阻

图 1－14　二极管的简易测量

1.3　特殊二极管

1.3.1　稳压二极管

1. 稳压二极管及其伏安特性

稳压二极管（简称“稳压管”）是一种用特殊工艺制造的面接触型硅二极管。它在电路中能起稳定电压的作用。稳压管的图形与文字符号及伏安特性曲线如图 1－15 所示。

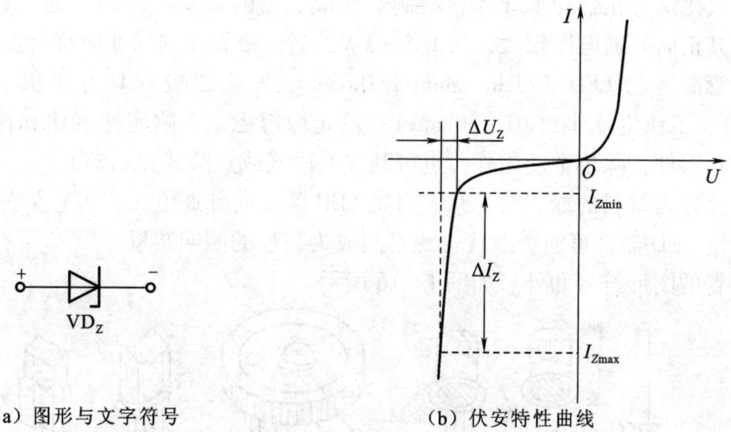

图1－15　稳压管的图形与文字符号及伏安特性曲线

由图1－15可知，稳压管的正向特性曲线与普通硅二极管相似，但是，它的反向击穿特性较陡。

稳压管通常工作于**反向击穿区**。稳定电压 U_Z 处在 I_{Zmin} 与 I_{Zmax} 对应的两点电压之间。反向击穿后，当流过稳压管的电流在很大范围内变化时（从 I_{Zmin} 到 I_{Zmax}），对应稳压管两端的电压几乎不变，ΔU_Z 很小，电流吞吐调节能力很强，因而可以获得一个稳定的电压 U_Z。多个稳压管可以串联起来工作，组合成不同的稳压值。

只要击穿后的反向电流不超过允许范围，稳压管就不会发生热击穿损坏。为此，可以在电路中串联一个限流电阻器。

2. 稳压二极管的主要参数

（1）稳定电压 U_Z，指稳压管通过规定的测试电流时稳压管两端的电压值。由于制造工艺的原因，同一型号的管子的稳定电压有一定的分散性。例如2CW55型稳压管的 U_Z 为1.2～7.5 V（测试电流10 mA）。目前常见的稳压管的 U_Z 分布在几伏至几百伏。

（2）稳定电流 I_Z，指稳压管正常工作时的参考电流值。稳压管的工作电流越大，其稳压效果越好。实际应用中只要工作电流不超过最大工作电流 I_{Zmax} 均可正常工作。

（3）动态电阻 r_Z，定义为稳压管两端电压变化量与相应电流变化量的比值，即

$$r_Z = \frac{\Delta U_Z}{\Delta I_Z}$$

稳压管的反向特性曲线越陡，则动态电阻越小，稳压性能越好。

（4）最大工作电流 I_{Zmax} 和最大耗散功率 P_{Zmax}；最大工作电流 I_{Zmax} 指稳压管允许流过的最大电流；最大耗散功率 P_{Zmax} 指稳压管允许耗散的最大功率，即

$$P_{Zmax} = U_Z I_{Zmax}$$

在实际应用中，如果选择不到稳压值符合需要的稳压管，可以选用稳压值较低的稳压管，将其串联使用，或者串联一只或几只硅二极管"**枕垫**"，把稳定电压提高到所需数值。这是利用硅二极管的正向压降为0.6～0.7 V的特点来进行稳压的。因此，二极管在电路中必须正向连接，这是与稳压管不同的。

1.3.2　发光二极管

1. 结构和工作原理

发光二极管是一种将电能转换成光能的发光器件。其基本结构是一个PN结，采用砷化

镓、磷化镓、氮化镓等化合物半导体材料制造而成。它的伏安特性与普通二极管类似，但由于材料特殊，其正向导通电压较大，为1.5～3 V。当二极管正向导通时将会发光。

发光二极管简写为LED（Light Emitting Diode）。发光二极管具有体积小、工作电压低（多为2～5 V）、工作电流小（10～30 mA）、发光均匀稳定、响应速度快和使用寿命长等优点。常用作显示器件，除单个使用外，也可制成七段式或点阵式显示器。

其中以氮化镓为材料的绿、蓝、紫、白光LED的正向导通电压在4 V左右。

未来高亮度LED器件可能会取代传统灯泡成为新型的照明装置。

发光二极管的图形符号和外形如图1－16所示。

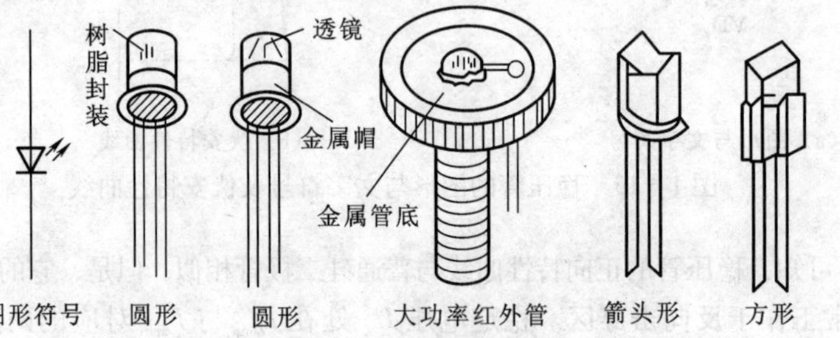

图1－16　常见发光二极管的图形符号和外形

2. 主要参数

LED的主要参数有电学参数和光学参数。

电学参数主要有极限工作电流 I_{FM}、反向击穿电压 U_{BR}、反向电流 I_R、正向电压 U_F、正向电流 I_F 等，这些参数的含义与普通二极管类似。

光学主要参数：

峰值波长 λ_P，它是最大发光强度对应的光波波长，单位为纳米（nm）。

亮度 L，它与流过管子的电流和环境温度有关，单位为坎/米^2（cd/m^2）。

光通量 Φ，单位为流明（lm）或毫流明（mlm）。

常见的LED发光颜色有红、黄、绿、蓝、紫和白等。

1.3.3　光电二极管

1. 结构与工作原理

光电二极管又称光敏二极管，是一种能够将光信号转换为电信号的器件。

图1－17（a）是光电二极管的图形符号，图1－17（b）是它的特性曲线。光电二极管的基本结构也是一个PN结，但管壳上有一个窗口，使光线可以照射到PN结上。

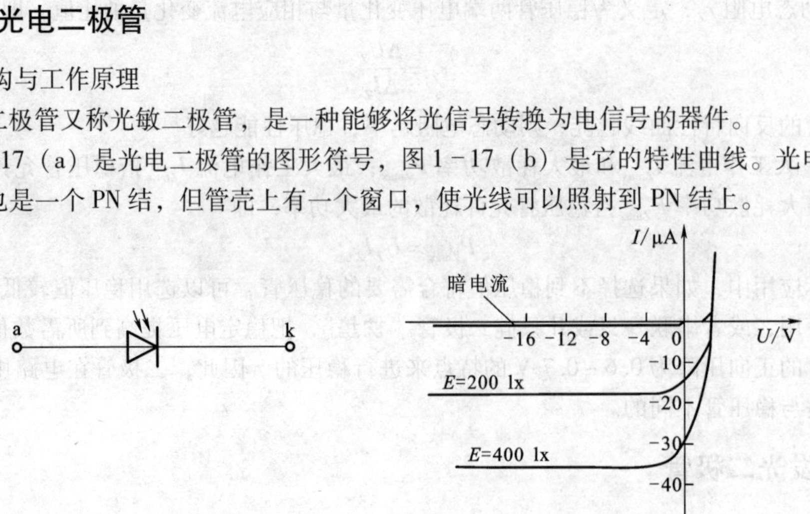

图1－17　光电二极管

光电二极管工作在反偏状态下。当无光照时，与普通二极管一样，反向电流很小，称为暗电流；当有光照时，其反向电流随光照强度的增加而增加，称为光电流。

2. 主要参数

光电二极管的主要电参数有：暗电流、光电流和最高工作电压。

光电二极管的主要光参数有：光谱范围、灵敏度和峰值波长等。

3. 应用举例

图 1－18 是红外线遥控电路的部分示意图。当按下发射电路中的按钮时，编码器电路产生出调制的脉冲信号，由发光二极管将电信号转换成光信号发射出去。

接收电路中的光电二极管将光脉冲信号转换为电信号，经放大、解码后，由驱动电路驱动负载动作。当按下不同按钮时，编码器产生相应不同的脉冲信号，以示区别。接收电路中的解码器可以解调出这些信号，并控制负载做出不同的动作响应。

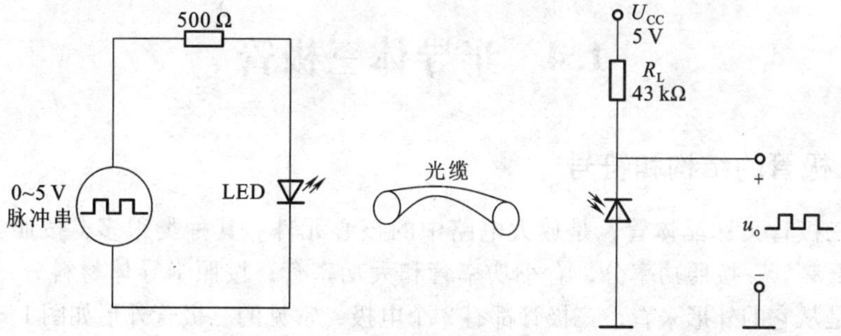

图 1－18　红外线遥控电路

1.3.4　太阳能电池板

当前煤炭、石油等不可再生能源频频告急，新能源问题日益成为制约国际社会经济发展的瓶颈，越来越多的国家开始开发太阳能资源，太阳能电池板是太阳能发电系统中的核心部分，也是太阳能发电系统中价值最高的部分。其作用是将太阳能转化为电能，或送往蓄电池中存储起来，或推动负载工作。

1. 材料

当前，晶体硅材料（包括多晶硅和单晶硅）是最主要的光伏材料，其市场占有率在 90% 以上，而且在今后相当长的一段时期也依然是太阳能电池的主流材料。多晶硅的需求主要来自于半导体和太阳能电池。按纯度要求不同，分为**电子级**和**太阳能级**。其中，用于电子级多晶硅占 55%，太阳能级多晶硅占 45%。随着光伏产业的迅猛发展，太阳能电池对多晶硅需求量的增长速度高于半导体多晶硅的发展。

2. 原理

太阳光照在半导体 PN 结上，形成新的电子-空穴对，在 PN 结电场的作用下，空穴由 N 区流向 P 区，电子由 P 区流向 N 区，接通电路后就形成电流。这就是光电效应太阳能电池的工作原理。

太阳能电池生产过程大致可分为 5 个步骤：a. 提纯过程；b. 拉棒过程；c. 切片过程；d. 制电池过程；e. 封装过程。图 1－19 所示为太阳能电池板。

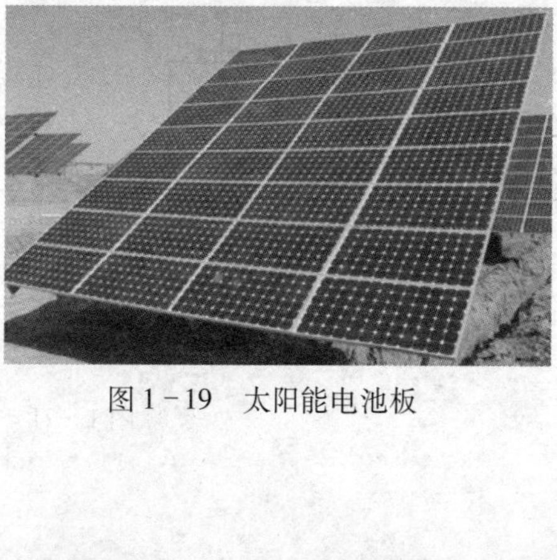

图 1－19　太阳能电池板

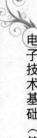

3. 太阳能发电方式

太阳能发电有两种方式：一种是光—热—电转换方式，另一种是光—电直接转换方式。

（1）光—热—电转换方式通过利用太阳辐射产生的热能发电，一般是由太阳能集热器将所吸收的热能转换成工质的蒸气，再驱动汽轮机发电。前一个过程是光—热转换过程；后一个过程是热—电转换过程。

（2）光—电直接转换方式是利用光电效应，将太阳辐射能直接转换成电能，光—电转换的基本装置就是太阳能电池。太阳能电池是一种由于光伏效应而将太阳光能直接转化为电能的器件，是一个半导体光电二极管，当太阳光照到光电二极管上时，光电二极管就会把太阳的光能变成电能，产生电流。当许多个电池串联或并联起来就可以成为有比较大的输出功率的太阳能电池方阵了。太阳能电池可以大中小并举，大到百万千瓦的中型电站，小到只供一户用的太阳能电池组。

1.4 半导体三极管

1.4.1 三极管的结构和符号

半导体三极管又称**晶体管**，是放大电路中的核心元件。其种类很多，按照工作频率分，有高频管和低频管；按照功率分，有小功率管和大功率管；按照半导体材料分，有硅管和锗管等等。但是从它的外形来看，三极管都有3个电极，常见的三极管外形如图1-20所示。

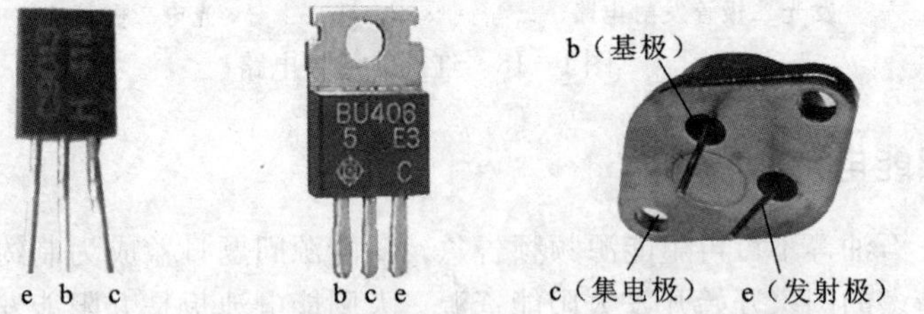

图1-20 常见的三极管外形

根据结构不同，三极管可分为NPN型和PNP型，图1-21是其结构示意图和图形符号。它由3层半导体2个PN结组成，从3块半导体上各自引出1个电极，它们分别是**发射极** e（emitter）、**基极** b（base）和**集电极** c（collector），对应的每块半导体称为发射区、基区和集电区。三极管有2个PN结，发射区与基区交界处的PN结称为发射结，集电区与基区交界处的PN结称为集电结。发射极的箭头表示三极管正常工作时的实际电流方向。使用时应注意，由于内部结构的不同，发射区高掺杂，集电极和发射极不能互换。

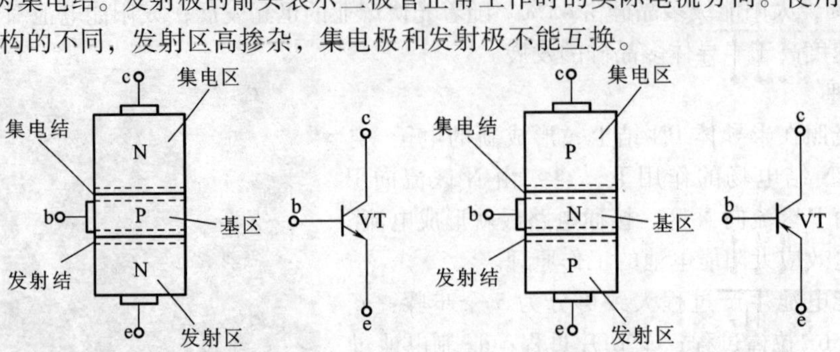

图1-21 三极管的结构示意图和符号

NPN 型与 PNP 型三极管的工作原理相同，不同之处在于使用时所加电源的极性不同。在实际应用中，采用 NPN 型三极管较多，所以下面以 NPN 型三极管为例进行分析讨论。

1.4.2 三极管的电流分配与放大作用

1. 三极管内部载流子的传输过程

要使三极管能正常工作，三极管外加电压必须满足“发射结加正向电压，集电结加反向电压”这两个外部放大条件，电源 U_{CC} 和 U_{BB} 正是为满足这两个条件而设置的。

将三极管接成两条电路，一条是由电源电压 U_{BB} 的正极经过电阻 R_B（通常为几百千欧的可调电阻器）、基极、发射极到电源电压 U_{CC} 的负极，称为**基极回路**；另一条是由电源电压 U_{CC} 的正极经过电阻器 R_C、集电极、发射极再回到电源电压 U_{CC} 的负极，称为**集电极回路**，如图 1－22所示。

（1）发射区向基区注入电子，形成发射极电流 I_E。由于发射结正偏，因此，高掺杂浓度的发射区多子（自由电子）越过发射结向基区扩散，形成发射极电流 I_E，发射极电流的方向与电子流动方向相反，是流出三极管发射极的。

（2）电子在基区中的扩散与复合形成基极电流 I_B。发射区来的电子注入基区后，由于浓度差的作用继续向集电结方向扩散。但因为基区多子为空穴，所以在扩散过程中，有一部分自由电子要和基区的空穴复合。在制造三极管时，基区被做得很薄，掺杂浓度又低，因此被复合掉的只是一小部分，大部分自由电子可以很快到达集电结。

（3）大部分从发射区“发射”来的自由电子很快扩散到了集电结。由于集电结反偏，在这个较强的从 N 区（集电区）指向 P 区（基区）的内电场的作用下，自由电子很快就被吸引、漂移过了集电结，到达集电区，形成集电极电流 I_C。集电极电流的方向是流入集电极的。集电区收集扩散过来的电子，形成集电极电流 I_C。

为方便起见，上述过程暂时忽略了一些少子形成的很小的漂移电流。

由图 1－22 可知，三极管电流分配关系为

$$I_E = I_B + I_C$$

2. 三极管的电流分配与放大作用

为了说明三极管的电流分配与放大作用，先看下面的实验，实验电路如图 1－23 所示。实验时，改变 R_b，基极电流 I_B、集电极电流 I_C 和发射极电流 I_E 都随之发生变化，表 1－2 列出了一组实验数据。

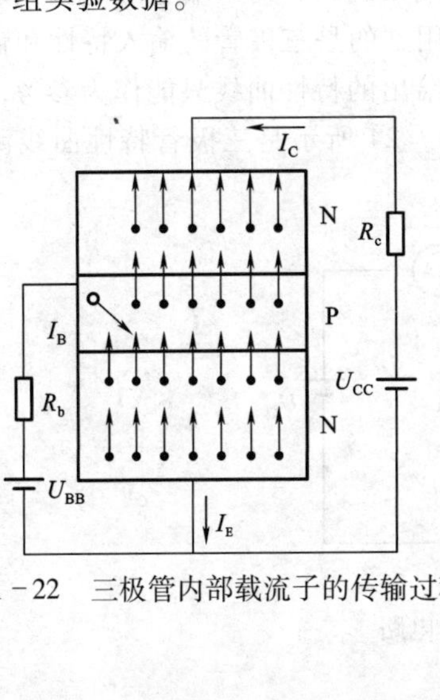

图 1－22　三极管内部载流子的传输过程

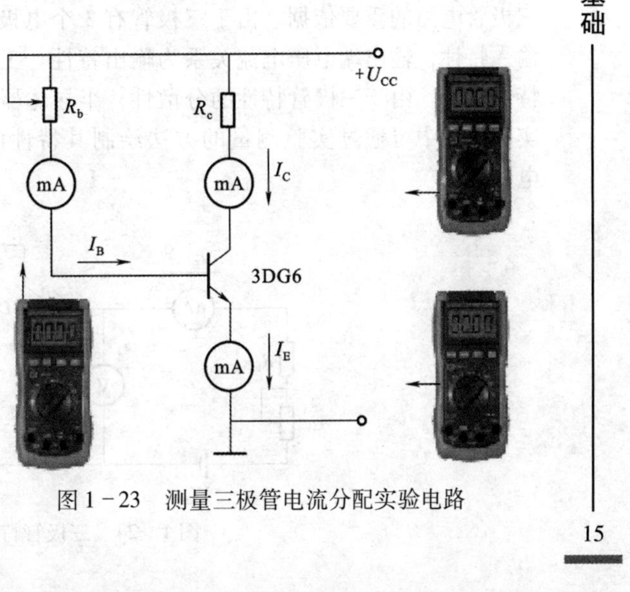

图 1－23　测量三极管电流分配实验电路

表 1-2　三极管电流分配实验数据

电流/mA	实验次数					
	1	2	3	4	5	6
I_B	0	0.02	0.04	0.06	0.08	0.10
I_C	<0.001	0.70	1.50	2.30	3.10	3.95
I_E	<0.001	0.72	1.54	2.36	3.18	4.05

根据表中数据可得如下结论：

（1）说明三极管3个电极的电流符合基尔霍夫电流定律为 $I_E = I_B + I_C$，且 I_B 与 I_C、I_E 相比小得多，并且 $I_E \approx I_C$。

（2）I_B 尽管很小，但对 I_C 有控制作用，I_C 随 I_B 的变化而变化，两者在一定范围内保持固定比例关系，即

$$\bar{\beta} \approx \frac{I_C}{I_B}$$

式中，$\bar{\beta}$ 称为三极管的**电流放大系数**（或放大倍数），它反映了三极管的电流放大能力，或者说 I_B 对 I_C 的控制能力。正是这种小电流对大电流的控制能力，说明了三极管具有放大作用。

（3）当 I_B 有微小变化时，I_C 即有较大的变化。例如，当 I_B 由 20 μA 变到 40 μA 时，集电极电流 I_C 则由 0.7 mA 变为 1.5 mA。这时基极电流 I_B 的变化量为

$$\Delta I_B = (0.04 - 0.02)\ \text{mA} = 0.02\ \text{mA}$$

而集电极电流的变化量为

$$\Delta I_C = (1.5 - 0.7)\ \text{mA} = 0.8\ \text{mA}$$

显然后者变化量大得多，更重要的是，两个变化量之比能保持固定的比例不变。这种用基极电流的微小变化来使集电极电流作较大变化的控制作用，就称为三极管的电流放大作用。把集电极电流变化量 ΔI_C 和基极电流变化量 ΔI_B 的比值，称为三极管交流放大系数，用 β 表示，即 $\beta = \Delta I_C / \Delta I_B$。在工程计算时可认为 $\bar{\beta} \approx \beta$，且在一定范围内几乎不变。

1.4.3　三极管的特性曲线

三极管的**特性曲线**是指三极管各电极电压与电流之间的关系曲线，它是分析和设计各种三极管电路的重要依据。由于三极管有3个电极，构成二端口网络，输入端电压电流关系为输入特性，输出端电压电流关系为输出特性。工程上最常用到的是三极管的输入特性和输出特性曲线。由于三极管特性的分散性，半导体器件手册中给出的特性曲线只能作为参考，在实际应用中可通过实验测量的方法绘制其特性曲线。图 1-24 所示是三极管特性曲线测量电路。

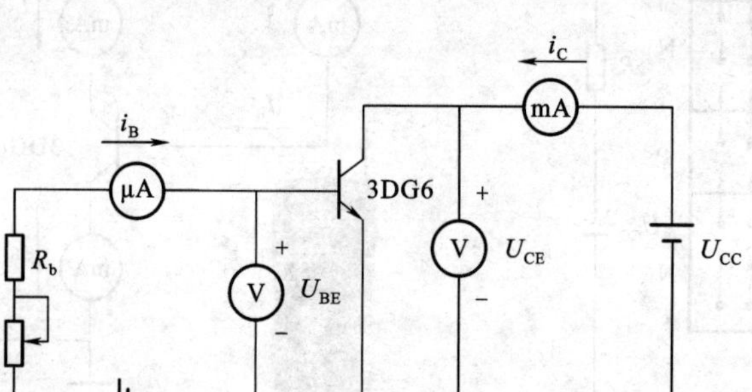

图 1-24　三极管特性曲线测量电路

（1）输入特性曲线。输入特性是指当集电极与发射极之间的电压 U_{CE} 为某一常数时，加在三极管基极与发射极之间的电压 u_{BE} 与基极电流 i_B 之间的关系曲线，即

$$i_B = f(u_{BE})\Big|_{U_{CE}}$$

图 1－25 为硅管 3DG6 的输入特性曲线。一般情况下，当 $U_{CE} \geqslant 1$ V 时，集电结就处于反向偏置，此时再增大 U_{CE} 对 i_B 的影响很小，也即 $U_{CE} > 1$ V 以后的输入特性与 $U_{CE} = 1$ V 的一条特性曲线基本重合，所以半导体器件手册中通常只给出一条 $U_{CE} \geqslant 1$ V 时的输入特性曲线。

由图 1－25 可知，三极管的输入特性曲线与二极管的伏安特性曲线很相似，也存在一段死区，硅管的死区电压约为 0.5 V，锗管的死区电压约为 0.2 V。导通后，硅管的 U_{BE} 约为 0.7 V，锗管的 U_{BE} 约为 0.3 V。

（2）输出特性曲线。输出特性是在基极电流 I_B 一定的情况下，集电极与发射极之间的电压 u_{CE} 与集电极电流 i_C 之间的关系，即

$$i_C = f(u_{CE})\Big|_{I_B}$$

图 1－26 为小功率三极管的输出特性曲线。由图可见，对于不同的 I_B，所得到的输出特性曲线也不同，所以，三极管的输出特性曲线是一簇曲线。

三极管的输出特性曲线分为 3 个区域：**放大区、截止区、饱和区**。

① 放大区。放大区是输出特性曲线中基本平行于横坐标的曲线簇部分。当 u_{CE} 超过一定值后（1V 左右），i_C 的大小基本上与 u_{CE} 无关，呈现恒流特性。在放大区，发射结正偏和集电结反偏，i_C 与 i_B 成比例关系，即 $i_C = \beta i_B$，三极管具有电流放大作用。

② 截止区。对应 $I_B = 0$ 以下的区域，在该区域 $I_C = I_{CEO} \approx 0$，集电极、发射极间只有微小的反向饱和电流，近似于开关的断开状态。为了使三极管可靠截止，通常给发射结加上反向电压，即 $u_{BE} < 0$ V。这样，发射结和集电结都处于反向偏置，三极管处于截止状态。

当 $I_B = 0$ 时，两个反向串联的 PN 结也会存在由少数载流子形成的漏电流 I_{CEO}，该电流称为**穿透电流**。在常温下，可以忽略不计，但温度上升时，I_{CEO} 会明显增加。I_{CEO} 的存在是一种不稳定因素。

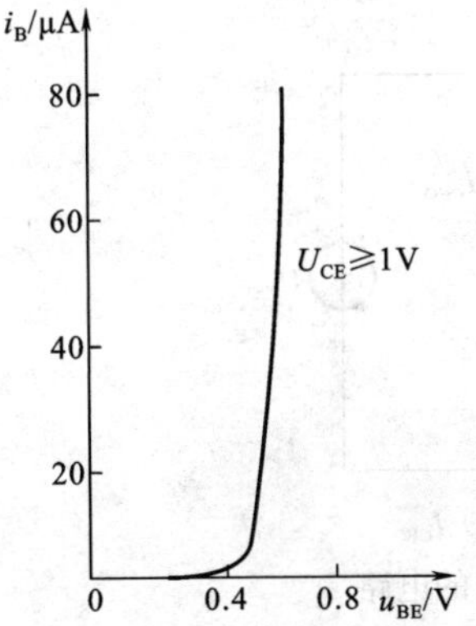

图 1－25　三极管的输入特性曲线

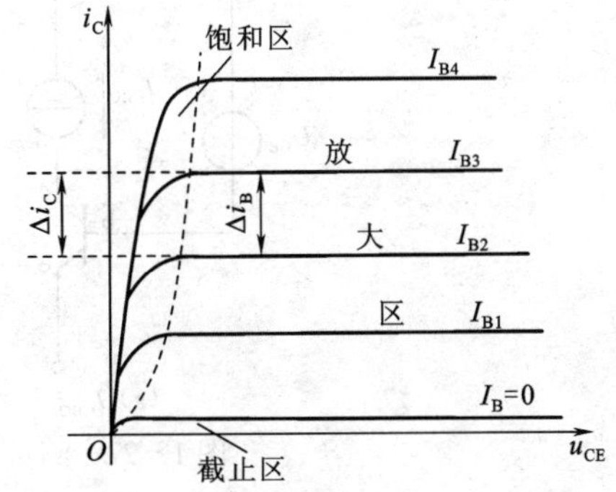

图 1－26　小功率三极管的输出特性曲线

③ 饱和区。靠近输出特性曲线的纵坐标，曲线上升部分对应的区域。在该区域 i_C 不受 i_B 的控制，无电流放大作用，且发射结和集电结均处于正向偏置。一般认为，$u_{CE} \approx u_{BE}$，即 $u_{CB} \approx 0$ 时，三极管处于临界饱和状态，$u_{CE} < u_{BE}$ 时为饱和状态。饱和时三极管 c 与 e 间的电压记作 U_{CES}，称为**饱和压降**。对于小功率管，饱和时的硅管管压降典型值 $U_{CES} \approx 0.3$ V，锗管典型值

$U_{CES} \approx 0.1$ V。近似于开关的闭合状态。在饱和状态下，三极管集电极电流为

$$I_{CS}=\frac{U_{CC}-U_{CES}}{R_c}=\frac{U_{CC}-0.3}{R_c}\approx\frac{U_{CC}}{R_c}$$

1.4.4 三极管的主要参数

三极管的参数是用来表征三极管性能优劣和适用范围的，它是选用三极管的依据。了解这些参数的意义，对于合理使用和充分利用三极管达到设计电路的经济性和可靠性是十分必要的。

1. 电流放大系数 $\bar{\beta}$、β

根据工作状态的不同，在直流（静态）和交流（动态）两种情况下分别用 $\bar{\beta}$、β 表示。

直流电流放大系数的定义为电流静态值之比为

$$\bar{\beta}=\frac{I_C}{I_B}$$

交流电流放大系数的定义为电流变化量之比为

$$\beta=\frac{\Delta I_C}{\Delta I_B}$$

显然，$\bar{\beta}$、β 的含义是不同的，但在输出特性曲线线性比较好（平行、等间距）的情况下，两者差别很小。在一般工程估算中，可以认为 $\beta \approx \bar{\beta}$，两者可以混用。

由于制造工艺的分散性，即使同型号的三极管，它的 β 值也有差异，常用三极管的 β 值通常在 10～100 之间。β 值太小放大作用差，但 β 值太大易使三极管性能不稳定，一般放大电路采用 $\beta=30\sim80$ 的三极管为宜。

2. 极间反向电流

（1）**集基极间反向饱和电流** I_{CBO}：表示发射极开路，c、b 间加上一定反向电压时的反向电流，如图 1-27 所示。它实际上和单个 PN 结的反向饱和电流是一样的，因此它只取决于温度和少数载流子的浓度。一般 I_{CBO} 的值很小，小功率锗管的 I_{CBO} 约 10 μA，而硅管的 I_{CBO} 则小于 1 μA。

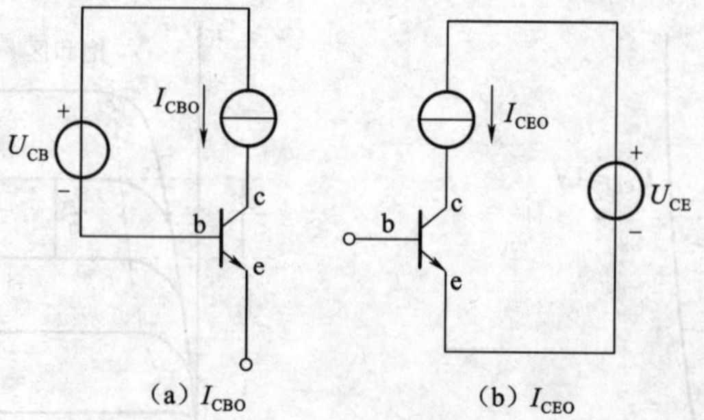

（a）I_{CBO}　　（b）I_{CEO}

图 1-27　测量 I_{CBO} 和测量 I_{CEO} 的电路

（2）**集射极间反向饱和电流**（穿透电流）I_{CEO}：表示基极开路时，c、e 间加上一定反向电压时的集电极电流，如图 1-27（b）所示。I_{CEO} 和 I_{CBO} 的关系为

$$I_{CEO}=(1+\beta)I_{CBO}$$

I_{CEO} 和 I_{CBO} 都是衡量三极管性能的重要参数，由于 I_{CEO} 比 I_{CBO} 大得多，测量起来比较容易，所以我们平时测量三极管时，常常把测量 I_{CEO} 作为判断三极管性能的重要依据。小功率锗管的

I_{CEO}约为几百微安，硅管在几微安以下。

3. 极限参数

集电极最大允许电流 I_{CM}：指三极管的参数变化不超过允许值时集电极允许的最大电流。当集电极电流超过 I_{CM}时，三极管性能将显著下降，甚至有烧坏三极管的可能。

反向击穿电压 $U_{(BR)CEO}$：指基极开路时，集电极与发射极间的最大允许电压。当 $U_{CE} > U_{(BR)CEO}$时，三极管的 I_{CEO}急剧增加，表示三极管已被反向击穿，造成三极管损坏。使用时，应根据电源电压 U_{CC}选取 $U_{(BR)CEO}$，一般应使 $U_{(BR)CEO} >（2\sim3）U_{CC}$。

集电极最大允许功率损耗 P_{CM}：表示三极管允许功率损耗的最大值。超过此值就会使三极管性能变坏或烧毁。三极管集电极最大允许功率损耗的计算公式为

$$P_{CM} \approx i_C u_{CE}$$

P_{CM}与环境温度有关，温度越高，则 P_{CM}越小。因此，三极管使用时受环境温度的限制，锗管的上限温度约 70 ℃，硅管可达 150 ℃。对于大功率管，为了提高 P_{CM}，常采用加散热装置的办法，半导体器件手册中给出的 P_{CM}值是在常温（25 ℃）下测得的，对于大功率管则是在常温下加规定尺寸的散热片的情况下测得的。

根据三极管的 P_{CM}，可在输出特性曲线上画出三极管集电极最大允许功率损耗 P_{CM}曲线，如图 1－28 所示。由 P_{CM}、I_{CM}和 $U_{(BR)CEO}$这 3 条曲线所包围的区域为三极管的安全工作区。

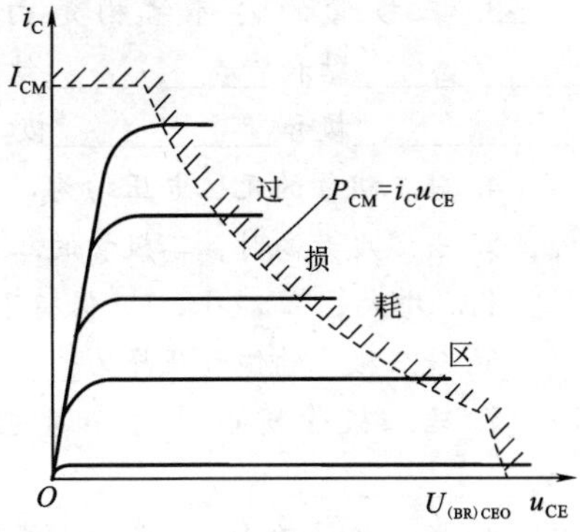

图 1－28　三极管的安全工作区

【例 1－3】 若测得放大电路中工作在放大状态的 3 个三极管的 3 个电极对地电位 U_1、U_2、U_3 分别为下述数值，试判断它们是硅管还是锗管？是 NPN 型还是 PNP 型？并确定 c、b、e 极。

（1）$U_1 = 2.5$ V，$U_2 = 6$ V，$U_3 = 1.8$ V；

（2）$U_1 = -6$ V，$U_2 = -3$ V，$U_3 = -2.7$ V；

（3）$U_1 = -1.7$ V，$U_2 = -2$ V，$U_3 = 0$ V。

解：（1）由于 $U_{13} = U_1 - U_3 = 0.7$ V，故该管为硅管，且 1、3 引脚中一个是 e 极，一个是 b 极，则 2 引脚为 c 极。又因为 2 引脚电位最高，故该管为 NPN 型，从而得出 1 引脚为 b 极，3 引脚为 e 极。

（2）由于 $|U_{23}| = 0.3$ V，故该管为锗管，且 2、3 引脚中一个是 e 极，一个是 b 极，则 1 引脚为 c 极。又因为 1 引脚电位最低，故该管为 PNP 型，从而得出 2 引脚为 b 极，3 引脚为 e 极。

（3）由于 $|U_{12}| = 0.3$ V，故该管为锗管，且 1、2 引脚中一个是 e 极，一个是 b 极，则 3 引脚为 c 极。又因为 3 引脚电位最高，故该管为 NPN 型，从而得出 1 引脚为 b 极，2 引脚为 e 极。

【例 1－4】 在图 1－29 所示的输出特性曲线给定点 A 处计算三极管的电流放大系数。

解：由图 1－29 可知，

A 点，$U_{CE1} = 6$ V，$I_{B1} = 40$ μA，$I_{C1} = 1.7$ mA

B 点，$U_{CE2} = 6$ V，$I_{B2} = 60$ μA，$I_{C2} = 2.6$ mA

$$\bar{\beta} = \frac{I_{C1}}{I_{B1}} = \frac{1.7}{0.04} = 42.5$$

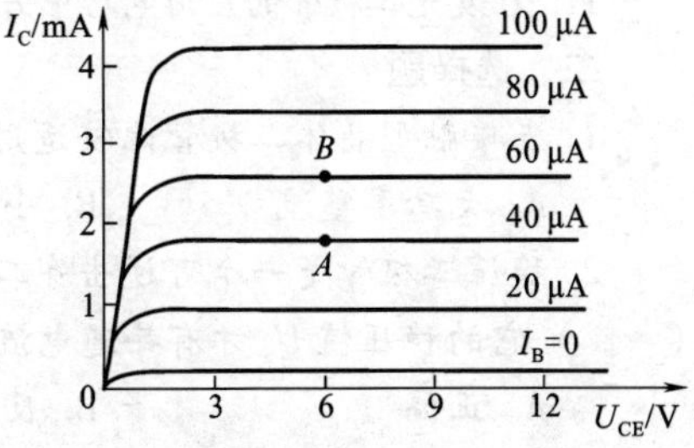

图 1－29　三极管的输出特性

$$\beta=\frac{\Delta I_{C1}}{\Delta I_{B1}}=\frac{2.6-1.7}{0.06-0.04}=45$$

结果表明：放大区的$\bar{\beta}$和β是近似相等的。

习　　题

一、填空题

1. N型半导体是在本征半导体中掺入极微量的________价元素组成的。这种半导体内的多数载流子为________，少数载流子为________，不能移动的杂质离子带________电。P型半导体是在本征半导体中掺入极微量的________价元素组成的。这种半导体内的多数载流子为________，少数载流子为________，不能移动的杂质离子带________电。

2. PN结正向偏置时，外电场的方向与内电场的方向________，有利于________的________运动而不利于________的________；PN结反向偏置时，外电场的方向与内电场的方向________，有利于________的________运动而不利于________的________，这种情况下的电流称为________电流。

3. 三极管的内部结构是由________区、________区、________区及________结和________结组成的。三极管对外引出电极分别是________极、________极和________极。

4. 硅二极管的死区电压约为________V。

5. 当温度升高时，二极管的正向压降________，反向电流________。

（A. 增大，B. 减小，C. 保持不变）

6. 硅三极管的饱和压降为________，锗三极管的饱和压降为________。

7. 硅三极管发射结的导通电压约为________，锗三极管发射结的导通电压约为________。

8. 当三极管的U_{CE}一定时，基极与发射极间的电压U_{BE}与基极电流I_B间的关系曲线称为________；当基极电流I_B一定时，集电极与发射极间的电压U_{CE}与集电极电流入I_C关系曲线称为________。

9. 三极管的穿透电流I_{CEO}随温度的升高而增大，由于硅三极管的穿透电流比锗三极管________，所以硅三极管的________比锗三极管好。

10. 两只硅稳压管的稳压值分别为$U_{Z1}=6$ V，$U_{Z2}=9$ V。设它们的正向导通电压为0.7 V。把它们串联相接可得到________种稳压值。

11. 在发光二极管的应用电路中若所加电压为1.0 V试问发光二极管是否发光？________。

二、选择题

1. 点接触型晶体二极管比较适用于（　　）。

A. 大功率整流　　B. 小信号检波　　C. 小电流开关

2. 稳压二极管是一个可逆击穿二极管，稳压时工作在（　　）状态，但其两端电压必须（　　）它的稳压值U_z才有导通电流，否则处于（　　）状态。

A. 正偏　　B. 反偏　　C. 大于　　D. 小于

E. 导通　　F. 截止

3. 硅二极管的正向电压从0.68 V增大10%时，正向电流（　　）。

A. 基本不变　　　　B. 增加10%　　　　C. 增加超过10%

4. 下面哪一种情况二极管的单向导电性好？(　　)

A. 正向电阻小，反向电阻大　　　　B. 正向电阻大，反向电阻小

C. 正向电阻和反向电阻都小　　　　D. 正向电阻和反向电阻都大

5. 若使三极管具有电流放大能力，必须满足的外部条件是(　　)。

A. 发射结正偏、集电结正偏　　　　B. 发射结反偏、集电结反偏

C. 发射结正偏、集电结反偏　　　　D. 发射结反偏、集电结正偏

6. 下面有关二极管、三极管的说法正确的是(　　)。

A. 两个二极管可组成一个三极管　　　　B. 断了b极的三极管可作为二极管

C. 断了c极的三极管可作为二极管　　　　D. 断了e极的三极管可作为二极管

7. 在晶体二极管特性的正向区，晶体二极管相当于(　　)。

A. 大电阻　　　　B. 接通的开关　　　　C. 断开的开关

8. 正弦电流经过二极管整流后的波形为(　　)。

A. 矩形方波　　　　B. 等腰三角波　　　　C. 正弦半波　　　　D. 仍为正弦波

9. 光电二极管在应用时是(　　)。

A. 正向连接　　　　B. 反向连接　　　　C. 都可以

三、分析计算题

1. 电路如图1-30所示，已知 $u_i=10\sin\omega t$ V，$E=5$ V，试画出 u_i 与 u_o 的波形。设二极管正向导通电压可忽略不计。

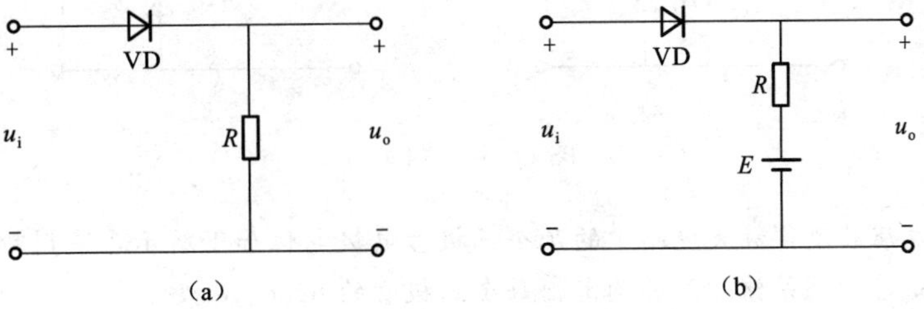

图1-30　题1图

2. 写出图1-31所示各电路的输出电压值，设二极管导通电压 $U_D=0.7$ V。

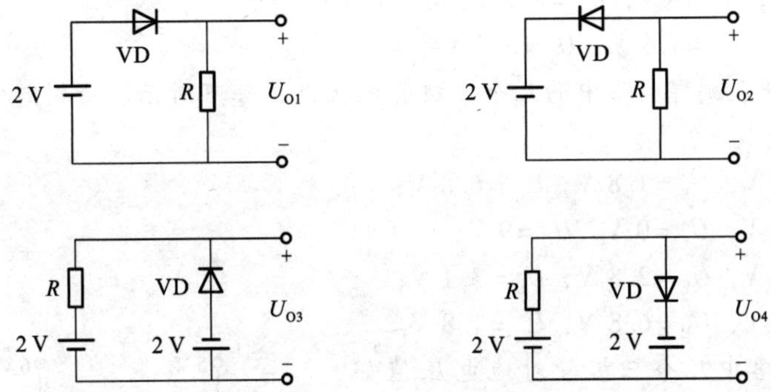

图1-31　题2图

3. 在图1-32所示的电路中，已知 $u_i=10\sin\omega t$ V，电源 $E=5$ V，二极管的正向压降和反向电流均忽略不计，试分别画出输出电压 u_o 的波形。

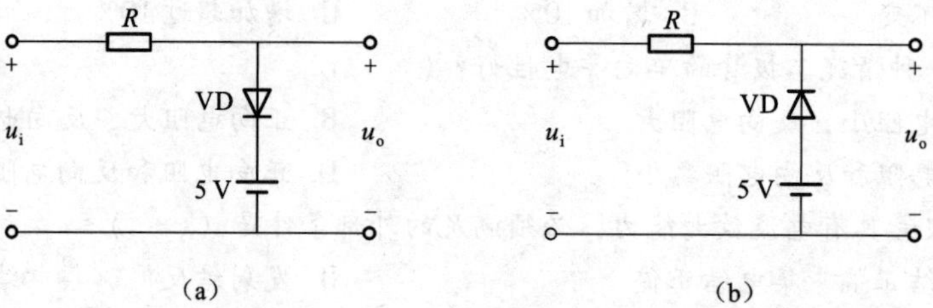

图 1-32　题 3 图

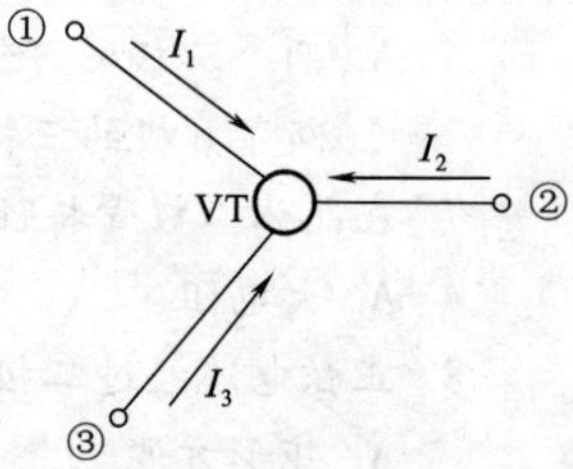

图 1-33　题 4 图

4. 在某放大电路中，三极管 3 个电极的电流如图 1-33 所示。已测量出 $I_1=-1.2$ mA，$I_2=-0.03$ mA，$I_3=1.23$ mA。由此可知：

（1）电极①是__________极，电极②是__________极，电极③是__________极。

（2）此三极管的电流放大系数 $\bar{\beta}$ 约为__________。

（3）此三极管的类型是__________型（PNP 或 NPN）。

5. 现有两个稳压管 VD_{Z1} 和 VD_{Z2}，稳定电压分别是 4.5 V 和 1.5 V，正向压降都是 0.5 V，试求图 1-34 各电路中的输出电压 u_o。

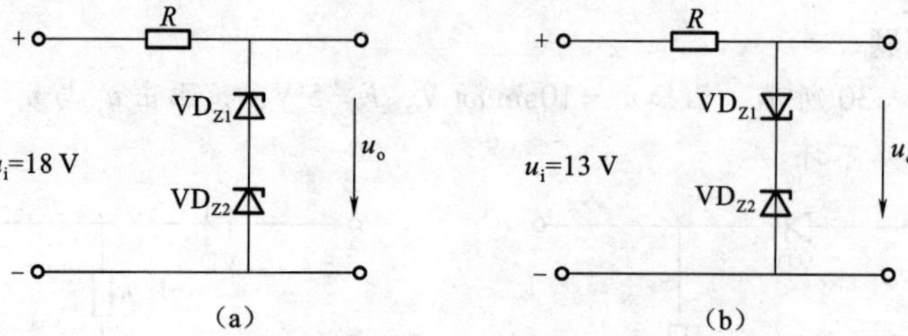

图 1-34　题 5 图

6. 用直流电压表测得放大电路中的几个三极管电极电位如下所示。请判断它们是 NPN 型还是 PNP 型？是硅管还是锗管？并确定出每个三极管的 b、c、e 极。

（1）$U_1=2.8$ V，$U_2=2.1$ V，$U_3=10$ V；

（2）$U_1=2.9$ V，$U_2=2.6$ V，$U_3=7$ V；

（3）$U_1=4$ V，$U_2=8$ V，$U_3=8.7$ V；

（4）$U_1=7$ V，$U_2=7.3$ V，$U_3=3.7$ V。

7. 用直流电压表测得电路中的几个三极管电极电位如下所示。请判断它们的工作状态，是放大、饱和还是截止？

（1）$U_B=2.5$ V，$U_E=1.8$ V，$U_C=6.8$ V；

（2）$U_B=-5$ V，$U_E=0$ V，$U_C=9$ V；

（3）$U_B=3.5$ V，$U_E=2.8$ V，$U_C=3.1$ V；

（4）$U_B=6.1$ V，$U_E=6.8$ V，$U_C=1.8$ V。

8. 已测得电路中几个三极管对地电压值如图 1-35所示，其中 NPN 型为硅管，PNP 型为锗管，指出其工作状态（放大、截止、饱和）。

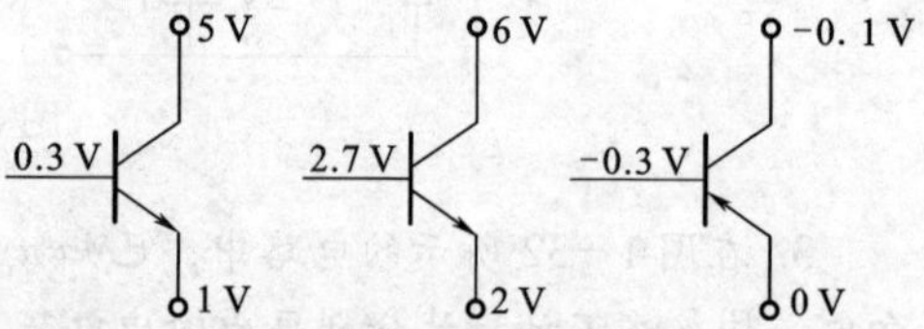

图 1-35　题 8 图

9. 已知某三极管，当 $I_B=10$ μA 时，有 $I_C=1.1$ mA，当 $I_B=20$ μA 时，有 $I_C=2$ mA，问 $I_B=$

40 μA 时，I_C 值多少？

10. 有两个三极管，一个三极管的 $\beta = 150$，$I_{CBO} = 2\ \mu A$；另一个三极管的 $\beta = 50$，$I_{CBO} = 0.5\ \mu A$，其他参数大致相同，试问在放大应用时，选用哪一个管比较合适？

11. 已知某三极管的极限参数 $P_{CM} = 1.0\ W$，$I_{CM} = 100\ mA$，$U_{(BR)CEO} = 80\ V$，请判断以下哪几种情况三极管是处于安全工作区。

（1）$I_C = 20\ mA$，$U_{CE} = 30\ V$；

（2）$I_C = 60\ mA$，$U_{CE} = 25\ V$；

（3）$I_C = 5\ mA$，$U_{CE} = 100\ V$；

（4）$I_C = 150\ mA$，$U_{CE} = 3\ V$。

12. 已知 NPN 型三极管的输入、输出特性曲线如图 1－36 所示，当

（1）$U_{BE} = 0.7\ V$，$U_{CE} = 6\ V$，求 I_C；

（2）$I_B = 50\ \mu A$，$U_{CE} = 5\ V$，求 I_C；

（3）$U_{CE} = 6\ V$，U_{BE} 从 0.7 V 变到 0.75 V 时，求 I_B 和 I_C 的变化量，并求此时的 β。

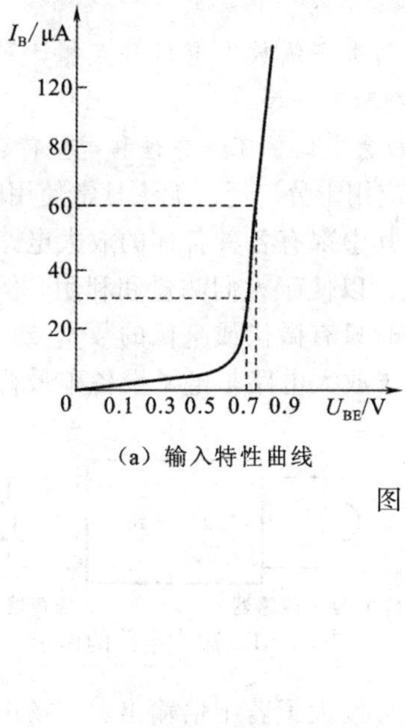

（a）输入特性曲线

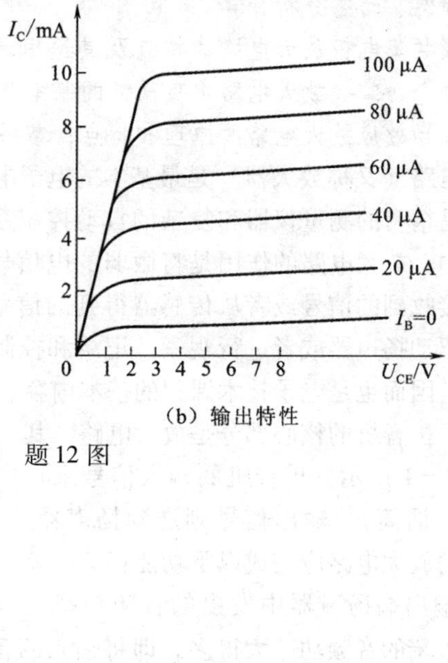

（b）输出特性

图 1－36 题 12 图

第2章 交流放大电路

学习目标

- 掌握信号放大的概念；掌握共发射极基本放大电路的组成及各部分的作用；掌握基本共发射极单管放大器的静态、动态分析方法；掌握分压式偏置的共发射极放大器电路的静态、动态分析计算。
- 掌握共集电极放大电路的特点及其适用场合；熟悉多级放大电路特点和计算；掌握反馈概念；掌握放大电路中负反馈的基本类型和判断方法。
- 掌握场效应放大电路的原理和特点；掌握差分放大电路的工作原理和类型特点。

放大电路（又称放大器）是最基本的电子电路，应用十分广泛，无论日常使用的收音机、扩音器还是精密的测量仪器和复杂的自动控制系统，其中都有各种各样的放大电路，在这些电子设备中，放大电路的作用是将微弱的电信号放大，以便于人们测量和利用。例如，从收音机天线接收到的信号或者从传感器得到的信号，有时只有微伏或毫伏的数量级，必须经过放大才能驱动扬声器或者进行观察、记录和控制。由于放大电路是电子设备中最普遍的一种基本单元，因而也是电子技术课程的基本内容。

例如，扩音机的核心部分是放大电路，其组成如图2-1所示。扩音机的输入信号来自于传声器（话筒），输出信号则送到扬声器。扩音机里的放大电路应完成以下功能：

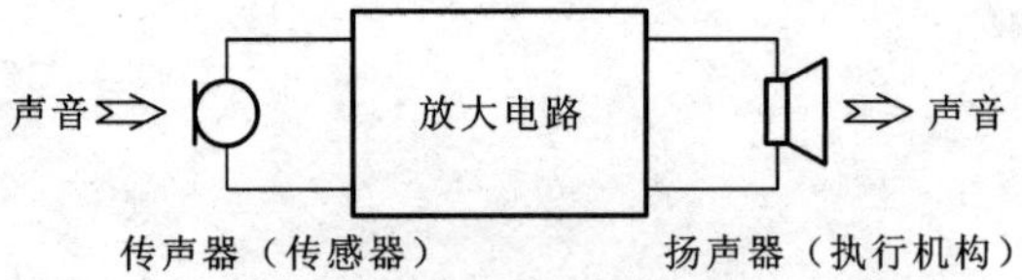

图2-1　放大电路的作用

（1）输出端扬声器中发出的音频功率一定要比输入端的音频功率大得多，即将输入的音频信号放大了若干倍输出。而扬声器所需的能量是由外接电源供给的，话筒送来的输入信号只起着控制输出较大功率的作用。

（2）扬声器中音频信号的变化必须与话筒中音频信号的变化一致，即不能失真。

2.1　放大电路的组成和基本工作原理

2.1.1　共发射极基本放大电路

1. 共发射极放大电路的组成

一个放大电路通常由输入信号源、放大元件、直流电源、相应的偏置电路以及输出负载组成。在一般的放大电路中，有两个端点与输入信号相接，而由另两个端点引出输出信号。所以放大电路是一个四端网络。作为放大电路中的晶体管，只有3个电极。因此，必有一个电极作为输入、输出电路的公共端。根据输入回路和输出回路共用的电极不同，由单个晶体管构成的基本放大电路可有3种**组态**，即**共发射极放大电路**、**共集电极放大电路**和**共基极放大电路**。

图2-2所示为共发射极基本放大电路。共发射极放大电路，其输入信号和输出信号的公共端为发射极。公共端在图中的符号“⊥”称为**接地**，它并不是真正接到大地的“地”电位，而是表示电路中的参考零电位。

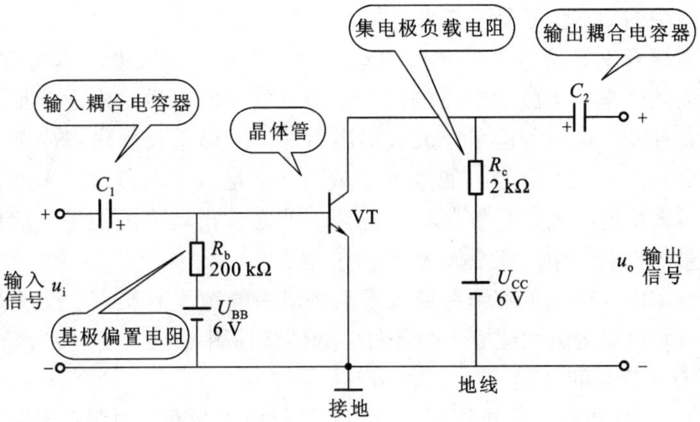

图2-2　共发射极基本放大电路

晶体管放大电路要完成对信号放大的任务，首先要设法让晶体管工作于线性放大区。因此图中所加两个电源要保证发射结正向偏置和集电结反向偏置。然后再设法将待放大的输入信号 u_i 加到晶体管的发射结上，使晶体管的发射结电压 u_{BE} 随着 u_i 变化而变化。

在放大电路的输出端，再将经晶体管放大了的集电极电流信号 Δi_C 转化为输出电压 u_o。它的发射极是输入信号和输出信号的公共端，u_i 是放大电路的输入电压，u_o 是输出电压。为分析方便，通常规定：电压的正方向是以公共端为负端，其他各点为正端。此电路称为共发射极放大电路，简称**共射放大电路**。

2. 电路中各元件的作用

晶体管 VT：电路核心元件。起电流放大作用，用基极电流 i_B 控制集电极电流 i_C。

直流电源 U_{CC}：提供电路所需的能量，保证发射结正向偏置和集电结反向偏置，使晶体管处于放大状态。U_{CC}一般在几伏至十几伏之间，使用时要注意电源的负极要接公共“地”。

偏置电阻 R_b：它与直流电源 U_{CC}一起为晶体管提供合适的基极电流 I_B（直流分量），其阻值一般为几百千欧至几兆欧。

集电极负载电阻 R_c：把晶体管集电极电流 i_C 的变化转换为电压（$i_C R_c$）的变化，从而使晶体管电压 u_{CE}发生变化，经耦合电容器 C_2 获得输出电压 u_o。其阻值一般为几千欧。

耦合电容器 C_1、C_2：放大电路中既有直流又有交流，它们有“隔直、通交”的作用。“隔直”是指利用电容器对直流开路的特点，隔离信号源、放大电路、负载之间的直流联系，以保证它们的直流工作状态相互独立，互不影响。“通交”是指利用电容器对交流近似短路的特点（要求 C_1、C_2 的电容量足够大），使交流信号能顺利地通过它。图2-2中 C_1、C_2 是有极性的电解电容器，连接时要注意极性。

图2-3所示是共发射极基本放大电路的简便画法。两个电源可以合并为一个。R_L 为负载电阻。

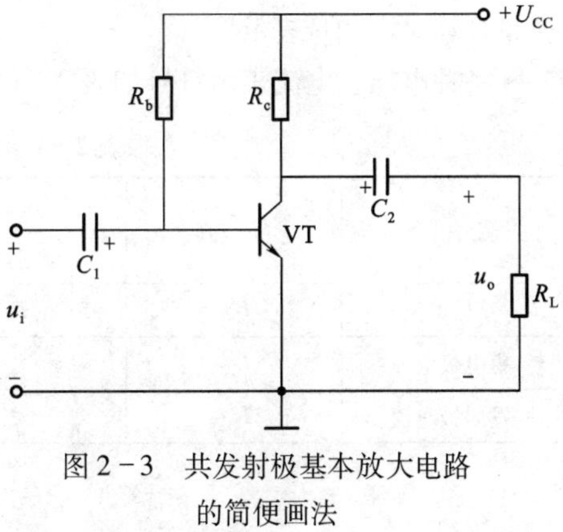

图2-3　共发射极基本放大电路的简便画法

2.1.2 放大的本质与电路中符号表示

1. 放大的本质

电子电路中放大对象是动态信号，为了分析方便，一般用正弦波信号来代表，这样便于分析和计算，实际中的动态信号是千变万化的。

所谓放大，表面看来是将信号的幅度由小增大，但是，放大电路本身并不能放大能量，实际上负载得到的能量来自于放大电路的供电电源，放大的本质是实现能量的控制，放大电路的作用只不过是控制了电源的能量，放大输出后的信号形态及变化规律要和输入的信号保持一致，不能失真。由于输入信号的能量过于微弱，不足以带动负载，因此，需要另外提供一个能源，由能量较小的输入信号控制这个能源，使之输出较大的能量，然后带动负载，这种小能量对大能量的控制作用，就是放大作用的本质。

从以上元件介绍中，初步了解到在放大电路中既有直流又有交流。交流量就是需要放大的变化信号，直流量就是为放大建立平台条件，起铺垫作用。

2. 放大器中有关符号的规定

当交流信号 u_i 作用于图 2-3 电路时，我们以基极电流为例，说明在电路中电流电压的波形及表示符号。

直流分量：用大写字母带大写下标符号来表示。例如，基极直流电流用 I_B 表示。

交流分量：即动态信号，用小写字母带小写下标符号来表示。例如，基极交流电流用 i_b 表示。

交流、直流叠加量：是瞬时值，用小写字母带大写下标符号来表示。例如，基极总电流用 i_B 表示。

(1) 直流分量：如图 2-4（a）所示的波形，是基极直流电流，用 I_B 表示。在直流分析中为显示静态特点，也用 I_{BQ}表示。

(2) 交流分量：如图 2-4（b）所示的波形，是基极交流电流，用 i_b 表示。

(3) 总变化量：如图 2-4（c）所示的波形，是交流电流和直流电流叠加后形成的，用 i_B 表示基极总电流：

$$i_B = I_B + i_b$$

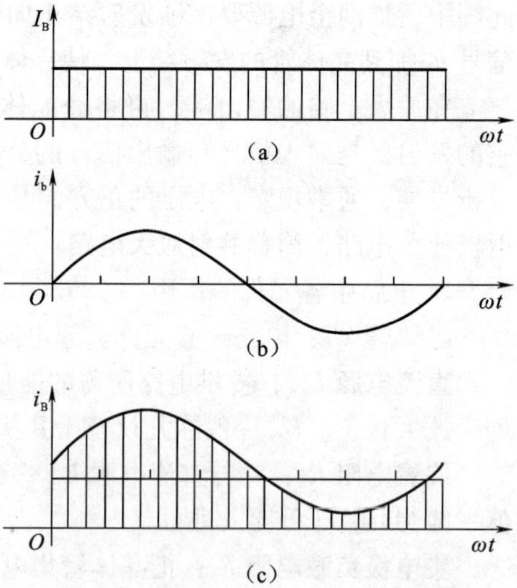

图 2-4　交流分量、直流分量波形

另外，在列式计算时也常用到有效值，或将正弦量计算时用相量表示。

各种电压、电流表示符号如表 2-1 所示。

表 2-1　各种电压、电流表示符号

名　称	静态值	正弦交流分量		总电流或电压	直流电源
		瞬时值	有效值	瞬时值	对地电压
基极电流	I_{BQ}	i_b	$\dot{I}_b$	i_B	
集电极电流	I_{CQ}	i_c	$\dot{I}_c$	i_C	
发射极电流	I_{EQ}	i_e	$\dot{I}_e$	i_E	

续表

名　　称	静态值	正弦交流分量		总电流或电压	直流电源
		瞬时值	有效值	瞬时值	对地电压
集-射极电压	U_{CEQ}	u_{ce}	$\dot{U}_{ce}$	u_{CE}	
基-射极电压	U_{BEQ}	u_{be}	$\dot{U}_{be}$	u_{BE}	
集电极电源					U_{CC}
基极电源					U_{BB}
发射极电源					U_{EE}

2.2　放大电路的静态分析

放大电路没有动态输入信号（$u_i=0$）时的工作状态称为**静态**，此时电路中的电压、电流是不变的直流，称为**静态值**。所谓静态分析就是求出静态值 I_{BQ}、I_{CQ}和 U_{CEQ}。由于这组数值分别与晶体管输入、输出特性曲线上一点的坐标值相对应，故常称这组数值为**静态工作点**，用 Q 表示。

静态情况下放大器各直流电流的通路称为放大器的**直流通路**。画直流通路的原则是：电容器开路，电感器短路。静态工作点 Q 是由直流通路决定的。

2.2.1　用估算法计算静态工作点

待求直流电流和电压是 I_{BQ}、I_{CQ}、U_{CEQ}，放大电路如图 2－5 所示。

由于电路中只有直流量，耦合电容器 C_1、C_2 对直流开路，因此可画出如图 2－6 所示的**直流通路**。

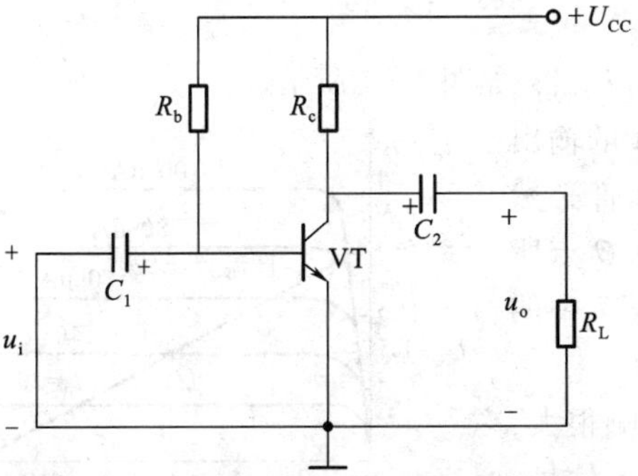

图 2－5　没有输入信号时的基本放大电路

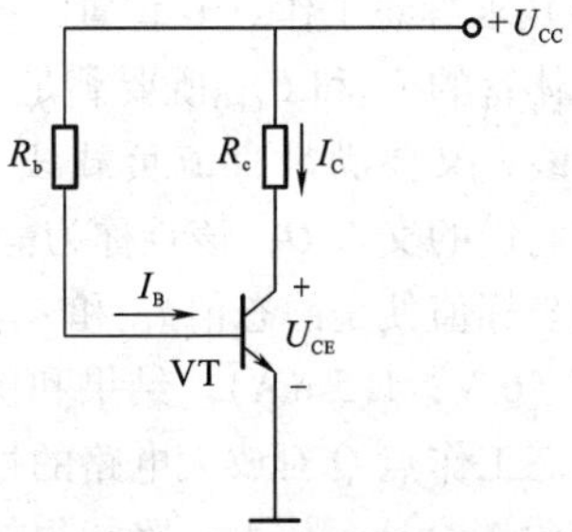

图 2－6　直流通路

静态基极电流 I_{BQ}很重要，I_{BQ}确定了放大电路的直流工作状态，通常称为**偏置电流**，简称**偏流**，产生偏流的电路，称为**偏置电路**。R_{BQ}称为**偏置电阻**。

由图 2－6 得

$$I_{BQ}=\frac{U_{CC}-U_{BEQ}}{R_b}\approx\frac{U_{CC}}{R_b}$$

式中，U_{BEQ}远小于 U_{CC}，可忽略不计。

由上式可见，当 U_{CC}、R_b固定后，I_{BQ}也固定下来，因此图 2－5 所示电路又称固定偏置的共发射极放大电路。

静态集电极电流 $$I_{CQ}=\beta I_{BQ}$$

集-射极电压 $$U_{CEQ}=U_{CC}-I_{CQ}R_c$$

由上述 3 个公式求得的 I_{BQ}、I_{CQ} 和 U_{CEQ} 值即是静态工作点 Q。

【例 2-1】 在图 2-5 所示的基本共发射极放大电路中，已知晶体管的 $U_{CC}=12\ \text{V}$，$\beta=37.5$，$R_b=300\ \text{k}\Omega$，$R_c=4\ \text{k}\Omega$，$R_L=4\ \text{k}\Omega$，试用估算法求出静态工作点。

解：图 2-5 所示电路的直流通路如图 2-6 所示。由直流通路可计算出

$$I_{BQ}\approx\frac{U_{CC}}{R_b}=\frac{12\ \text{V}}{300\ \text{k}\Omega}=0.04\ \text{mA}=40\ \mu\text{A}$$

$$I_{CQ}=\beta I_{BQ}=37.5\times0.04\ \text{mA}=1.5\ \text{mA}$$

$$U_{CEQ}=U_{CC}-I_{CQ}R_c=12\ \text{V}-1.5\ \text{mA}\times4\ \text{k}\Omega=6\ \text{V}$$

2.2.2 图解法求静态工作点

除了用上述估算法计算电路的静态值之外，还可以用图解的方法求解。由于输入特性不易准确得到图解。静态的图解分析主要是针对输出回路的图解。

设晶体管的输出特性曲线如图 2-7 所示，图解法步骤如下：

（1）用计算法求出基极电流 I_{BQ}（如例 2-1 中为 40 μA）。

（2）根据 I_{BQ} 在输出特性曲线上找到对应的 I_{CQ} 曲线。

（3）作直流负载线。

由 $u_{CE}=U_{CC}-i_CR_c$ 整理得 $i_C=\dfrac{U_{CC}}{R_c}-\dfrac{u_{CE}}{R_c}$。

显然，该方程反映到输出特性图上为过 $\left(0,\ \dfrac{U_{CC}}{R_c}\right)$ 和（U_{CC}，0）两点的一条直线，其斜率为 $-\dfrac{1}{R_c}$，与 R_c 有关，称为直流负载线。

（4）求静态工作点 Q 位置，并确定 I_{CQ} 和 U_{CEQ}，如图 2-7 所示。

晶体管的 I_{CQ} 和 U_{CEQ} 既要满足 $I_{BQ}=40\ \mu\text{A}$ 的输出特性曲线，又要满足直流负载线，因而晶体管必然工作在它们的交点 Q，该点称为**静态工作点**。Q 点所对应的坐标值便是静态值 I_{CQ} 和 U_{CEQ}，如图 2-7 中的交点 Q（6 V，1.5 mA）。结果和例 2-1 一致。

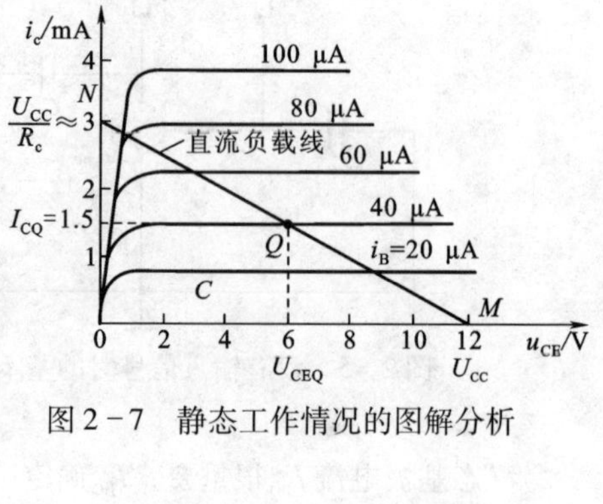

图 2-7 静态工作情况的图解分析

静态工作点 Q 对放大电路的性能指标影响很大，若 Q 点设置合适，放大电路能很好地放大输入信号，否则电路不能正常工作。在后面将要介绍的多级放大电路、运算放大器和振荡器等电路中，也需要设置静态工作点。

2.3 放大电路的动态分析

当放大电路加上输入信号时，即 $u_i\neq0$，晶体管各电极上的电流和电压都含有直流分量和交流分量。直流分量可由静态分析来确定，而交流分量（信号分量）是通过放大电路的动态

分析来求解的。**微变等效电路法**和**图解法**是动态分析的两种基本方法。

为分析放大电路的动态工作情况，计算放大电路的放大倍数，要按交流信号在电路中流通的路径画出**交流通路**。对频率较高的交流信号，放大电路中的耦合电容器、旁路电容器画交流通路时都视为短路；直流电源由于内阻很小，对交流信号也视为短路。图 2－8 所示为图 2－5 基本放大电路的交流通路。

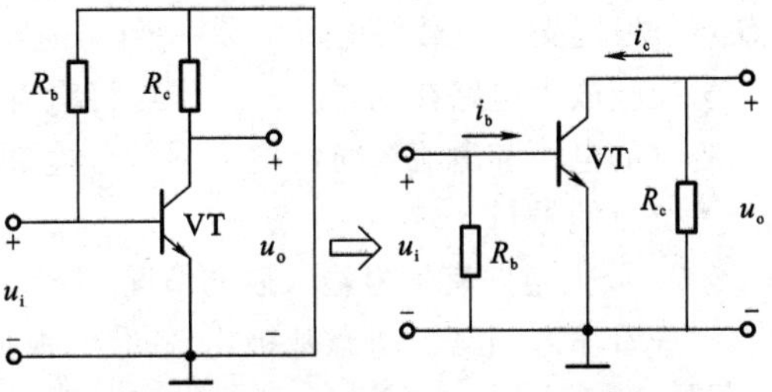

图 2－8　基本放大电路的交流通路

2.3.1　放大电路的图解分析法

应用晶体管的输入、输出特性，通过作图的方法来分析放大电路的工作性能，称为**图解法**。图解法形象直观，对建立放大概念，理解放大电路的原理很有帮助。

1. 交流负载线的引入

前面讲过，静态工作点的确定，可以通过画出直流负载线来求得，在输出特性曲线上找到直流负载线和 $i_B\left(=\dfrac{U_{CC}-u_{BE}}{R_b}\right)$ 的交点 Q，这便是静态工作点。直流负载线的斜率是 $-\dfrac{1}{R_c}$。

静态工作点 Q 的坐标，即 Q（U_{CEQ}，I_{CQ}），反映了放大电路无信号输入时的直流值。

加上动态信号后，就要引入交流负载线。这时放大电路的实际工作点是动态的，将沿交流负载线变化。

所谓交流负载线是交流动态信号 Δi_C 与 Δu_{CE} 之间的关系曲线。交流负载线表现也为一条直线，且满足关系

$$\frac{\Delta u_{CE}}{\Delta i_C}=-R'_L$$

R'_L 即为交流通路中，接在晶体管集－射极之间的交流等效电阻，$R'_L=R_c//R_L$，如图 2－9（a）所示。交流负载线的斜率是 $-\dfrac{1}{R'_L}$。比较两个负载线的斜率，$R'_L=R_c//R_L$ 数值上小于 R_c，因此交流负载线比直流负载线更陡些，如图 2－9（b）所示。

直流负载线与横轴方向的夹角是 $\alpha=\arctan\left(-\dfrac{1}{R_c}\right)$。

交流负载线与横轴方向的夹角是 $\alpha'=\arctan\left(-\dfrac{1}{R'_L}\right)$（$R'_L=R_c//R_L$）。

注意，在没有加上负载时，R_L 相当于无穷大，交流负载线与直流负载线是重合的。

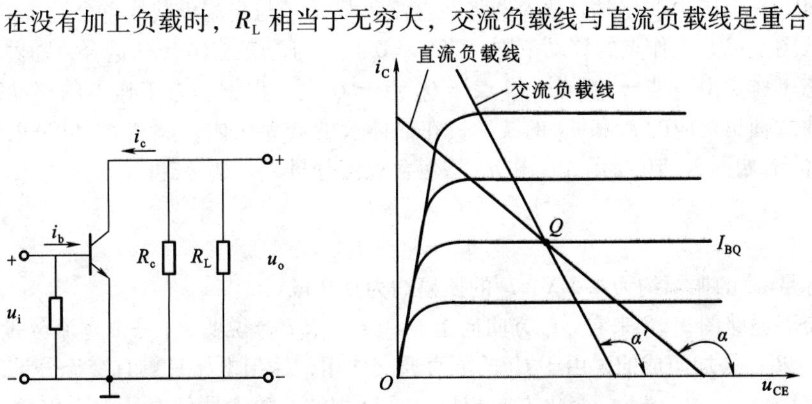

图 2－9　交流负载线和直流负载线

因为当输入信号为零时，放大电路工作在静态工作点 Q 上，所以交流负载线必定要通过 Q 点。根据交流负载线的斜率和一个已知点 Q 的坐标，便可以将交流负载线画出。

交流放大电路在动态时，工作点将沿着交流负载线、以静态工作点 Q 为中心而变化。电路各处的电压和电流瞬时值均为两部分叠加而成。一部分为直流量，即静态工作点；另一部分为交流信号量。

2. 放大电路有信号输入后的情况

先看输入回路，动态基极电流 i_b 可根据输入信号电压 u_i，从晶体管的输入特性上求得（见图 2－10）。

设输入信号电压 $u_i = 20\sin\omega t$ mV，根据静态时 $I_{BQ} = 40$ μA，当送入信号后，加在 e、b 极间的电压是一个在（700 ± 20）mV 范围内变化的脉动电压 u_{BE}，$u_{BE} = U_{BE} + u_i$，其最小值为 $U_{BE} - u_{im}$，最大值为 $U_{BE} + u_{im}$，由它而产生的基极电流 i_B 是一个在 20 ~ 60 μA 范围内变化的脉动电流，该脉动电流由两个分量组成，$i_B = i_b + I_B$，即直流分量 I_B 和交流分量 i_b。交流分量的振幅是 20 μA。

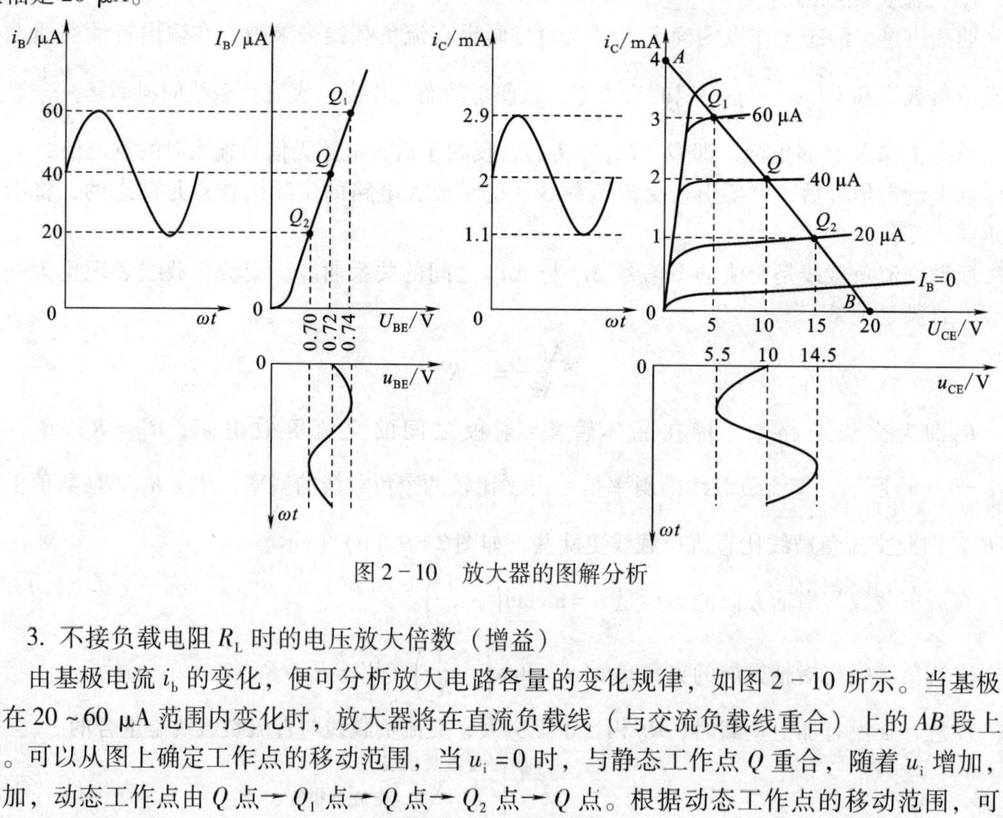

图 2－10　放大器的图解分析

3. 不接负载电阻 R_L 时的电压放大倍数（增益）

由基极电流 i_b 的变化，便可分析放大电路各量的变化规律，如图 2－10 所示。当基极电流在 20 ~ 60 μA 范围内变化时，放大器将在直流负载线（与交流负载线重合）上的 AB 段上工作。可以从图上确定工作点的移动范围，当 $u_i = 0$ 时，与静态工作点 Q 重合，随着 u_i 增加，i_B 增加，动态工作点由 Q 点→ Q_1 点→ Q 点→ Q_2 点→ Q 点。根据动态工作点的移动范围，可由输出特性曲线画出对应的 i_C 和 u_{CE} 的波形，在晶体管的放大区内，i_C 和 u_{CE} 也是正弦波，这时 i_C 与 u_{CE} 的波形如图 2－10 所示，i_C 和 u_{CE} 均包含直流分量 I_C、U_{CE}。可表示为

$$i_C = i_c + I_C$$

$$u_{CE} = u_{ce} + U_{CE}$$

交流分量 u_{ce} 的振幅约为 4.5 V，i_c 的振幅约为 0.9 mA。

结合交流通路图 2－8 来看，i_c 方向向上，$u_{ce} = -R_c i_c$，说明 u_{CE} 是由直流分量 U_{CE} 和交流分量 $u_{ce} = -R_c i_c$ 叠加而成的，由于 C_2 的隔直通交作用，输出电压只剩有交流分量，即 $u_o = u_{ce} = -R_c i_c$。注意，i_b 和 i_c 与 u_{ce} 变化方向相反，是反相的。放大器的电压放大倍数（增益）为

输出与输入的振幅之比

$$\dot{A}_u=\frac{u_{\text{cem}}}{u_{\text{im}}}=-\frac{4.5}{0.02}=-225$$

电压放大倍数是放大电路的主要指标，负号是表示同一时刻输入与输出反相。

4. 接入负载电阻 R_{L} 时的电压放大倍数

接入 R_{L} 后，总负载电阻是 R_{c} 并联 R_{L}，并联后的等效电阻为 R'_{L}，这时应该确定新的交流负载线。新交流负载线与横轴方向的夹角为

$$\alpha'=\arctan\left(-\frac{1}{R'_{\text{L}}}\right)\qquad(R'_{\text{L}}=R_{\text{c}}//R_{\text{L}})$$

新的交流负载线比不带负载时更陡（见图2-11）。

因为当输入信号为零时，放大电路工作在静态工作点 Q 上，所以交流负载线必定要通过 Q 点。根据交流负载线的斜率和一个已知点 Q 的坐标，便可以将交流负载线 CD 画出，如图2-11所示。从图中得 u_{ce} 的振幅为2.8 V，所以带负载后电压放大倍数为

$$\dot{A}'_u=-\frac{2.8}{0.02}=-140$$

显然比不带负载时的 $\dot{A}_u$ 值小，这与理论推断的结果一致。

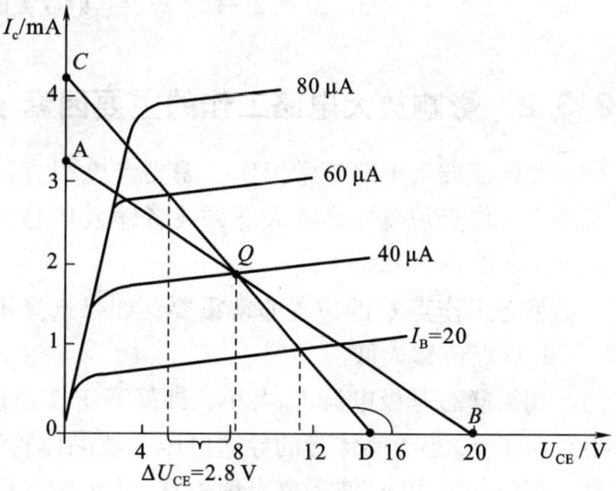

图2-11　交流负载线（带负载）

综上所述，关于图解分析可以总结出以下几点：

（1）在静态值合适和输入信号满足小信号的条件下，当输入信号 u_{i} 为正半周时，交流基极电流 i_{b} 和交流集电极电流 i_{c} 也为正半周，但交流输出电压 u_{ce} 为负半周，即 i_{b}、i_{c} 与输入信号同相，u_{ce} 与输入信号反相，所以说单管共发射极放大电路具有倒相作用。

（2）从图2-10可以看出，输出电压 u_{CE} 的直流分量 U_{CE} 没变化，只有交流分量 u_{ce} 被放大了许多。所以说晶体管的放大作用是对输出的交流分量，而不包括输出的直流分量。

（3）带负载后，交流负载线变陡，动态范围减小，$\dot{A}_u$ 比空载时下降。

图2-12所示是单管共射放大电路各点工作波形。除了幅度放大，还要注意相位变化。

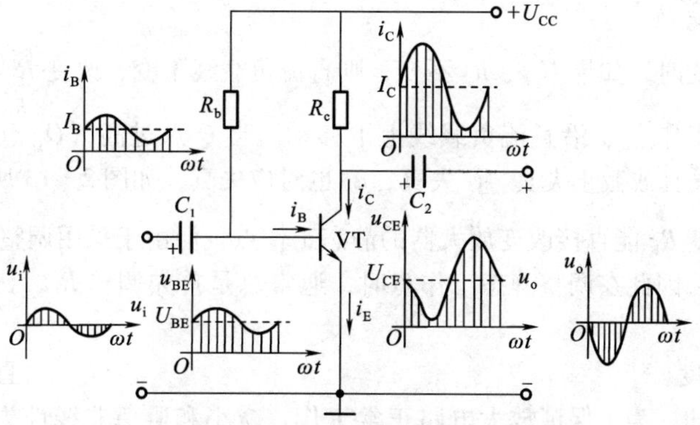

图2-12　单管共射放大电路各点工作波形

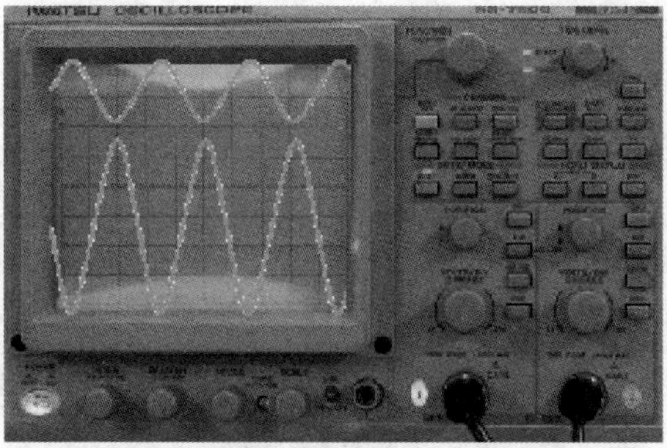

图 2 - 12　单管共射放大电路各点工作波形（续）

2.3.2　影响放大电路工作的主要因素

要保证放大电路正常工作，需要考虑很多因素，首先必须保证晶体管工作在线性区。如果静态工作点位置太高或太低，或者输入信号幅值太大，都可能会因为晶体管进入非线性区而产生非线性失真。

静态工作点 Q 的位置非常重要，如果选择不合适，会直接影响放大电路的工作。

1. Q 点位置太低

如果静态基极电流 I_{BQ} 太小，即静态工作点位置 Q 太低，当输入正弦信号时，在信号的负半周由于 u_{BE} 小于晶体管的导通电压，使晶体管工作在截止区，则 i_b 波形的负半周出现削波失真，相应的 i_c 和 u_{ce} 波形也出现失真，如图 2 - 13（a）所示。需要注意的是由于 u_{ce} 与 i_b、i_c 反相，所以 i_b、i_c 是波形的负半周失真，而 u_{ce} 是波形的正半周失真。

这种失真是因为静态工作点太低，使晶体管工作在截止区形成的，所以又称**截止失真**。

2. Q 点位置太高

如果静态基极电流 I_{BQ} 太大，即静态工作点位置 Q 太高，当输入正弦信号时，在信号的正半周使晶体管进入饱和区工作。此时 i_b 波形可能不出现失真，但由于在饱和区晶体管已经失去了放大作用，虽然 i_b 增加，i_c 不再增加，其波形正半周出现失真。相应的 u_{ce} 波形负半周出现失真，如图 2 - 13（b）所示。需要注意的是 i_c 是波形的正半周失真，而 u_{CE} 是波形的负半周失真。

这种失真是因为静态工作点太高，使晶体管工作在饱和区形成的，所以又称**饱和失真**。

3. R_b 的重要影响

在其他条件不变时，如果 U_{CC}、R_c 不变，则直流负载线不变，改变 R_b 时，$I_{BQ}=\dfrac{U_{CC}-U_{BEQ}}{R_b}$ 改变，这就使静态工作点 Q 沿直流负载线上下移动。当 Q 点过高（Q_1 点）或过低（Q_2 点）时，i_c 将产生饱和失真或截止失真。i_c 失真，u_{ce} 也对应失真，如图 2 - 13 所示。

综上所述，改变 R_b 能直接改变放大器的静态工作点。但由于采用调整 R_b 的方法来调整静态工作点最为方便，因此在调整静态工作点时，通常总是首先调整 R_b，比如，要消除截止失真就要减小 R_b。

4. 输入信号幅度

由以上分析可知，为了保证放大电路正常工作，减小和避免非线性失真，除了合理地设置静态工作点 Q 的位置，还需要适当限制输入信号的幅值。如果输入信号的幅值过大，超出放大区范围，会同时出现产生饱和失真和截止失真（**双向失真**）。任何状态下，不失真的最大输出称为放大电路的**动态范围**。通常情况下，静态工作点宜选择在交流负载线的中点附近，这时动态范围最大。

用图解法分析放大电路的工作情况，优点是直观、易于理解，缺点是比较烦琐、误差较大，而且必须精确画出晶体管的特性曲线。所以一般分析放大电路的静态工作情况常用估算法，分析放大电路的动态工作情况则常用下述的微变等效电路法。

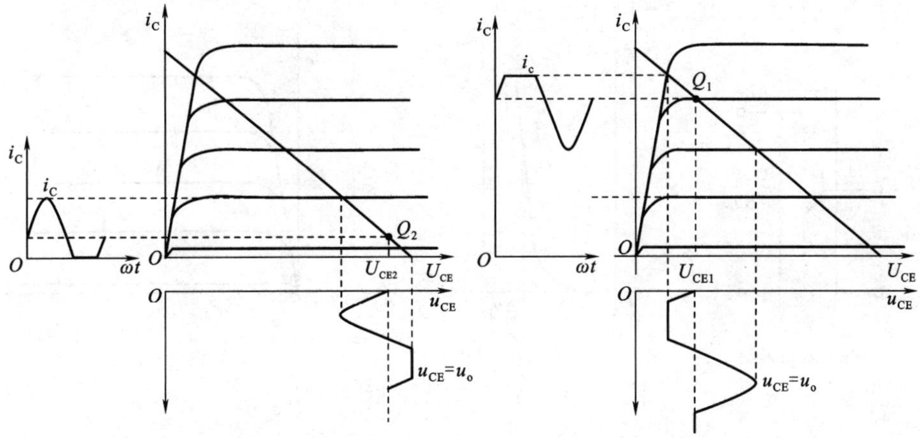

（a）截止失真　　（b）饱和失真

图 2-13　静态工作点选择不当引起的失真

2.3.3　放大电路的微变等效电路分析法

微变等效电路分析法是一种线性化的分析方法，它的基本思想是把晶体管用一个与之等效的线性电路来代替，从而把非线性电路转化为线性电路，再利用线性电路的分析方法进行分析。当然，这种转化是有条件的，这个条件就是“**微变**”，即变化范围很小，小到晶体管的特性曲线在 Q 点附近可以用直线代替。这里的“**等效**”是对晶体管的外电路而言的，用线性电路代替晶体管之后，端口电压、电流的关系并不改变。由于这种方法要求变化范围很小，因此，输入信号只能是小信号，一般要求 u_{be} 不大于几十毫伏。这种分析方法只能分析放大电路的动态。

1. 晶体管的线性化电路模型

如何把晶体管线性化，用一个等效电路来代替，可从共发射极接法晶体管的输入特性和输出特性两方面来分析讨论。

（1）输入回路。设晶体管的基极与发射极之间加交流小信号 Δu_{BE}，产生的基极电流为 Δi_B，经晶体管放大后，输出集电极电流为 Δi_C，集-射极电压为 Δu_{CE}。

当晶体管输入回路仅有很小的输入信号时，Δi_B 只能在静态工作点附近作微量变化。晶体管的输入特性曲线如图 2-14（b）所示，在 Q 点附近基本上是一段直线，此时晶体管输入回路可用一等效电阻代替。Δu_{BE} 和 Δi_B 成正比，其比值为一常数，用 r_{be} 表示。

$$r_{be}=\frac{\Delta u_{BE}}{\Delta i_B}\bigg|_{u_{CE}=常数}=\frac{u_{be}}{i_b}\bigg|_{u_{ce}=0}$$

r_{be} 反映了晶体管工作区间对微小信号的等效电阻，称为晶体管的输入电阻。需要注意的是，r_{be} 是对变化信号的电阻，是交流电阻。它的估算公式为

$$r_{be} \approx 300 + (1+\beta)\ \frac{26\ (\mathrm{mV})}{I_{EQ}\ (\mathrm{mA})}$$

式中　I_{EQ}——发射极静态电流，mA。

对于小功率晶体管，当 I_{EQ} =（1～2）mA 时，r_{be}约为 1 kΩ。

（2）输出回路。当晶体管输入回路仅有微小的输入信号时，可以认为输出特性曲线是一组互相平行且间距相等的水平线。所谓平行且间距相等，是指变化相同的数值时，输出特性曲线平移相等的距离，如图 2－14（c）所示。

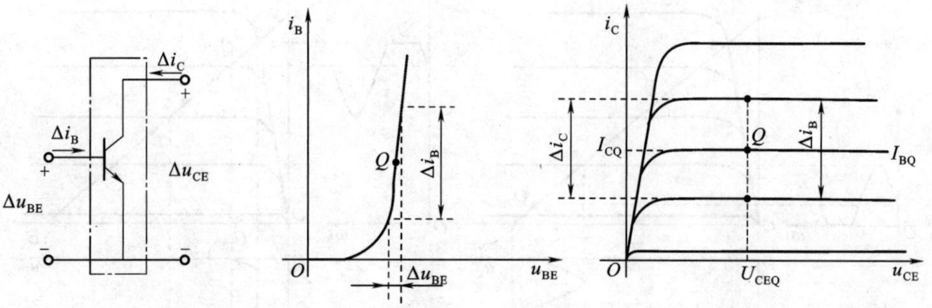

（a）双口网络　　（b）输入特性　　（c）输出特性

图 2－14　晶体管的特性曲线线性化

在这种情况下，晶体管的 β 值是一常数，集电极电流变化量 Δi_C 和集-射极电压 Δu_{CE} 无关，仅由 Δi_B 大小决定。所以晶体管输出回路相当于一个受控制的恒流源。

将恒流源 $\beta\Delta i_B$ 代入晶体管的输出回路，就可以得到输出电路的微变等效电路。晶体管整体等效电路模型如图 2－15 所示。

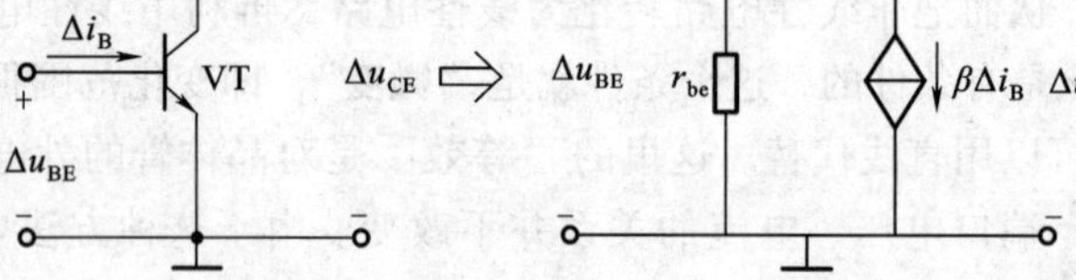

（a）　　（b）

图 2－15　晶体管整体等效电路模型

2. 放大电路的微变等效电路

用微变等效电路法分析放大电路时，需先画出放大电路的微变等效电路。画放大电路的微变等效电路的步骤如下：

（1）画出放大电路的交流通路。熟练之后，跳过这一步，可直接画出微变等效电路。

前面讲过，耦合电容器 C_1 和 C_2 的电容量比较大，其交流容抗很小，故用短路线取代；直流电源内阻很小也可以忽略不计，对交流分量直流电源可视为短路，如图 2－8 所示。

（2）逐个考查电路中的每一个元件的作用和在电路中的连接位置，并按上述原则处理耦合电容器、射极旁路电容器和供电电源，即可画出放大电路的微变等效电路。例如，对于图 2－16（a）所示放大电路，晶体管射极 e 接地；R_b 接在晶体管基极 b 和地之间；由于 U_{CC} 对交流信号相当于短路，而 R_c 接在晶体管集电极 c 与地之间，由于 C_1、C_2 对交流信号相当于短路，故信号源直接接在晶体管基极 b 与地之间，而负载电阻 R_L 接在晶体管集电极 c 与地之间，与 R_c 并联，再画出放大电路的偏置电阻部分。完成后如图 2－16（b）所示。

熟练之后，可直接由放大电路建立微变等效电路，可以省去画交流通路。

最后，由图 2－16（b）微变等效电路可进行动态分析，计算图 2－16（a）基本放大电路的技术指标。

3. 技术指标的计算

（1）电压放大倍数。$\dot{A}_u$ 反映了放大电路对电压的放大能力，定义为放大电路的输出电压 $\dot{U}_o$ 与输入电压 U_i 之比，即

$$\dot{A}_u=\frac{\dot{U}_o}{\dot{U}_i}$$

输入回路 $$\dot{U}_i=\dot{I}_b r_{be}$$

输出回路 $$\dot{U}_o=-\dot{I}_c R'_L=-\beta I_b R'_L$$

其中，$R'_L=R_c//R_L$，则

$$\dot{A}_u=\frac{\dot{U}_o}{\dot{U}_i}=-\frac{\dot{I}_c R'_L}{\dot{I}_b r_{be}}=-\beta\frac{R'_L}{r_{be}}$$

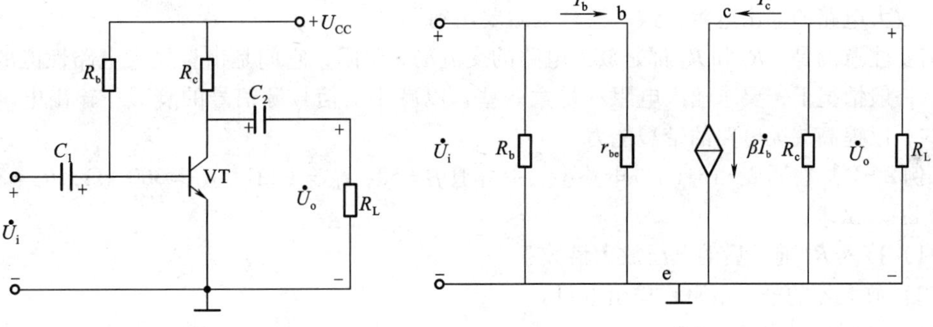

（a） （b）

图 2－16 基本放大电路的微变等效电路

与交流等效负载电阻 R'_L 成正比，其中的负号表示输出电压与输入电压相位相反。

若不接负载 R_L 时，电压放大倍数

$$\dot{A}_u=-\frac{\beta R_c}{r_{be}}$$

（2）输入电阻 R_i。R_i 是从放大电路的输入端看进去的交流等效电阻，它等于放大电路输入电压与输入电流的比值，即

$$R_i=\frac{\dot{U}_i}{\dot{I}_i}$$

R_i 反映放大电路对所接信号源（或前一级放大电路）的影响程度。如图 2－17 所示，如果把一个内阻为 R_s 的信号源 u_s 加到放大电路的输入端时，放大电路的输入电阻就是前级信号源的负载。

从放大电路的输入端看，可将放大电路和负载 R_L 一起视为一个二端口网络（见图 2－17），

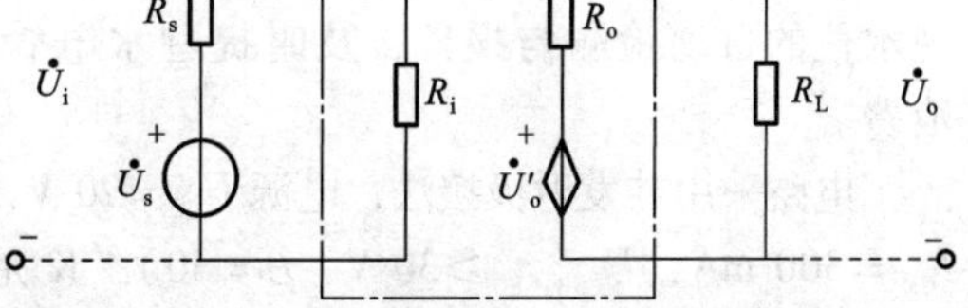

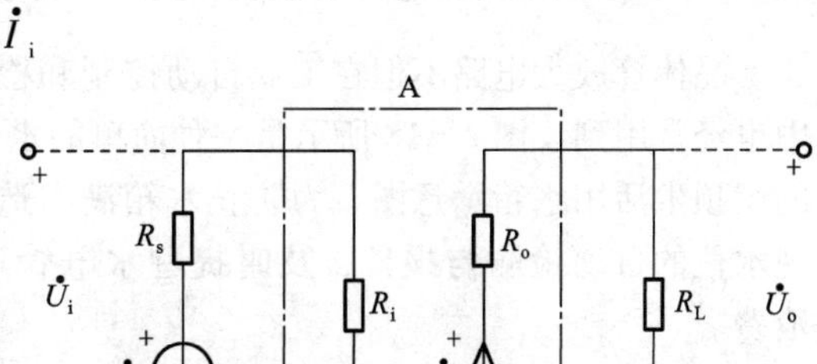

图 2－17 放大电路的输入电阻和输出电阻

二端口网络的输入端电阻即为放大电路的输入电阻，即

$$R_i = \frac{\dot{U}_i}{\dot{I}_i} = R_b // r_{be}$$

（3）输出电阻 R_o。在放大电路的输出端，将放大电路和信号源一起，视为一个二端口网络，放大电路的输出端和负载相连。如图 2－17 所示，对于负载（或后级放大电路）来说，向左看，放大电路可以看成是一个等效电阻为 R_o，等效电动势为 u_o 的电压源。因此，按照戴维南定理有

$$R_o = \left.\frac{\dot{U}_o}{\dot{I}_o}\right|_{\substack{\dot{U}_s = 0 \\ R_L = \infty}}$$

由图 2－16 得放大电路的输出电阻，从它的微变等效电路看，当 $\dot{U}_i = 0$，$\dot{I}_b = 0$ 时，此时 i_c 也为零。输出电阻是从放大电路的输出端看进去的一个电阻。故

$$R_o = R_c$$

R_o 是衡量放大电路带负载能力的一个性能指标。放大电路接上负载后，要向负载（后级）提供能量，所以，这时可将放大电路看作一个具有一定内阻的信号源，这个信号源的内阻就是放大电路的输出电阻。这一概念以后要用到。

需要注意的是，R_i 和 R_o 都是放大电路的交流动态电阻，它们是衡量放大电路性能的重要指标。一般情况下，要求输入电阻尽量大一些，以减小对信号源信号的衰减；输出电阻尽量小一些，以提高放大电路的带载能力。

【例 2－2】 在图 2－16（a）电路中，晶体管 $\beta = 50$，$r_{be} = 1\ \text{k}\Omega$，$R_b = 300\ \text{k}\Omega$，$R_c = 3\ \text{k}\Omega$，$R_L = 2\ \text{k}\Omega$。试求：

（1）接入 R_L 前、后的电压放大倍数；

（2）放大器的输入电阻、输出电阻。

解：（1）R_L 未接时

$$\dot{A}_u = -\beta \frac{R_c}{r_{be}} = -50 \times \frac{3}{1} = -150$$

R_L 接入后有

$$\dot{A}_u = -\beta \frac{R'_L}{r_{be}} = -50 \times \frac{\frac{3 \times 2}{3+2}}{1} = -60$$

（2）$R_i \approx r_{be} \approx 1\ \text{k}\Omega$，$R_o = R_c = 3\ \text{k}\Omega$。

该例题表明，接入负载 R_L 后，电压放大倍数下降。

2.3.4　基本放大电路应用实例——简单水位检测与报警电路

晶体管放大电路不但在工业自动控制和检测装置中获得了广泛的应用，而且在日常生活中也经常用到。图 2－18 所示是一种简单的水位检测与报警电路。图 2－18 的左半部是一常见的屋顶生活用水箱示意图。为防止水箱满水造成水的流失，利用晶体管的放大原理，能够实现水位的自动检测与报警，及时提醒水电管理人员关掉水泵电源，有效地避免了水资源的浪费。

电路采用共发射极接法，电源 $U_{CC} = 20$ V，晶体管采用 3DG130（其主要参数 $P_{CM} = 700$ mW，$I_{CM} = 300$ mA，$U_{(BR)CEO} \geqslant 30$ V，$\beta = 30$），K 是高灵敏继电器，它的内阻为 3 kΩ，动作电流为 6 mA；VD 为续流二极管，用来防止继电器线圈产生的自感电动势击穿晶体管 VT；R 为等

效的基极偏置电阻，它有两个数值，设 A、B 两检测棒与水箱壁绝缘，当水位较低时，A、B 两棒之间的等效电阻 $R=\infty$；当水位上升到最高位时，A、B 两棒之间的电阻（即水的电阻）约为 40 kΩ。如果没有晶体管的电流放大作用，就不能利用水的等效电阻来进行声光报警。

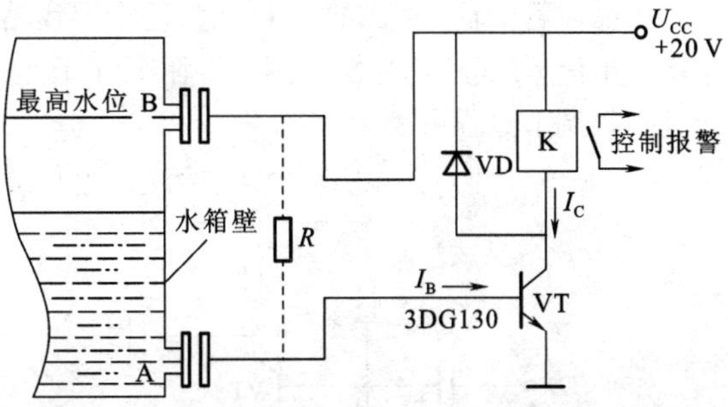

图 2－18　基本放大电路实现水位检测与报警电路

当 U_{CC}、K、R（水满时等效电阻）直接联成回路时（没有晶体管），流过继电器的电流 $I\approx 20\text{V}/40\ \text{k}\Omega=0.5\ \text{mA}$，远小于继电器的动作电流（6 mA），因此继电器不动作，不能实现报警。有了晶体管 VT（设 $\beta=30$）以后，如图 2－18 所示，水满时，基极电流 I_B 被放大，集电极电流 $I_C=\beta I_B\approx 15\ \text{mA}$，足以使继电器 K 动作，将其触点接通，驱动报警器进行报警和控制。这种电路就是靠晶体管的放大作用，把水箱中水的等效电阻所引起的基极电流微小变化，放大到足以使继电器动作所需的电流，从而实现以小控大，以弱控强，最终达到水位检测与报警的目的。

2.4　放大电路的稳定偏置电路

放大电路静态工作点设置的不合适，是引起非线性失真的主要原因之一。实践证明，放大电路即使有了合适静态工作点，在外部因素的影响下，例如温度变化、电源电压的波动等，也将引起静态工作点的偏移，由此同样会产生非线性失真，严重时放大电路不能正常工作。例如随温度升高，发射结正向压降 U_{BE} 减小（2～2.5 mV/℃），电流放大系数 β 增大[（0.5%～2%）/℃]，穿透电流 I_{CEO} 增加等，如图 2－19 所示。所有这些影响都使集电极电流 I_C 随温度升高而增大。如何克服温度变化的影响，稳定静态工作点则是本节所要讨论的问题。晶体管有合适的静态工作点（I_{BQ}、I_{CQ}、U_{CEQ}）是保证放大电路正常工作的关键。

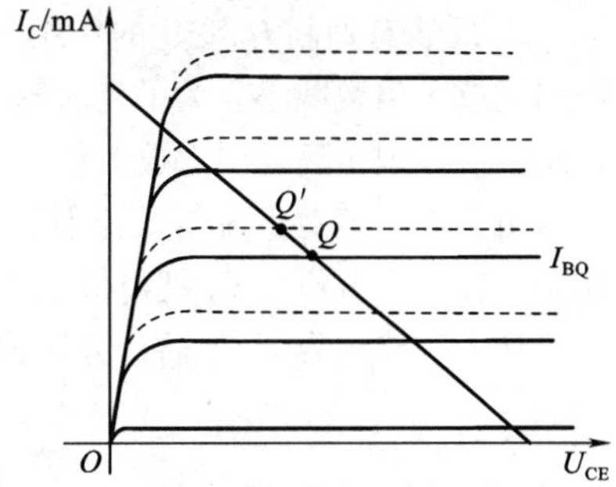

图 2－19　温度引起静态工作点的漂移

2.4.1　稳定的基本原理

前面的图 2－3 所示的基本放大电路采用了固定偏置电路，静态基极电流 I_{BQ} 基本恒定，不能抑制温度对 I_{CQ} 的影响，所以，工作点是不稳定的，这将大大影响放大电路的性能和正常工作。

图 2－20 所示的放大电路是具有稳定工作点的分压式偏置放大电路。它利用了自动控制的原理，能使电路静态工作点基本稳定。其工作原理简述如下：

在电路设计时，适当选取电阻 R_{b1}、R_{b2} 的阻值，满足 $I_2\approx I_1\gg I_{BQ}$，可将 I_{BQ} 忽略，则晶体管基极电位 U_{BQ} 仅由 R_{b1}、R_{b2} 对 U_{CC} 的分压决定，即

$$U_{BQ}=\frac{R_{b2}}{R_{b1}+R_{b2}}U_{CC}$$

U_{BQ} 与温度无关。当温度改变比如升高时，电流 I_{CQ}、I_{EQ} 及射极电阻 R_e 上的压降趋于增大，射极电位 U_{EQ} 有升高的趋势，但因基极电位基本恒定，故晶体管发射结正向电压 U_{BEQ} 必然要减

小，由晶体管的输入特性曲线可知，这将导致晶体管基极电流 I_{BQ} 减小，正好对射极电流 I_{EQ} 和集电极电流 I_{CQ} 起到了补偿作用，即阻碍了 I_{CQ}、I_{EQ} 随温度的变化，从而使 I_{CQ}、I_{EQ} 趋于稳定，上述自动调节过程可表示为

$$T\uparrow \to I_{CQ}\uparrow \to I_{EQ}\uparrow \to U_{EQ}\uparrow \to U_{BEQ}\downarrow \to I_{BQ}\downarrow \to I_{CQ}\downarrow$$

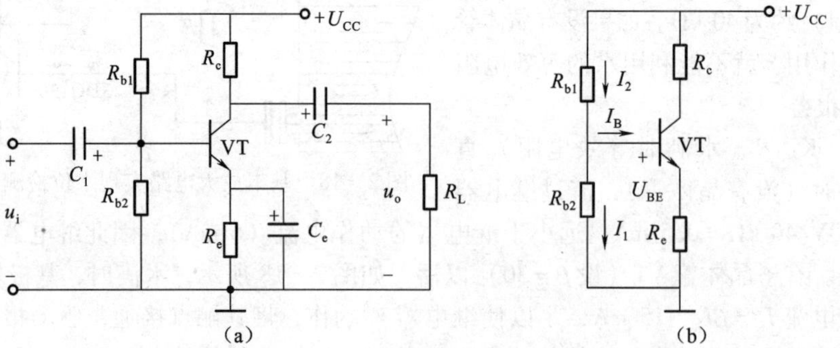

图 2-20　分压式偏置放大电路

调节作用显然与射极电阻 R_e 有关，R_e 越大，调节作用（即稳定工作点的效果）越显著，但 R_e 太大，其上过大的直流压降将使放大电路输出电压的动态范围减小。通常 R_e 的选择，使 R_e 上的压降至小于或等于（3 ~ 5）U_{BEQ}，即 2.1 ~ 3.5 V 为宜。电路中的电容器 C_e 称为射极旁路电容器，通常选择较大的容量（几十至几百微法），在动态情况下，对交流分量而言，C_e 可视为短路，使 i_e 中的交流分量在 R_e 上的压降为零，消除了 R_e 对放大器性能的影响。

射极电阻 R_e 实际上起的是直流负反馈作用，在本章后面将专门介绍负反馈的有关知识。

R_e 既然有抑制 I_{EQ} 变化的作用，当有信号时，对 i_E 的交流分量也同样起抑制作用，使放大电路的放大倍数减小。为了克服这一缺点，在 R_e 两端并联电容器 C_e，使 C_e 对交流信号近似短路，不致因负反馈引起放大倍数减小。C_e 称为射极旁路电容器，一般为 30 ~ 100 μF。

由于大电容对直流信号相当于开路，对交流信号相当于短路，所以在静态分析时 C_e 不起作用，在动态分析时 C_e 把射极电阻 R_e 短接了，即 R_e 对交流信号没影响。

接入旁路电容器 C_e 后，分压式偏置放大电路与固定偏置放大电路的放大倍数表达式是相同的。

2.4.2　电路分析计算

分压式偏置放大电路与固定偏置放大电路，计算方法类似。

1. 静态计算

在分析图 2-20 所示电路的静态工作点时，应先从计算 U_{BQ} 入手，然后求 I_C，按照 $I_1 \gg I_{BQ}$ 的假定，可得到

$$U_{BQ} = \frac{R_{b2}}{R_{b1} + R_{b2}} U_{CC}$$

$$I_{CQ} \approx I_{EQ} = \frac{U_{BQ} - U_{BEQ}}{R_e}$$

$$I_{BQ} = \frac{I_{CQ}}{\beta}$$

$$U_{CEQ} = U_{CC} - I_{CQ}\ (R_c + R_e)$$

从以上分析还看到一个现象：I_{CQ} 的大小基本上与晶体管的参数无关。因此，即使晶体管

的特性不一样，电路的静态工作点 I_{CQ} 也没有多少改变。这在批量生产或常需要更换晶体管的电路中，很是方便。

2. 动态分析

由于交流通路和基本共射放大电路类似，故动态技术指标计算方法也与基本共射放大电路类似：

$$\dot{A}_u=-\frac{\beta R'_L}{r_{be}}$$

$$R_i=R_{b1}//R_{b2}//r_{be}$$

$$R_o=R_c$$

【例 2-3】 试分析计算图 2-20 放大电路（接 C_e），已知 $U_{CC}=12$ V，$U_{BEQ}=0.7$ V，$R_{b1}=20$ kΩ，$R_{b2}=10$ kΩ，$R_c=3$ kΩ，$R_e=2$ kΩ，$R_L=3$ kΩ，$\beta=50$。试求：

（1）电路的静态工作点；

（2）电压放大倍数、输入电阻及输出电阻；

（3）若输入信号电压 $u_i=5\sin\omega t$ mV，试写出输出信号电压的表达式。

解：（1）静态工作点

$$U_{BQ}=\frac{R_{b2}}{R_{b1}+R_{b2}}U_{CC}=\left(\frac{10}{20+10}\times 12\right)\text{V}=4\text{ V}$$

$$I_{CQ}\approx I_{EQ}=\frac{U_{BQ}-U_{BEQ}}{R_e}=\left(\frac{4-0.7}{2}\right)\text{mA}=1.65\text{ mA}$$

$$I_{BQ}=\frac{I_{CQ}}{\beta}=\frac{1.65}{50}\text{ mA}=33\ \mu\text{A}$$

$$U_{CEQ}=U_{CC}-I_{CQ}(R_c+R_e)$$
$$=[12-1.65\times(3+2)]\text{ V}=3.75\text{ V}$$

（2）电压放大倍数、输入电阻及输出电阻。微变等效电路参见图 2-21。

$$r_{be}=300+(1+\beta)\frac{26}{I_{EQ}}=\left[300+(1+50)\frac{26}{1.65}\right]\Omega=1\ 100\ \Omega=1.1\text{ k}\Omega$$

$$\dot{A}_u=-\frac{\beta R'_L}{r_{be}}=-\frac{50\times\frac{3\times 3}{3+3}}{1.1}=-68$$

$$R_i=R_{b1}//R_{b2}//r_{be}=20//10//1.1\text{k}\Omega=0.994\text{ k}\Omega$$

$$R_o=R_c=3\text{ k}\Omega$$

（3）$u_i=5\sin\omega t$ mV，则

$U_{om}=|\dot{A}_u|\times U_{im}=68\times 5$ mV $=340$ mV，因为输出与输入反相，所以

$$u_o=340\sin(\omega t+\pi)\text{ mV}$$

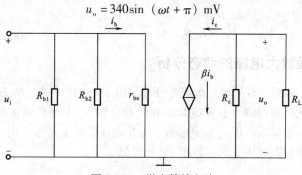

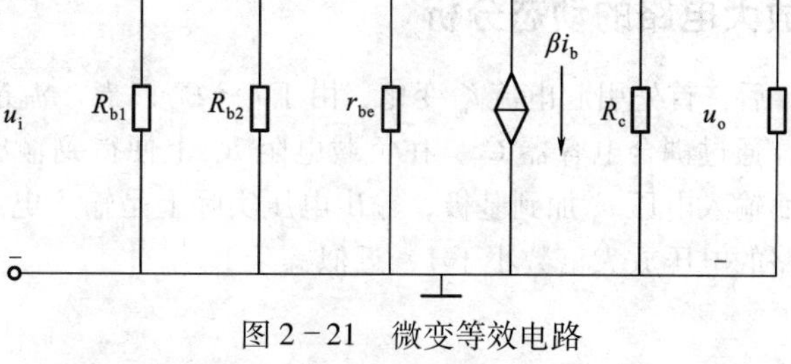

图 2-21 微变等效电路

在图 2-20（a）中，电容器 C_e 称为射极旁路电容器（一般取 10～100 μF），它对直流相当于开路，静态时使直流信号通过 R_e 实现静态工作点的稳定；对交流相当于短路，动态时 R_e 上的交流信号被 C_e 旁路掉，输入信号加在晶体管发射结（若无 C_e 则输入信号会分压在 R_e 上），使输出信号不会减少，即 $\dot{A}_u$ 计算与基本放大电路完全相同。这样既稳定了静态工作点，又没有降低电压放大倍数。

2.5 射极输出器

射极输出器也是一种常用的基本单元放大电路，电路如图 2-22（a）所示，信号从基极和集电极之间输入，从发射极和集电极之间输出，由于输出信号 u_o 取自发射极，故称为射极输出器。对应的交流通路如图 2-22（b）所示。由交流通路可见，交流信号由基极输入，发射极输出，电路的交流信号公共端是集电极，所以又称**共集电极放大电路**。

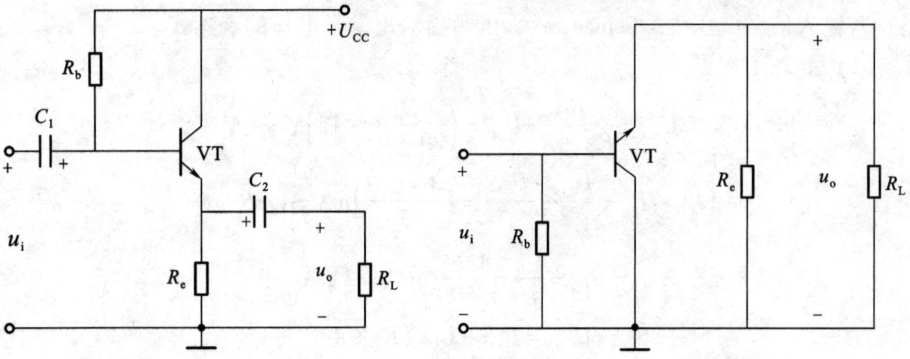

（a）原理电路　　　（b）交流通路

图 2-22　射极输出器

2.5.1 共集电极放大电路的静态分析

典型共集电极放大电路直流通路如图 2-23 所示。运用 KVL，由电路直接可得

$$U_{CC} \approx I_{BQ}R_b + U_{BEQ} + (1+\beta)\ I_{BQ}R_e$$

解得

$$I_{BQ} = \frac{U_{CC} - U_{BEQ}}{R_b + (1+\beta)\ R_e}$$

$$I_{CQ} \approx \beta I_{BQ}$$

$$U_{CEQ} = U_{CC} - I_{EQ}R_e$$

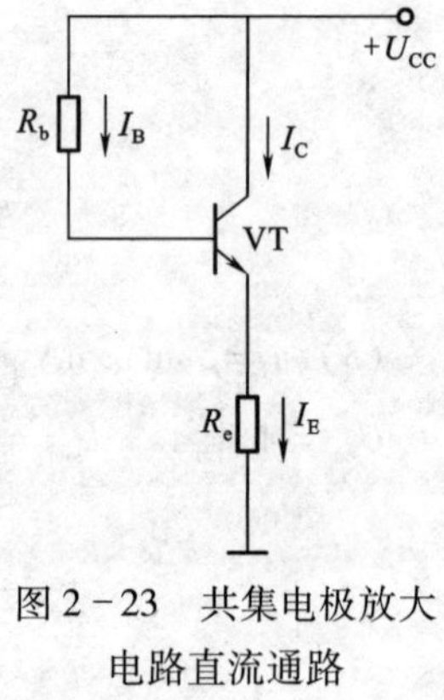

图 2-23　共集电极放大电路直流通路

2.5.2 共集电极放大电路的动态分析

当加入输入信号 u_i 后，首先引起电流 i_b 变化，由于 $i_c=\beta i_b$，当 i_c 流过射极电阻 R_e 时，引起射极电位 u_e 的变化，通过耦合电容器 C_2，在负载电阻 R_L 上便得到输出电压 u_o，由于输出电压 u_o 取自发射极，而输入电压 u_i 加到基极，输出电压实际上是输入电压的一部分（$u_i=u_{be}+u_o\approx u_o$），因而该电路的电压放大倍数小于 1，近似等于 1。

图 2－24 为共集电极放大电路的微变等效电路。等效负载$R'_L = R_e // R_L$。

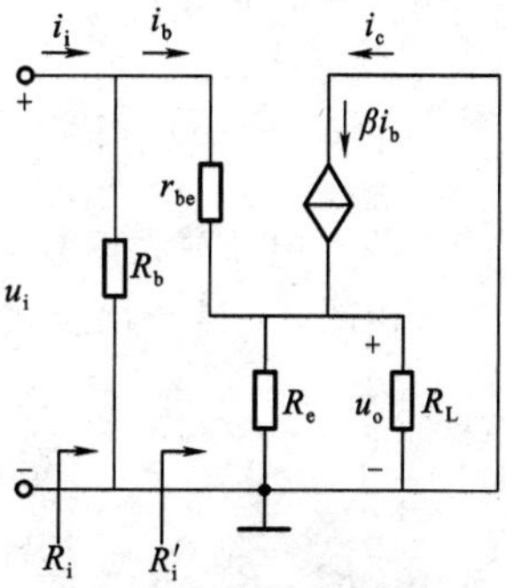

图 2－24　共集电极放大电路的微变等效电路

1. 电压放大倍数 $\dot{A}_u$

由图 2－24 中可得

$$\dot{U}_o = \dot{I}_e R'_L = (1+\beta)\ \dot{I}_b R'_L$$

$$\dot{U}_i = \dot{I}_b r_{be} + \dot{I}_e R'_L = \dot{I}_b\ [r_{be} + (1+\beta)\ R'_L]$$

故

$$\dot{A}_u = \frac{\dot{U}_o}{\dot{U}_i} = \frac{(1+\beta)\ R'_L}{r_{be} + (1+\beta)\ R'_L}$$

一般情况下，$(1+\beta)R'_L \gg r_{be}$，$r_{be} + (1+\beta)R'_L \approx (1+\beta)R'_L$，所以 $\dot{A}_u \approx 1$ 但略小于 1。由于 $\dot{A}_u \approx 1$，当基极电压上升时，射极电压也上升；当基极电压下降时，射极电压也下降，即输出电压与输入电压的相位是相同的。

射极电流是基极电流的（$1+\beta$）倍，故共集放大器的电流放大倍数很大。

2. 输入电阻 R_i

由图 2－24 可得出

$$R'_i = \frac{\dot{U}_i}{\dot{I}_b} = \frac{\dot{I}_b r_{be} + (1+\beta)\ \dot{I}_b R'_L}{\dot{I}_b} = r_{be} + (1+\beta) R'_L$$

$$R_i = R_b // R'_i = R_b // [r_{be} + (1+\beta)\ R'_L]$$

可以看出，射极输出器的输入电阻比较大，一般比共发射极放大电路的输入电阻大几十至几百倍。

3. 输出电阻 R_o

按输出电阻的计算方法，$R_o = \left.\frac{\dot{U}_o}{\dot{I}_o}\right|_{\dot{U}_s=0,\ R_L=\infty}$，这里省略烦琐的推导过程，直接给出 R_o 的表达式：

$$R_o \approx \frac{r_{be} + R'_s}{1+\beta}$$

式中，$R'_s = R_s // R_b$，这里 R_s 是信号源内阻，通常 r_{be} 为 1 kΩ、R'_s 为几十欧，而（$1+\beta$）为 100 左右，所以射极输出器的输出电阻较小，一般为几十欧。

与共射极放大电路相比，射极输出器的输出电阻较小，只有几十至几百欧，而输入电阻较大，一般为几十至几百千欧。

【例 2－4】 在图 2－22 所示的射极输出器中，已知晶体管的 $\beta = 50$，$U_{BEQ} = 0.7$ V，$U_{CC} = 12$ V，信号源内阻 $R_s = 10$ kΩ，负载 $R_L = 7.5$ kΩ，$R_b = 180$ kΩ，$R_e = 7.5$ kΩ。试求：

（1）电路的静态工作点；

（2）放大电路的电压放大倍数 $\dot{A}_u$、输入电阻 R_i 和输出电阻 R_o。

解：（1）静态工作点

由图 2－23 可列出：

$$U_{CC} \approx I_{BQ} R_b + U_{BEQ} + (1+\beta) I_{BQ} R_e$$

$$I_{BQ} = \frac{U_{CC} - U_{BEQ}}{R_b + (1+\beta) R_e} = \left[\frac{12-0.7}{180 + (1+50) \times 7.5}\right] \text{mA} = 0.02\ \text{mA} = 20\ \mu\text{A}$$

$$I_{CQ} \approx \beta I_{BQ} = 50 \times 0.02\ \text{mA} = 1\ \text{mA}$$

$$U_{CEQ} = U_{CC} - I_{EQ} R_e = (12 - 1 \times 7.5)\ \text{V} = 4.5\ \text{V}$$

$$I_{EQ} \approx I_{CQ}$$

$$r_{be} = 300 + (1+\beta)\frac{26}{I_{EQ}} = \left[300 + (1+50)\frac{26}{1}\right]\Omega = 1\ 626\ \Omega = 1.63\ k\Omega$$

（2）电压放大倍数 $\dot{A}_u$

由图 2－24 导出公式可得

$$\dot{A}_u = \frac{\dot{U}_o}{\dot{U}_i} = \frac{(1+\beta)\ R'_L}{r_{be} + (1+\beta)\ R'_L} = \frac{51 \times 3.75}{1.63 + 51 \times 3.75} = 0.99$$

式中，$R'_L = R_e // R_L = \left(\frac{7.5 \times 7.5}{7.5 + 7.5}\right) = 3.75\ k\Omega$。

$$R_i = R_b // R'_i = R_b // [r_{be} + (1+\beta) R'_L] = [180 // (1.63 + 51 \times 3.75)]\ k\Omega = 93.1\ k\Omega$$

$$R_o \approx \frac{r_{be} + R'_s}{1+\beta} = \left(\frac{1.63 + 9.47}{51}\right) k\Omega = 0.22\ k\Omega = 220\ \Omega$$

式中，$R'_s = R_s // R_b = \frac{10 \times 180}{10 + 180}\ k\Omega = 9.47\ k\Omega$。

通过例题可以看出，射极输出器的电压放大倍数小于 1，但接近于 1。

综上所述，射极输出器具有下列特点：电压放大倍数小于 1 但非常接近于 1，输入电阻大，输出电阻小。虽然没有电压放大作用，但仍有电流和功率放大作用。利用这些特点，在电子电路中应用十分广泛，现分别说明如下：

（1）作多级放大电路的输入级。采用输入电阻大的射极输出器作为放大电路的输入级，可使输入到放大电路的信号电压基本上等于信号源电压。例如，在许多测量电压的电子仪器中，就是采用射极输出器作为输入级，可使输入到仪器的电压基本上等于被测电压。

（2）作多级放大电路的输出级。采用输出电阻小的射极输出器作为放大电路的输出级，可获得稳定的输出电压，因此对于负载电阻较小和负载变动较大的场合很适宜。

（3）作多级放大电路的缓冲级。将射极输出器接在两级放大电路之间，利用其输入电阻大、输出电阻小的特点，可作阻抗变换用，在两级放大电路中间起缓冲作用。

2.6 多级放大电路

前面学习了几种单级放大电路。在一般情况下，放大器的输入信号都很微弱，一般为毫伏或微伏级，输入功率常在 1 mW 以下，单级放大电路的放大倍数是有限的，当单级放大电路不能满足要求时，就需要把若干单级放大电路串联连接，组成**多级放大电路**。一个多级放大电路一般可分为输入级、中间级、输出级 3 部分，图 2－25 所示为多级放大电路的组成框图。第一级与信号源相连称为输入级，常采用有较高输入电阻的共集放大电路或共射放大电路；最后一级与负载相连称为输出级，常采用大信号放大电路——功率放大电路（见 3.6 节）；其余为中间级，常由若干级共射放大电路组成，以获得较大的电压增益。

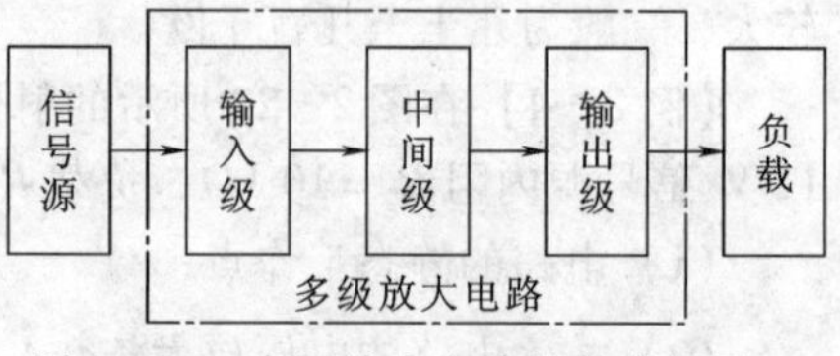

图 2－25　多级放大电路的组成框图

2.6.1　多级放大电路的组成特点

在多级放大电路中，每两个单级放大电路之间的连接方式称为耦合。耦合方式有**直接耦**

合、**阻容耦合**和**变压器耦合** 3 种，如图 2-26 所示。前两种只能放大交流信号，后一种既能放大交流信号又能放大直流信号。

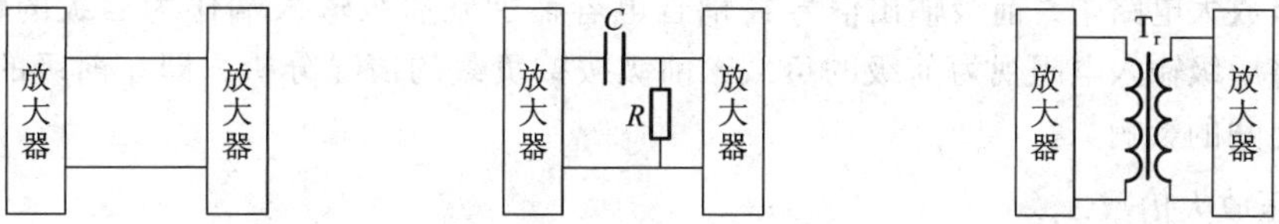

（a）直接耦合　（b）阻容耦合　（c）变压器耦合

图 2-26　多级放大电路的耦合方式

多级放大电路的各单元电路，除了对信号逐级进行放大之外，还担任与信号源配合、驱动实际负载等任务。

直接耦合最为简单，但却存在放大器静态工作点随温度变化的问题，即零点漂移问题。零点漂移问题可以用差分放大器等方法加以解决。直接耦合方式与后两种方式不同，它既可以用于交流放大电路，也可以用于直流放大电路。又因为不需要耦合电容器和变压器，所以直接耦合方式被广泛应用于集成电路之中。

阻容耦合具有电路简单的特点，而且由于电容器具有隔直流通交流的功能，所以阻容耦合方式适用于交流放大电路。

变压器耦合与阻容耦合类似，也适用于交流放大电路。但它可以利用变压器的阻抗变换作用，由于变压器耦合在放大电路中的应用已经逐渐减少，所以本节只讨论另外两种耦合方式。

此外，还有一种**光耦合**方式，前级与后级之间的耦合元件是光耦合器，光耦合器是把发光器件和光敏器件组装在一起，通过光线实现耦合，构成电-光-电的转换器件。将电信号送入发光器件时，发光器件将电信号转换成光信号，光信号经过光接收器接收，并将其还原成电信号，如图 2-27 所示。光耦合器用发光二极管发射。

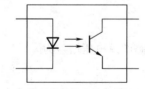

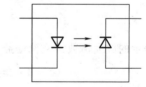

（a）光敏晶体管作为接收管的光耦合器　（b）光敏二极管作为接收端的光耦合器

图 2-27　光耦合器

由于它是通过电-光-电的转换来实现级间的耦合，优点有：①各级的直流工作点相互独立；②采用光耦合，可以提高电路的抗干扰能力。

2.6.2　多级放大电路的技术指标计算

多级电压放大电路一般采用微变等效电路法分析。其方法与单级放大电路基本相同。

将多级放大电路整体作微变信号模型分析，因电路复杂，相当麻烦，并且各级放大电路之间的关系也不清楚，所以一般不予以采用。通常采用的方法是在考虑级间影响的情况下，将多级放大电路分成若干个单级放大电路分别研究。然后再将结果加以综合，以得到多级放大电路总的特性，即把复杂的多级放大电路的分析归结为若干个单级放大电路的分析。

前面几节讨论了各种类型的单级放大电路，结论可直接用于多级放大电路的分析。剩下的问题，只是如何处理前后级之间的影响了。

在多级放大电路中，前级输出信号经耦合电容器加到后级输入端作为后级的输入信号，所以，可将后级输入电阻视为前级的负载，前级按接负载的情况分析，即在前级的分析中考虑前后级之间的影响。

1. 电压放大倍数 $\dot{A}_u$

对于多级放大电路，总的电压放大倍数 $\dot{A}_u$ 可以表示为各级单元电路的电压放大倍数的乘积，即

$$\dot{A}_u=\dot{A}_{u1}\dot{A}_{u2}\cdots\dot{A}_{un}$$

例如对于图 2－28 两级放大电路，总的电压放大倍数 $\dot{A}_u=\dot{A}_{u1}\dot{A}_{u2}$，其中

$$\dot{A}_u=\frac{\dot{U}_o}{\dot{U}_i}=\frac{\dot{U}_{o2}}{\dot{U}_{i2}}\frac{\dot{U}_{o1}}{\dot{U}_{i1}}=\dot{A}_{u2}\dot{A}_{u1}$$

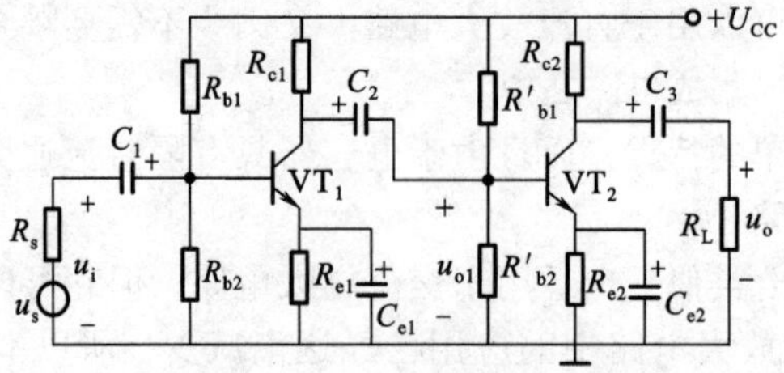

图 2－28　典型两级放大电路

在应用公式计算多级放大电路的总电压放大倍数时，各单元电路的电压放大倍数 $\dot{A}_{ui}$ 是带负载时的数值。前一级的负载电阻要包括后一级的输入电阻。

放大电路的放大倍数也可以用分贝（dB）来表示，

$$\dot{A}_u=20\ \lg\left(\frac{\dot{U}_o}{\dot{U}_i}\right)\ (\mathrm{dB})$$

用分贝表示的放大倍数，又称**增益**；所以多级放大电路的总电压增益为

$$\dot{A}_u=\dot{A}_{u1}+\dot{A}_{u2}+\cdots+\dot{A}_{un}$$

2. 输入电阻 R_i

多级放大电路，总的输入电阻 R_i 即为第一级（输入级、前置级）的输入电阻 R_{i1}。

3. 输出电阻 R_o

多级放大电路，总的输出电阻 R_o 即为最后一级（输出级、末级）的输出电阻 R_{on}。

【例 2－5】 在图 2－28 所示两级阻容耦合放大电路中，已知 $U_{CC}=12\ \mathrm{V}$，$R_{b1}=30\ \mathrm{k\Omega}$，$R_{b2}=15\ \mathrm{k\Omega}$，$R_{c1}=3\ \mathrm{k\Omega}$，$R_{e1}=3\ \mathrm{k\Omega}$，$R'_{b1}=20\ \mathrm{k\Omega}$，$R'_{b2}=10\ \mathrm{k\Omega}$，$R_{c2}=2.5\ \mathrm{k\Omega}$，$R_{e2}=2\ \mathrm{k\Omega}$，$R_L=5\ \mathrm{k\Omega}$，$\beta_1=\beta_2=50$，$U_{BEQ1}=U_{BEQ2}=0.7\ \mathrm{V}$。试求：

（1）各级电路的静态值；

（2）各级电路的电压放大倍数 $\dot{A}_{u1}$、$\dot{A}_{u2}$ 和总电压放大倍数 $\dot{A}_u$；

（3）各级电路的输入电阻和输出电阻。

解：（1）静态值的估算

第一级：
$$U_{BQ1}=\frac{R_{b2}}{R_{b1}+R_{b2}}U_{CC}=\left(\frac{15}{30+15}\times 12\right)\ \mathrm{V}=4\ \mathrm{V}$$

$$I_{CQ1} \approx I_{EQ1} = \frac{U_{BQ1} - U_{BEQ1}}{R_{e1}} = \left(\frac{4-0.7}{3}\right) \text{mA} = 1.1 \text{ mA}$$

$$I_{BQ1} = \frac{I_{CQ1}}{\beta_1} = \frac{1.1}{50} \text{mA} = 22 \ \mu\text{A}$$

$$U_{CEQ1} = U_{CC} - I_{CQ1}\ (R_{c1} + R_{e1}) = [12 - 1.1 \times (3+3)] \text{ V} = 5.4 \text{ V}$$

第二级：
$$U_{BQ2} = \frac{R'_{b2}}{R'_{b1} + R'_{b2}} U_{CC} = \left(\frac{10}{20+10} \times 12\right) \text{V} = 4 \text{ V}$$

$$I_{CQ2} \approx I_{EQ2} = \frac{U_{BQ2} - U_{BEQ2}}{R_{e2}} = \left(\frac{4-0.7}{2}\right) \text{mA} = 1.65 \text{ mA}$$

$$I_{BQ2} = \frac{I_{CQ2}}{\beta_2} = \frac{1.65}{50} \text{ mA} = 33 \ \mu\text{A}$$

（2）求各级电路的电压放大倍数 $\dot{A}_{u1}$、$\dot{A}_{u2}$ 和总电压放大倍数 $\dot{A}_u$。

首先画出电路的微变等效电路，如图 2－29 所示。

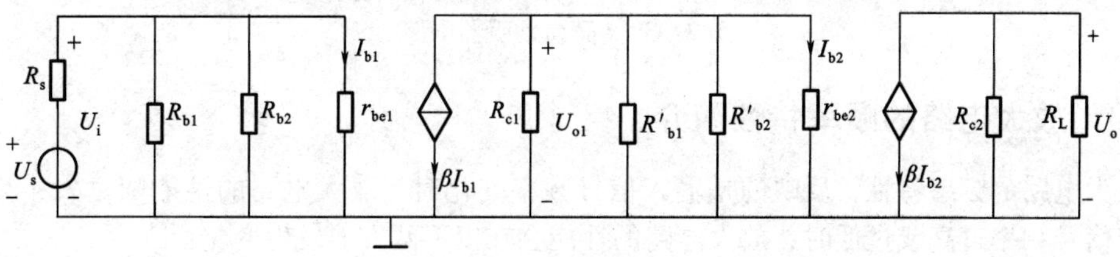

图 2－29　两级放大电路微变等效电路

晶体管 VT_1 的动态输入电阻为

$$r_{be1} = 300 + (1+\beta_1)\ \frac{26}{I_{EQ1}} = \left[300 + (1+50) \times \frac{26}{1.1}\right] \Omega = 1\ 500 \Omega = 1.5 \text{ k}\Omega$$

晶体管 VT_2 的动态输入电阻为

$$r_{be2} = 300 + (1+\beta_2)\ \frac{26}{I_{EQ2}} = \left[300 + (1+50) \times \frac{26}{1.65}\right] \Omega = 1\ 100 \ \Omega = 1.1 \text{ k}\Omega$$

第二级输入电阻为

$$r_{i2} = R'_{b1} // R'_{b2} // r_{be2} = 20//10//1.1 \text{ k}\Omega = 0.94 \text{ k}\Omega$$

第一级等效负载电阻为

$$R'_{L1} = R_{c1} // r_{i2} = 3//0.94 \text{ k}\Omega = 0.72 \text{ k}\Omega$$

第二级等效负载电阻为

$$R'_{L2} = R_{c2} // R_L = 2.5//5 \text{ k}\Omega = 1.67 \text{ k}\Omega$$

第一级电压放大倍数为

$$\dot{A}_{u1} = -\frac{\beta_1 R'_{L1}}{r_{be1}} = -\frac{50 \times 0.72}{1.5} = -24$$

第二级电压放大倍数为

$$\dot{A}_{u2} = -\frac{\beta_2 R'_{L2}}{r_{be2}} = -\frac{50 \times 1.67}{1.1} = -76$$

两级总电压放大倍数为

$$\dot{A}_u = \dot{A}_{u1} \dot{A}_{u2} = (-24) \times (-76) = 1\ 824$$

4. 多级放大电路应用举例

图 2-30 所示是一个简易助听器电路，实质上是一个多级音频放大电路，图中 M 为传声器（话筒），它将接收到的外界声音转换成电信号（音频电流），经三级放大电路放大后，推动耳机 N 发出较大声，从而起到助听的作用。三级放大电路均采用共发射极电路，是为了得到较大的电压、电流放大倍数。图中 100 kΩ 电位器用以调整电路的放大倍数，达到控制音量的目的。$VT_1 \sim VT_3$均为 PNP 型锗低频小功率晶体管（3AX 型）。

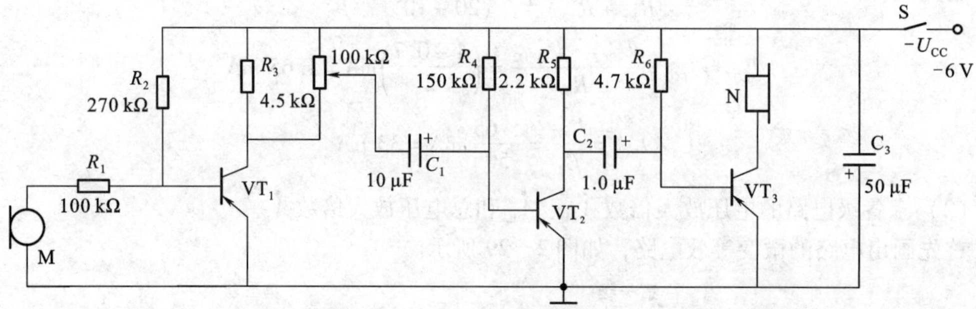

图 2-30 简易助听器电路

2.6.3 放大电路的频率特性简介

放大电路的**频率特性**，反映的是输入信号频率变化时，放大电路的性能随之发生变化的情况。信号频率过高或过低时，放大电路的性能会在以下两方面发生变化：

（1）电压放大倍数下降，变化规律称为**幅频特性**。

（2）输出信号与输入信号之间将产生附加的位相移动，变化规律称为**相频特性**。

放大电路中除有电容量较大的、串联在支路中的隔直耦合电容器和旁路电容器外，还有电容量较小的、并联在支路中的极间电容以及杂散电容。因此，分析放大电路的频率特性时，为分析的方便，常把频率范围划分为 3 个频区：**低频区**、**中频区**和**高频区**。

前面对放大电路的讨论仅限于中频区，即频率不太高也不太低的情况，在所讨论的频段内，放大电路中所有电容的影响都可以忽略。因而放大电路的各项指标均与频率无关，如电压放大倍数为一常数，输出信号对输入信号的相位偏移恒定（为 π 的整倍数）等。

通常放大电路的输入信号不是单一频率的正弦波，而是包括各种不同频率的正弦分量，输入信号所包含的正弦分量的频率范围称为输入信号的频带。由于放大电路中有电容存在，晶体管 PN 结也存在结电容，电容器的容抗随频率变化，因此，实际上放大电路的输出电压也随频率的变化而变化。

对于**低频段**的信号，串联电容器的分压作用不可忽视，随着频率的降低，耦合电容器和射极旁路电容器的容抗增大，以致不可视为开路。

对于**高频段**的信号，晶体管的结电容以及电路中的分布电容等的容抗减小，并联电容器的分流作用不可忽视，多级放大电路这个问题更为突出。由此造成在低频和高频段，电压放大倍数降低，输出信号对输入信号也会产生附加的相位偏移，且随频率而改变。所以，同一放大电路对不同频率的输入信号电压放大倍数不同，电压放大倍数与频率的关系称为放大器的幅频特性。实验求得单级放大器的频率特性如图 2-31 所示。

所谓附加相移，是指相对于中频信号来说，输出电压对于输入电压所增加的位相移动。以共射极单级放大电路为例，这种电路的输出电压与输入电压的位相有倒相关系，即输出电压相对于输入电压有 180°的相位移动。如果输入信号的频率过高或过低，输出电压相对于输入信号的相移就不等于180°，其相差的部分称为**附加相移**。

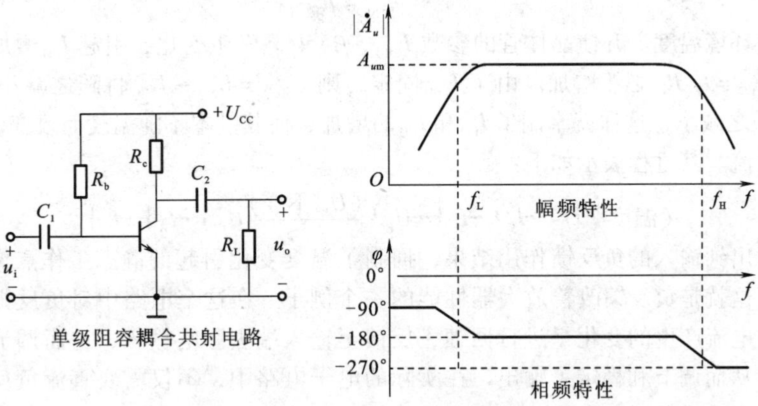

图 2-31　单级放大器的频率特性

通频带是表示放大器频率性能的一个重要指标。

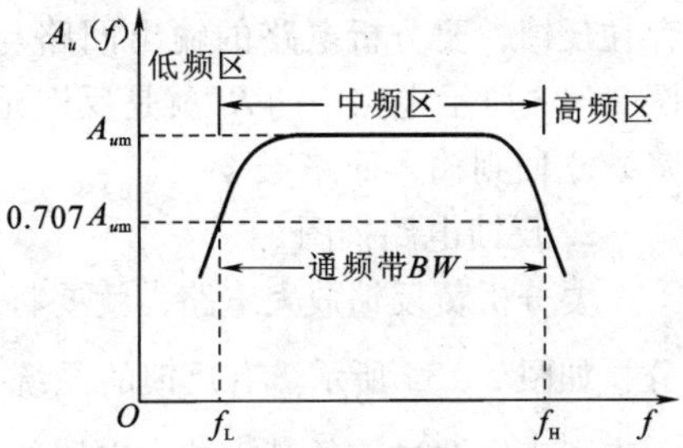

图 2-32　放大器的幅频特性和通频带

从图 2-32 中可以看出，幅频特性在中频段的电压放大倍数最大，且几乎与频率无关，能够用正常的放大，用$|\dot{A}_{um}|$表示。当频率很低或很高时，$|\dot{A}_u|$都将下降。通常将$|\dot{A}_u|$下降到$\frac{|\dot{A}_{um}|}{\sqrt{2}}$时所对应的频率$f_L$称为**下限截止频率**，将对应的频率$f_H$称为**上限截止频率**。两者之间的频率范围$f_H-f_L$称为通频带$BW$，即

$$BW=f_H-f_L$$

在多级放大电路中，总的通频带比其中一个单级放大器的通频带要窄。

2.7　负反馈放大电路

负反馈常常用于电子放大电路中，用来改善放大电路的工作性能。在放大电路中引入负反馈是提高放大器性能的一个重要手段。负反馈可以提高放大电路的稳定性，减小非线性失真，扩展通频带，改变电路的输入输出电阻等。负反馈在现代科技中的应用十分广泛，所有自动调节作用的系统都是通过负反馈来实现自动控制的。

2.7.1　负反馈的基本概念

1. 反馈的定义

所谓**反馈**，就是在电子系统中把输出量（电流量或电压量）的一部分或全部以某种方式送回输入端，使原输入信号增大或减小并因此影响放大电路某些性能的过程。此时放大器（基本放大器）中的输入信号，就不再仅仅是来自信号源的输入信号，而且还包括来自输出端的反馈信号。

下面通过一个具体的例子建立反馈的概念。

图 2-33 是第 2.4 节介绍过的分压偏置静态工作点稳定电路。电路中，当电阻R_{b1}和R_{b2}选择适当，满足$I_1\approx I_2\gg I_{BQ}$时，则电阻R_{b1}和R_{b2}组成的分压器使基极电位U_{BQ}基本固定，即

$$U_{BQ} \approx \frac{R_{b2}U_{CC}}{R_{b1}+R_{b2}}$$

此时，当环境温度上升使晶体管的参数 I_{CBO}、β、U_{BEQ}发生变化，引起 I_{CQ}增加时，I_{EQ}也随之增加，则 $U_{EQ}=I_{EQ}R_e$ 必然增加。由于 U_{BQ}固定，则 $U_{BEQ}=U_{BQ}-U_{EQ}$将随之减小，从而使 I_{BQ}减小，I_{CQ}也随之减小，这样就牵制了 I_{CQ}和 I_{EQ}的增加，使其基本不随温度而改变，稳定了电路的静态工作电流。其过程表示如下：

$$(\text{温度}\ T\uparrow) \rightarrow I_C\uparrow \rightarrow I_E\uparrow \rightarrow U_E\uparrow \xleftarrow{(U_B\ \text{不变})} U_{BE}\downarrow \rightarrow I_B\downarrow \rightarrow I_C\downarrow$$

上述由输出到输入的负反馈作用结果，抑制了温度变化引起的静态工作点漂移，使静态工作点稳定，这就是负反馈改善放大器性能的一个例子。在这个电路中对负反馈的简单理解就是对集电极电流产生的变化量进行回馈，反馈至输入端去影响输入，进而调节了晶体管的净输入 U_{BEQ}，从而调节和稳定了输出。在实际的电子电路中，不仅需要直流负反馈来稳定静态工作点，更多是需要引入交流负反馈实现对交流性能的改善。

反馈现象在电子电路中普遍存在，或以显露或以隐含的形式出现。判断一个电路中是否存在反馈，要分析电路的输出回路与输入回路之间是否有起联系作用的**反馈元件**（网络）。图 2-33 所示电路中的 R_e 就是反馈元件，因为它能将输出回路的信息（输出电流在 R_e 上的压降）送回到输入回路。

2. 反馈电路框图

要分析负反馈放大电路，就要将电路划分成基本放大电路，反馈网络，信号源等几个部分，如图 2-34 所示。有反馈的系统又称**闭环系统**，无反馈的系统又称**开环系统**。图中 $\dot{A}$ 表示未引入反馈之前的基本放大电路的放大倍数（开环增益）。$\dot{F}$ 表示反馈网络的反馈系数。$\dot{X}_i$ 表示放大电路的输入信号、$\dot{X}_o$ 表示输出信号、$\dot{X}_f$ 表示反馈信号。它们可以是电压，也可以是电流。图中箭头表示信号的传递方向。符号⊗表示比较环节，其输出为放大电路的净输入信号 $\dot{X}_d$，它们的关系为

$$\dot{X}_d=\dot{X}_i-\dot{X}_f, \qquad \dot{X}_o=\dot{A}\dot{X}_d, \qquad \dot{X}_f=\dot{F}\dot{X}_o$$

式中，$\dot{A}=\dfrac{\dot{X}_o}{\dot{X}_d}$是基本放大电路的放大倍数（开环放大倍数）；$\dot{F}=\dfrac{\dot{X}_f}{\dot{X}_o}$是反馈网络的反馈系数。

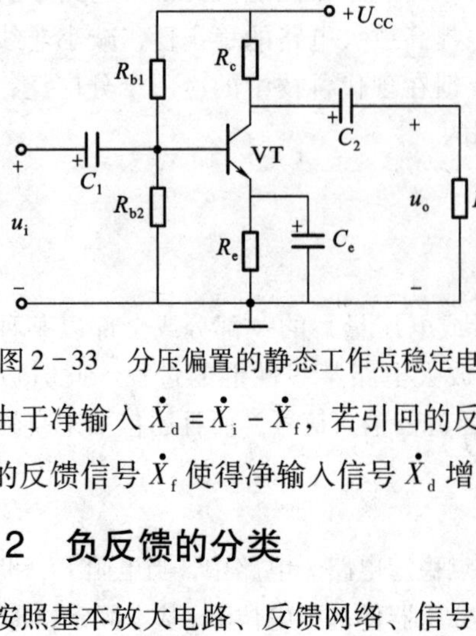

图 2-33　分压偏置的静态工作点稳定电路

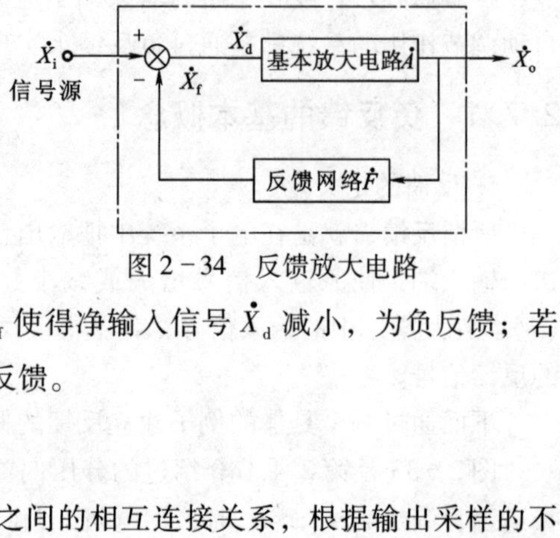

图 2-34　反馈放大电路

由于净输入 $\dot{X}_d=\dot{X}_i-\dot{X}_f$，若引回的反馈信号 $\dot{X}_f$ 使得净输入信号 $\dot{X}_d$ 减小，为负反馈；若引回的反馈信号 $\dot{X}_f$ 使得净输入信号 $\dot{X}_d$ 增大，为正反馈。

2.7.2　负反馈的分类

按照基本放大电路、反馈网络、信号源和负载之间的相互连接关系，根据输出采样的不

同及输入比较方式的不同，负反馈可以构成4种基本组态，有电压串联负反馈、电压并联负反馈、电流串联负反馈和电流并联负反馈4种类型。

1. 正反馈与负反馈

所谓负反馈，是指引入的反馈效果是削弱基本放大电路的输入信号的，即当未加入反馈时，基本放大电路的输入信号等于信号源提供的信号；当引入负反馈后，反馈信号会减小输入信号，使输入到基本放大电路的输入信号小于信号源所提供的信号。

如果反馈的效果与上述相反，反馈信号增强了输入信号，则称为**正反馈**。正反馈一般会造成放大电路的性能变坏，但正反馈可以用到各种振荡电路中去。

反馈放大电路的反馈极性（负反馈还是正反馈），可以用瞬时极性法来判定。

所谓瞬时极性法就是假想将时间固定在某一瞬间，逐级推出此时电路中各点的信号之间存在着确定的相位关系，再由负反馈和正反馈的定义，分析判别出反馈的性质。后面将举例说明。

2. 反馈的连接形式

反馈的连接形式是指在输入端，反馈信号与输入信号的连接关系，有串联和并联两种情况。所谓**串联反馈**，就是在输入端，信号源与基本放大电路、反馈网络以串联的形式相连接，如图2-35（a）、（b）所示；**并联反馈**就是在输入端，信号源与基本放大电路、反馈网络以并联的形式相连接，如图2-35（c）、（d）所示。

串联反馈和并联反馈的判别：**串联反馈**的反馈信号和输入信号以电压串联方式叠加，即$u_i' = u_i - u_f$，以得到基本放大电路的净输入电压u_i'，所以反馈信号与输入信号加在两个不同的输入端；并联反馈的反馈信号和输入信号以电流并联方式叠加，即$i_i' = i_i - i_f$，以得到基本放大电路的净输入电流i_i'，所以反馈信号与输入信号加在同一个输入端。从图2-35能够看出，串联反馈电路满足$u_i' = u_i - u_f$的关系；并联反馈满足$i_i = i_i' + i_f$的关系。

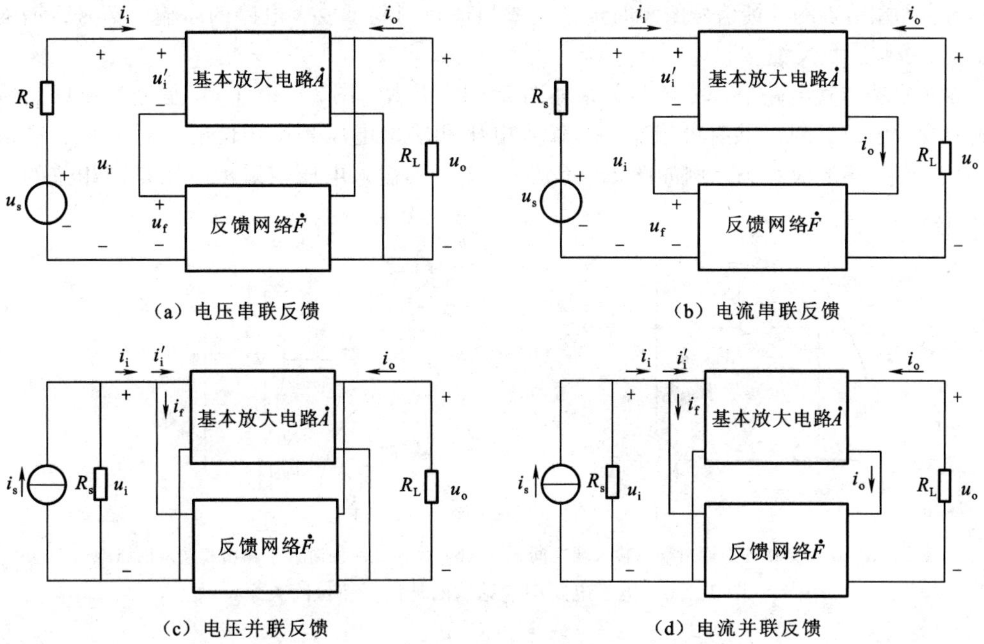

图2-35　负反馈放大电路的4种基本类型框图

3. 电压反馈与电流反馈

要观察输出端。所谓**电压反馈**是指反馈信号取自输出电压 u_o；而**电流反馈**是指反馈信号取自输出电流 i_o。一般地，电压反馈时，反馈信号的大小与输出电压 u_o 成正比；电流反馈时，反馈信号的大小与输出电流 i_o 成正比。

电压反馈和电流反馈的判别：

电压反馈的反馈信号取自输出电压，反馈信号与输出电压成正比，所以反馈电路是直接从输出端引出的，如图 2-35（a）、（c）所示。若假定输出端交流短路（即 $u_o=0$），则反馈信号一定消失。

电流反馈的反馈信号取自输出电流，反馈信号与输出电流成正比，所以反馈电路不是直接从输出端引出的，若输出端交流短路，反馈信号仍然存在，如图 2-35（b）、（d）所示。

4. 直流反馈与交流反馈

根据反馈本身的交直流性质，可分为直流反馈和交流反馈。

如果在反馈信号中只包含直流成分，则称为直流反馈；只包含交流成分，则称为交流反馈。不过，在很多情况下，交直流反馈是同时存在的。例如，图 2-33 中的射极旁路电容器 C_e 足够大时，对交流信号短路，此时 R_e 引入的反馈为直流反馈，起稳定静态工作点的作用，而对放大电路的动态性能，如放大倍数、输入输出电阻等没有影响；当 R_e 两端不并联电容器 C_e 时，R_e 两端的压降同时也反映了集电极电流的交流分量，因而也起交流反馈的作用。

5. 反馈性质的判别

反馈极性的判别可采用**瞬时极性法**。先假定输入信号处于某一个瞬时极性，在电路图中（以⊕或⊖标记）标出，分别表示该点瞬时信号的变化为升高或降低，然后沿放大电路向后逐级标出各点极性，通过反馈网络再回到输入回路，依次推出有关各点的瞬时极性，最后判断反馈到输入端节点的反馈信号的瞬时极性是增强还是削弱了放大电路的净输入信号，增强为正反馈，否则为负反馈。

常见的晶体管电路信号相位间关系如图 2-36 所示。图 2-36（a）是分立元件晶体管组成的放大电路，对于共射极组态，其输入电压和输出电压是反相位的。对于共射极组态（带 R_e）或共集电极组态，例如图 2-36（b）中，其输入电压与射极电压是同相位的，称为射极跟随。

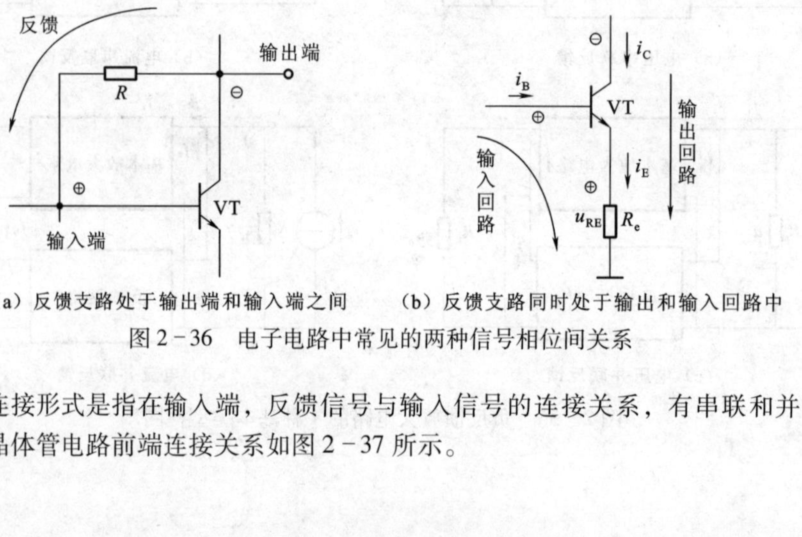

（a）反馈支路处于输出端和输入端之间　　（b）反馈支路同时处于输出和输入回路中

图 2-36　电子电路中常见的两种信号相位间关系

反馈的连接形式是指在输入端，反馈信号与输入信号的连接关系，有串联和并联两种情况。常见的晶体管电路前端连接关系如图 2-37 所示。

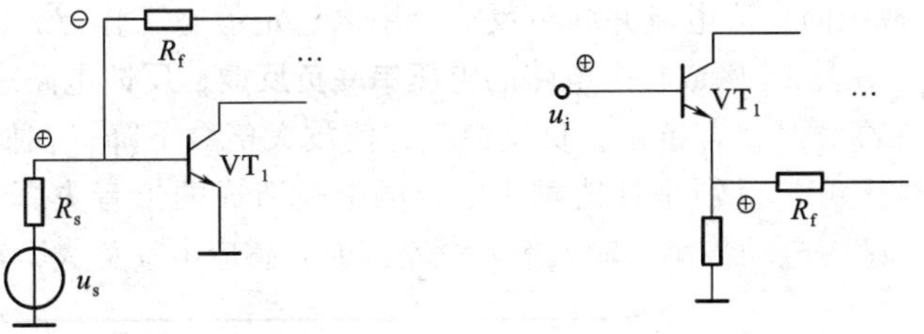

(a) 负反馈（并联）　　　　(b) 负反馈（串联）

图 2-37　电子电路输入端两种反馈连接形式

2.7.3　负反馈放大器典型电路

【例 2-6】 指出如图 2-38 所示放大电路中的反馈环节，判别其反馈极性和类型。

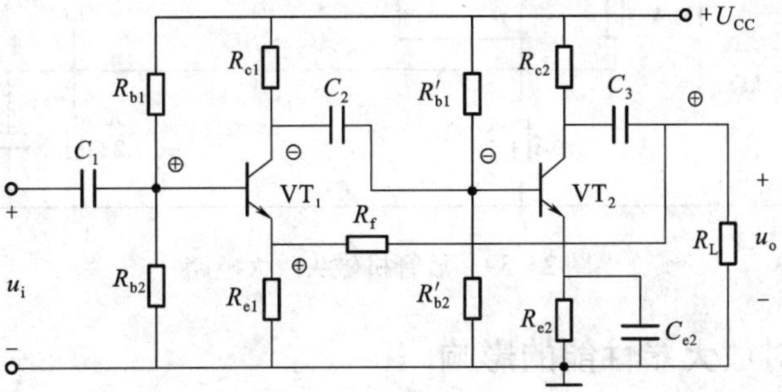

图 2-38　例 2-6 图

解： 本题电路由两级共射极分压式放大电路组成，其中每级电路存在的反馈称为**本级反馈**；两级之间存在的反馈称为**级间反馈**。在既有本级反馈也有级间反馈的多级放大电路中，起主要作用的是级间反馈。

R_f 接在第一级放大电路的输入回路和第二级放大电路的输出回路之间，是级间反馈元件，故电路中有反馈存在。由于 C_3 的隔直作用，使得 R_f 只将输出端的交流电压反馈到输入回路，所以是交流反馈。

设 VT_1 基极的瞬时极性为正，则其集电极的瞬时极性为负，VT_2 基极的瞬时极性也为负，VT_2 集电极的瞬时极性为正。经 R_f 反馈后，使 VT_1 发射极的瞬间极性为正，发射极电位升高，相当于净输入 $u_{be1}=u_{b1}-u_{e1}$ 下降，即反馈信号与原信号极性相反，减弱输入信号，是负反馈。

若将 VT_2 的输出端短路，则反馈信号也就消失，故为电压负反馈；再看输入端，输入信号 u_i 和 R_{e1} 上的反馈信号 u_f 在输入回路中的关系是头尾相连接的关系（即电压串联关系），以电压的形式相减，因此属串联负反馈。由此可知，该电路属电压串联负反馈放大电路。

另外，R_{e1} 是第一级的负反馈电阻，起电流串联负反馈作用，交流负反馈与直流负反馈同时存在；R_{e2} 是第二级 VT_2 的射极电阻，因其两端并有旁路电容器，故 R_{e2} 仅起直流反馈作用，用来稳定工作点。

补充一点，请思考，如果 R_f 接到 VT_1 的基极，会是怎样的反馈？(电压并联正反馈)

【例 2-7】 放音机磁头放大电路如图 2-39 所示，试说明其工作原理。

解： 它为二级直接耦合放大器，在多级放大电路中，为了达到改善放大电路性能的目的，所引入的负反馈主要为级间反馈。

整个电路有 4 个负反馈：①两管的射极电阻（150 Ω）构成本级电流串联负反馈；

②150 kΩ电阻 R_{f1} 构成级间直流电流并联负反馈，用以稳定静态工作点；③VT_2 集电极至 VT_1 发射极中的元件 R_{f2}、R_{f3}、C_f 构成整个电路的**电压串联负反馈**，反馈电路中 0.02 μF 为补偿电容器 C_f，该电容器在高频时，容抗小，负反馈强，使放大倍数下降；在低频时，容抗大，负反馈弱，使放大倍数上升，目的是补偿磁头的低频损失造成的拾音失真，因为磁头拾音时，输入信号频率低时，感应电动势小；输入信号频率高时，感应电动势大，输入信号相应也大。

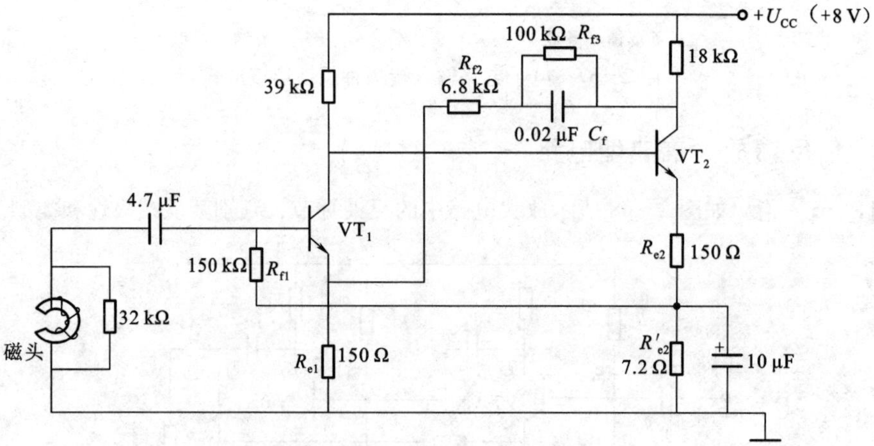

图 2－39　放音机磁头放大电路

2.7.4　负反馈对放大器性能的影响

1. 反馈系统的一般表达式

由图 2－34 可知：

$$\dot{X}_d=\dot{X}_i-\dot{X}_f,\ \dot{X}_o=\dot{A}\dot{X}_d,\ \dot{X}_f=\dot{F}\dot{X}_o$$

式中，$\dot{A}=\dfrac{\dot{X}_o}{\dot{X}_d}$是基本放大电路的放大倍数（开环放大倍数）；$\dot{F}=\dfrac{\dot{X}_f}{\dot{X}_o}$是反馈网络的反馈系数。则电路的闭环放大倍数为

$$\dot{A}_f=\frac{\dot{X}_o}{\dot{X}_i}=\frac{\dot{A}\dot{X}_d}{\dot{X}_d+\dot{X}_f}=\frac{\dot{A}\dot{X}_d}{\dot{X}_d+\dot{X}_o\dot{F}}=\frac{\dot{A}\dot{X}_d}{\dot{X}_d+\dot{X}_d\dot{A}\dot{F}}=\frac{\dot{A}}{1+\dot{A}\dot{F}}$$

$$\dot{A}_f=\frac{\dot{A}}{1+\dot{A}\dot{F}}$$

这是一个经典公式。由上式可见，引入反馈后，放大电路的增益改变了，改变的多少与 $(1+\dot{A}\dot{F})$ 这一因数有关，$(1+\dot{A}\dot{F})$ 称为**反馈深度**。

若 $|1+\dot{A}\dot{F}|>1$，则 $|\dot{A}_f|<|\dot{A}|$，即引入反馈后，闭环增益减小了，该反馈为负反馈；

若 $|1+\dot{A}\dot{F}|<1$，则 $|\dot{A}_f|>|\dot{A}|$，即引入反馈后，闭环增益增大了，该反馈为正反馈。

理论分析表明，引入负反馈虽然会降低放大电路放大倍数的数值，但可以改善放大电路的各项性能指标，实际上放大电路增益并不是电路唯一的性能指标，正像人的身高并不是唯一重要的体征指标一样。

2. 负反馈对放大电路的主要影响

负反馈主要影响有：

(1) 提高放大电路放大倍数的稳定性，使其不随温度等因素的改变而改变。

为简化推导，假设放大电路工作于中频段，反馈网络为纯电阻性的，则 $\dot{A}$ 、$\dot{F}$ 均为实数，则闭环增益可表示为

$$A_f = \frac{A}{1+AF}$$

对 A 求导数得

$$\frac{dA_f}{dA} = \frac{(1+AF)-AF}{(1+AF)^2} = \frac{1}{(1+AF)^2}$$

整理得

$$dA_f = \frac{dA}{(1+AF)^2}$$

上式两边分别除以 A_f，得

$$\frac{dA_f}{A_f} = \frac{1}{1+AF}\frac{dA}{A}$$

上式表明，引入负反馈后增益的相对变化量是未加反馈时增益变化量的 $\frac{1}{1+AF}$，也就是说，引入负反馈后，增益下降了（$1+AF$）倍，但增益的稳定性却提高了（$1+AF$）倍。

【例 2-8】 某反馈放大电路的开环增益 $A=10^3$，反馈系数 $F=0.02$。由于温度变化使 A 增加了 10%，求闭环增益的相对变化量 $\frac{dA_f}{A_f}$。

解： $$\frac{dA_f}{A_f} = \frac{1}{1+AF}\frac{dA}{A} = \frac{1}{1+10^3\times0.02}\times10\% \approx 0.5\%$$

可见，引入反馈后增益稳定度提高了约 20 倍。但是，这是以牺牲放大倍数为代价的。

（2）负反馈对输入电阻的影响。放大电路的输入电阻，是从放大电路输入端看进去的交流等效电阻。而输入电阻的变化，取决于输入端的负反馈方式（串联或并联），与输出端采用的反馈方式（电流或电压）无关。具体来说有：

① 引入串联负反馈，可以增大放大电路的输入电阻。

② 引入并联负反馈，可以减小放大电路的输入电阻。

（3）负反馈对输出电阻的影响。放大电路的输出电阻，就是从放大电路的输出端看进去的交流等效电阻。而输出电阻的变化，取决于输出端采用的反馈方式（电流或电压），而与输入端的反馈连接方式无关。

① 电流负反馈使输出电阻增大。放大电路对输出端而言，可以等效成一个实际电流源，它的内阻就是放大电路的输出电阻。显然，输出电阻越大，输出电流就越稳定。因为电流负反馈可以稳定输出电流，所以，其效果就是增大了电路的输出电阻。

② 电压负反馈使输出电阻减小。放大电路对输出端而言，也可以等效成一个实际电压源，它的内阻就是放大电路的输出电阻。显然，输出电阻越小，输出电压就越稳定。因为电压负反馈可以稳定输出电压，所以，其效果就是减小了电路的输出电阻。

因此，如果需要放大器的输入电阻大，就应当采用串联负反馈形式；如果需要放大器的输出电阻小，就应当引入电压负反馈。

反之，如果希望得到恒流源输出，就应当设计一个电流负反馈电路；如果希望是一个直流稳压电路，就应当引入直流的电压负反馈。

（4）负反馈能减小电路的非线性失真，克服晶体管特性曲线非线性的影响。由于晶体管的非线性特性，或静态工作点选得不合适等，当输入信号较大时，在其输出端就产生了正半

周幅值大、负半周幅值小的非线性失真信号，如图 2-40（a）所示。

引入负反馈后，如图 2-40（b）所示，反馈信号来自输出回路，其波形也是上大下小，将它送到输入回路，使净输入信号变成上小下大，经放大，输出波形的失真获得补偿。从本质上说，负反馈是利用了“预失真”的波形来改善波形的失真，因而不能完全消除失真，并且对输入信号本身的失真不能减少。

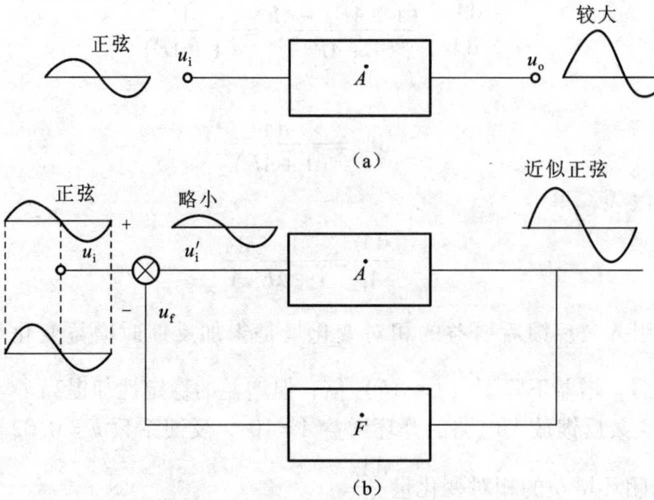

图 2-40　减小电路的非线性失真

（5）负反馈扩展了放大电路的通频带。在阻容耦合交流放大电路中，耦合电容器和旁路电容器的存在引起低频段增益下降，而晶体管极间电容和寄生电容的存在又引起高频段增益下降，使通频带变窄。引入负反馈后，由于提高了放大电路增益的稳定度，使得放大电路的增益在低频段和高频段下降的速度减缓，相当于展宽了频带，如图 2-41 所示。

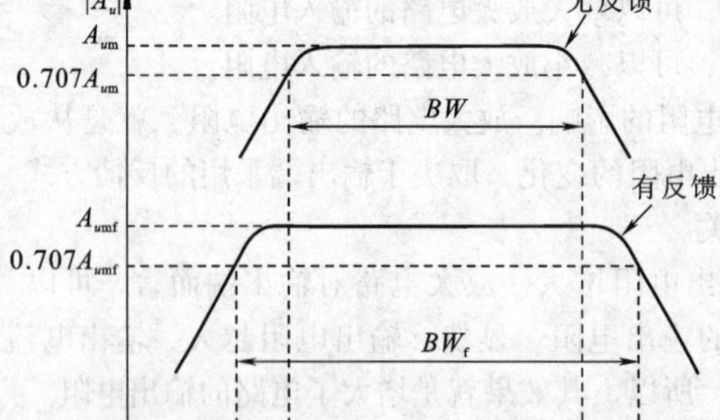

图 2-41　负反馈扩展了放大电路的通频带

反馈电路的类型与用途如表 2-2 所示。

表 2-2　反馈电路的类型和用途

交流性能	电压串联负反馈	电压并联负反馈	电流串联负反馈	电流并联负反馈
输入电阻	增大	减小	增大	减小
输出电阻	减小	减小	增大	增大

续表

交流性能	电压串联负反馈	电压并联负反馈	电流串联负反馈	电流并联负反馈
稳定性	稳定输出电压，提高增益稳定性	稳定输出电压，提高增益稳定性	稳定输出电流，提高增益稳定性	稳定输出电流，提高增益稳定性
通频带	展宽	展宽	展宽	展宽
环内非线性失真	减小	减小	减小	减小
环内噪声、干扰	抑制	抑制	抑制	抑制

这里介绍的只是一般原则。要注意的是，负反馈对放大电路性能的影响只局限于反馈环内，反馈回路未包括的部分并不适用。性能的改善程度均与反馈深度$|1+\dot{A}\dot{F}|$有关，但并不是$|1+\dot{A}\dot{F}|$越大越好。因为$\dot{A}$、$\dot{F}$都是频率的函数，对于某些电路来说，在一些频率下产生的附加相移可能使原来的负反馈变成了正反馈，甚至会产生自激振荡，使放大电路无法正常工作。

2.7.5 应用实例——万用表电路中的反馈

MF－20 型万用表可测量交直流电压、电流、电阻及音频电平等多种电量，是一种灵敏度较高、多量程的指针式电工仪表。以其交流电压测量电路为例，介绍其中引入的负反馈及其对电路性能的影响。

MF－20 型万用表的主要优点是内阻高，可测量小信号，其最小量程满刻度交流电压为15 mV。交流电压测量电路就是为测量交流小信号而设定的，交流小信号经放大电路放大后，再经整流电路变为直流，然后由直流电流表显示被测信号的大小。交流电压测量电路如图 2－42所示。

1. 电路的组成

可以把该测量电路分为放大电路和整流显示电路两部分。放大部分主要由晶体管 VT_1 ~ VT_5 组成。放大电路部分根据直流通路结构的不同可分为两个单元，第一个单元由 VT_1 ~ VT_3 组成，第二个单元由 VT_4、VT_5 组成。两单元之间采用阻容耦合的方式。整流显示部分可分解为整流及显示两个单元。整流，简言之就是把交流电转换成直流电，其中整流单元由 VD_1、VD_2、R_{19}、R_{20}组成的桥式整流电路完成整流，通过的电流可以由电位器 R_{18}进行调节；显示单元采用直流微安表，它也是整流电路的负载，C_{11}为滤波元件。整流电路的工作原理详见第 5 章。

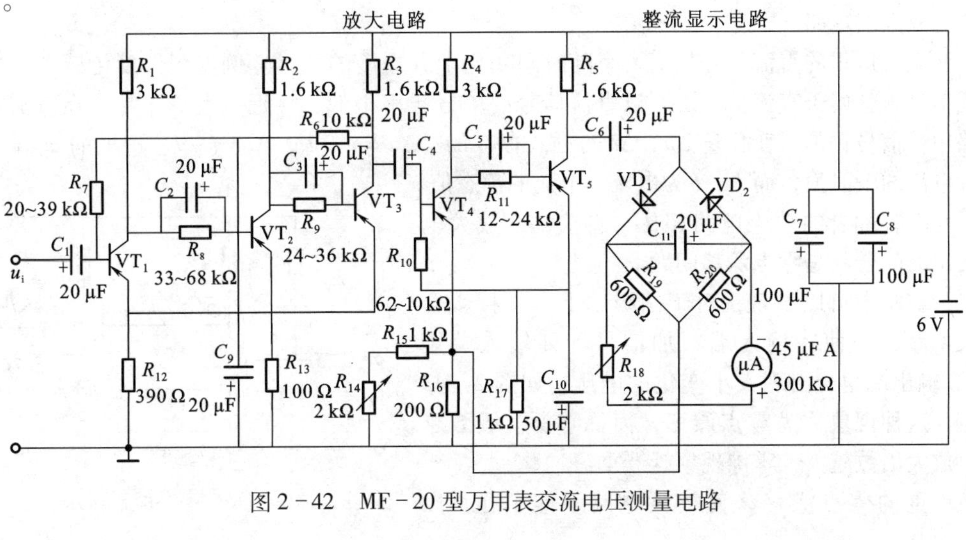

图 2－42 MF－20 型万用表交流电压测量电路

2. 电路中的反馈

（1）直流通路与直流反馈。由图 2-42 可知，两个放大单元的直流通路由电容器 C_4 隔开，彼此独立，即两个放大单元的静态工作点的设置互不影响，这样调整起来就比较方便。其中 R_6 ~ R_{11} 为基极偏流电阻器，用来确定各晶体管的静态工作点。

直流负反馈通路：为了稳定晶体管的静态工作点，在两个单元放大电路的直流通路中都设有直流负反馈，在第一单元放大电路中，R_6、R_7 是一个反馈支路，另一个反馈支路是由 VT_3 发射极直接反馈到 VT_1 发射极；此外，VT_2 的射极电阻 R_{13} 也有局部直流反馈的作用。这些直流反馈的引入都是为了稳定第一个单元放大电路的静态工作点。同样，为了稳定第二个单元放大电路的静态工作点，在 VT_5 的发射极至 VT_4 的基极之间引入了直流反馈（R_{10}）。注意，晶体管的射极电阻引入的局部反馈，既有直流负反馈的作用，又有交流负反馈的作用。

（2）交流通路与交流反馈。输入的被测交流信号 u_i 经电容器 C_1 耦合进入 VT_1 放大，再经 C_2 耦合到 VT_2，然后又经电容器 C_3 耦合至 VT_3，完成第一单元放大电路的放大，由 VT_3 集电极输出。VT_3 输出的信号经 C_4 输入到第二单元放大电路 VT_4 的基极，再经 C_5 耦合到 VT_5，最后由 VT_5 集电极输出经 C_6 输送给整流电路。

交流负反馈通路：为保证万用表测量交流小信号的精度，首先要保证放大电路放大倍数的稳定性，因此在放大电路中引入了交流负反馈。从 VT_3 发射极到 VT_1 发射极的级间电流串联负反馈能稳定放大倍数、提高输入电阻；从 VT_5 集电极经整流桥路到 VT_4 发射极的负反馈，不仅可以稳定放大电路的放大倍数，还可以稳定输出电流。

上述的各种负反馈只局限于各单元放大电路内部的级与级之间，而两个单元放大电路之间不设负反馈通路，目的在于防止产生自激振荡。

2.8 差分放大电路

2.8.1 直接耦合放大电路及其零点漂移问题

在测量仪表和自动控制系统中，常常遇到一些变化缓慢的低频信号（频率为几赫至几十赫，甚至接近于零）。采用阻容耦合或变压器耦合的放大电路是不能放大这种信号的。因此，放大这类变化缓慢的信号，只能用**直接耦合放大电路**，又称**直流放大器**，就是能够对直流信号进行放大的电路。

注意，这里的直流信号是指大小随时间变化十分缓慢的信号。例如用温度传感器采集的温度信号，就属于直流信号。所以直流信号的信号频率很低，接近或者等于零。在直流放大电路中，信号仍是以变化量 Δu，Δi 的形式存在的。$\Delta u = u - U$，$\Delta i = i - I$。这里的 u，i 为电压、电流的瞬时值，而 U，I 为电压、电流的静态值。

与阻容耦合的放大电路相比，直接耦合放大电路突出的问题就是**零点漂移**问题。

从实验中可以发现，对于两级以上的直接耦合放大电路，即使在输入端不加信号（即输入端短路），输出端也会出现大小变化的电压，如图 2-43 所示。这种现象称为**零点漂移**，简称**零漂**。级数越多，放大倍数越大，零漂现象越严重。

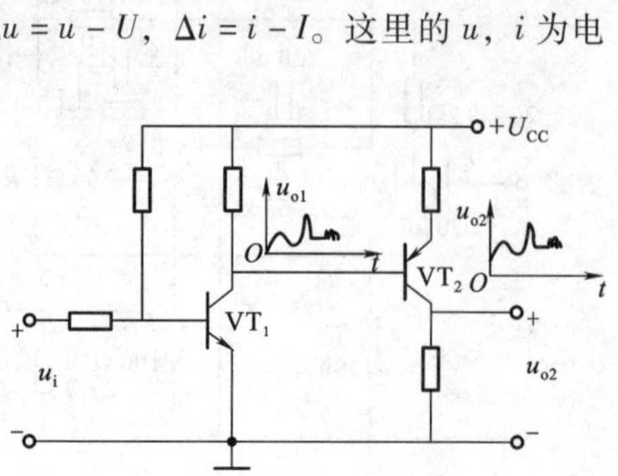

图 2-43　零点漂移现象

严重的零点漂移将使放大电路不能工作。以

图2-43所示电路为例，放大电路的总放大倍数为300。当输入端短路时，观察其输出电压，在半小时内出现了0.5 V的漂移。

若用这个放大电路放大一个2 mV的信号，正常时应有$U_o=2\times10^{-3}\times300=0.6$ V的输出。但是，由于零漂的存在，输出端实际输出可达1.1 V，而不是0.6 V。结果是信号电压被漂移电压几乎淹没了。

引起零漂的原因很多，如电源电压波动、温度变化等，其中以温度变化的影响最为严重。当环境温度发生变化时，晶体管的β、I_{CBO}、U_{BE}随温度而变。这些参数变化造成的影响，也相当于在输入端加入一种信号，使输出电压发生变化。

在阻容耦合电路中，由于电容器的隔直作用，各级的零漂被限制在本级内，所以影响较小。而在直接耦合电路中，前一级的零漂电压将直接传递到下一级，并逐级放大，所以第一级的零漂影响最为严重。抑制零漂，应着重在第一级解决。

抑制零漂最常用的一种方法，是利用两只特性相同的晶体管，接成差分放大电路。这种电路在模拟集成电路中作为基本单元而被广泛采用。

2.8.2 典型差分放大电路

差分放大电路又称**差放电路**，它能比较理想地抑制零点漂移，常用于要求较高的直流放大电路中。差分放大电路还是当今模拟集成电路的主要单元结构。

1. 差分放大电路组成和抑制零漂原理

图2-44所示电路为典型的差分放大电路。两侧的晶体管电路完全对称，即$R_{c1}=R_{c2}=R_c$，$R_{b1}=R_{b2}=R_b$，晶体管VT_1和VT_2的参数相同，两管的射极相连并接有公共的射极电阻R_e，由两组电源$+U_{CC}$和$-U_{EE}$供电。差分放大电路的左右对称，是为了保证电路具有良好的抗零点漂移能力。要求电路的对称性越高越好。电路元件的参数，包括两个晶体管的参数也要求做得完全相同。这在半导体集成电路中是容易实现的。

采用正负双电源给差分放大器提供工作电源，是为了让电路中的电位可以在正负两个方向上变化，这样为应用提供了许多方便。

由于晶体管VT_1和晶体管VT_2参数完全相同且电路对称，因而在静态时，$U_i=0$，晶体管集电极电压$U_{C1}=U_{C2}$，$U_o=U_{C1}-U_{C2}=0$，实现了零输入对应零输出的要求。

如果温度升高，I_{C1}和I_{C2}同时增大，U_{C1}与U_{C2}同时下降，且两管集电极电压变化量相等。所以$\Delta U_o=\Delta U_{C1}-\Delta U_{C2}=0$，输出电压仍然为零，这就说明，零点漂移因为电路对称而抵消了。这就是差分放大电路抑制零点漂移的原理。

2. 差模信号和差模放大倍数

在图2-44中，输入信号u_i分成幅度相同的两个部分：u_{i1}和u_{i2}，它们分别加到两只晶体管的基极。由图可知，u_{i1}和u_{i2}极性（或相位）相反，即

$$u_{i1}=-u_{i2}=\frac{1}{2}u_{id}$$

这种对地大小相等、极性（或相位）相反的电压信号称为**差模信号**，用u_{id}表示，即

$$u_{id}=u_{i1}-u_{i2}\qquad\text{（d代表差模）}$$

差模信号就是待放大的有用信号。在它的作

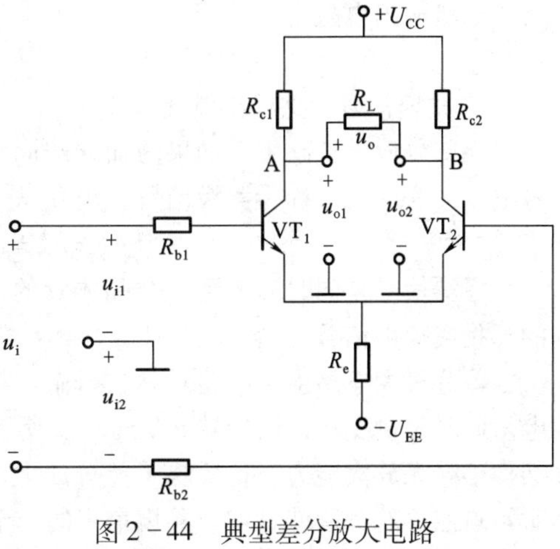

图2-44 典型差分放大电路

用下，一只晶体管内电流上升，另一只晶体管内电流下降，两晶体管的集电极电位一减一增，变化的方向相反，变化的大小相同，就像是“跷跷板”的两端，于是输出端将有电压输出，即

$$u_{od}=u_{o1}-u_{o2}=2u_{o1}$$

所以，差分放大电路对差模信号能进行放大。

设差分放大电路单侧的放大倍数为 A_{ud1} 和 A_{ud2}，因为两边单管放大电路对称，所以放大倍数相等，即 $A_{ud1}=A_{ud2}$，则两个晶体管的集电极输出电压分别为

$$u_{o1}=A_{ud1}u_{id1}=A_{ud1}\times\frac{1}{2}u_{id}$$

$$u_{o2}=A_{ud2}u_{id2}=-A_{ud2}\times\frac{1}{2}u_{id}=-u_{o1}$$

那么放大电路的输出电压

$$u_{od}=u_{o1}-u_{o2}=2u_{o1}$$

放大电路对差模输入电压的放大倍数称为差模电压放大倍数，用 A_{ud} 表示，那么

$$A_{ud}=\frac{u_{od}}{u_{id}}=\frac{2u_{o1}}{2u_{id1}}=A_{ud1}=A_{ud2}$$

可见，对称式差分放大电路的差模电压放大倍数与单级放大电路的电压放大倍数相同。

实际上，差分放大电路的一边是共射单管放大电路。故差分放大电路的电压放大倍数为

$$A_{ud}=\frac{u_{od}}{u_{id}}=\frac{2u_{o1}}{2u_{id1}}=A_{ud1}=-\frac{\beta R'_L}{R_b+r_{be}}$$

式中，$R'_L=R_c//\frac{R_L}{2}$，相当于每个晶体管各带一半负载电阻，就像是“跷跷板”的两端，R_L 的中点始终为零电位，相当于接地。

上式表明：差分放大电路（两管）的电压放大倍数和单管放大电路的放大倍数基本相同。差分放大电路的特点实际上是多用一个放大管来换取了对零漂的抑制。

R_e 对放大倍数没有影响。这是因为流过射极电阻 R_e 的交流电流由两个大小相等、方向相反的交流电流 i_{e1} 和 i_{e2} 组成。在电路完全对称的情况下，这两个交流电流之和在 R_e 两端的产生的交流压降 u_{R_e} 为零。

电路的输入电阻 R_{id} 则是从两个输入端看进去的等效电阻。由交流通路（图略）可推知

$$R_{id}=2\ (R_b+r_{be})$$

电路输出电阻为

$$R_o=2R_c$$

3. 共模信号和共模抑制比 K_{CMR}

在差分放大电路中，如果两输入端同时加一对对地大小相等、极性（或相位）相同的信号电压，这种信号称为**共模信号**，用 u_{ic} 表示，即

$$u_{i1}=u_{i2}=u_{ic}\quad（c\ 代表共模）$$

零漂信号是同时影响到两个晶体管的，因此可以看作是一种共模信号。共模信号是无用的干扰或噪声信号。

差分放大电路由于电路对称，当输入共模信号时，$u_{ic1}=u_{ic2}$，晶体管 VT_1 和晶体管 VT_2 各电量同时等量变化，输出端 $u_{oc1}=u_{oc2}$，所以共模输出 $u_{oc}=u_{oc1}-u_{oc2}=0$，表明差分放大电路对共模信号无放大能力，这反映了差分放大电路抑制共模信号的能力。实际上，差分放大电路对零点漂移的抑制就是抑制共模信号的一个特例。

另外，由于射极电阻 R_e 存在负反馈作用，R_e 对共模信号及零点漂移也有强烈的抑制作用。

为了表示一个电路放大有用的差模信号和抑制无用的共模信号的能力，引用了一个称为共模抑制比（Common Mode Rejection Ratio）的指标 K_{CMR}，它定义为

$$K_{CMR}=\left|\frac{A_{ud}}{A_{uc}}\right| \quad 或 \quad K_{CMR}=20\lg\left|\frac{A_{ud}}{A_{uc}}\right|\ (dB)$$

式中 A_{ud}——差模信号放大倍数；

A_{uc}——共模信号放大倍数；

K_{CMR}——共模抑制比，对理想的差分放大电路为无穷大，对实际差分放大电路，K_{CMR} 越大越好。

4. 典型差分放大电路的静态分析

由于两边单管放大电路结构对称，所以有 $U_{BEQ1}=U_{BEQ2}=U_{BEQ}$，$I_{BQ1}=I_{BQ2}=I_{BQ}$，$I_{CQ1}=I_{CQ2}=I_{CQ}$，$\beta_1=\beta_2=\beta$，$U_{CQ1}=U_{CQ2}=U_{CQ}$，因此分析单边放大电路即可。

由基尔霍夫电压定律，由左边放大电路回路可得：$I_{BQ}R_b+U_{BEQ}+2I_{EQ}R_e=U_{EE}$。

考虑到正常情况下 $2I_{EQ}R_e \gg I_{BQ}R_b$，$U_{EE} \gg U_{BEQ}$，因此估算中可忽略 $I_{BQ}R_b$，U_{BEQ} 两项。

所以

$$I_{EQ}\approx\frac{U_{EE}}{2R_e}\approx I_{CQ},\ I_{BQ}\approx\frac{U_{EE}}{2(1+\beta)R_e}$$

$$U_{CEQ}=(U_{CC}+U_{EE})-I_{CQ}R_c-2I_{EQ}R_e$$

5. 比较输入

还有一种情况，差分放大电路的两个输入信号大小不等、极性可相同或相反，即 $u_{i1}\neq u_{i2}$，这时，可分解为共模信号和差模信号的组合，即

$$u_{i1}=u_{ic}+u_{id}$$

$$u_{i2}=u_{ic}-u_{id}$$

式中，u_{ic} 为共模信号；u_{id} 为差模信号，分别为

$$u_{ic}=\frac{1}{2}(u_{i1}+u_{i2})$$

$$u_{id}=\frac{1}{2}(u_{i1}-u_{i2})$$

输出电压为

$$u_{o1}=A_{uc}u_{ic}+A_{ud}u_{id}$$

$$u_{o2}=A_{uc}u_{ic}-A_{ud}u_{id}$$

$$u_o=u_{o1}-u_{o2}=2A_{ud}u_{id}=A_{ud}(u_{i1}-u_{i2})$$

上式表明，比较输入时输出电压的大小仅与输入电压的差值有关，而与信号本身的大小无关，这就是差分放大电路的差值特性。因此，无论差分放大电路的输入信号是何种类型，都可以认为是一对共模信号和一对差模信号的组合，差分放大电路仅对差模信号进行放大。

2.8.3 恒流源差分放大电路

为了提高差分放大电路的共模抑制比，理论上应当提高电阻器 R_e 的数值。但 R_e 的阻值太大会使 I_{CQ} 下降太多，对电源要求也高。实际中，常用晶体管电路组成的恒流源来代替射极电阻 R_e。恒流源具有很大的交流等效电阻，本身可流过较大的直流电流，而直流压降却不大。

在放大区的很大范围内 I_{CQ} 基本是恒定的，相当于一个内阻很大的电流源。

电路如图 2 − 45 所示。R_e 被恒流源取代，为恒流源差分放大电路的电路结构。恒流管 VT_3 的基极电位 U_{B3} 由 R_1，R_2 决定，基本上不随温度变化而变化，所以 I_{BQ3} 是固定的。从晶体管的输出特性曲线恒流特性可推知，当 I_{BQ3} 固定以后，I_{CQ3} 也基本不变，具有恒流特性。它的直流电阻 $R_{CE}=\dfrac{U_{CE}}{I_C}$ 并不大，交流等效电阻 $r_{ce}=\dfrac{\Delta U_{CE}}{\Delta i_C}$ 很大，可以大大提高差分放大器的共模抑制比。

恒流源差分放大器动态技术指标 A_{ud} 与上述典型差放的计算公式相同。

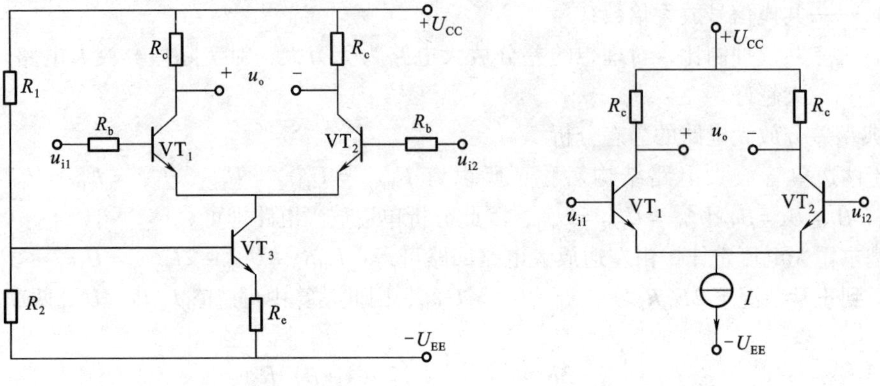

（a）具有恒流源的差分放大电路　　（b）简化电路

图 2 − 45　恒流源差分放大电路的电路结构

【例 2 − 9】 带恒流源的差分放大电路如图 2 − 45 所示。$U_{CC}=U_{EE}=12$ V，$R_c=5$ kΩ，$R_b=1$ kΩ，$R_e=3.6$ kΩ，$R_1=10$ kΩ，$R_2=5$ kΩ，$\beta_1=\beta_2=50$，$R_L=10$ kΩ，$r_{be1}=r_{be2}=1.5$ kΩ，$U_{BEQ1}=U_{BEQ2}=0.7$ V。试求：

（1）电路的静态工作点 I_{CQ1}，U_{CQ1}，U_{CQ2}；

（2）差模放大倍数 A_{ud}；

（3）差模输入电阻 R_{id} 和差模输出电阻 R_{od}。

解：（1）忽略各晶体管的基极电流，可近似计算如下：

$$U_{R_2}=\frac{U_{CC}+U_{EE}}{R_1+R_2}R_2=\left(\frac{24}{15}\times 5\right)\text{V}=8\ \text{V}$$

$$I_{EQ3}=\frac{U_{R_2}-U_{BEQ3}}{R_e}=\left(\frac{8-0.7}{3.6}\right)\text{mA}=2\ \text{mA};\qquad I_{EQ1}=I_{EQ2}=\frac{1}{2}I_{CQ3}\approx\frac{1}{2}I_{EQ3}\approx I_{CQ1}=1\ \text{mA}$$

$$U_{CQ1}=U_{CQ2}=U_{CC}-I_{CQ1}R_c=(12-5\times 1)\ \text{V}=7\ \text{V}$$

（2）
$$A_{ud}=\frac{u_{od}}{u_{id}}=\frac{2u_{o1}}{2u_{id1}}=-\frac{\beta R'_L}{R_b+r_{be}}=-\frac{50\times 2.5}{1+1.5}=-50$$

（3）
$$-R_{id}=2(R_b+r_{be})=5.1\ \text{k}\Omega;\qquad R_{od}=R_o=2R_c=10\ \text{k}\Omega$$

2.8.4　差分放大电路输入输出方式

差分放大电路有 4 种输入输出方式，上面讲的是典型的**双端输入双端输出方式**，而在实际的电子电路中，经常需要遇到把信号的一端接地使用。为了适应这种需要，差分放大电路还有**双端输入单端输出**；**单端输入双端输出**；**单端输入单端输出**几种接法，如图 2 − 46 所示（简图）。这些接法是不对称的，又称**不对称接法**的差分放大电路。

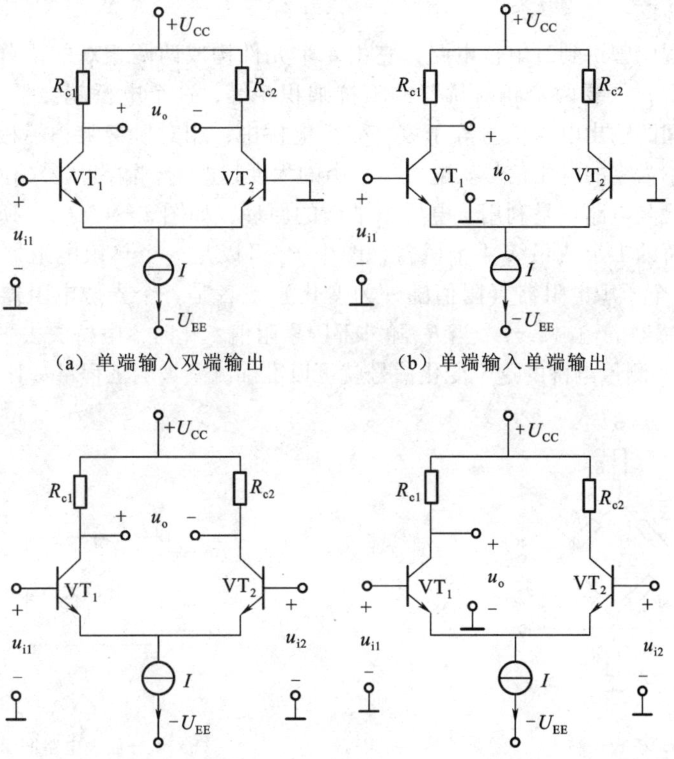

（a）单端输入双端输出　（b）单端输入单端输出

（c）双端输入双端输出　（d）双端输入单端输出

图 2－46　差分放大电路的 4 种输入输出方式

（1）**单端输出**。差分放大电路也可以单端输出，即分别从 u_{o1} 或 u_{o2} 端输出。单端输出式差分放大电路中非输出管的输出电压未被利用，输出减小了一半，所以差模放大倍数亦减小为双端输出时的 1/2。此外，由于两个单管放大电路的输出漂移不能互相抵消，所以零漂比双端输出时大一些。

但由于 R_e 或恒流源有负反馈作用，对共模信号有强烈抑制作用，因此其输出零漂还是比普通的单管放大电路小得多，所以单端输出时仍常常采用差分放大电路。

（2）**单端输入**。单端输入式差分放大电路的输入信号只加到放大电路的一个输入端，另一个输入端接地，可以看成是双端输入的一种特例。

由于两个晶体管发射极电流之和恒定，所以当输入信号使一个晶体管发射极电流改变时，另一个晶体管发射极电流必然随之作相反的变化，情况和双端输入时相同。此时由于恒流源等效电阻或射极电阻 R_e 的耦合作用，两个单管放大电路都得到了输入信号的一半，但极性相反，即为差模信号。所以，单端输入属于差模输入。

（3）**同相输入端与反相输入端**。对差分放大电路来说，输出和输入的连接形式比较灵活，实际应用中可有多种选择，输出和输入的相位关系也不尽相同。当输出端一定时，对于单端输入，当 u_{i2} 为 0 时，若输出与输入 u_{i1} 同相位，则称 u_{i1} 对应的输入端为**同相输入端**；当 u_{i1} 为 0 时，若输出与输入 u_{i2} 反相位，则称 u_{i2} 对应的输入端为**反相输入端**，反之亦然。

差分放大电路的应用实例

在许多检测电路和自动控制电路中，经常用各种传感器把某些非电信号转换为电信号，再经过放大电路进行放大，这时常用到**电桥电路**。要放大这类信号源，用差分放大电路是非常合适的。

电工基础课程中曾讲到过电桥电路，它由 4 个元件构成两两相对的桥臂，无论其驱动是电流源还是电压源，只要两个相对桥臂的阻抗乘积相等，这个电桥就会平衡。所谓的平衡，是指电桥两侧之间的输出电压信号等于零。一个电桥中，相对桥臂乘积不相等时，电桥不平衡，输出端出现不为零的电压信号。电桥不平衡的程度越严重，输出信号越大。

桥式传感器检测电路正是利用了电桥不平衡的原理，如图 2－47（a）所示，将传感器的感应元件作为电桥的 1 个或最多 4 个桥臂，图中 R_x 可以是一个热敏电阻器（阻值随温度变化），也可以是一个压敏电阻器（阻值随外力变化）或者是一个光敏电阻器（阻值随光照变化）等。u_{ab}为传感器的输出信号。当 R_x 随外部因素阻值变化时，电桥失去平衡，输出一定幅度的电压信号 u_{ab}。测量电桥的这个变化信号就可以准确测量被测工程量（比如温度）。

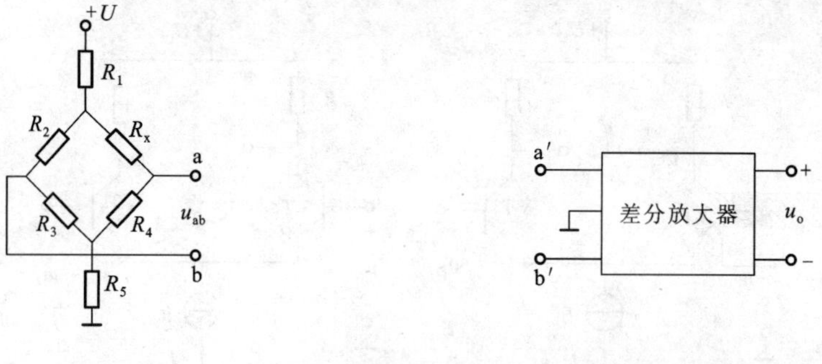

（a）桥式传感器　　（b）差分放大电路框图

图 2－47　桥式传感器采用差分放大电路

作为电桥，显然 a、b 两点都不能接地。作为差模信号的 u_{ab}，一般很微弱，而 a、b 两点的对地电位 U_a 和 U_b 形成的共模信号（U_a+U_b）/2 往往是较强的。

为了有效地放大微弱的 u_{ab}信号，同时要抑制共模信号，可以选取一个共模抑制比较大且差模放大倍数较高的差分放大器完成放大任务。图 2－47（a）中的 a 点和 b 点分别接至图 2－47（b）中的 a′点和 b′点就构成一个传感信号放大电路。其输出电压 u_o 与加在电阻器 R_x 上的物理量成线性关系。用这个电压信号去控制后续的专用电路便可完成检测任务或自动控制任务。

2.9　场效应管及其放大电路

场效应晶体管简称**场效应管**，是一种常用的半导体器件，它的输入电阻极高，可达 10^9 ~ $10^{14}\,\Omega$，同时它有噪声小、热稳定性好、耗电少和便于集成等优点，因此在大规模集成电路中应用极为广泛。

前面介绍的晶体管是用基极电流 i_B 控制集电极电流 i_C，晶体管是电流控制元件；场效应管是用栅源电压 u_{GS}控制漏极电流 i_D，是电压控制元件。晶体管是电子和空穴两种载流子参与导电，称为**双极型晶体管**；而场效应管是靠多数载流子导电的，即只有一种载流子参与导电，所以称为**单极型晶体管**。

场效应管有两种类型：**结型场效应管**和**绝缘栅型场效应管**。限于篇幅，在此只简单介绍应用更广的**绝缘栅型场效应管**。

2.9.1 绝缘栅型场效应管

绝缘栅型场效应管根据导电沟道的不同，可分为 N 沟道和 P 沟道两类，其中每类又分为增强型和耗尽型两种。以 N 沟道为例，介绍两种场效应管的结构、工作原理和特性曲线。

N 沟道增强型绝缘栅场效应管的结构如图 2－48（a）所示，它是用一块 P 型薄硅片做衬底，其上扩散两个 N^+ 区作为源极（s）和漏极（d），在硅片表面生成一层 SiO_2 绝缘体，绝缘体上的金属电极为栅极（g）。因栅极和其他电极及导电沟道是绝缘的，所以称为**绝缘栅型场效应管**，或称金属-氧化物-半导体场效应管，简称 MOS 管。

工作时在漏极 d 和源极 s 之间形成导电沟道，称为 **N 沟道**。由于掺入离子数量不同，工作中有差别，又分为**耗尽型** NMOS 管和**增强型** NMOS 管，其符号分别如图 2－48（b）、（c）所示。若图中符号的箭头方向相反，则分别表示 P 沟道耗尽型 PMOS 管和增强型 PMOS 管。

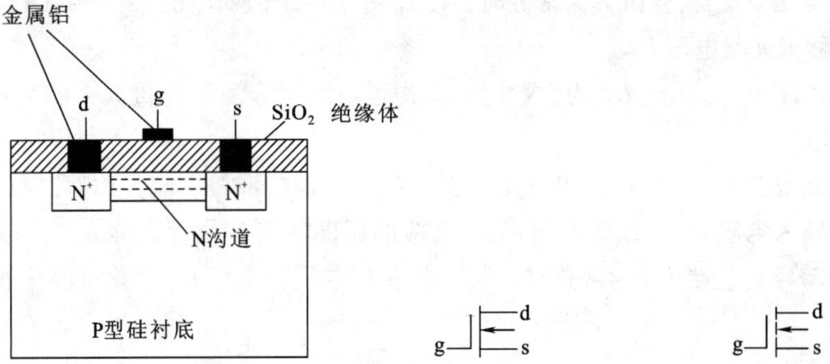

（a）N沟道增强型场效应管的结构　（b）耗尽型NMOS管符号　（c）增强型NMOS管符号

图 2－48　NMOS 管

1. 工作原理

当 $U_{GS}=0$ 时，d、s 两极间为由半导体 N－P－N 组成的两个反向串联的 PN 结，因此，可认为漏极电流 $I_D=0$。当 $U_{GS}>0$ 时，P 型衬底中的电子受到吸引而到达表层形成 N 型薄层，即 N 型导电沟道。导电沟道形成后，若在 d、s 两极间加上正向电压就会有漏极电流 I_D。这种 MOS 管在 $U_{GS}=0$ 时没有导电沟道，只有在 U_{GS}增大到**开启电压** $U_{GS(th)}$时才能形成导电沟道，因而称为增强型 NMOS 管。在 $U_{GS}>U_{GS(th)}$时，随栅源电压 U_{GS}的变化，I_D 亦随之变化，这就是增强型 MOS 管的栅极控制作用。

2. 特性曲线

（1）转移特性曲线。转移特性是指在 U_{DS}一定时输入电压 U_{GS}对输出电流 I_D 的控制特性。虽然 U_{DS}不同时会对转移特性有影响，但在场效应管的工作区内，I_D 几乎与 U_{DS}无关；对应不同 U_{DS}值的转移特性曲线几乎重合，所以通常只用一条曲线来表示，如图 2－49 所示。由转移特性曲线可以更清楚地看出栅源电压对漏极电流的控制作用，所以说场效应管是电压控制器件。

（2）输出特性曲线。输出特性曲线是指在 U_{GS}一定时，漏极电流 I_D 与漏源电压 U_{DS}之间的关系曲线，如图 2－50 所示，输出特性曲线也是一组曲线。观察 I_D 随 U_{GS}的变化情况，可以分成可变电阻区、恒流区和夹断区。场效应管应用于放大电路时就工作在恒流区。在这个区域，I_D 几乎与 U_{DS}无关，而由电压 U_{GS}控制。用一个小电压去控制一个大电流，是场效应管的最大特点。

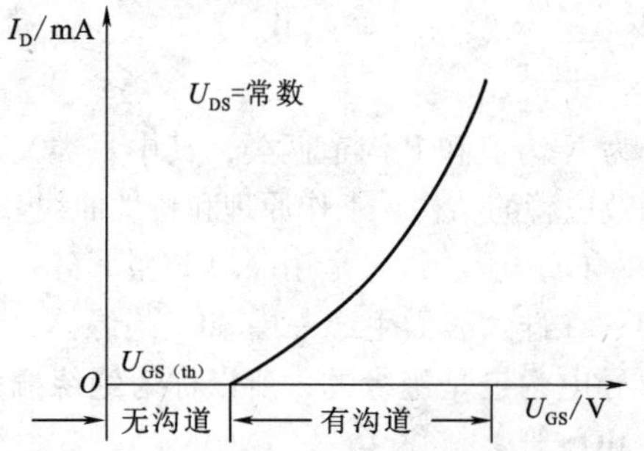

图 2-49 增强型 NMOS 管的转移特性曲线

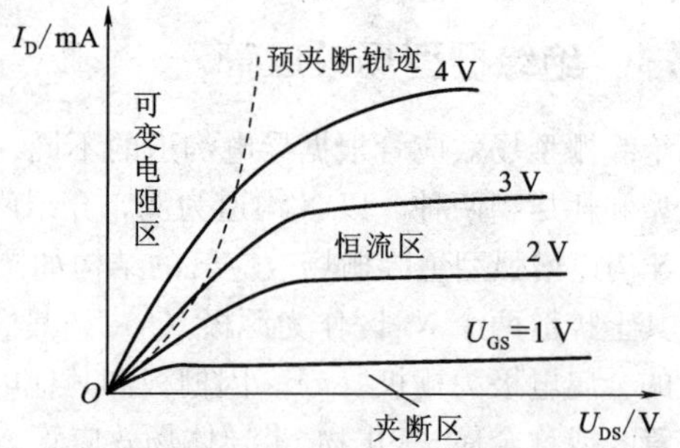

图 2-50 增强型 NMOS 管的输出特性曲线

3. 场效应管主要参数

（1）**夹断电压** $U_{GS(off)}$。当 U_{DS} 为常数时，使 I_D 等于一个微弱电流（如 50 μA）时，栅源之间所加电压，称为夹断电压 $U_{GS(off)}$。

（2）**开启电压** $U_{GS(th)}$。当 U_{DS} 为常数时，有沟道将漏极、源极连接起来的最小 U_{GS} 值，称为开启电压 $U_{GS(th)}$。

（3）**饱和漏电流** I_{DSS}。当 $U_{GS}=0$，且 $U_{DS}>|U_{GS(off)}|$ 时的漏极电流，称为饱和漏电流 I_{DSS}。

（4）**直流输入电阻** R_{GS}。栅源电压 U_{GS} 与对应的栅极电流 I_G 之比，称为直流输入电阻 R_{GS}。

（5）**低频跨导** g_m。当 U_{DS} 为常数时，漏极电流 I_D 与栅源电压 U_{GS} 变化量的比值称为低频跨导，表示为

$$g_m=\left.\frac{\Delta i_D}{\Delta u_{GS}}\right|_{u_{DS}=\text{常数}}$$

跨导 g_m 代表放大能力，类似于晶体管的电流放大倍数。

4. 注意事项

（1）由于 MOS 管的输入电阻很高，栅极的感应电荷不宜释放，可形成很高电压，将绝缘层击穿而损坏。因此，使用时，栅极不能开路；保存时，各极需短路。

（2）结型场效应管漏极与源极可互换使用。对于 MOS 管，若 MOS 管内部已将衬底与源极短路，则不能互换，否则可互换。

（3）低频跨导与工作电流有关，I_D 越大，g_m 也越大。

MOS 管是一种电压控制器件。它也具有 3 种工作状态。当输入电压 u_I 小于开启电压 $U_{GS(th)}$ 时，漏极和源极之间没有形成导电沟道，MOS 管截止，漏极和源极之间的沟道电阻约为 10^{10} Ω，相当于开关断开。

当 u_I 大于开启电压 $U_{GS(th)}$ 时，漏极和源极之间开始导通。当 u_I 远大于开启电压 $U_{GS(th)}$ 时，MOS 管完全导通，相当于开关闭合。此时漏极和源极之间的沟道电阻最小，约为 1 000 Ω。

从以上分析可看出，可以把 MOS 管的漏极和源极当作一个受栅极电压控制的开关使用，即当 $u_I>U_{GS(th)}$ 时，相当于开关闭合；当 $u_I<U_{GS(th)}$ 时，相当于开关断开。

本章 $U_{GS(th)}$ 也习惯称为 $U_{th(on)}$，都是指增强型 MOS 管的开启电压。

增强型 PMOS 管的开关特性与增强型 NMOS 管类似，不同的是此时所加的栅源电压和漏源电压都为负值，开启电压也为负值。所以当 $|u_I|>|U_{th(on)}|$ 时，P 沟道形成，PMOS 管导通，相当于开关闭合；当 $|u_I|<|U_{th(on)}|$ 时，P 沟道消失，PMOS 管截止，相当于开关断开。

2.9.2 场效应管放大电路

场效应管同晶体管一样，具有放大作用。它也可以构成各种组态的放大电路，共源极、共漏极、共栅极放大电路。场效应管由于具有输入阻抗高、温度稳定性能好、低噪声、低功耗等特点，其所构成的放大电路有着独特的优点，应用越来越广泛。

场效应管放大电路同晶体管电路的分析方法类似。

1. 场效应管放大电路的静态分析

场效应管是一个电压控制器件，在构成放大电路时，为了实现信号不失真的放大，同晶体管放大电路一样也要有一个合适的静态工作点 Q，但它不需要偏置电流，而是需要一个合适的栅源偏置电压 U_{GS}。场效应管放大电路常用的偏置电路主要有两种：**自偏压电路**和**分压式自偏压电路**。自偏压电路只适用由**耗尽型** MOS 管或结型场效应管组成的放大电路。对增强型 MOS 管，其偏置电压必须通过分压器来产生。下面以共源放大电路为例（见图 2－51），分析其静态工作情况。

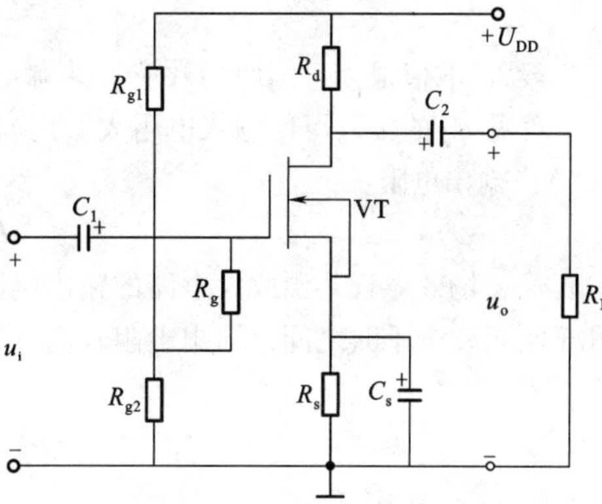

图 2－51　分压式共源放大电路

共源放大电路静态工作点与晶体管静态工作点不完全一样，主要区别是晶体管有基极电流，而场效应管的栅源间电阻极高，根本没有栅极电流流过 R_g。所以，场效应管的栅极对地直流电压 U_g 是由电源电压 U_{DD} 经电阻器 R_{g1}，R_{g2} 分压得到的，而场效应管的栅源电压为

$$U_{GS}=U_G-U_S=\frac{R_{g2}}{R_{g1}+R_{g2}}U_{DD}-I_DR_s$$

适当选择 R_{g1} 或 R_{g2} 的值，就可使栅极与源极之间获得正、负及零 3 种偏置电压。接入 R_g 是为了提高放大器的输入电阻，并隔离 R_{g1}，R_{g2} 对交流信号的分流。

2. 场效应管的微变等效电路

与双极型晶体管类似，在小信号状态时，场效应管的特性也可以近似为线性。由于场效应管基本没有栅流，输入电阻极高，因此场效应管栅源之间可视为开路。又根据场效应管输出回路的恒流特性，场效应管的输出电阻 r_{ds} 可视为无穷大，因此，输出回路可等效为一个受 U_{gs} 控制的电流源，即 $i_d=g_mu_{gs}$。图 2－52 所示为场效应管的微变等效电路。

图 2－53 为图 2－51 所示的分压式共源放大电路的微变等效电路，从图中不难求出 A_u，R_i，R_o 这 3 个动态指标。

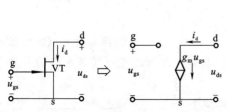

图 2－52　场效应管的微变等效电路

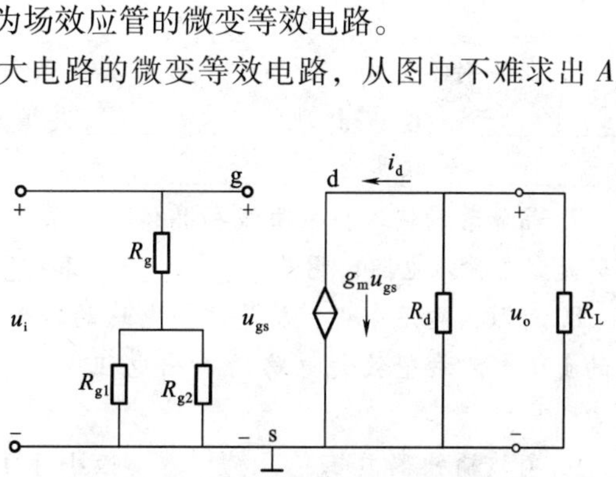

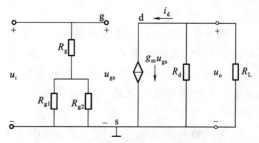

图 2－53　分压式共源放大电路微变等效电路

（1）电压放大倍数：

$$A_u = \frac{U_o}{U_i} = \frac{-I_d R'_L}{U_{gs}} = \frac{-g_m U_{gs} R'_L}{U_{gs}} = -g_m R'_L$$

上式表明，场效应管共源放大电路的电压放大倍数与跨导成正比，且输出电压与输入电压反相。

（2）输入电阻：

$$R_i = R_g + \frac{R_{g1} R_{g2}}{R_{g1} + R_{g2}}$$

一般 R_g 取值很大，因而场效应管共源放大电路的输入电阻主要由 R_g 决定。R_g 一般取几兆欧。可见 R_g 的接入可使输入电阻大大提高。

（3）输出电阻：

$$R_o \approx R_d$$

可见，场效应管共源放大电路的输出电阻与共射电路相似，由漏极电阻 R_d 决定。R_d 一般在几千欧至几十千欧之间，输出电阻较高。

习　题

一、填空题

1. 放大电路有两种工作状态，当 $u_i = 0$ 时电路的状态称为__________态，有交流信号 u_i 输入时，放大电路的工作状态称为__________态。在__________态情况下，晶体管各极电压、电流均包含__________态分量和__________态分量。放大器的输入电阻越__________，就越能从前级信号源获得较大的电信号；输出电阻越__________，放大器带负载能力就越强。

2. 共射基本放大电路在放大信号时，若信号出现失真，通常调节的是：__________电阻。

3. 共发射极单管放大电路，输出电压与输入电压相位差为__________。

4. 在晶体管放大电路（NPN 管）中，当输入电流一定时，静态工作点设置太高，会使 i_C 的__________半周及 u_{CE} 的__________半周失真；静态工作点设置太低时，会使 i_C 的__________半周及 u_{CE} 的__________半周失真。

5. 在共射单管放大电路中，R_c 减小，而其他条件不变，则电路直流负载线变__________。

6. 在共射单管放大电路中，如果其他条件不变，若减小 R_b，则静态工作点沿着负载线__________，容易出现__________失真；若增大 R_b，则静态工作点沿着负载线__________，容易出现__________失真。

7. 晶体管的输入特性曲线和晶体二极管的__________相似，晶体管输入特性的最重要参数是交流输入电阻，它是__________和__________的比值。

8. 对放大电路来说，总是希望电路的输入电阻__________越好，因为这可以减轻信号源的负荷。又希望放大电路的输出电阻__________越好，因为这可以增强电路的带负载能力。

9. 射极输出器具有__________恒小于 1、接近于 1，__________和__________同相，并具有__________高和__________低的特点。

10. 有一个晶体管继电器电路，其晶体管与继电器的吸引线圈相串联，继电器的动作电流为6 mA。若晶体管的直流电流放大系数$\beta=50$，便使继电器开始动作，晶体管的基极电流至少为____________。

11. 在多级放大器中，____________的输入电阻是____________的负载，____________的输出电阻是____________的信号源内阻；____________放大器输出信号是____________放大器输入信号电压。

12. 将放大器____________的全部或部分通过某种方式回送到输入端，这部分信号称为____________信号。使放大器净输入信号减小，放大倍数也减小的反馈，称为____________反馈；使放大器净输入信号增加，放大倍数也增加的反馈，称为____________反馈。放大电路中常用的负反馈类型有____________负反馈、____________负反馈、____________负反馈和____________负反馈。

13. 放大电路为稳定静态工作点，应该引入____________负反馈；为提高电路的输入电阻，应该引入____________负反馈；为稳定输出电压，应该引入____________负反馈。

14. 晶体管由于在长期工作过程中，受外界____________及电网电压不稳定的影响，即使输入信号为零时，放大电路输出端仍有缓慢的信号输出，这种现象称为____________漂移。克服____________漂移最有效且常用的电路是____________放大电路。

15. 差分放大电路可以用来抑制____________，放大对象是____________信号。

16. 若差分放大电路中晶体管输入电压$u_{i1}=3$ mV，$u_{i2}=5$ mV。则其共模分量是____________；差模分量是____________。

17. 负反馈放大电路虽然使电路的放大倍数降低了，但它却改善了放大电路的性能，比如，提高了放大倍数的____________，展宽了____________等。

18. 已知某放大电路在输入信号电压为1 mV时，输出电压为1 V；当加负反馈后达到同样的输出电压时需加输入信号为10 mV。由此可知所加的反馈深度为____________，反馈系数为____________。

19. 已知某两级放大电路中第一、二级的对数增益分别为60 dB和20 dB。则第一、二级的电压放大倍数分别等于____________和____________，该放大电路总的对数增益为____________dB，其总的电压放大倍数等于____________。

二、选择题

1. 晶体管的电流放大作用实质体现在（　　）。

A. $I_C>I_B$　　B. $I_E>I_C>I_B$　　C. $\Delta I_C>\Delta I_B$　　D. $I_E>I_B$

2. 阻容耦合放大电路能放大（　　）信号，直接耦合放大电路能放大（　　）信号。

A. 交流　　B. 直流　　C. 交、直流

3. 在共集电极放大电路中，输出电压与输入电压的相位关系是（　　）。

A. 相位相同，幅度增大

B. 相位相反，幅度增大

C. 相位相同，幅度相似

4. 放大电路工作在动态时，为避免失真，发射结电压直流分量和交流分量大小关系通常为（　　）。

A. 直流分量大　　B. 交流分量大

C. 直流分量和交流分量相等　　D. 以上均可

5. 分压偏置共发射极放大电路的反馈元件是（　　）。

A. 电阻器 R_b　　　B. 电阻器 R_e　　　C. 电阻器 R_c

6. 在一个三级直接耦合放大器中，如各级的放大倍数均为10，各级自身的漂移输出均为0.01 V，即当输入电压为零时，输出端的漂移电压为（　　）。

A. 0.03 V　　　B. 1 V　　　C. 1.11 V

7. 如图2－54所示某放大器幅频特性曲线，其下限频率 f_L 及上限频率 f_H 分别约为(　　)。

A. 7 Hz、1 MHz　　　B. 4 Hz、4 MHz　　　C. 3 Hz、5 MHz　　　D. 5 Hz、3 MHz

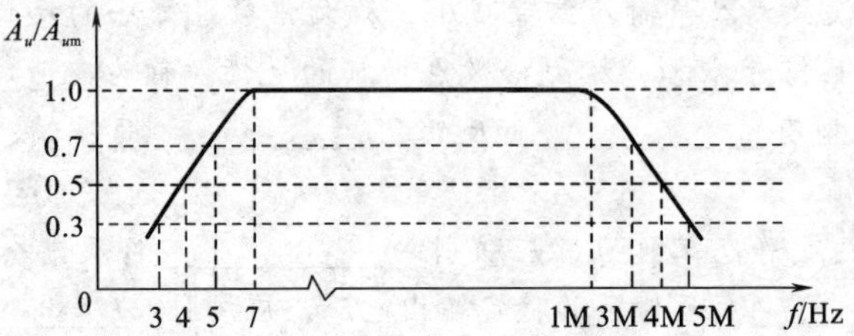

图2－54　题7图

8. 场效应管的主要优点是（　　）。

A. 输出电阻小　　　B. 输入电阻大　　　C. 是电流控制器件

9. 场效应管是用（　　）控制漏极电流的。

A. 栅极电流　　　B. 栅源电压

C. 栅极电压

三、分析计算题

1. 已知如图2－55所示电路中，晶体管均为硅管，且 $\beta=50$，试估算静态值 I_{BQ}、I_{CQ}、U_{CEQ}。

2. 判断如图2－56所示的各电路能否放大交流电压信号？为什么？(各电容器对交流可视为短路。)

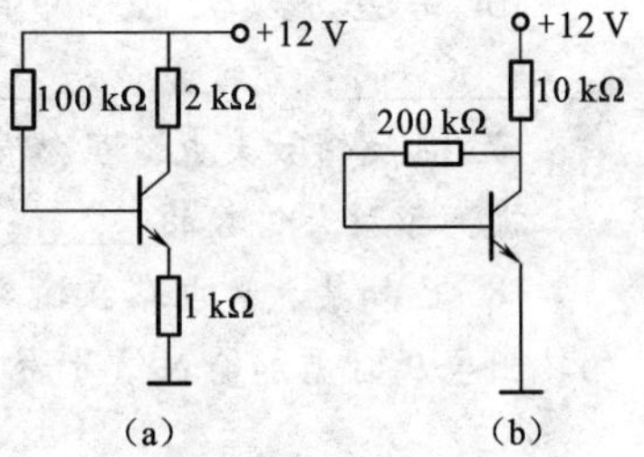

图2－55　题1图

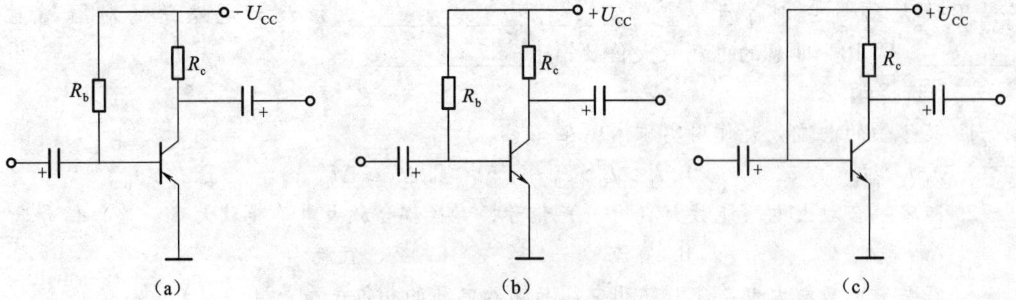

图2－56　题2图

3. 图2－57（a）所示基本放大电路中，晶体管的输出特性及交、直流负载线如图2－57（b)所示。用图解法，通过相关点坐标值，试求：

（1）电源电压 U_{CC}，静态电流 I_{BQ}、I_{CQ}和管压降 U_{CEQ}的值；

（2）电阻 R_b、R_c 的值；

（3）输出电压的最大不失真幅度 U_{OM}。

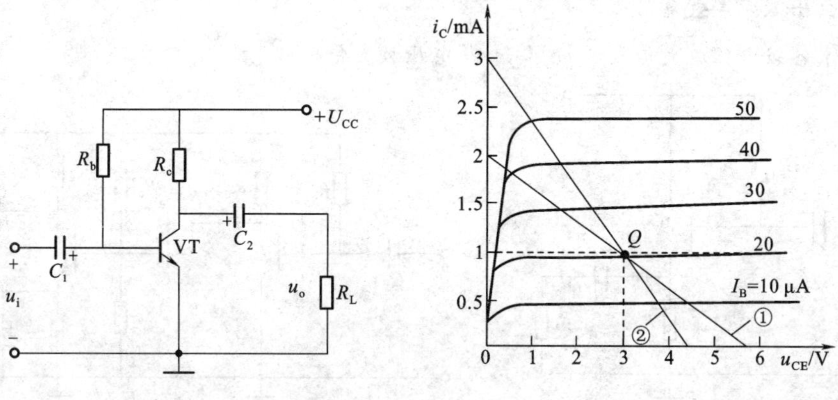

(a) (b)

图 2-57 题3图

4. 共射极基本放大电路如图 2-58 所示。已知 $U_{CC}=12$ V，$R_b=300$ kΩ，$R_c=3$ kΩ，$R_L=3$ kΩ，$R_s=3$ kΩ，$\beta=50$，试求：

(1) 计算电路的静态工作点；

(2) R_L 接入和断开两种情况下电路的电压放大倍数 $\dot{A}_u$；

(3) 输入电阻 R_i 和输出电阻 R_o。

5. 如图 2-59 所示分压式偏置放大电路中，已知 $U_{CC}=25$ V，$R_{b1}=40$ kΩ，$R_{b2}=10$ kΩ，$R_c=3.3$ kΩ，$R_e=1.5$ kΩ，$R_L=3.3$ kΩ，$\beta=70$。

(1) 试估算静态工作点；

(2) 画出微变等效电路；

(3) 求电压放大倍数 $\dot{A}_u$、输入电阻、输出电阻。

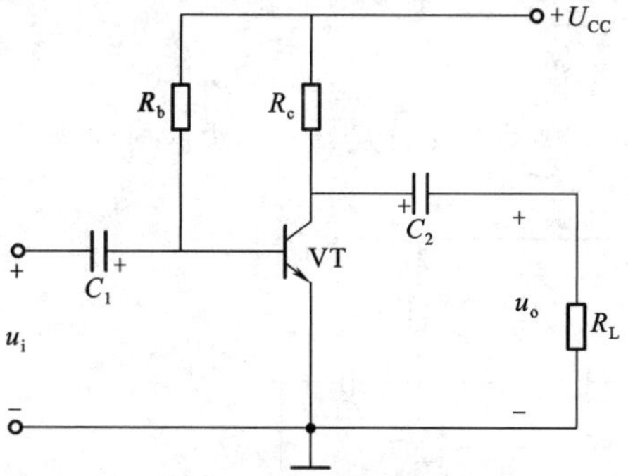

图 2-58 题4图

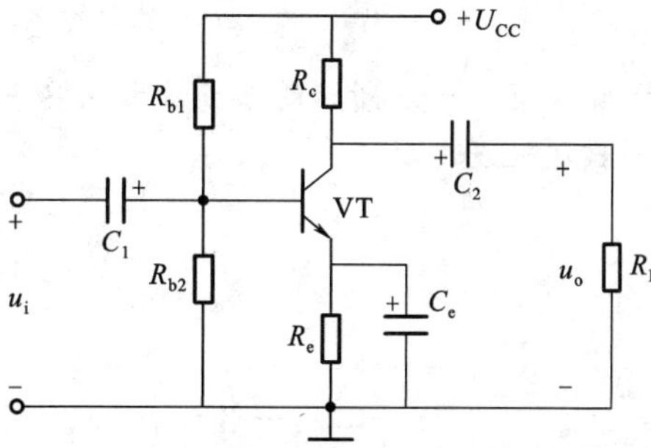

图 2-59 题5图

6. 在图 2-60 所示射极输出器电路中，已知 $U_{CC}=15$ V，$R_b=200$ kΩ，$R_e=3$ kΩ，$R_L=3$ kΩ，$R_s=3$ kΩ，晶体管 $\beta=100$。

(1) 计算放大电路的静态值；

(2) 画出微变等效电路；

(3) 计算放大电路的电压放大倍数、输入电阻和输出电阻。

7. 在如图 2-61 所示的两级阻容耦合放大电路中，已知 $U_{CC}=12$V，$R_{b1}=500$ kΩ，$R_{c1}=6$ kΩ，$R'_{b1}=20$ kΩ，$R_{b2}=10$ kΩ，$R_{c2}=2$ kΩ，$R_{e2}=2$ kΩ，$R_L=6$ kΩ，$\beta_1=\beta_2=50$。

(1) 求前、后级放大电路的静态值；

（2）画出微变等效电路；

（3）求各级电压放大倍数 $\dot{A}_{u1}$、$\dot{A}_{u2}$ 和总电压放大倍数 $\dot{A}_{u}$。

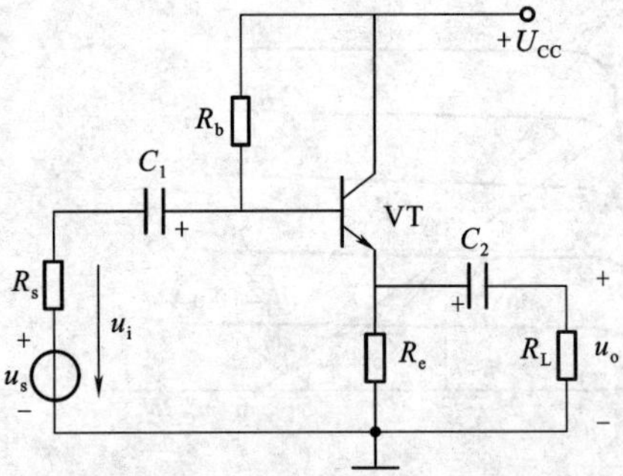

图 2-60　题 6 图

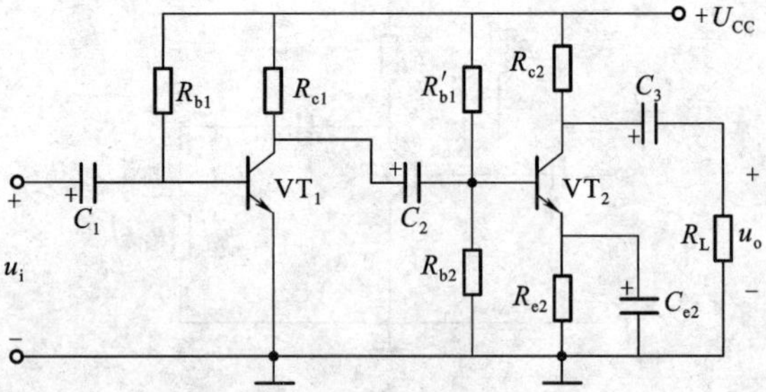

图 2-61　题 7 图

8. 如图 2-62 所示为用于音频或视频放大的通用前置放大电路。试回答：

（1）哪些是直流反馈？

（2）哪些是交流反馈？标出瞬时极性，并说明其反馈极性及类型。

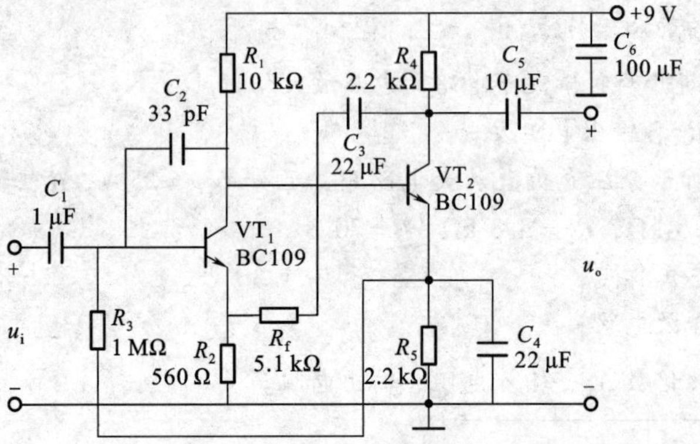

图 2-62　题 8 图

9. 在如图 2-63 所示的三级放大电路中，试回答哪些是交流反馈？标出瞬时极性，并说明其反馈极性及类型。

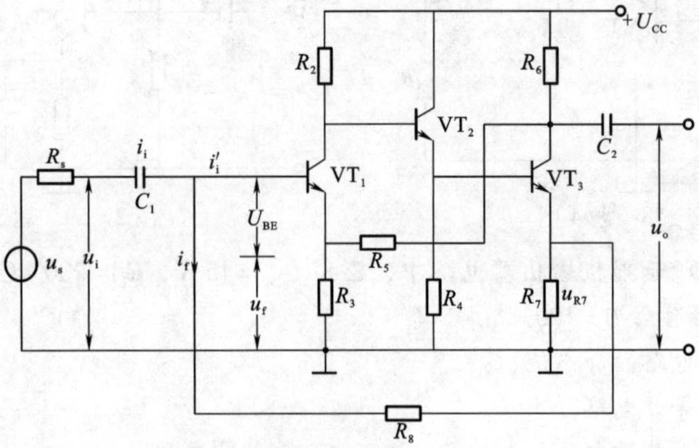

图 2-63　题 9 图

10. 图 2-64 是一典型单管放大电路，射极电阻 R_f 有交流串联电流负反馈作用，已知 $\beta=60$，$r_{be}=1.8\ \text{k}\Omega$，$U_s=15\ \text{mV}$，其他参数已标在图中。

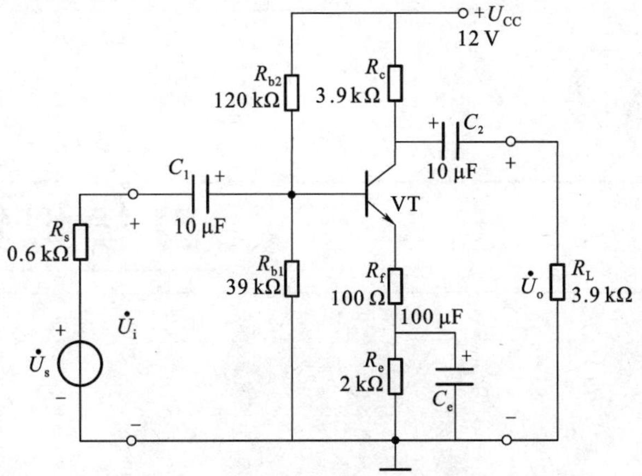

图 2－64　题 10 图

（1）试求静态值；

（2）画出微变等效电路；

（3）计算放大电路的输入电阻 R_i 和输出电阻 R_o；

（4）计算电压放大倍数 $\dot{A}_u$ 和输出电压 U_o。

11. 一个放大电路，其基本放大器的非线性失真系数为 8%，要将其减至 0.4%，同时要求该电路的输入阻抗提高，负载变化时，输出电压尽可能的稳定。

（1）电路中应当引入什么类型的负反馈？

（2）如果基本放大器的放大倍数 $|\dot{A}_u| = 10^3$，反馈系数 $|\dot{F}|$ 应为多少？

（3）引入反馈后，电路的闭环放大倍数 $|\dot{A}_{uf}|$ 是多少？

12. 电路如图 2－65 所示，已知晶体管的 $\beta_1 = \beta_2 = 100$，$r_{be} = 1.8\ \text{k}\Omega$，$U_{BEQ1} = U_{BEQ2} = 0.7\ \text{V}$。试求：

（1）VT_1、VT_2 的静态工作点 I_{CQ} 及 U_{CEQ}；

（2）差模电压放大倍数 $\dot{A}_{ud} = \dfrac{u_o}{u_1}$；

（3）差模输入电阻 R_{id} 和输出电阻 R_o。

13. 如图 2－66 所示，差放经常作为多级放大器的输入级，试分析若采用单端输入，从 u_{i1} 和 u_{i2} 分别输入时，输入和输出是同相还是反相？

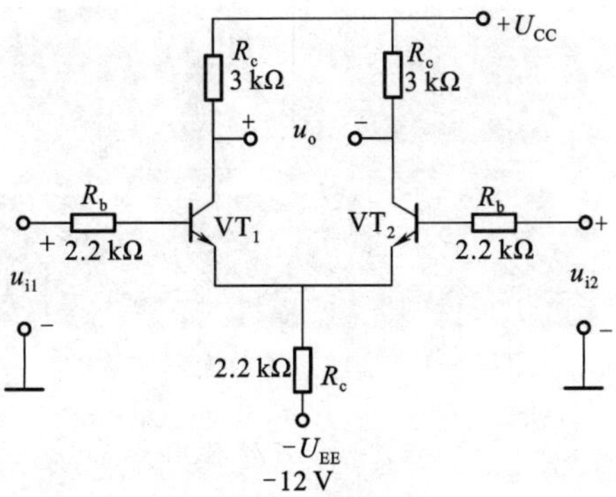

图 2－65　题 12 图

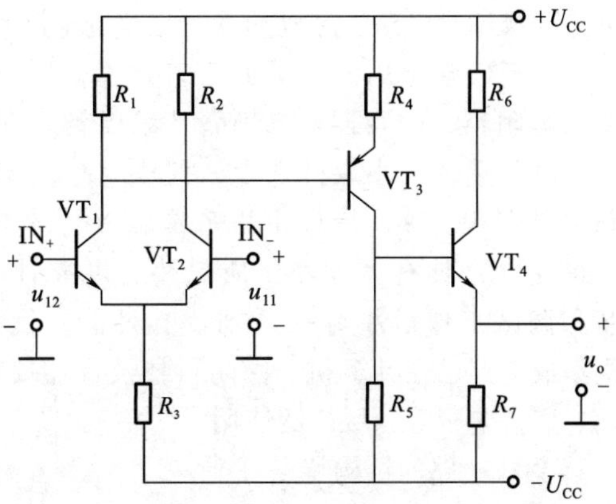

图 2－66　题 13 图

第 2 章　交流放大电路

第3章 模拟集成电路

学习目标

- 熟悉模拟集成电路的基础知识；掌握集成运放的基本组成、结构、技术指标；掌握理想运放的概念和两大特点；掌握集成运放几种基本的运算电路；掌握集成运放非线性应用——比较器和其他应用电路。
- 熟悉功率放大电路的主要特点，工作状态的分类，最大输出功率及转换效率；掌握OCL的工作原理，典型功放电路的最大输出功率和效率的计算方法；熟悉OTL功率放大电路的组成和特点；掌握集成功率放大电路应用知识和典型器件的应用要点。

由三极管为核心元件的交流放大电路是由单个分立元件构成的，它们是电子技术的基础。电子科技一直在进步，目前在实际应用中较少直接使用结构如此简单的放大器，而主要使用的是集成电路。集成电路是20世纪60年代初期发展起来的一种半导体器件，它是在半导体工艺的基础上，将各种元器件和连接导线等集成在一个芯片上。其中使用最多的是集成运算放大器，简称集成运放或运放。

3.1 集成电路基本知识

1959年美国德克萨斯仪器公司的仙童半导体公司成功地制造了世界上第一块集成电路。50余年来，集成电路的制造技术飞速发展。集成电路的发明是电子技术发展史上的一个重要里程碑。

1. 集成电路简介

前面讲述的放大电路均是由彼此相互分开的三极管、二极管、电阻器、电容器等元件，借助导线或印制电路连接成的一个完整的电路系统，称为**分立元件**电路。

利用三极管常用的硅平面工艺技术，把组成电路的电阻器、电容器、二极管、三极管及连接导线同时制造在一小块硅片上，便成为一块**集成电路**（见图3-1），其对外部完成某一电路的功能。集成电路具有体积小、质量小、可靠性高、组装和调试工作量小等一系列优异性能。目前，各类集成电路已在计算机、国防科技及仪器仪表、通信、广播电视等领域广泛使用。

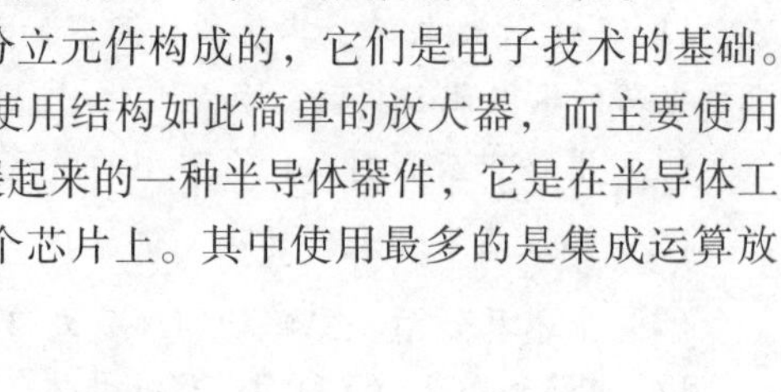

图3-1 集成运算放大器实物图

2. 集成电路的结构特点

图3-2为半导体硅片集成电路放大了的剖面结构示意图。集成电路把小硅片电路及其引

线封装在金属或塑料外壳内，只露出外引线。

集成电路看上去是个器件，实际上又是个电路系统，它把元器件和电路一体化了，单片计算机系统就是一个典型例子。集成电路在结构上有以下3个特点：

（1）使用电容器较少，不用电感器和高阻值电阻器。

（2）大量使用晶体管作为有源单元。

（3）三极管占据单元面积小且成本低廉，所以在集成电路内部用量最多。

三极管单元除用作放大以外，还大量用作恒流源或作为二极管、稳压管使用，如图3－2中的二极管。

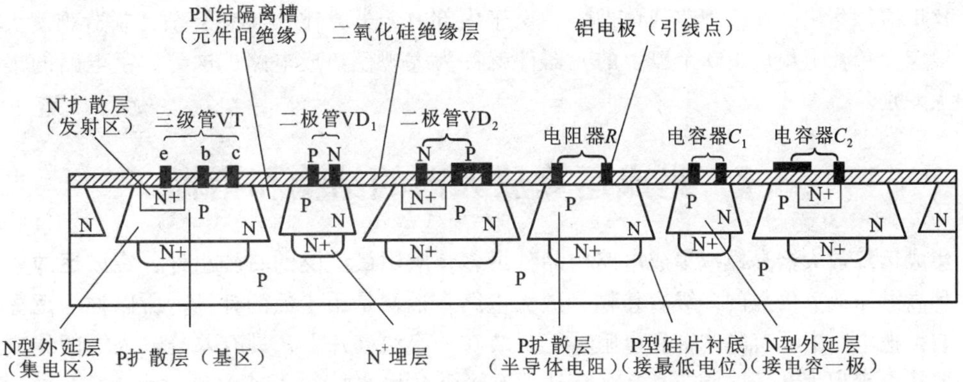

图3－2　集成电路剖面结构示意图

就集成度而言，集成电路有小规模、中规模、大规模和超大规模（即SSI、MSI、LSI和VLSI）之分。目前的超大规模集成电路，每块芯片上制有上亿个元件，而芯片面积只有几十平方毫米。就导电类型而言，有双极型、单极型（场效应管）和两者兼容的；就功能而言，有模拟集成电路和数字集成电路，而前者又有集成运算放大器、集成功率放大器、集成稳压电源和集成数-模和模-数转换器等等。

3. 集成电路的外形封装

图3－3为半导体集成电路的几种封装形式。图3－3（a）是双列直插式封装，它的用途最广；图3－3（b）是单列直插式封装；图3－3（c）超大规模集成电路的一种封装形式，外壳多为塑料，四面都有引出线。

此外，还有金属圆壳式封装，采用金属圆筒外壳，类似于一个多引脚的普通晶体管，但引线较多，有8根、12根、14根引出线。

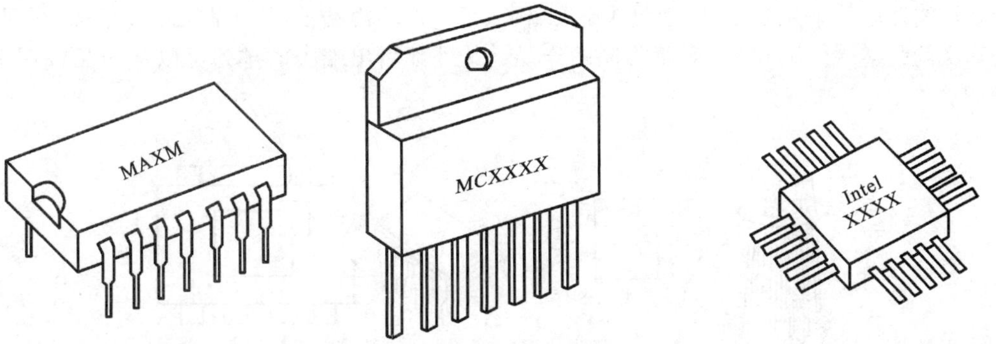

（a）双列直插式封装　　（b）单列直插式封装　　（c）表面安装器件

图3－3　半导体集成电路外形图

4. 集成电路的分类

集成电路按其功能可分为**模拟集成电路**和**数字集成电路**两大类。数字集成电路用于产生、变换和处理各种数字信号（所谓数字信号，是指幅度随时间不连续变化，只有高、低两种电位的信号）；模拟集成电路用于放大变换和处理模拟信号（所谓模拟信号，是指幅度随时间连续变化的信号）。模拟集成电路又称线性集成电路。

模拟集成电路的品种很多，按其产品大致可分为集成运算放大器，集成稳压电源，时基电路，功放、宽带放大、射频放大等其他线性电路，接口电路，电视机、音响、收音机等专用电路以及敏感型集成电路等 13 种。

这里应当指出，在模拟集成电路中，由于内部有源器件工作状态复杂，制造难度大，所以一般能在单片上集成 100 个以上的元器件就称为大规模集成电路，这与数字电路的集成度有很大差别。

3.2 集成运算放大器的结构和指标

集成运算放大器是模拟集成电路中品种最多、应用最广泛的一类组件，**集成运放**实际上是一种高电压放大倍数的多级直接耦合放大电路。最初是用于数的计算，所以称为**运算放大器**。它是把电路中所有晶体管和电阻器等封装在一小块硅片上，具有差分输入级的集成运放的主要特点表现为开环增益非常高（高达 1 万倍至百万倍）、体积小、质量小、功耗低、可靠性高等，并且具有很大的通用性。

集成运放在发展初期主要用来实现模拟运算功能，但后来发展成为像晶体管一样的通用器件，称为“**万能放大器件**”。

产品种类和型号很多，按性能指标可分为两大类：通用型运放和专用型运放。通用型运放通常各方面指标均衡、适中，适合多数应用场合，价格便宜；专用型运放按性能可分为高精度型、高速型、高输入阻抗型、低漂移型、低功耗型等许多种类。可用于各种不同频带的放大器、振荡器、有源滤波器、模-数转换电路、高精度测量电路中及电源模块等许多场合。

3.2.1 集成运放的结构特点

1. 集成运放的外形与外部引出端子

集成运放的外部引出端子有输入端子、输出端子、连接正负电源的电源端子、失调调整端子、相位校正用的相位补偿端子、公共接地端子和其他附加端子。图 3－4 给出了常用的集成运放的外形与外引线图，图中包括输入端子 2 和 3、输出端子 6、电源端子 7 和 4、空脚 8，还有失调调整端子 1 和 5。对于不同的产品，其外部引出端子的排列可以从产品说明书上查阅。

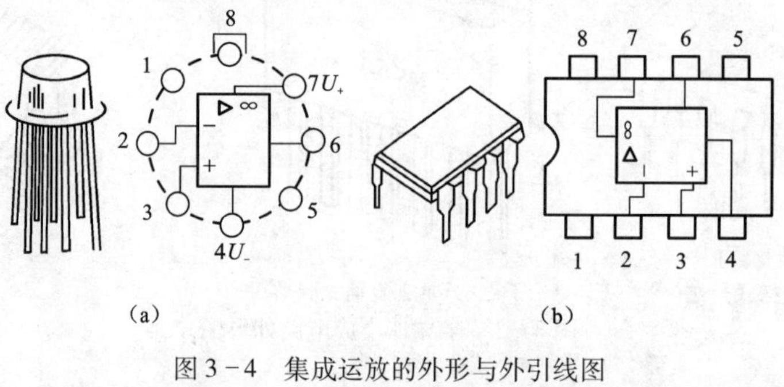

(a)　　(b)

图 3－4　集成运放的外形与外引线图

图 3－5 所示是集成运放的图形符号。集成运放主要有两个输入端，一个输出端。输入与输出相位相同的输入端称为**同相输入端**，用“＋”表示；输入与输出相位相反的输入端称为**反相输入端**，用“－”表示。当两输入端都有信号输入时，称为**差分输入**方式。集成运放在正常应用时，可以单端输入，也可以双端输入，存在这 3 种基本输入方式。注意，不论采用何种输入方式，运算放大器放大的是两输入信号的差值。

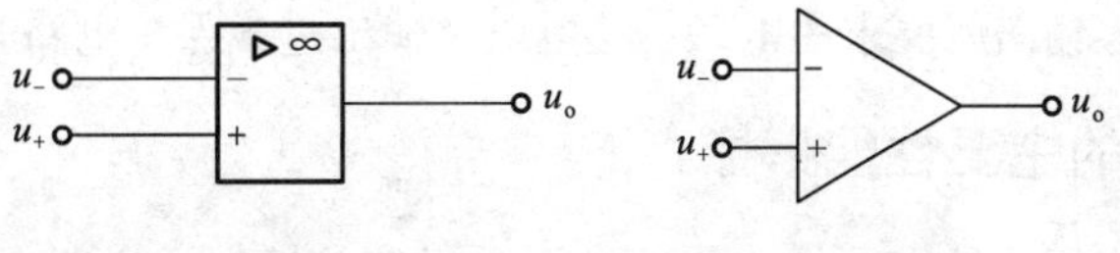

(a) 新图形符号　　(b) 旧图形符号

图 3－5　集成运放的图形符号

2. 集成运放的内部的电路组成与特点

作为一个电路元件，集成运放是一种理想的增益器件，它的放大倍数可达 $10^4 \sim 10^7$。集成运放的输入电阻从几十千欧至几十兆欧，而输出电阻很小，仅为几十欧。而且在静态工作时，有零输入时零输出的特点。

集成运放品种很多，但它们内部都是一个直接耦合的多级放大电路。和分立电路相似，集成运放内部电路可分为输入级、中间级、输出级和偏置电路等部分，如图 3－6 所示。应当说这只是一个集成运放的基本型，常用的集成运放内部要更复杂，但学习重点是其外特性。

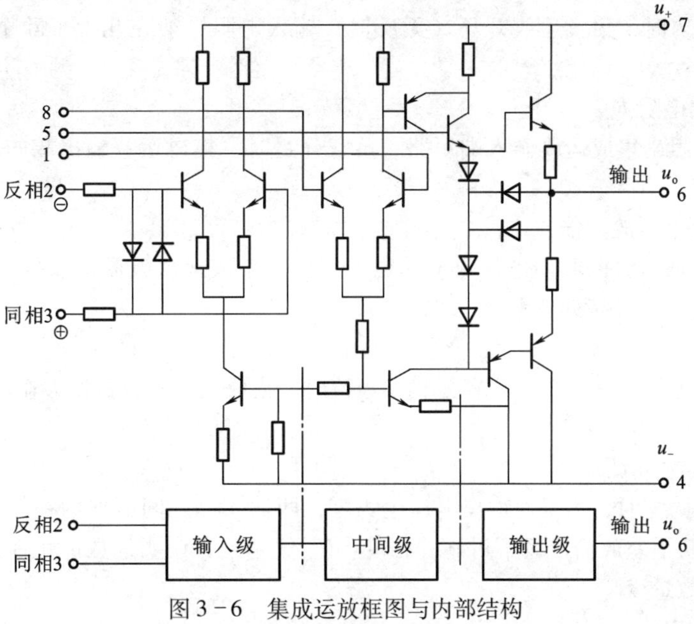

图 3－6　集成运放框图与内部结构

输入级是具有恒流源的差分放大电路，有两个输入端，电路中输入级要求能够获得尽可能低的失调和尽可能高的共模抑制比及输入电阻。

中间级的主要任务是提供足够大的电压放大倍数。从对中间级的要求来说，不仅要具有较高的电压增益，同时还应具有较高的输入电阻以减少本级对前级电压放大倍数的影响。中间级通常用 1～2 级直接耦合放大电路组成。还常需要有电平位移和双端变单端的电路。

输出级的主要作用是给出足够的电流以满足负载的需要，同时还要具有较低的输出电阻和较高的输入电阻，以起到将放大级和负载隔离的作用。放大倍数要适中，太高了没有什么特别的好处，而太低将影响总的放大倍数。输出级常采用互补对称 OCL 功放输出级电路。输出级大多为互补推挽电路，除此之外，还应该有过载保护，以防输出端短路或过载电流过大。

偏置电路采用恒流源电路，为各级电路设置稳定的直流偏置。

集成运放内部除以上几个组成部分以外，电路中往往还附有双端输入到单端输出的转换电路，实现零输入、零输出所要求的电平位移电路及输出过载保护电路等。

3.2.2 集成运放的主要性能指标

集成运放的性能指标比较多，具体使用时可查阅有关的产品说明书或资料。下面简单介绍几项主要的性能指标。

1. 开环差模电压放大倍数 A_{uo}

集成运放在没有外部反馈作用时的差模直流电压增益称为开环差模电压增益，它是决定集成运放运算精度的重要因素，定义为集成运放开环时的输出电压与差模输入电压之比，即

$$A_{uo}=\frac{u_o}{u_+-u_-}$$

A_{uo}是决定集成运放精度的重要因素，其值越大越好。通用型运放的 A_{uo}一般在 $10^3\sim10^7$范围。

2. 差模输入电阻 R_{id}

差模信号输入时，集成运放开环（无反馈）输入电阻一般在几十千欧至几十兆欧范围。理想运放 $R_{id}=\infty$。

3. 差模输出电阻 R_{od}

差模输出电阻是集成运放输入端短路、负载开路时，集成运放输出端的等效电阻，一般为 20～200 Ω。

4. 共模开环电压放大倍数 A_{uc}

A_{uc}指集成运放本身的共模电压放大倍数，它反映集成运放抗温漂、抗共模干扰的能力。优质的集成运放，A_{uc}应接近于零。

5. 最大输出电压 U_{OM}

在额定电源电压（±15 V）和额定输出电流时，集成运放不失真最大输出电压的峰-峰值可达 ±13 V。

6. 输入失调电压 U_{OS}

当输入电压为零时，为了使输出电压也为零，两输入端之间所加的补偿电压称输入失调电压 U_{OS}。它反映了差放输入级不对称的程度。U_{OS}值越小，说明运放的性能越好。通用型运放的 U_{OS}为毫伏数量级。

7. 输入失调电流 I_{OS}

当集成运放输出电压 $u_o=0$ 时，流入两输入端的电流之差 $I_{OS}=|I_{B1}-I_{B2}|$就是输入失调电流。I_{OS}反映了输入级电流参数（如 β）的不对称程度，I_{OS}越小越好。

3.2.3 理想集成运放的概念与特点

由于结构及制造工艺上的许多特点，集成运放的性能非常优异。通常在电路分析中把集成运放作为一个理想化器件来处理，从而使集成运放的电路分析计算大为简化。也就是说，将集成运放的各项技术指标理想化，所引起的误差可以忽略不计。

1. 理想集成运放的条件

(1) 开环差模电压放大倍数 $A_{uo}=\infty$。

(2) 开环输入电阻 $R_{id}=\infty$。

(3) 输出电阻 $R_{od}=0$。

(4) 共模抑制比 $K_{CMR}=\infty$。

(5) 输入失调电压 U_{OS}、输入失调电流 I_{OS} 以及它们的温漂均为零。

使用中，理想集成运放的技术指标主要指前3项。图3-7为理想运放内部简化等效电路。

以后分析各种由集成运放构成的电路时，将以此为基础，按理想集成运放分析，这在工程上是允许的。

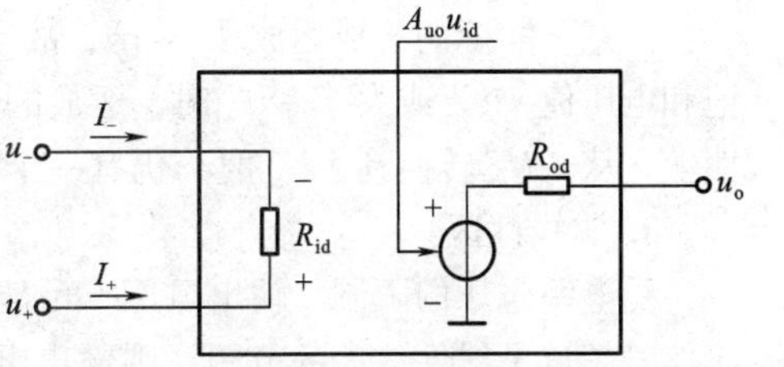

图3-7　理想运放内部简化等效电路

理想集成运放的图形符号如图3-8(a)所示。它有两个输入端，一个输出端。输入与输出相位相同的输入端称为**同相输入端**，用"+"表示；输入与输出相位相反的输入端称为**反相输入端**，用"-"表示。传输特性如图3-8(b)所示，在各种应用电路中，集成运放的工作范围有两种，即工作在线性区或和非线性区。分布如图3-8(b)所示。

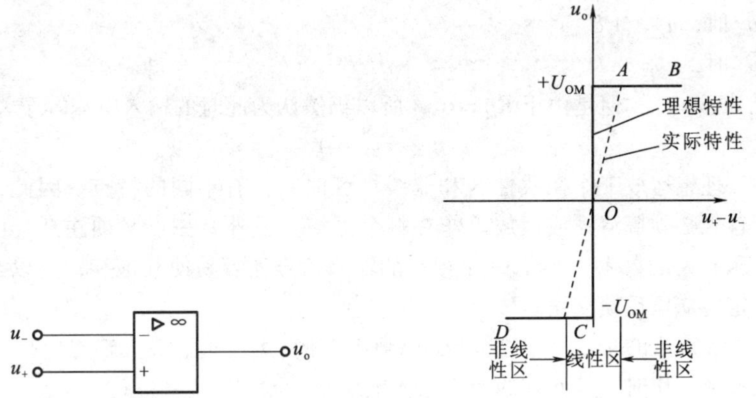

(a) 图形符号　　(b) 传输特性

图3-8　理想集成运放的图形符号和运放的传输特性

2. 线性区

如图3-8中的曲线AC段所示。集成运放工作在线性区时有两个重要特点：

(1) 集成运放的输出电压与输入电压 $u_i=u_+-u_-$ 之间存在着线性放大关系，即

$$u_o=A_{uo}(u_+-u_-)$$

式中，u_+ 是同相输入端的输入信号；u_- 是反相输入端的输入信号。

对实际运放，线性区的斜率取决于 A_{uo} 的大小。

将上式整理，并考虑理想运放 $A_{uo}=\infty$，则有 $u_+-u_-=\dfrac{u_o}{A_{uo}}=0$，故有

$$u_+\approx u_-$$

上式表明，由于理想运放的 A_{uo} 为无穷大，差模输入信号 u_+-u_- 很小就可以使输出达到额定值，因而"+""-"两端的对地电位近似相等，相当于同相输入端和反相输入端两点间短路，但实际上并未短路，所以称为"**虚短**"。

（2）由于同相输入端和反相输入端的对地电位几乎相等，而理想运放的 $R_{id}=\infty$，因而可以认为“+”“-”两端的输入信号电流为零。即

$$i_{+}=i_{-}\approx 0$$

此时相当于同相输入端和反相输入端都被断开，但实际上并未断路，所以称为**“虚断”**。

“虚短”和“虚断”是理想集成运放工作在线性区时的两个重要结论，对分析集成运放电路非常有用。

注意，实际的集成运放 $A_{uo}\neq\infty$，故当输入电压 u_{+} 和 u_{-} 的差值很小时，经放大后仍小于饱和电压值 $+U_{om}$ 或大于 $-U_{om}$ 时，运放的工作范围尚在线性区内。所以，实际的输入、输出特性上，从 $-U_{om}$ 转换到 $+U_{om}$ 时，仍有一个线性放大的过渡范围。

3. 非线性区

受电源电压的限制，输出电压不可能随输入电压的增加而无限增加。如果集成运放的工作信号超过了线性放大的范围，则输出电压与输入电压不再有线性关系，输出将达到饱和进入非线性区。如图 3-8（b）所示的曲线 AB 和 CD 段所示。

集成运放工作在非线性区时，也有两个特点：

（1）“虚短”现象不再存在，即 $u_{+}\neq u_{-}$。

输出电压 u_o 只有两种可能，由传输特性可见：

当 $u_{+}>u_{-}$ 时，$u_o=+U_{om}$；

当 $u_{+}<u_{-}$ 时，$u_o=-U_{om}$。

（2）虽然 $u_{+}\neq u_{-}$，但是由于 $R_{id}=\infty$，所以仍然认为此时的输入电流等于零，即

$$i_{+}=i_{-}\approx 0$$

综上所述，理想运放工作在线性区和非线性区时，各有不同的特点。因此，在分析各种应用电路时，首先必须搞清集成运放工作在哪个区域。另外有一点必须注意，由于集成运放的开环差模电压放大倍数 $A_{uo}=\infty$，一个很小的输入信号就容易使其饱和，所以当要求其工作在线性区时一定要加负反馈支路。

下面给出一些定量上的说明。以典型集成运放 F007 为例，$A_{uo}=10^5$，最大输出电压 $U_{om}=\pm 10$ V；当该运放在线性区工作时，其允许的差模输入电压

$$u_{id}=u_{+}-u_{-}=\frac{U_{om}}{A_{uo}}=\frac{\pm 10}{10^5}\ \text{V}=\pm 0.1\ \text{mV}$$

结果表明，若输入端的电压变化量超过 0.1 mV，运放的输出电压立即超出线性放大范围，进入到正向饱和电压 $+U_{om}$ 或负向饱和电压 $-U_{om}$。因此有 $u_{+}\approx u_{-}$。

另外，集成运放 F007 的输入电阻 $R_{id}=2\ \text{M}\Omega$，此时输入电流

$$I_{+}=\frac{u_{-}-u_{+}}{R_{id}}=\frac{0.1\times 10^{-3}}{2\times 10^6}\ \text{A}=0.05\times 10^{-9}\ \text{A}=0.05\ \text{nA}$$

这一数值表明流入集成运放的电流是极其微弱的。

总之，分析运算放大器的应用电路时，首先将集成运放当成理想运放，以便简化分析过程。然后判断集成运放是否工作在线性区。在此基础上根据运算放大器电路的线性或非线性特点，分析电路的工作过程。

4. 运放电路中的反馈环节

由集成运放的特点可知，集成运放的开环差模电压增益通常很大。因此，要使集成运放工作在线性区，必须引入**深度负反馈**，以减小直接施加在集成运放两个输入端的净输入电压。如果集成运放没有引入反馈（处于开环），或引入了正反馈，那么集成运放就工作在非线性

区。可见，在集成运放的线性应用中，负反馈的引入是很重要的。

由于电路结构已经定义了反相端和同相端，故反馈性质较容易判别。在单运放构成的反馈电路中，若反馈网络接回到集成运放的同相输入端，且该端也是信号接入端，则为正反馈；若接回到反相端，该端也是信号接入端，则为负反馈。

反馈类型的一般判断：

电压反馈：一般直接从集成运放的输出端采样；电流反馈：一般不直接从集成运放输出端采样。

并联反馈：反馈网络接在信号进入端；串联反馈：反馈网络接在非信号进入端。

例如，图3-9（a），设输入信号 u_i 瞬时极性为负，则输出信号 u_o 的瞬时极性为负，经 R_f 返送回反相输入端，反馈信号 u_f 的瞬时极性为负，净输入信号 u_d 与没有反馈时相比减小了，即反馈信号削弱了输入信号的作用，故可确定为负反馈，是并联电压负反馈。

例如，图3-9（b），设输入信号 u_i 瞬时极性为正，则输出信号 u_o 的瞬时极性为正，经 R_f 返送回反相输入端，反馈信号 u_f 的瞬时极性为正，净输入信号 u_d 与没有反馈时相比减小了，即反馈信号削弱了输入信号的作用，故可确定为负反馈，是串联电压负反馈。

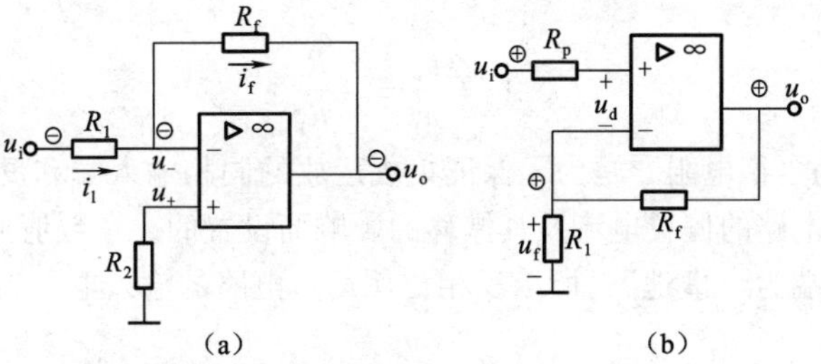

图3-9　运放电路中的反馈

3.3　集成运放在信号运算方面的应用

用集成运放对模拟信号进行运算，就是要求输出信号反映出输入信号的某种运算结果。由此可以想到，输出电压将在一定范围内变化，而不能只有 $+U_{om}$ 和 $-U_{om}$ 两种状态。因此，集成运放必须工作在线性区。

为了保证集成运放工作在线性区而不进入非线性区，在随后将要介绍的线性应用电路中，都引入了**深度负反馈**。将运算放大器的输出量（电压或电流）的部分或全部反方向送回到放大器的输入端，大大降低了放大倍数。

用集成运放对模拟信号实现的基本运算有比例、求和、积分、微分、对数、乘法等，简单介绍其中主要几种。

3.3.1　比例运算电路

能将输入信号按比例放大的电路，称为比例运算电路。根据输入信号所加的输入端不同，比例运算电路又分为**反相比例运算电路**和**同相比例运算电路**。

1. 反相比例运算电路

反相比例运算电路由1个集成运放和3个电阻器组成，结构比较简单。输入电压经过输入电阻器 R_1 加在反相输入端，同相输入端经过电阻器 R_2 接地。电路的输出端与集成运放的反相输入端由一个电阻器 R_f 相连，保证集成运放工作在线性区。其电路如图 3-10 所示。

根据理想运放“**虚断**”的特点，$i_+=i_-\approx0$，故 $i_1=i_f$。由于电阻器 R_2 上没有电压降，故同相输入端的对地电位 $u_+=0$。

又根据“**虚短**”的特点，$u_-\approx u_+=0$。相当于同相输入端和反相输入端都接地，但实际上是不可能都接地，所以这种情况反相输入端称为“**虚地**”。

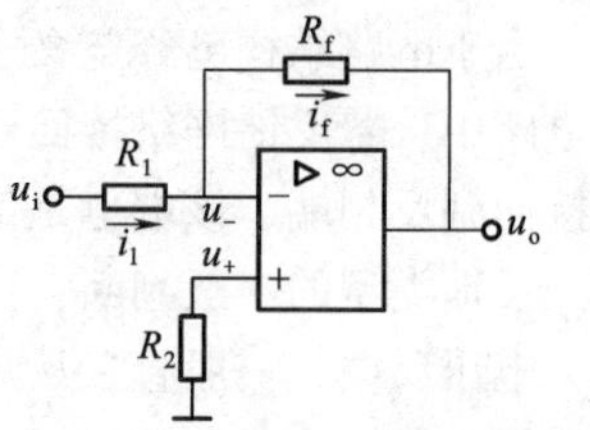

图 3-10　反相比例运算电路

由 $i_1=i_f$ 可得

$$\frac{u_i-u_-}{R_1}=\frac{u_--u_o}{R_f}$$

因为 $u_-=0$，所以 $\frac{u_i}{R_1}=\frac{-u_o}{R_f}$，$u_o=-\frac{R_f}{R_1}u_i$。

上式表明，输出电压与输入电压成正比，并且由于输入电压加在理想运放的反相输入端，输出与输入反相，故称为**反相比例运算电路**，比例系数为 $\frac{R_f}{R_1}$。同时亦可知反相比例运算电路的电压放大倍数为

$$A_{uf}=\frac{u_o}{u_i}=-\frac{R_f}{R_1}$$

电路中的 R_2 称为平衡电阻，是为了保证集成运放的同相输入端和反相输入端的对地电阻相等，是为平衡放大电路的偏置电流及其漂移的影响而设置的，在数值上 $R_2=R_1/\!/R_f$。

考虑到反相输入端为“虚地”，所以反相比例运算电路的输入电阻为

$$R_{if}=\frac{u_i}{i_i}=R_1$$

R_1 一般为几欧至几十千欧。故反相比例运算电路的输入电阻是较小的。当反相比例运算电路的 $R_f=R_1$ 时，有 $u_o=-u_i$，此时的反相比例运算电路称为**反相器**。

2. 同相比例运算电路

同相比例运算电路也是由 1 个集成运放和 3 个电阻器组成。但与反相比例运算电路不同的是输入电压通过电阻器 R_2 加在同相输入端，反相输入端通过 R_1 接地，电路的输出端与反相输入端由一个电阻器 R_f 相连，引回一个负反馈，如图 3-11 所示。

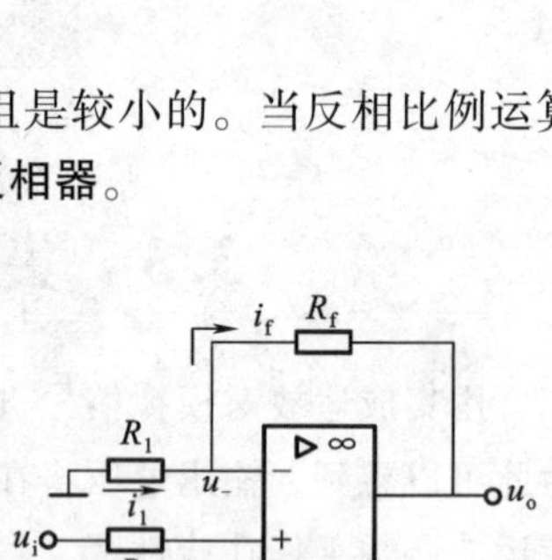

图 3-11　同相比例运算电路

根据理想集成运放“虚断”和“虚短”的特点，可得

$$i_1=i_f,\ u_+\approx u_-=u_i$$

因为 $i_1=\frac{0-u_-}{R_1}=-\frac{u_i}{R_1}$，$i_f=\frac{u_--u_o}{R_f}=\frac{u_i-u_o}{R_f}$

所以

$$-\frac{u_i}{R_1}=\frac{u_i-u_o}{R_f}$$

整理得

$$u_o=\frac{R_1+R_f}{R_1}u_i=\left(1+\frac{R_f}{R_1}\right)u_i$$

上式表明，输出电压与输入电压成正比，并且由于输入电压加在同相输入端，输出与输入同相，故称为**同相比例运算电路**，比例系数为 $1+\frac{R_f}{R_1}$。同时得到同相比例运算电路的电压放

大倍数为

$$A_{uf}=\frac{u_o}{u_i}=1+\frac{R_f}{R_1}$$

R_2 是平衡电阻，$R_2=R_1/\!/R_f$。

在同相比例运算电路中，若 $R_1=\infty$（开路）或 $R_f=0$（短路），如图 3－12 所示，该电路比例系数 $A_{uf}=1$，输出电压 $u_o=u_i$，则此电路称为**电压跟随器**。电压跟随器电路广泛作为阻抗变换器或作为输入级使用。由于电阻器 R 上无压降，故图 3－12（a）、（b）两个电路是等同的。

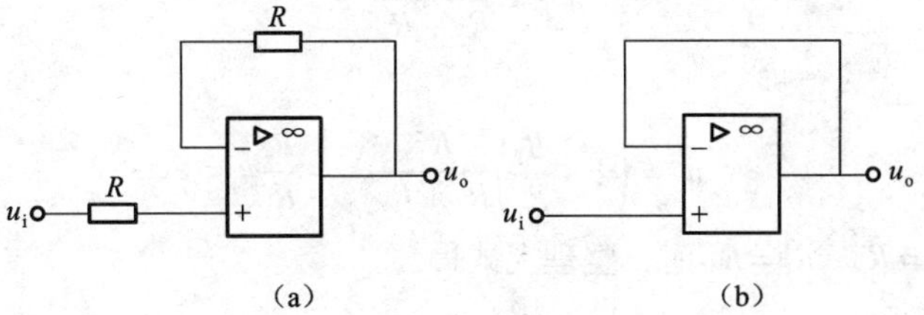

图 3－12　电压跟随器

总结以上过程，同相比例运算电路的特点是：集成运放两输入端 u_+ 和 u_- 对地电压相等，存在虚短现象，无虚地现象；比例系数大于 1，且 u_o 与 u_i 同相位，输入电阻极大。

【例 3－1】 设计一个同相比例运算电路，要求其电压放大倍数 $|A_{uf}|=100$，输入电阻 R_1 不少于 3 kΩ，试求 R_f 的阻值至少应为多大？

解： 电路如图 3－11 所示。

取输入电阻 $R_1=5\ \text{k}\Omega$，由式 $A_{uf}=\frac{u_o}{u_i}=1+\frac{R_f}{R_1}$，得到 $100=1+\frac{R_f}{5}$。

可解得　$R_f=[(100-1)\times 5]\ \text{k}\Omega=495\ \text{k}\Omega$。

3.3.2　加法与减法运算电路

1. 加法运算电路

当输出信号等于多个模拟输入量相加的结果时，称为加法运算电路，又称求和电路。加法运算电路如图 3－13 所示。

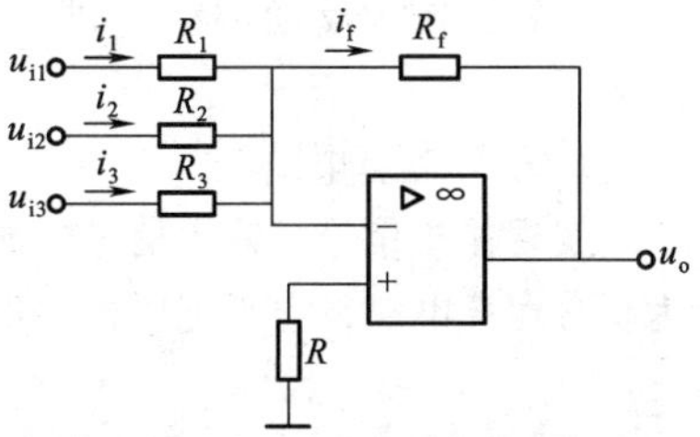

图 3－13　加法运算电路

由于运算放大器的反相输入端“虚地”

故
$$i_f=i_1+i_2+i_3=\frac{u_{i1}}{R_1}+\frac{u_{i2}}{R_2}+\frac{u_{i3}}{R_3}$$

而
$$i_f=\frac{-u_o}{R_f}$$

故
$$u_o=-R_f i_f=-\left(\frac{R_f}{R_1}u_{i1}+\frac{R_f}{R_2}u_{i2}+\frac{R_f}{R_3}u_{i3}\right)$$

当 $R_1=R_2=R_3$ 时，

$$u_o=-\frac{R_f}{R_1}\ (u_{i1}+u_{i2}+u_{i3})$$

以上分析表明，反相输入求和电路的实质是利用“虚地”和“虚断”的特点，通过电流相加的方法来实现各输入电压信号相加。

2. 减法运算电路

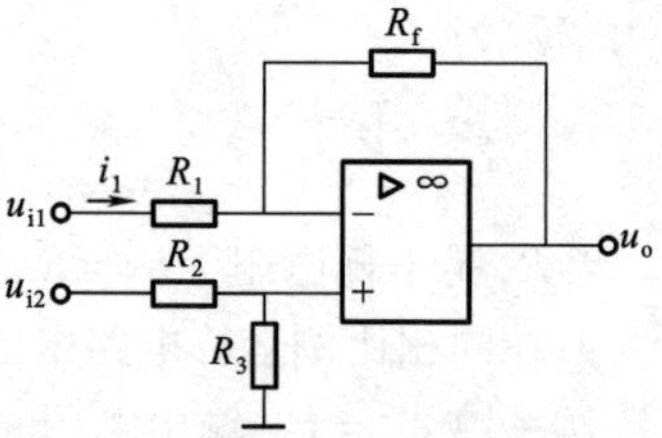

图 3-14　减法运算电路

图 3-14 是减法运算电路，电路所完成的功能是对反相输入端和同相输入端的输入信号进行比例减法运算，分析电路可知，它相当于由一个同相比例运算电路和一个反相比例运算电路组合而成。

$$u_- = u_{i1} - i_1 R_1 = u_{i1} - \frac{(u_{i1} - u_o)}{R_1 + R_f} R_1$$

$$u_+ = \frac{R_3}{R_2 + R_3} u_{i2}$$

因为 $u_- = u_+$，代入整理得

$$u_o = \left(1 + \frac{R_f}{R_1}\right) \frac{R_3}{R_2 + R_3} u_{i2} - \frac{R_f}{R_1} u_{i1}$$

在满足条件 $R_1 = R_2$，$R_f = R_3$ 时，整理上式得

$$u_o = \frac{R_f}{R_1} (u_{i2} - u_{i1})$$

由此可见，只要适当选择电路中的电阻，就实现了输出信号与输入信号的差值成比例的运算。

此时放大倍数

$$A_{uf} = \frac{u_o}{u_{i1} - u_{i2}} = -\frac{R_f}{R_1}$$

当 $R_1 = R_2 = R_f = R_3$ 时有

$$u_o = u_{i2} - u_{i1}$$

3.3.3　积分与微分运算电路

微分和积分运算互为逆运算，在自控系统中，常用微分电路和积分电路作为调节环节；此外它们还广泛应用于波形的产生和变换以及仪器仪表中。以集成运放作为放大器，用电阻器和电容器作为反馈网络，利用电容器充电电流与其端电压的关系，可以实现微分和积分运算。

1. 积分运算电路

实现输出信号与输入信号的积分按一定比例运算的电路称为积分运算电路。图 3-15 所示为积分运算电路，它是把反相比例运算电路中的反馈电阻 R_f 用电容器 C 代替。

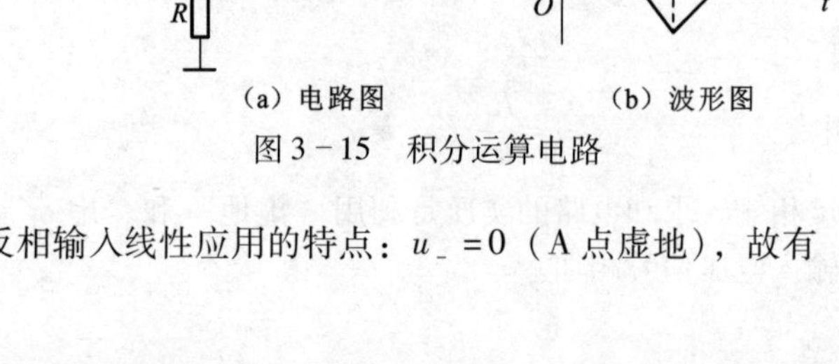

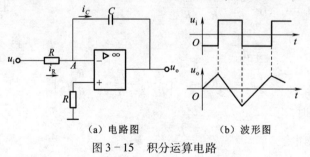

（a）电路图　　（b）波形图

图 3-15　积分运算电路

根据集成运放反相输入线性应用的特点：$u_- = 0$（A 点虚地），故有

$$i_C = i_R = \frac{u_i - u_-}{R} = \frac{u_i}{R},\ u_o = -u_C$$

由于
$$i_C = C\frac{du_C}{dt}$$

所以
$$u_o = -u_C = -\frac{1}{RC}\int u_i dt$$

上式表明，输出电压与输入电压对时间的积分成正比。RC 称为**积分时间常数**。若 u_i 为恒定电压 U，则输出电压 u_o 为

$$u_o = -\frac{U}{RC}t$$

如图 3-15（b）所示，输入为正向阶跃电压时，积分运算电路输出负向电压波形；输入为负向阶跃电压时，积分运算电路输出正向电压波形。u_o 为近似三角波。

在自动控制系统中，积分电路常用于实现延时、定时和产生各种波形。积分电路也可以方便地将方波转换成锯齿波。在控制和测量系统中得到广泛应用。

当积分时间常数足够大时，达到集成运放输出饱和值（$\pm U_{om}$），此时电容器 C 不会再充电，相当于断开，运算放大器负反馈不复存在，这时集成运放已离开线性区而进入非线性区工作。所以电路的积分关系只是在集成运放线性工作区内有效。

2. 微分运算电路

基本微分运算电路如图 3-16（a）所示，输入电压 u_i 通过电容器 C 接到反相输入端，输出端与输入端通过电阻器 R 引回一个深度负反馈。由图 3-16（a）可知，这种反相输入的微分运算电路，是把积分电路的电阻器 R 和电容器 C 互换位置得到的。

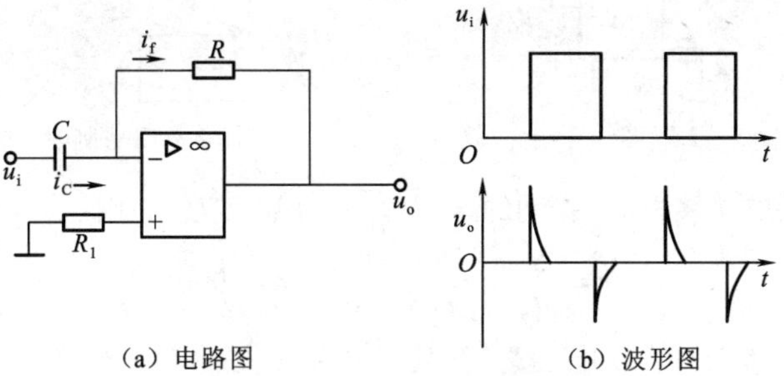

（a）电路图　　（b）波形图

图 3-16　基本微分运算电路

根据理想集成运放“虚断”和“虚短”的特点，可得

$$i_C = i_f,\ u_- \approx u_+ = 0$$

由于
$$u_i = u_C$$

故
$$i_C = C\frac{du_C}{dt} = C\frac{du_i}{dt}$$

而
$$u_o = -i_f R = -i_C R$$

故
$$u_o = -i_C R = -RC\frac{du_i}{dt}$$

上式表明，输出电压与输入电压的微分成比例，比例系数为 $-RC$，负号表示输出与输入反相。

平衡电阻 $R_1 = R$。微分电路也可以用于波形变换，例如可以将矩形波变换为尖脉冲，如图 3-16（b）所示。还可以将正弦波移相等。

当输入信号突变时，输出为一尖脉冲电压，如图 3－16（b）所示。而在输入信号无变化的平坦区域，电路无输出电压。显然，微分运算电路对突变信号反应特别敏感。因此在自动控制系统中，常用微分运算电路来提高系统的灵敏度。

【例 3－2】求图 3－17 所示电路的输出电压与输入电压的关系。图中 $R_1=3.3\ \text{k}\Omega$，$R_2=180\ \text{k}\Omega$，$R_3=1.5\ \text{k}\Omega$，$R_4=3\ \text{k}\Omega$，$R_{f1}=33\ \text{k}\Omega$，$R_{f2}=180\ \text{k}\Omega$，$R_1'=3\ \text{k}\Omega$，$R_2'=1\ \text{k}\Omega$。

解： 计算采用多级放大电路的方法。图 3－17 电路的第一级是反相比例运算电路，代入相关公式可得

$$u_{O1}=-\frac{R_{f1}}{R_1}u_{I1}=-10\ u_{I1}$$

第二级是反相加法运算电路，代入相关公式可得

$$\begin{aligned}u_O&=-R_{f2}\left(\frac{1}{R_2}u_{O1}+\frac{1}{R_3}u_{I2}+\frac{1}{R_4}u_{I3}\right)=-180\left(\frac{-10u_{I1}}{180}+\frac{u_{I2}}{1.5}+\frac{u_{I3}}{3}\right)\\&=10u_{I1}-120u_{I2}-60u_{I3}\end{aligned}$$

式中，电阻器的单位为 kΩ。

【例 3－3】测振仪用于测量物体振动时的位移、速度和加速度，原理框图如图 3－18 所示。试说明该仪器的工作原理。

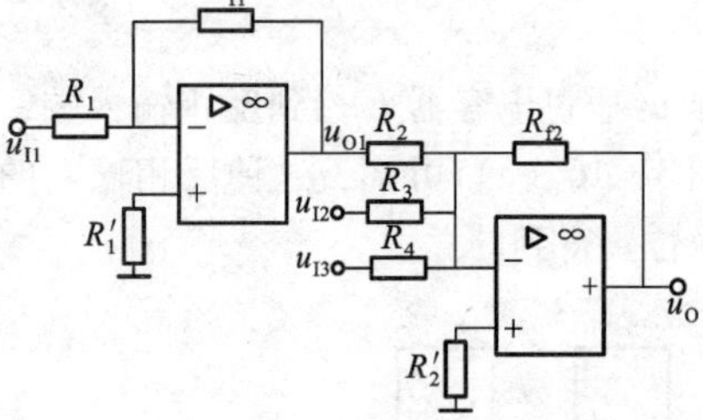

图 3－17　例 3－2 题图

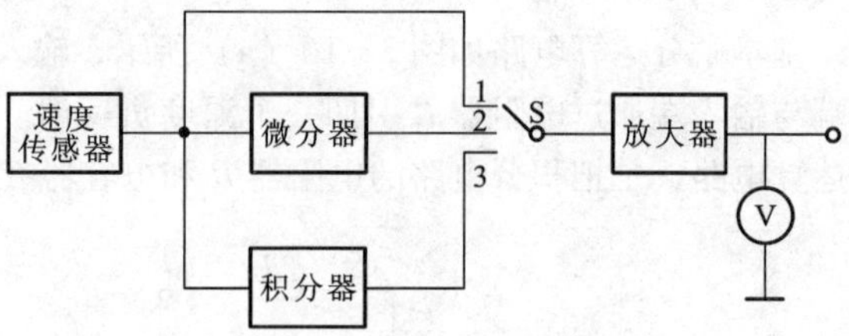

图 3－18　例 3－3 题图

解： 设物体振动的位移为 $\boldsymbol{x}$，振动的速度为 $\boldsymbol{v}$，加速度为 $\boldsymbol{a}$，则

$$\boldsymbol{v}=\frac{d\boldsymbol{x}}{dt},\ \boldsymbol{a}=\frac{d\boldsymbol{v}}{dt}=\frac{d^2\boldsymbol{x}}{dt^2},\ \boldsymbol{x}=\int\boldsymbol{v}dt$$

图中速度传感器产生的信号与速度成正比，开关在位置“1”时，它可以直接放大测量速度；开关在位置“2”时，速度信号经微分器进行微分运算再放大，可测量加速度 $\boldsymbol{a}$；开关在位置“3”时，速度信号经积分器进行积分运算再一次放大，以可测量位移 $\boldsymbol{x}$。在放大器的输出端，可接测量仪表或示波器进行观察和记录。

【例 3－4】集成运放组成的积分电路如图 3－19 所示，电容器上的初始电压为零。若集成运放 A、稳压管 VD_Z 和二极管 VD 均为理想器件，稳压管的稳压值 $U_Z=6$ V，二极管的导通压降为零。当 $t=0$ 时，开关 S 在 1 的位置。当 $t=2$ s 时，开关打到 2 的位置。试求：

（1）$t=2$ s 时，输出电压 u_o 的值；

（2）输出电压 u_o 再次过零的时间；

（3）输出电压 u_o 达到稳压值的时间；

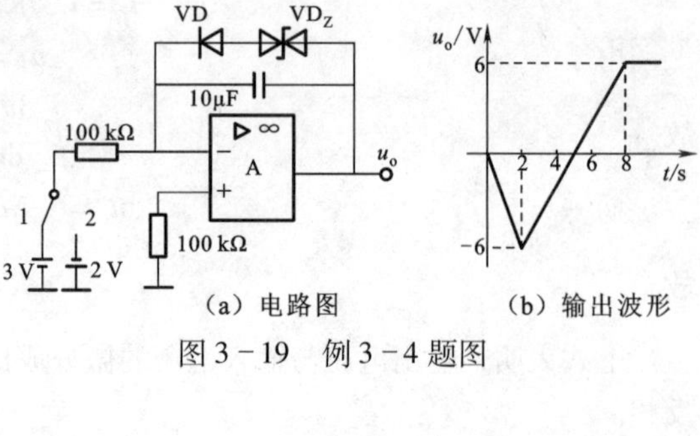

图 3－19　例 3－4 题图

（4）画出输出电压 u_o 的波形。

解：（1）图3－19所示为反相积分电路，并由稳压管 VD_Z 和二极管VD输出限幅，其输出信号与输入信号的关系：

$$u_o=\frac{-1}{RC}\int u_i dt \qquad (u_o<6\ V)$$

$$0<t\leqslant 2\ s: u_1=3\ V, \qquad u_o=\frac{-3t}{RC}=-3t$$

当 $t=2$ s时，$u_o=-6$ V

（2）$t>2$ s：输入切换，$u_i=-2$ V，并考虑电容器上的初始电压

$$u_o=2t-6$$

当 $u_o=0$ V时，$t=3$ s

可见，从0点起始，当 $t=(2+3)$ s $=5$ s时，输出电压 u_o 再次过零。

（3）已知稳压管的稳压值 $U_Z=6$ V，根据 $u_o=2t-6$，可得

当 $u_o=6$ V时，$t=6$ s

可见当 $t=$（2+6）s $=8$ s时，输出电压 u_o 达到稳压值。

（4）输出电压 u_o 的波形见图3－19（b）。

3.3.4 集成运放应用实例

【例3－5】分析下面的测量放大器集成运放电路。

解：测量放大器又称精密放大器或仪用放大器，用于对传感器输出的微弱信号在共模环境下精确地放大，因而要求放大电路具有高增益、高输入电阻和高共模抑制比。图3－20为三运放测量放大器原理图。

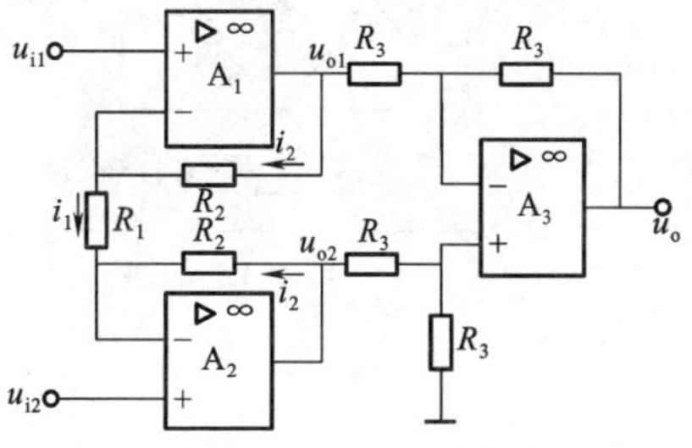

图3－20　例3－5题图

图中 A_1，A_2 为对称性很好的集成运放，由于采用同相输入，构成了串联负反馈，因而输入电阻极高。A_3 接成减法运算电路，采用差分输入，变双端输入为单端输出，可以抑制共模信号。

A_1，A_2 构成第一级，根据集成运放线性应用的特点可知，电阻器 R_1 中由差分信号产生的电流为 i_1，其两端电位因虚短各为 u_{i1}，u_{i2}，故 $i_1=\frac{u_{i1}-u_{i2}}{R_1}$，流经 R_2 的电流因虚断也为 i_1，故有

$$u_{o1}-u_{o2}=i_1(R_1+R_2+R_2)=\frac{R_1+2R_2}{R_1}(u_{i1}-u_{i2})$$

A_3 为第二级，其输入分别为 u_{o1}，u_{o2}，由减法运算电路公式，可得 A_3 的输出 u_o 为

$$u_o=u_{o2}-u_{o1}=-\frac{R_1+2R_2}{R_1}(u_{i1}-u_{i2})$$

上式表明，测量放大器的放大倍数（即差模电压放大倍数）为

$$A_u=\frac{u_o}{u_{i1}-u_{i2}}=-\left(\frac{R_1+2R_2}{R_1}\right)$$

若 u_{i1}，u_{i2} 为差模信号，能有效地放大，则差模放大倍数为（$1+2R_2/R_1$）。

若 u_{i1}，u_{i2} 为共模信号，即 $u_{i1}=u_{i2}$，由差放特点可知，$u_o=0$，即 $K_{CMR}\to\infty$。

值得注意的是，A_1，A_2 的对称性要好，各电阻器阻值的匹配精度要高，才能保证整个电

路 K_{CMR} 很大。有时，为了调节方便，R_1 经常采用可调电位器。

测量放大器的应用非常广泛，目前已有单片集成芯片产品。除了可调电位器 R_1 以外，所有元件都封装在内部。如 AD502，AMP－02，AMP－03，INA102，LH0036，LH0038 等，增益调节范围为 1～1 000，输入电阻高达 10^8 数量级，共模抑制比为 10^5。

下面看一个测量放大器的应用实例。图 3－21 所示的电路为一个力传感器桥式放大器。图中的 SFG－15N1A 为 Honeywell 公司生产的硅压阻式力传感器，它是利用微细加工工艺技术在一小块硅片上加工成硅膜片，并在膜片上用离子注入工艺作了 4 个电阻器并连接成电桥。当力作用在硅膜片上时，膜片产生变形，电桥中两个桥臂电阻器的阻值增大；另外两个桥臂电阻器的阻值减小，电桥失去平衡，输出与作用力成正比的电压信号（U2－4）。力传感器由 12 V电源经 3 个二极管降压后（约 10 V）供电。

A_1～A_3 组成测量放大器，其差分输入端直接与力传感器 2 脚、4 脚连接。A_4 的输出用于补偿整个电路的失调电压。当作用力为 0～1 500 g 时，输出 0～1 500 mV（灵敏度为 1 mV/g）。

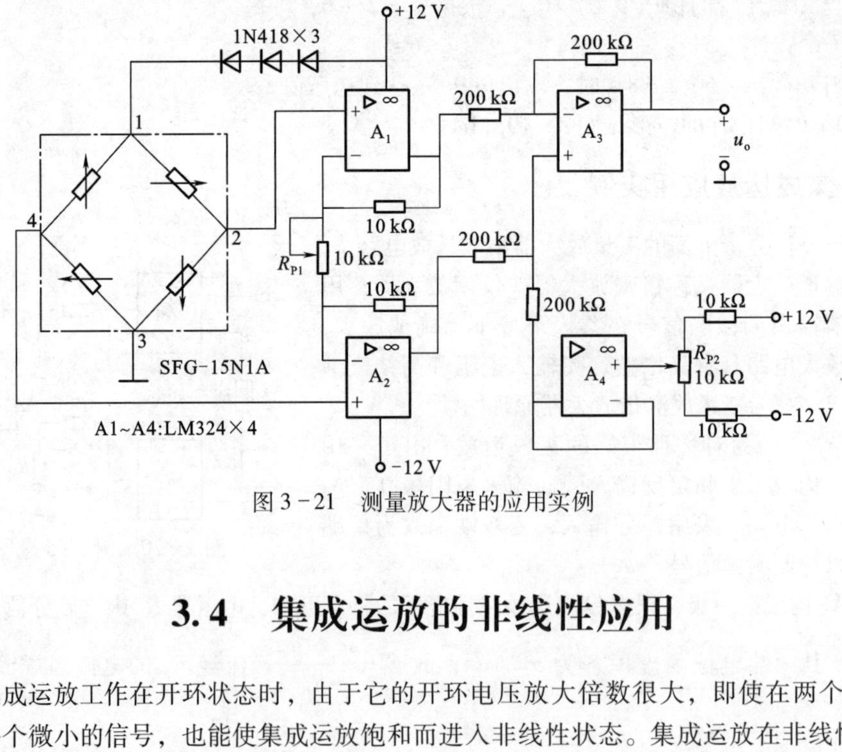

图 3－21　测量放大器的应用实例

3.4　集成运放的非线性应用

当集成运放工作在开环状态时，由于它的开环电压放大倍数很大，即使在两个输入端之间输入一个微小的信号，也能使集成运放饱和而进入非线性状态。集成运放在非线性应用时，仍有“虚断”的特性。

电压比较器便是根据这一原理工作的。电压比较器就是将一个模拟量的输入电压信号去和一个参考电压相比较，在二者幅度相等的临界点，输出电压将产生**跃变**，并将比较结果以高电平或低电平的形式输出。所以，通常电压比较器输入的是连续变化的模拟信号，输出的是以高、低电平为特征的数字信号或脉冲信号。

电压比较器广泛地用于越限报警、模–数转换、波形变换及信号测量等方面。

3.4.1　单限比较器

1. 简单比较器

图 3－22 所示为反相电压比较器及其传输特性。其中，图 3－22（a）为反相电压比较器

电路图，图 3-22（b）为反相电压比较器传输特性。以图 3-22 所示的反相电压比较器为例，输入信号 u_i 加于集成运放的反相输入端，U_R 为参考电压，接在同相输入端。

根据对集成运放在非线性区工作特点的分析，可对图 3-22 中的反相电压比较器的工作原理说明如下：

当 $u_i < U_R$ 时，差分输入信号 $u_- - u_+ < 0$，$u_o = +U_{om}$；

当 $u_i > U_R$ 时，差分输入信号 $u_- - u_+ > 0$，$u_o = -U_{om}$。

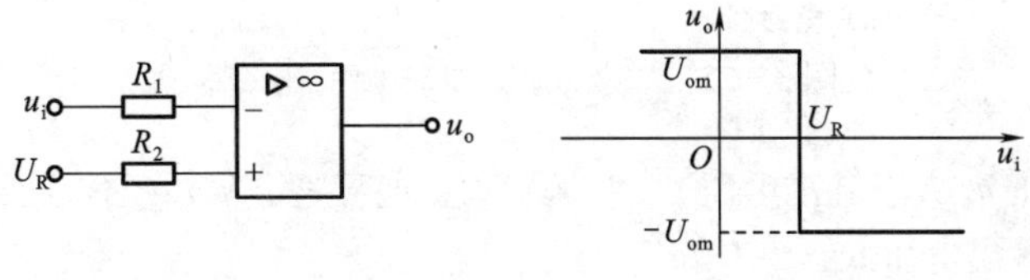

（a）电路图　　（b）传输特性

图 3-22　反相电压比较器及其传输特性

也就是说，当变化的输入电压 $u_i > U_R$ 时，电路反转，输出负饱和电压 $-U_{om}$；当输入电压 $u_i < U_R$ 时，电路反转，输出正饱和电压 $+U_{om}$。

传输特性就是输出电压和输入电压的关系特性。根据比较器的工作原理归纳，反相电压比较器的传输特性如图 3-22（b）所示。

注意：输入信号也可以加在同相输入端，则基准电压加在反相输入端，构成同相输入比较器，其分析方法类似，电压传输特性曲线和图 3-22（b）所示的曲线以纵轴对称。

2. 过零比较器

在图 3-22（a）的电压比较器中，当参考电压 $U_R = 0$ 时，该电路就变为一个**过零比较器**。其比较关系是：当 $u_i > 0$ 时，$u_o = -U_{om}$；当 $u_i < 0$ 时，$u_o = +U_{om}$；$u_i = U_R = 0$ 时为临界跃变点。

过零比较器的电路和传输特性如图 3-23 所示。

利用这个特性，可以进行波形变换。例如，将输入的正弦波变换成矩形波电压输出。将图 3-23（a）电路以正弦波输入到过零比较器，图 3-24 就是在 t_1、t_2、t_3 等时刻反转得到的一系列矩形波输出。

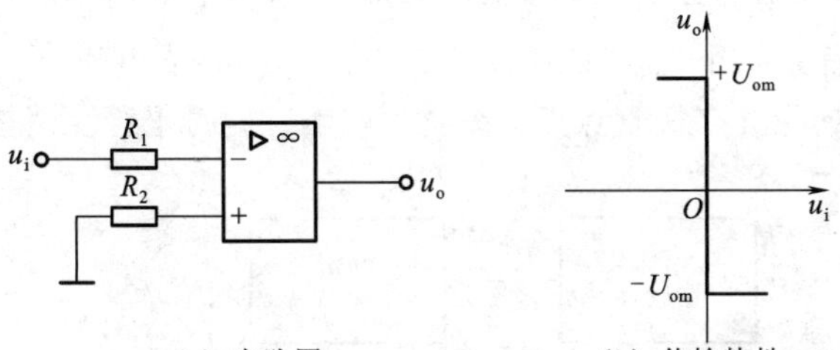

（a）电路图　　（b）传输特性

图 3-23　过零比较器及其传输特性

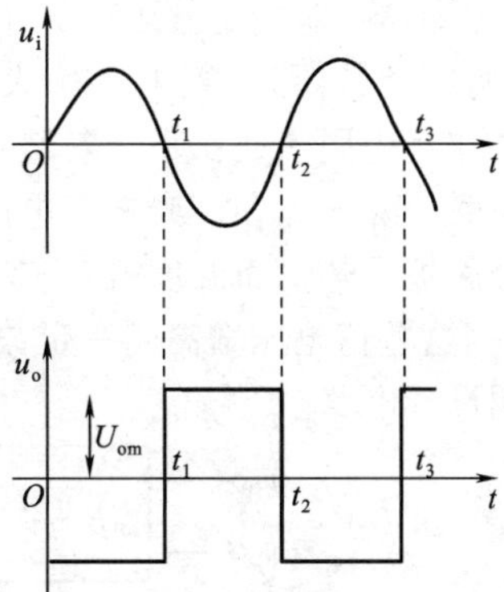

图 3-24　过零比较器的波形转换

3. 采取限幅的比较器

有时为了获取特定输出电压或限制输出电压值，在输出端采取稳压管限幅，如图 3-25 所示。在图 3-25 中，VD_{Z1}、VD_{Z2} 为两只反向串联的稳压管（也可以采用一个双向稳压管），实现双向限幅。

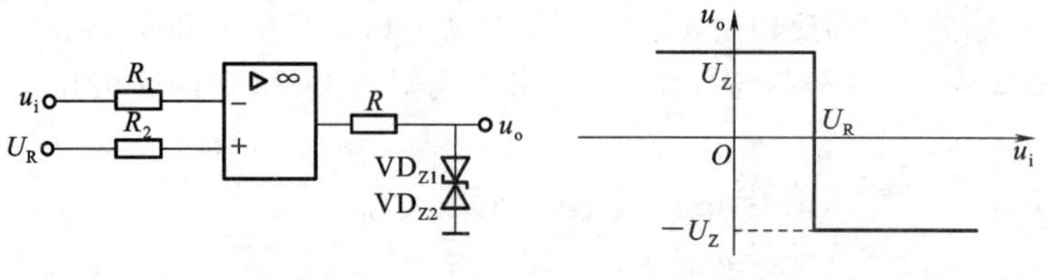

（a）电路图　　　　（b）传输特性

图 3－25　采取双稳压管限幅的比较器

当输入电压 u_i 大于基准电压 U_R 时，VD_{Z2}正向导通，VD_{Z1}反向击穿限幅，不考虑二极管正向管压降时，输出电压 $u_o = -U_Z$。

当输入电压 u_i 小于基准电压 U_R 时，VD_{Z2}反向击穿限幅，VD_{Z1}正向导通，不考虑二极管正向管压降时，输出电压 $u_o = +U_Z$。

因此，输出电压被限制在 $\pm U_Z$ 之间。

除了集成运放可以构成比较器之外，目前有很多种集成比较器芯片，例如，AD790、LM119、LM193、MC1414 等，虽然它们比集成运放的开环增益低，失调电压大，共模抑制比小，但是它们速度快，传输延迟时间短，而且一般不需要外加电路就可以直接驱动 TTL、CMOS 等集成电路，并可以直接驱动继电器等功率器件。

4. 应用实例

如需要对某一参数（如压力、温度、噪声等）进行监控，可将传感器输出的监控信号 u_i 送给比较器监控报警。图 3－26 所示是利用比较器设计出的监控报警电路。

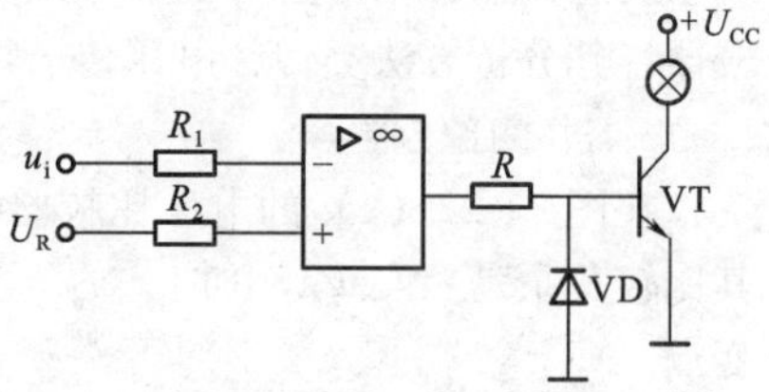

图 3－26　应用实例

当 $u_i > U_R$ 时，比较器输出负值，晶体管 VT 截止，指示灯熄灭，表明工作正常；当 $u_i < U_R$ 时，被监控的信号超过正常值，比较器输出正值，晶体管 VT 饱和导通，报警指示灯亮。电阻器 R 决定了对晶体管导通的驱动程度，其阻值应保证晶体管进入饱和状态。二极管 VD 起保护作用，当比较器输出负值时，晶体管发射结上反偏电压较高，可能击穿发射结，而 VD 能把发射结的反向电压限制在 0.7 V，从而保护了晶体管。

【例 3－6】 图 3－27 是一个火灾报警电路的框图。u_{i1} 和 u_{i2} 分别来自两个温度传感器，它们安装在室内同一处：一个安装在塑料壳内，产生 u_{i1}；另一个安装在金属板上，产生 u_{i2}。无火情时，$u_{i1} = u_{i2}$，声光报警电路不响不亮。一旦发生火情，安装在金属板上的温度传感器因金属板导热快而温度升高较快，而另一个温度上升较慢，于是产生差值电压（$u_{i2} - u_{i1}$），当这差值电压增高到一定数值时，发光二极管点亮，蜂鸣器鸣响，同时报警。请按图示框图设计电路。

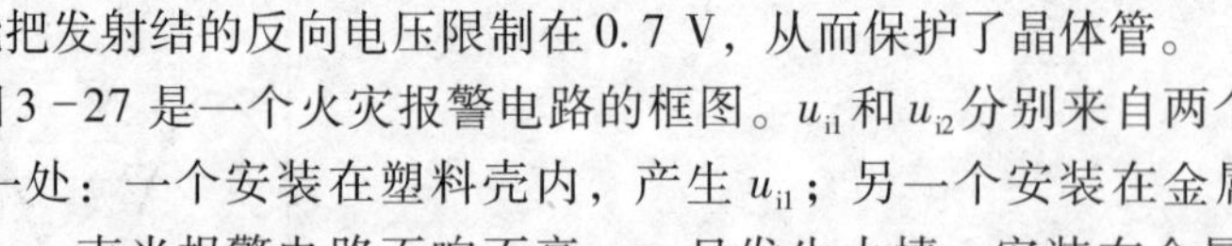

图 3－27　火灾报警电路的框图

解： 按照题意，本电路可依照框图采用如下具体电路设计（见图 3－28），可分为 3 个部分，各部分电路原理前面都已讲到。本题颇具实用性却并不难，读者可依照题目自行分析。

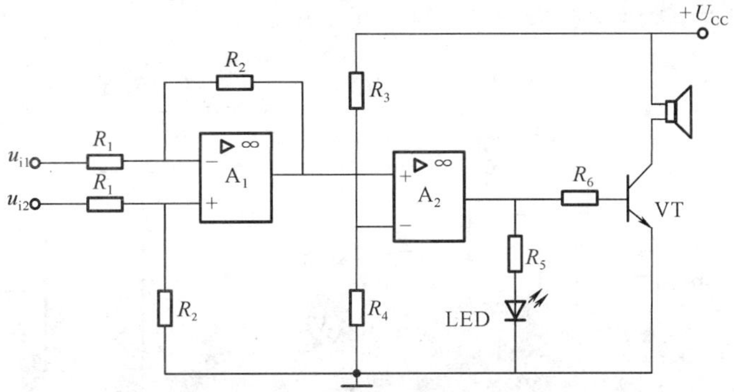

图 3-28　火灾报警电路的电路图

3.4.2　滞回比较器

基本电压比较器电路比较简单，当输入电压在基准电压值附近有干扰的波动时，将会引起输出电压的跳变，可能致使电路的执行电路产生误动作。并且，电路的灵敏度越高越容易产生此现象。为了提高电路的抗干扰能力，常常采用**滞回比较器**。

滞回比较器电路如图 3-29（a）所示。在电路中，U_{REF}为参考电压。输出端引入一个正反馈到同相输入端，这样，作为基准电压的同相输入端电压不再固定，而是随输出电压而变，集成运放工作在非线性区。

当输出电压为正最大值 U_Z 时，同相输入端电压为

$$u_+ = \frac{R_f}{R_2 + R_f}U_{REF} + \frac{R_2}{R_2 + R_f}U_Z$$

即当输入电压 u_i 升高到这个值时，比较器发生翻转。此时输出电压由正的最大值跳变为负的最大值。把比较器的输出电压从一个电平跳变到另一个电平时刻所对应的输入电压值称为**门限电压**，又称**阈值电压**或**转折电压**。

把输出电压由正的最大值跳变为负的最大值，所对应的门限电压称为**上限门限电压** U_{T+}。它的值为

$$U_{T+} = u_+ = \frac{R_f}{R_2 + R_f}U_{REF} + \frac{R_2}{R_2 + R_f}U_Z$$

类似地，把输出电压由负的最大值跳变为正的最大值，所对应的门限电压称为**下限门限电压** U_{T-}。当输出电压为负最大值 $-U_Z$ 时，这时的下限门限电压为

$$U_{T-} = u_+ = \frac{R_f}{R_2 + R_f}U_{REF} + \frac{R_2}{R_2 + R_f}(-U_Z)$$

即当输入电压下降到这个值时，比较器发生翻转，此时输出电压由负的最大值跳变为正的最大值。

电路的输出和输入电压变化关系，如图 3-29（b）所示。

当输入电压 u_i 升高到 U_{T+}之前，输出电压 $u_o = U_Z$，只有升高到等于 U_{T+}时，电路才发生翻转，输出电压 $u_o = -U_Z$，u_i 再增大，u_o 也不改变，如传输特性曲线中向右路径 *abcdf*；如果这时 u_i 再下降，在没有下降到下限门限电压 U_{T-}之前，输出电压 $u_o = -U_Z$，只有下降到下限门限电压 U_{T-}时电路才能翻转，输出电压 $u_o = U_Z$，如传输特性曲线中向左路径 *fdeba*。把上、下限门限电压之差称为**回差电压** ΔU_T 或**迟滞电压**，通过改变 R_2 和 R_f 的大小来改变门限电压和回差电压的大小。从图 3-29（b）中可知，传输特性曲线具有滞后回环特性，滞回电压比

较器因此而得名。它又称施密特触发器。回差电压为

$$\Delta U_{\mathrm{T}} = (U_{\mathrm{T}+} - U_{\mathrm{T}-}) = \frac{2R_2}{R_2 + R_{\mathrm{f}}} U_{\mathrm{Z}}$$

(a) 电路图　　　　　　　(b) 传输特性

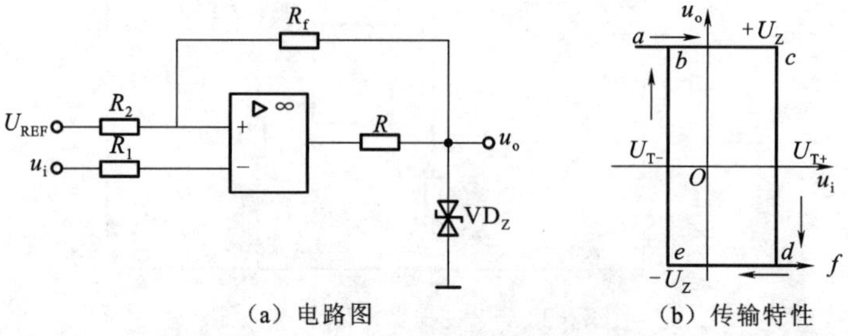

图 3-29　滞回比较器电路及其传输特性

滞回比较器的抗干扰能力很强，电路一旦翻转，只要叠加在 u_{i} 上的干扰不超过 ΔU_{T}，就不会再翻转过来。有些信号受噪声的影响很大，输出的波形不规则，因此引入了滞回比较器，用其尽量减小噪声的影响，其工作波形如图 3-30（a）所示。可以看到这种电路输入信号中即使叠加有噪声，若噪声电平在滞回范围以内，输出就不会发生称为**多重触发**的误动作。但是相伴而生的是滞回比较器分辨能力较差，有时候在 ΔU_{T} 范围内的信号变化不能分辨。由于抗干扰能力和分辨能力相互矛盾，应在相互兼顾的前提下来选择 ΔU_{T} 的大小。

滞回比较器还可用作波形转换和整形，波形如图 3-30（b）所示。

(a) 抗干扰（输出反相）　　　　　(b) 波形变换

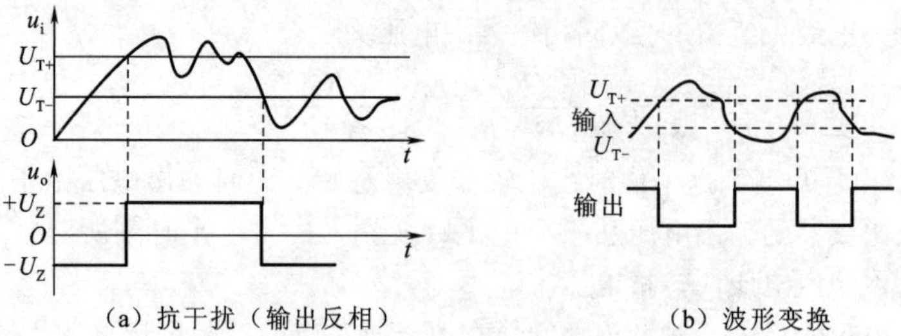

图 3-30　滞回比较器的用途

3.5　集成运放的其他应用

3.5.1　有源滤波器

滤波器的作用是选出有用频率的信号，抑制无用频率的信号，使一定频率范围内的信号能顺利通过，衰减很小，而在此频率之外的信号则衰减很大。

滤波器可以用无源元件如电阻器、电感器、电容器构成，称为**无源滤波器**；**有源滤波器**是指使用了有源器件集成运放和 R、C 元件组成的滤波器。与无源滤波器相比，有源滤波器具有体积小、质量小，输入、输出阻抗易于匹配，频率精度高且对输入信号有一定的放大作用等优点，因此在通信、测量和控制等领域获得了广泛的应用。

通常把能够通过的信号的频率范围称为**通带**，而把受衰减的信号的频率范围称为**阻带**。滤波器按其功能可分为**低通滤波器**、**高通滤波器**、**带通滤波器**和**带阻滤波器**等类型，各种滤波器的理想频率特性如图 3-31 所示。

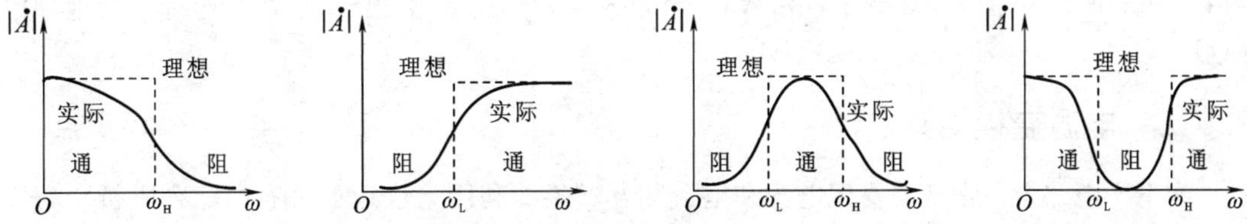

（a）低通滤波器　（b）高通滤波器　（c）带通滤波器　（d）带阻滤波器

图 3－31　各种滤波器的理想频率特性

低通滤波器可以作为直流电源整流后的滤波电路，以便得到平滑的直流电压；高通滤波器可以作为交流放大电路的耦合电路，隔离直流成分，削弱低频成分；带通滤波器常用于载波通信或弱信号提取等场合，以提高信噪比；带阻滤波器用于在已知干扰或噪声频率的情况下，阻止其通过。

图 3－32 是两个简单有源滤波器的电路。由图 3－32 看出，集成运放将 RC 网络与负载 R_L 隔开，RC 网络的等效负载是集成运放的输入电阻，因输入电阻很高，故集成运放本身对 RC 网络的影响可忽略不计；而集成运放的输出电阻很低，提高了电路的带负载能力。而且有源滤波器是由 RC 滤波器和同相集成运放电路串联而成，既能滤波又能放大。

有源滤波器的电路中，滤波电容器 C 对低频信号相当于开路，对高频信号相当于短路。在图 3－32（a）中，低频信号容易进入集成运放被放大，而高频信号则被“滤”出，故称为**有源低通滤波器**。相反地，在图 3－32（b）中，低频信号被阻隔，而高频信号容易通过，故称为**有源高通滤波器**。这两种有源滤波器均由一阶 RC 电路构成，称为**一阶有源滤波器**。为了使滤波特性更接近理想情况，可以采用二阶或三阶有源滤波器。

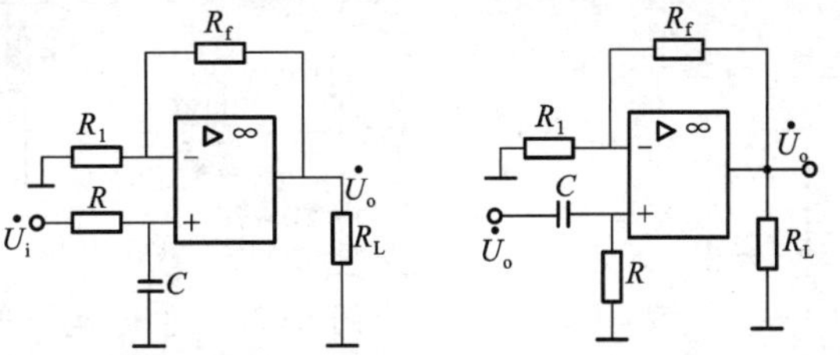

（a）一阶有源低通滤波器　（b）一阶有源高通滤波器

图 3－32　有源滤波器

可以证明，对于图 3－32（a）的有源低通滤波器，传递函数表达式为

$$\dot{A}_u=\frac{\dot{U}_o}{\dot{U}_i}=\frac{A_{up}}{1+\mathrm{j}f/f_0}$$

式中，$A_{up}=1+\dfrac{R_f}{R_1}$，称为**通带增益**；$f_0$ 称为**通带截止频率**或**转折频率**，由 RC 决定。

当 $f=f_0$ 时，$|\dot{A}_u|=A_{up}/\sqrt{2}=0.707A_{up}$，故 f_0 为低通截止频率 f_H，即 $f_H=f_0=\dfrac{1}{2\pi RC}$。

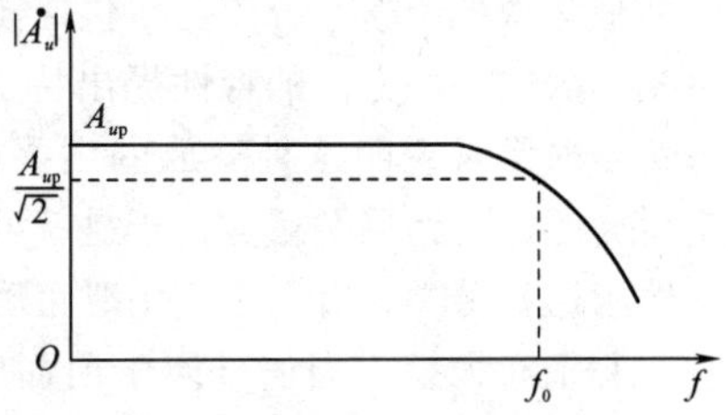

图 3－33　一阶有源低通滤波器的频率特性曲线

一阶有源低通滤波器的频率特性曲线如图 3－33 所示。在实际电路中，低通滤波器用来除掉电子设备

和电动机等产生的噪声（高频干扰信号）。对频率大于f_0的信号或高频干扰信号能有效地加以抑制。

3.5.2 电源变换电路

在电子电路中，常常需要把电压和电流相互转换。利用集成运放具有高输入阻抗、高增益、低温漂的特点，可以较容易地实现电压电流间的相互转换。属于信号转换的电路种类很多，主要有电源变换电路和非电量转换成电信号的电路。这些电路均是3.3节中运算电路的直接或间接应用。

在电源变换电路中，有电压-电压变换、电压-电流变换、电流-电压变换、电流-电流变换。

在非电量转换成电信号的电路中，有光-电转换电路、时间-电压转换电路，还有将机械变形、压力、温度等物理量变换成电信号的电路。下面举例说明集成运放在这些方面的应用。

1. 电压-电流变换电路

图3-34所示为反相电压-电流变换器，其形式与反相放大器相似，所不同的是反馈元件即为负载，构成了并联电流负反馈电路。根据集成运放线性应用的特点可知负载中电流为

$$i_o = -\frac{u_i}{R_1}$$

2. 电压-电压变换电路

在一些基准电压源的应用中，如标准稳压管2CW7C，它的输出电压都是固定的，其值与实际要求的基准电压常常不符。这时便可用集成运放进行变换，以满足实际要求的基准电压值。图3-35便是这种电压-电压变换功能的电路，将稳压管的稳定电压6.3 V变换成3 V基准电压输出，这里应用了比例运算电路。

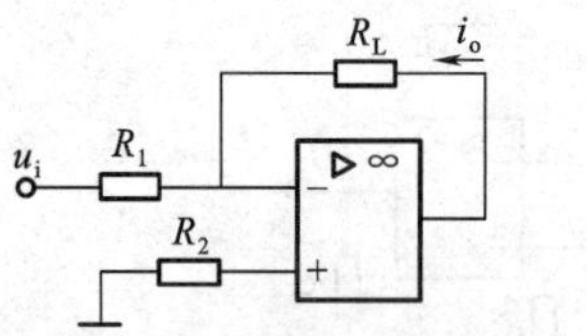

图3-34　反相电压-电流变换器

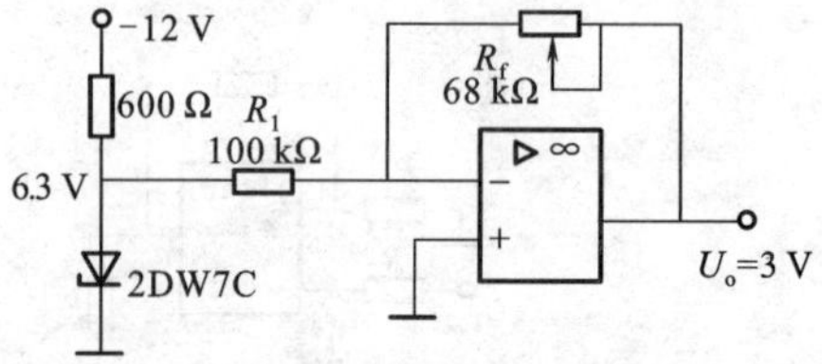

图3-35　电压-电压变换电路实例

3.5.3 集成运算放大器使用时的注意事项

随着集成技术的发展，集成运放的品种越来越多，集成运放的各项技术指标不断改善，应用日益广泛，为了确保运算放大器正常可靠地工作，使用时应注意以下事项。

1. 集成运放分类与选择

集成运放的用途十分广泛，包括模拟信号的产生、放大和处理的多个方面。不同的用途，往往对运放的某些方面的特性提出特别高的要求，为适应这种需要，生产厂家在生产某种运算放大器时常常说明这种运放的主要用途，例如**高精度运放**、**低噪声运放**、**高压运放**等等，还有综合考虑的**通用型运放**，于是就可将运算放大器进行分类。

学习这种分类，有助于应用时正确选择所需的类型。

工程上有大量待测信号属于前面所述的微弱信号。例如，质量传感器、热电偶传感器、应变传感器、地震探测传感器等输出的信号都属于这类信号。一些传感器输出信号属低频信号，常常存在共模干扰信号，且信号微弱，这就对放大器的精度和稳定性有特别高的要求。高精度运算放大器的特点是输入噪声低、输入失调电压低、输入失调电压温漂低、差模增益

高，这些特点正好符合上述微弱信号的测量要求。

根据前面关于工程中被测量信号特点的分析，可以将被测信号分成以下几类：

（1）能采用通用型运放进行放大、测量的小信号。这类信号的幅度在 200 μV 以上，内阻小于 20 kΩ，所伴随的共模干扰信号小于 0.1 V，频带宽度在 20 kHz（音频）以下。

（2）微弱信号。幅度小于 200 μV 的信号，需要采用高精度运算放大器进行放大。

（3）高内阻的信号。信号源内阻高于 20 kΩ 时应采用高输入电阻的运算放大器进行放大。

集成运算放大器按其技术指标可分为通用型、高速型、高阻型、低功耗型、大功率型和高精度型等；按其内部电路结构又可分为双极型（晶体管组成）和单极型（场效应管组成）；按每一片中集成运放的个数可分为单运放、双运放和四运放。在使用运算放大器之前，首先要根据具体要求选择合适的型号。选好后，根据半导体器件手册中查到的引脚图和设计的外部电路连线。

世界上有很多知名公司生产集成运放，一般情况下，无论哪个公司的产品，除了商标不同外，只要编号相同，功能基本上是相同的。例如，CA741、LM741、MC741、CF741、μA741 等。

2. 消振和调零

由于集成运放的放大倍数很高，内部晶体管存在着极间电容和其他寄生参数，所以容易产生自激振荡，影响集成运放的正常工作。为此，在使用时应注意消振。通常通过外接 *RC* 消振电路破坏自激振荡的条件，如图 3－36 所示。目前由于集成工艺水平的提高，大部分集成运放内部已设置消振电路，无须外接消振元件，如 F007、F3193、5G6324、741、324 等。

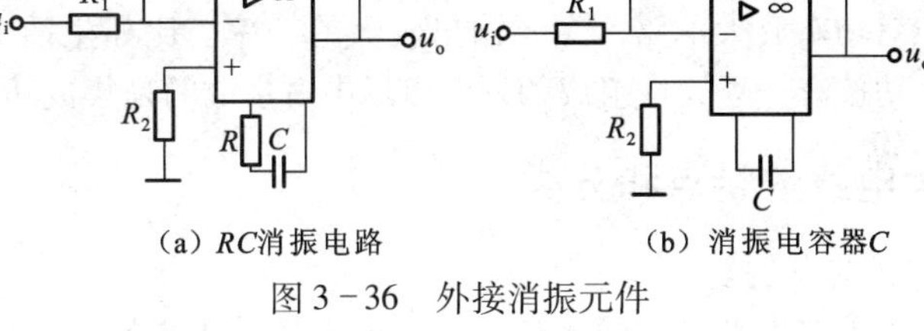

（a）*RC*消振电路　　（b）消振电容器*C*

图 3－36　外接消振元件

集成运放内部电路不可能做到完全对称，由于失调电压和失调电流的存在，当输入信号为零时，输出并不为零。为了消除输入失调量造成的影响，电路中要有调零的措施。为此，除了要求集成运放的同相和反相输入端的外接直流通路等效电阻保持平衡外，还应采用调零电位器进行调节。对于集成运放本身有专门调零引出端的芯片如 F004、F007，只要在此引出端外接一个调零电位器，在输入端接地情况下，调节电位器即可使输出为零。在应用时，应先按规定的接法接入调零电路，再将两输入端接地，调整 R_P，使 $u_o=0$，如图 3－37 所示。常用四运放 LM324 外接图如图 3－38 所示。

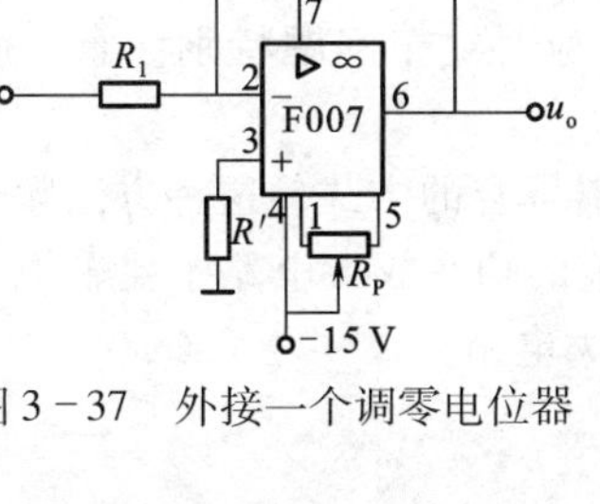

图 3－37　外接一个调零电位器

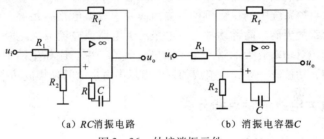

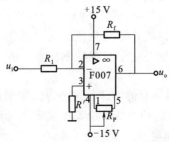

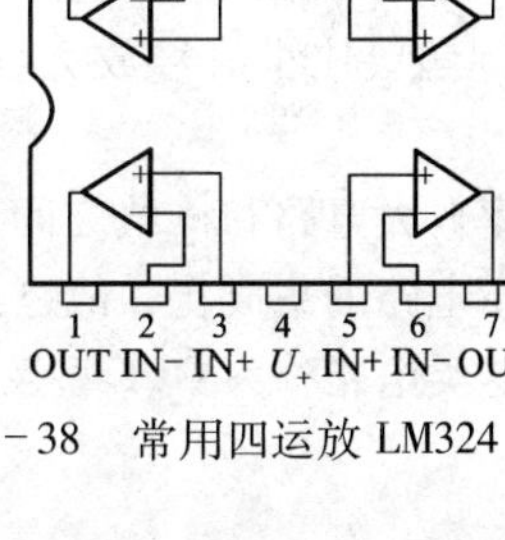

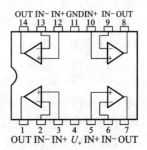

图 3－38　常用四运放 LM324 外接图

3. 保护

（1）输入端保护。当集成运放的输入电压过高时会损坏输入级的晶体管。为此，应用时应在输入端接入两反向并联的二极管，如图 3－39（a）所示。将输入电压限制在二极管的正向压降以下。

（2）输出端保护。为了防止集成运放的输出电压过大，造成器件损坏，可应用限幅电路将输出电压限制在一定的幅度上。电路如图 3－39（b）所示。

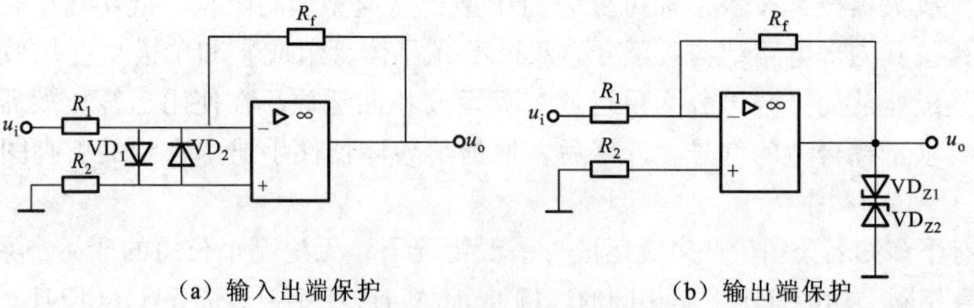

（a）输入出端保护　　　（b）输出端保护

图 3－39　集成运放的保护

3.6　集成功率放大电路

电子设备中，常要求放大电路的输出级带动某些负载工作。例如，使仪表指针偏转，使扬声器发声，驱动自控系统中的执行机构等。因而要求放大电路有足够大的输出功率。这种放大电路统称为**功率放大器**，简称**功放**。对电压放大电路或电流放大电路，主要用于增强电压幅度或电流幅度。对功率放大电路，主要输出较大的功率。比如生活中的高保真音响，都离不开功放。目前，功放有分立元件组成的，但市场中占主流的是集成功率放大电路。

3.6.1　功率放大电路的特点和分类

1. 功率放大电路的特点与要求

前面介绍过的放大电路大都是将输入信号放大的电压放大电路。对电压放大电路的要求是使负载得到放大的不失真的电压信号；对功率放大电路则主要要求它输出足够大的输出功率。但无论哪种放大电路，在负载上都同时存在输出电压、电流和功率，从能量控制的观点来看，放大电路实质上就是能量转换电路。因此，功率放大电路和电压放大电路没有本质的区别。对功率放大电路的一般要求如下：

（1）在电子元件参数允许的范围内，放大电路的输出电压和输出电流都要能够提供足够大的变化量，以便根据负载的要求，提供足够的输出功率。

（2）具有较高的效率。放大电路输出给负载的功率是由直流电源提供的。在输出功率较大的情况下，如果效率不高，不仅造成能量浪费，而且消耗在电路内部的电能将转换为热量，使元件等温度升高损坏。功放由于热量大，需要散热，故散热器通常是不可少的。

（3）尽量减少非线性失真。由于功率放大电路的工作点变化范围大，因此，输出波形的非线性失真问题要比小信号放大电路严重得多。应对这个问题特别注意，适当增加偏置电路。

早年的功率放大电路和负载之间往往采用变压器耦合的方式，这种方法频率特性差，特别是因为不利于电路的集成化，故已逐渐废除。目前的功率放大电路主要采用无输出变压器的功放电路，这类电路称为 OCL 型及 OTL 型功率放大电路。

2. 功率放大电路的分类

(1) 按晶体管的工作状态分类。功率放大器按晶体管的工作状态可分为**甲类**、**乙类**和**甲乙类**3种类型，如图3-40所示。甲类功率放大器在输入信号的**整个周期**内都有集电极电流通过晶体管，静态工作点在中央，其特点是失真小，但效率低（理想情况下为50%）、耗电多；乙类功率放大器，静态工作点靠近截止区，仅在输入信号的**半个周期**内有集电极电流通过晶体管，其特点是输出功率大、效率高（理想情况下可达78.5%），但失真较大；甲乙类功率放大器加有一定的直流偏置，静态工作点在靠近截止区略高处，每只功率管导通时间大于半个周期，但又不足一个周期，截止时间小于半个周期，两只功率管**推挽工作**，可以避免非线性失真。

(2) 按电路形式分类。功率放大器按电路形式来分，主要有单管功率放大器、互补推挽功率放大器和变压器耦合功率放大器。互补推挽功率放大器由射极输出器发展而来，体积小、质量小、成本低、便于集成，因而被广泛使用；变压器耦合功率放大器利用输出变压器可实现阻抗匹配，以获得最大的输出功率，体积大、成本高、不能集成化，因而现在很少使用。

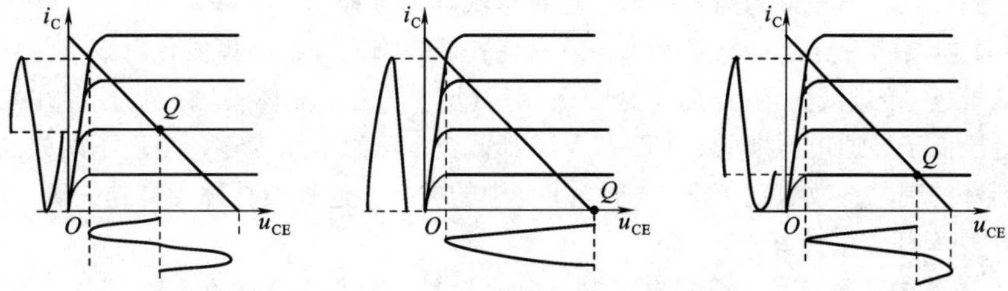

图3-40 低频功率放大电路的三种工作状态

3.6.2 互补对称式功率放大电路（OCL）

1. 电路和工作原理

OCL（Output Capacitor Less，无输出电容）互补对称式功率放大电路，简称OCL电路，如图3-41（a）所示。

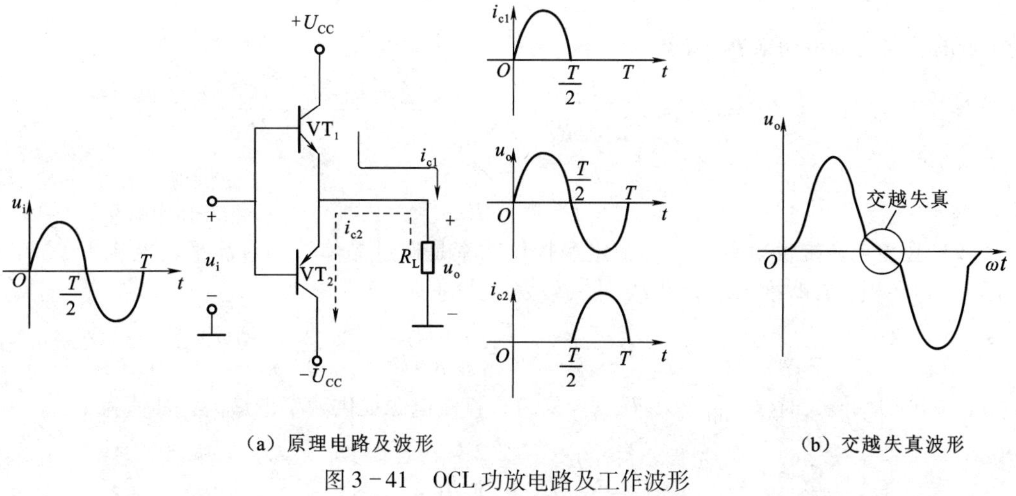

图3-41 OCL功放电路及工作波形

电路中有两只晶体管，VT_1 为 NPN 型，VT_2 为 PNP 型，但两管材料和特性参数相同，特性对称。由 $+U_{CC}$ 和 $-U_{CC}$ 两个对称直流电源供电。结构上是将一个 NPN 管组成的射极输出器和一个 PNP 管组成的射极输出器合并在一起的，共用负载电阻和输入端。下面分析电路工作原理。

静态时：由于两管特性对称，供电电源对称，两管射极电位为零，VT_1、VT_2 均截止，电路中无功率损耗。

动态时：忽略发射结死区电压，在 u_i 的正半周内，VT_1 导通，VT_2 截止，VT_1 以射极输出器的形式将正方向的信号变化传递给负载，电流方向如图 3-41（a）中实线箭头所示，最大输出电压幅度受 VT_1 饱和的限制，约为 $+U_{CC}$；在 u_i 的负半周内，VT_2 导通，VT_1 截止，VT_2 以射极输出器的形式将负方向的信号变化传递给负载，电流方向如图 3-41（a）中虚线箭头所示，最大输出电压幅度受 VT_2 饱和的限制，约为 $-U_{CC}$。

综上所述，两个晶体管的静态电流均为 0。这种只在信号半个周期内导通的工作状态称为**乙类工作状态**。

在图 3-41 电路中，尽管两只晶体管都只在半个周期内导通（工作在乙类状态），但它们交替工作，使负载得到完整的信号波形，这种形式称为**互补**。

图 3-41 电路的特点是：电路简单，效率高，低频响应好，易集成化。缺点是：电路输出的波形在信号过零的附近产生失真［见图 3-41（b）］。由于晶体管输入特性存在死区，在输入信号的电压低于导通电压期间，VT_1 和 VT_2 都截止，输出电压为零，出现了两只晶体管交替波形衔接不好的现象，故出现了图 3-41（b）中的失真，这种失真称为**交越失真**。

2. 输出功率和效率计算

在 OCL 电路中，每只晶体管集电极静态电流为零，因而该电路效率较高。

（1）**输出功率** P_o。P_o 等于负载 R_L 上的电压有效值 U_o 与电流有效值 I_o 的乘积。设 U_{om} 为输出电压幅值，I_{om} 为输出电流幅值。则输出功率的一般表示式为

$$P_o = U_o I_o = \frac{U_{om}}{\sqrt{2}} \frac{U_{om}}{\sqrt{2} R_L} = \frac{U_{om}^2}{2R_L}$$

式中，$U_{om} = I_{om} R_L$。

当输入正弦信号时，每只晶体管只在半周期内工作，忽略交越失真，显然，晶体管处于饱和状态时 u_{CE} 最小，为 $u_{CE} = U_{CES}$。这时负载 R_L 上的电压幅值 U_{om} 达到最大，为 $U_{omax} = U_{CC} - U_{CES}$。

此时，最大输出功率 P_{om} 为

$$P_{om} = U_o I_o = \frac{U_{omax}}{\sqrt{2}} \frac{U_{omax}}{\sqrt{2} R_L} = \frac{U_{omax}^2}{2R_L} = \frac{(U_{CC} - U_{CES})^2}{2R_L} \approx \frac{U_{CC}^2}{2R_L}$$

即

$$P_{om} \approx \frac{U_{CC}^2}{2R_L}$$

（2）**直流电源提供功率** P_E。直流电源提供功率是通过晶体管的直流平均电流 I_{CAV} 与电源电压 U_{CC} 的乘积。省略推导，给出 P_E 的一般表达式为

$$P_E = I_{CAV} U_{CC} = \frac{2}{\pi} \frac{U_{om}}{R_L} U_{CC}$$

当输出功率最大时（$U_{CES} \approx 0$，$U_{omax} \approx U_{CC}$），直流电源提供功率也最大，其值为

$$P_{E(max)} = \frac{2}{\pi} \frac{U_{CC}^2}{R_L}$$

（3）**效率计算**。直流电源送入电路的功率，一部分转化为输出功率，另一部分则损耗在晶体管上。OCL 电路的效率一般表达式为

$$\eta=\frac{P_o}{P_E}=\frac{\pi}{4}\frac{U_{om}}{U_{CC}}$$

式中 P_o——电路输出功率；

P_E——直流电源提供的功率。

OCL 电路最高效率为

$$\eta=\frac{P_{om}}{P_E}=\frac{\frac{1}{2}\frac{U_{CC}^2}{R_L}}{\frac{2}{\pi}\frac{U_{CC}^2}{R_L}}=\frac{\pi}{4}\approx 78.5\%$$

这是 OCL 电路在理想情况下（$U_{CES}\approx 0$，$U_{omax}\approx U_{CC}$）的最高效率。

（4）大功率晶体管的极限参数选取。理论分析表明，乙类互补对称放大电路中功率晶体管的极限参数可按以下公式选取：

①$P_{CM}\geqslant 0.2P_{om}$；②$U_{(BR)CEO}\geqslant 2U_{CC}$；③$I_{CM}\geqslant\frac{U_{CC}}{R_L}$。

3. 甲乙类双电源互补对称电路

为了消除乙类互补对称电路的交越失真，通常给两个互补管的发射结设置一个略大于死区电压的直流正向偏压，使两晶体管在静态时处于微导通。图 3-42 所示的电路就是利用二极管 VD_1，VD_2 的直流导通压降作为功放管 VT_2，VT_3 的基极偏压来克服交越失真，这种工作方式称为**甲乙类放大**。VT_1 组成前置放大级，给输出功放级提供足够大的驱动电压电流。二极管上的交流压降很小可以忽略。甲乙类功放技术指标的计算方法和乙类功放相同。

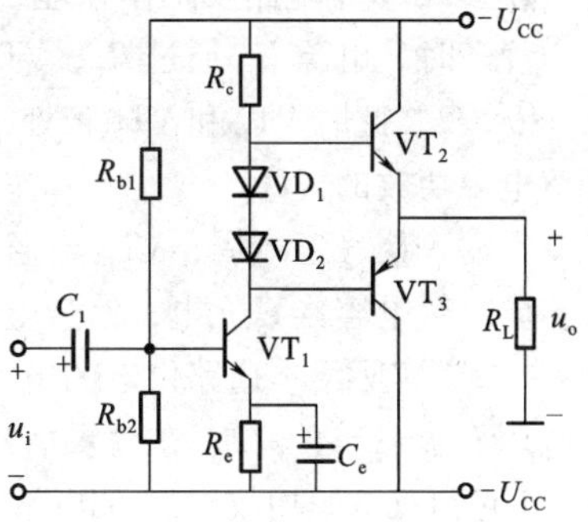

图 3-42　甲乙类互补对称功率放大器

【例 3-7】 在图 3-42 所示电路中，已知 $U_{CC}=16$ V，$R_L=4\ \Omega$，VT_2 和 VT_3 的饱和管压降 $|U_{CES}|=2$ V，输入电压足够大。试问：

（1）最大输出功率 P_{om} 和功放效率 η 各为多少？

（2）功放晶体管的最大功耗 P_{CM} 至少应为多少？

解：（1）要考虑题目给出的饱和管压降，实际最大输出功率

$$P_{om}=\frac{(U_{CC}-|U_{CES}|)^2}{2R_L}=24.5\ \text{W}$$

$$\eta=\frac{\pi}{4}\frac{U_{CC}-|U_{CES}|}{U_{CC}}\approx 69.8\%$$

（2）忽略饱和管压降，$P_{CM}\geqslant 0.2P_{om}=\frac{0.2U_{CC}^2}{2R_L}=6.4$ W。

3.6.3　单电源互补对称功率放大电路（OTL）

上述 OCL 功放电路结构简单，但存在双电源供电的问题，在有些场合使用不太方便。目前常常使用一种单电源供电的互补对称功率放大电路，输出通过电容器与负载耦合，不采用

输出变压器耦合，称为无输出变压器（Output Transformer Less）的功放电路，简称 OTL 电路，如图 3－43 所示。其特点是在输出端负载支路中串接了一个大容量电容器 C。

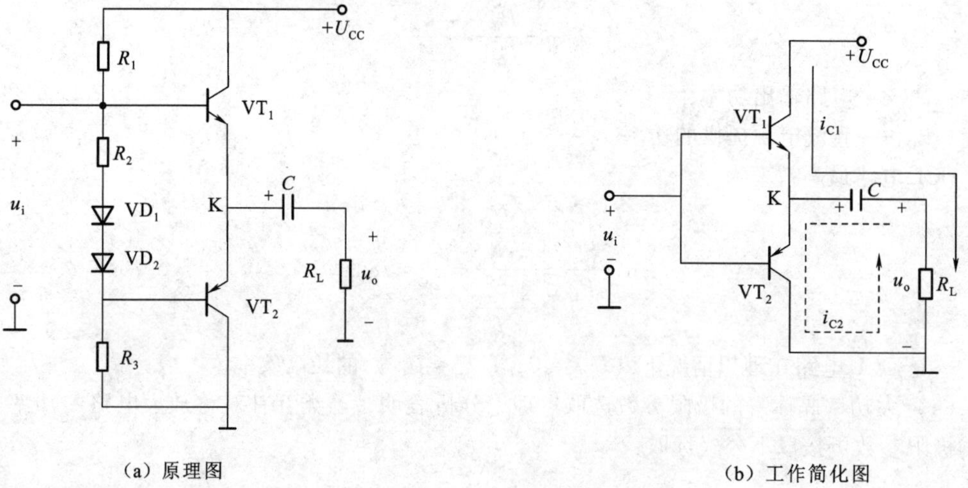

图 3－43 甲乙类互补对称功率放大器

1. OTL 基本电路及工作原理

静态时，电源 U_{CC} 通过 R_1、VT_1、负载 R_L 给电容器 C 充电，在充电结束后可使 K 点电位 $U_K = U_{CC}/2$，此时 VT_1 和 VT_2 管处于微导通状态，电容器 C 上静态电压近似为 $U_{CC}/2$，这取代了双电源功放的 $-U_{CC}$。

在输入信号正半周，VT_1 导通，VT_2 截止，VT_1 以射极输出器形式将正向信号传送给负载，同时对电容器 C 充电，信号电流流向负载 R_L 并同时向电容器 C 充电。由于电容器上电压为 $U_{CC}/2$，实际给本通路供电的电源电压只有 $U_{CC}/2$。若信号足够大，负载上能获得的最大信号电压 $U_{om(max)} \approx U_{CC}/2$。在输入信号负半周时，$VT_1$ 截止，VT_2 导通，这时电容器 C 上的电压 $U_{CC}/2$ 起到双电源功放中的负电源作用，与 VT_2 和 R_L 形成放电回路，电容器 C 放电，使 VT_2 也以射极输出器形式将负向信号传送给负载。由于电容器上电压为 $U_{CC}/2$，若信号足够大，负载上能获得的最大信号电压 $U_{om(max)} \approx U_{CC}/2$。这样，就在负载 R_L 上得到了一个完整的信号波形。

电容器 C 的容量应选得足够大，使电容器 C 的充放电时间常数远大于信号周期。为了保证供电过程中电容器电压基本稳定在 $U_{CC}/2$，必须使时间常数 R_LC 远大于信号的半周期 $T/2$，通常电容器 C 的容量在几百微法至上千微法。

由于单电源 U_{CC} 供电相当于两个电源 $\pm U_{CC}/2$ 供电一样，因此在计算甲乙类单电源互补对称功放功率参数时，可借鉴双电源功放电路的计算公式，只需将其中 U_{CC} 参数全部换成 $U_{CC}/2$ 即可。比如，OTL 功放最大输出功率为 $P_{om} \approx U_{CC}^2/8R_L$。

2. 功放电路中常用到的复合管

在互补对称功率放大器中选用互补管比较困难，为此，常用**复合管**来取代互补管。

复合管是由两个或两个以上的晶体管按照图 3－44 所示的方法构成的一个三端子器件，又称**达林顿管**。连接时，在串联点应保证电流的连续；在并联点应保证总电流为两管电流的代数和。复合管的类型取决于 VT_1 的类型，复合管的电流放大系数约等于各管 β 之积，常见的 4 种组态如图 3－44 所示。

（1）复合管的导电类型取决于前一只晶体管，即 i_B 向管内流者等效为 NPN 管，如

图 3-44（a）、（c）所示。i_B 向管外流者等效为 PNP 管，如图 3-44（b）、（d）所示。

（2）复合管的电流放大系数 $\beta \approx \beta_1\beta_2\cdots$。

（3）组成复合管的各管各极电流应满足电流一致性原则，即串联点处电流方向一致，并联点处保证总电流为两管输出电流之和。

（4）对称性。图 3-44（b）和图 3-44（a）对称，分别等效为 NPN 管和 PNP 管，对应位置的各管各极电流方向正好相反，总放大倍数一样。同理，图 3-44（d）和图 3-44（c）对称，对应位置的各管各极电流方向也正好相反，分别等效为 NPN 管和 PNP 管，总放大倍数一样。

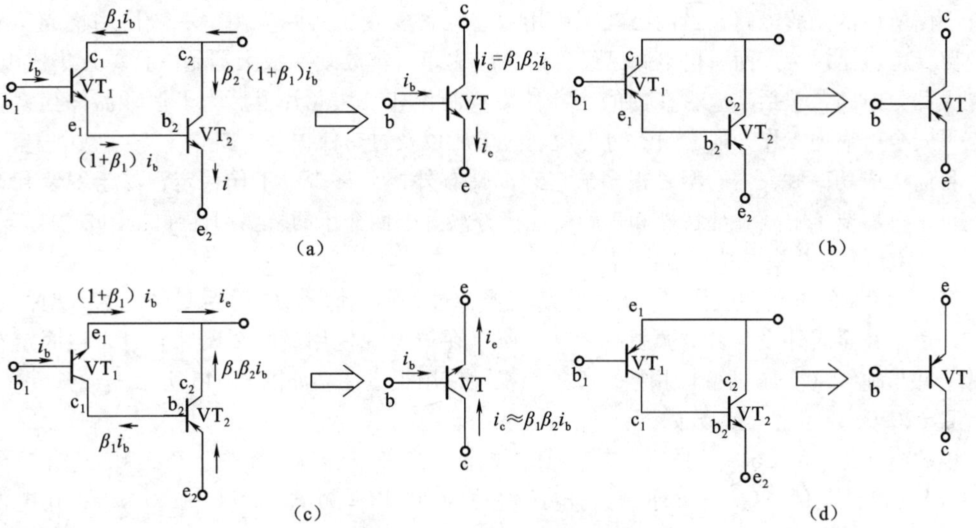

图 3-44　复合管的 4 种组态

3. 功放电路应用实例

图 3-45 为采用复合管组成的由集成运放前置驱动的 OTL 功率放大器，它又称准互补对称功率放大器。工作于甲乙类状态。静态时，由 $VD_1 \sim VD_4$、R_4、R_5 提供的偏置电压使$VT_1 \sim VT_4$ 微导通，输出和负载之间是一个电容器 C，中点电位为 $U_{CC}/2$，$u_o=0$ V。R_{11} 对集成运放构成深度负反馈使其工作在放大区。

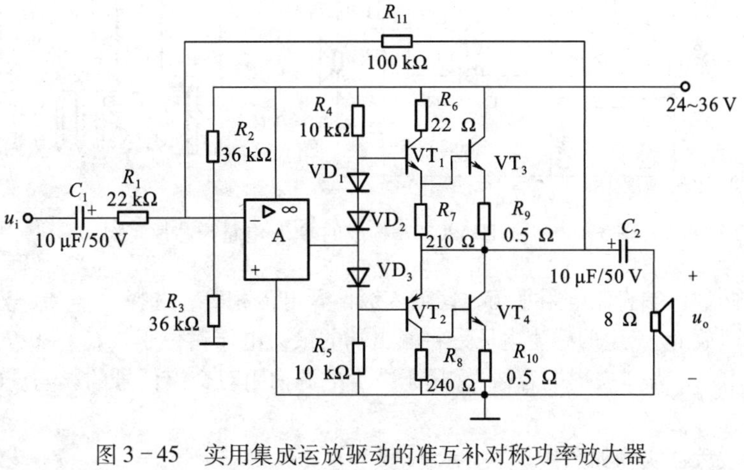

图 3-45　实用集成运放驱动的准互补对称功率放大器

当 u_i 为负半周时，经集成运放放大，使互补对称管基极电位升高，VT_1、VT_3 导通，VT_2、VT_4 趋于截止，i_{e3}自上而下流经负载，u_o 为正半周。

当 u_i 为正半周时，经集成运放放大，使互补对称管基极电位降低，VT_1、VT_3 趋于截止，VT_2、VT_4 依靠 C_2 上的存储电压（$U_{CC}/2$）进一步导通，i_{e4} 自下而上流经负载，u_o 为负半周。于是在负载上得到了一个完整的正弦电压波形。R_9、R_{10} 为负反馈小电阻器，可以改善波形并起短路保护作用。R_7、R_8 为复合管泄放电阻器，可优化晶体管特性，减少其穿透电流。

3.6.4　集成功率放大器

上面所讲的功放电路，目前已经很少用分立元件实现，实际应用中一般使用集成功率放大电路。也就是说，上面所讲电路已经可以集成化了。**集成功率放大器**是一种单片集成电路，即把大部分电路及包括功放管在内的元器件集成制作在一块芯片上。为了保证器件在大功率状态下安全可靠地工作，通常设有过电流、过电压以及过热保护等电路。

目前集成功率放大器的型号很多，它们都具有外接元件少，工作稳定，易于安装和调试等优点，只需要了解其外部特性和正确的连接方法。下面介绍两款实用性强的集成功放。

TDA2030A 音频集成功率放大器

TDA2030A 的电气性能稳定，并在内部集成了过载和热切断保护电路，能适应长时间连续工作，由于其金属外壳与负电源引脚相连，所以在单电源使用时，金属外壳可直接固定在散热片上并与地线（金属机箱）相接，无须绝缘，使用很方便，如图 3－46 所示。

TDA2030A 主要性能参数如下：

电源电压 U_{CC}为 ±6 ~ ±18 V；输出峰值电流为 3.5 A；输入电阻 >0.5 MΩ；静态电流 <60 mA（测试条件：U_{CC} = ±18 V）；电压增益为 30 dB；频响 B 为 0 ~ 140 kHz；在电源为 ±15 V，R_L = 4 Ω 时，输出功率为 14 W。

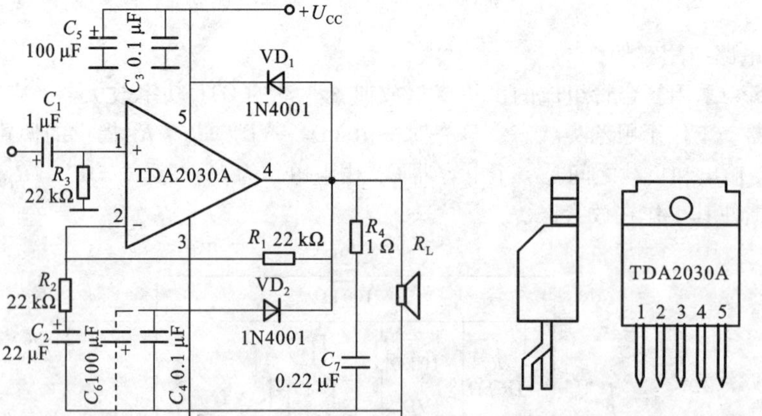

图 3－46　由 TDA2030A 构成的 OCL 电路与芯片实物

为了保持两输入端直流电阻平衡，使输入级偏置电流相等，选择 $R_3 = R_1$。VD_1、VD_2 起保护作用，用来泄放 R_L 产生的感生电压，将输出端的最大电压钳位于（U_{CC} +0.7 V）和（U_{CC} − 0.7 V）上。C_3、C_4 为“去耦电容器”，用于减少电源内阻对交流信号的影响。C_1、C_2 为耦合电容器。

集成功率放大器实物如图 3－47 所示。

图 3-47　集成功率放大器实物

习　题

一、填空题

1. 运算放大器实质上是一种具有____________的多级直流放大器。

2. 理想运算放大器工作在线性区时有两个重要特点：一是差模输入电压____________，称为____________；二是输入电流____________，称为____________。

3. 集成运放有两个输入端，称为____________输入端和____________输入端，相应有____________、____________和____________3 种输入方式。

4. ____________比例运算电路中，集成运放反相输入端为虚地点。____________比例运算电路中，集成运放两个输入端对地的电压基本上等于输入电压。

5. 在输入电压从足够低逐渐增大到足够高的过程中，单限比较器的输出电压变化____________次；滞回比较器的输出电压变化____________次。

6. 集成运放线性应用时，电路中必须引入____________才能保证集成运放工作在____________区；它的输出量与输入量成____________。

7. 乙类推挽功率放大电路的____________较高。但这种电路会产生一种被称为____________失真的特有的非线性失真现象。为了消除这种失真，应当使推挽功率放大电路工作在____________类状态。

二、选择题

1. 集成运算放大器能处理（　　）。

A. 直流信号　　B. 交流信号　　C. 交流信号和直流信号

2. 理想运放的开环放大倍数 A_{ud} 为（　　），输入电阻为（　　）Ω，输出电阻为（　　）Ω。

A. ∞　　B. 0　　C. 不定　　D. 1 000

3. 欲获取高于 200 kHz 的信号为有用信号，需要用（　　）滤波器。

A. 高通　　B. 低通　　C. 带通

4. 在由集成运放组成的电路中，集成运放工作在非线性状态的电路是（　　）。

A. 反相比例放大器　　B. 差分放大器

C. 同相比例放大器　　D. 电压比较器

5. 电路如图 3-48 所示，运算放大器的电源电压为 ±12 V，稳压管的稳定电压为 8 V，正向压降为 0.6 V，当输入电压 $u_i = -1$ V 时，则输出电压 u_o 等于（　　）。

A. −12 V　　B. 0.7 V　　C. −8 V

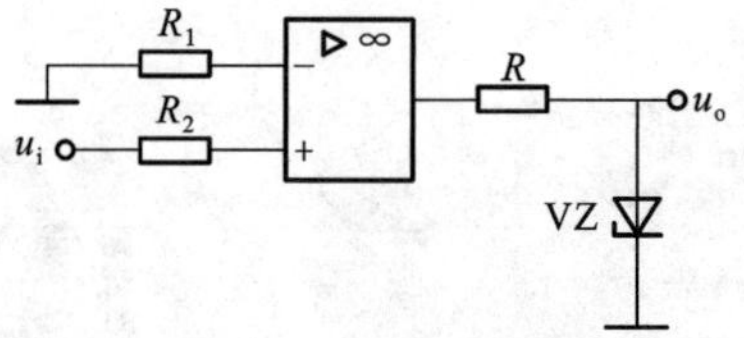

图 3 - 48　题 5 图

三、分析计算题

1. 图 3 - 49 所示电路为应用集成运放组成的测量电阻器的原理电路，试写出被测电阻器 R_X 与电压表电压 U_O 的关系。

2. 图 3 - 50 所示为反相电压-电流变换器，其形式与反相放大器相似，所不同的是反馈元件即为负载，构成了并联电流负反馈电路。根据集成运放线性应用的特点，试证明负载中电流为 $i_o = -\dfrac{u_i}{R_1}$。

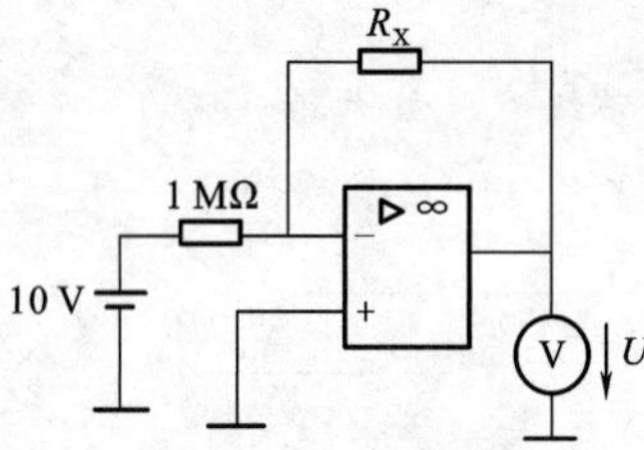

图 3 - 49　题 1 图

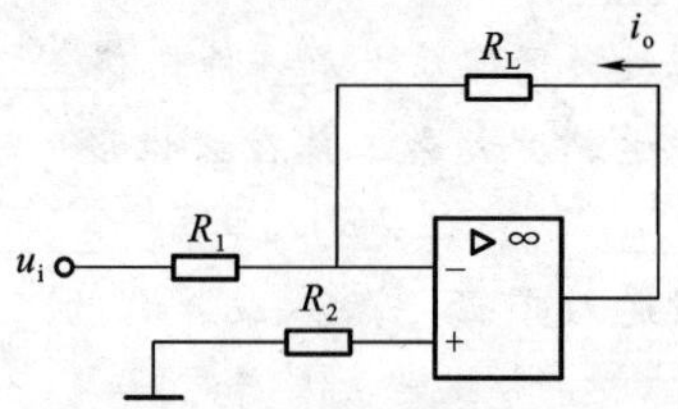

图 3 - 50　题 2 图

3. 图 3 - 51 所示电路中，已知电阻 $R_f = 5R_1$，输入电压 $u_i = 5$ mV，求输出电压 u_o。

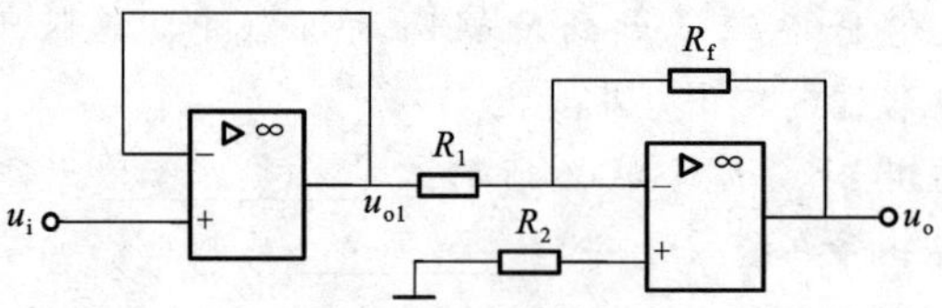

图 3 - 51　题 3 图

4. 图 3 - 52 是应用运算放大器测量电压的原理电路，共有 0.5 V，1 V，5 V，10 V，50 V 五种量程，试计算电阻器 $R_{11} \sim R_{15}$ 的阻值。输出端接有满量程 5 V，500 μA 的电压表。

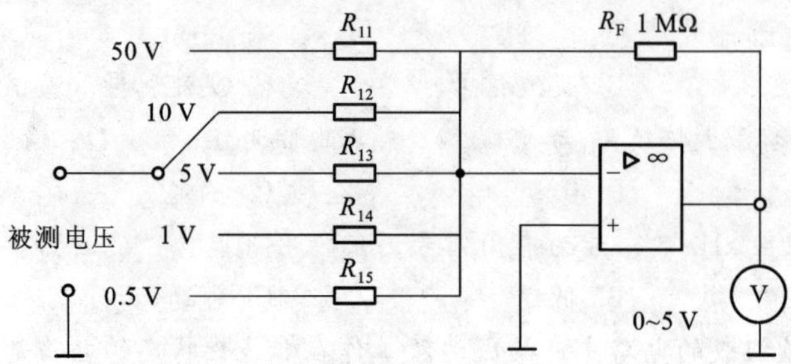

图 3 - 52　题 4 图

5. $U_I = 1$ V。电路如图 3 - 53 所示，试求：

（1）开关 S_1、S_2 同时闭合时电压 $U_O = ?$

（2）开关 S_1 闭合，S_2 打开时电压 $U_O = ?$

（3）开关 S_1、S_2 同时打开时电压 U_O = ?

6. 图 3－54 所示电路是反相比例运算电路和微分电路的组合，称为比例–微分调节器，简称 PD（Proportional Differential）调节器。求所示电路的 u_i 与 u_o 的关系式。

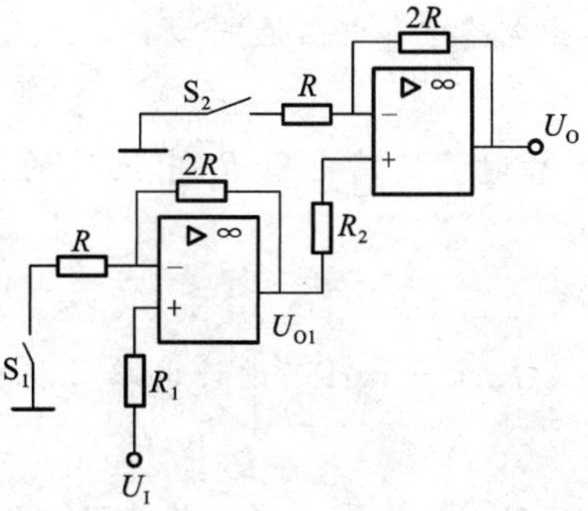

图 3－53　题 5 图

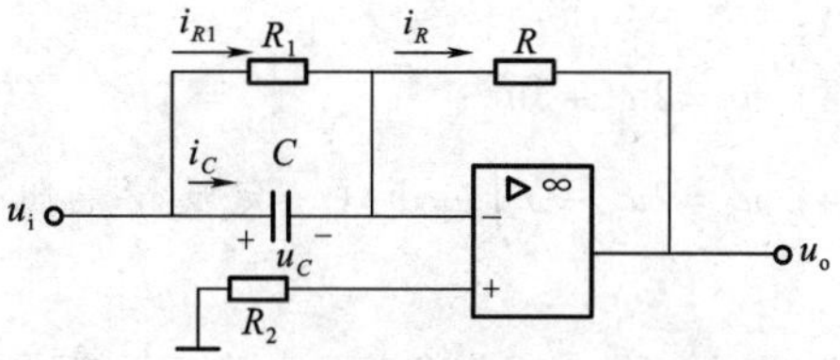

图 3－54　题 6 图

7. 两级集成运放电路如图 3－55 所示，求 u_o。

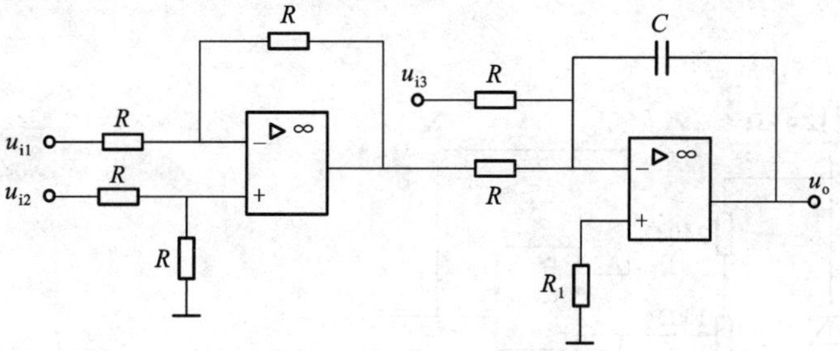

图 3－55　题 7 图

8. 图 3－56（a）所示的基本微分电路中，$C = 0.01\ \mu F$，$R = 100\ k\Omega$，如果输入信号波形如图 3－56（b）所示，试画出输出电压波形。

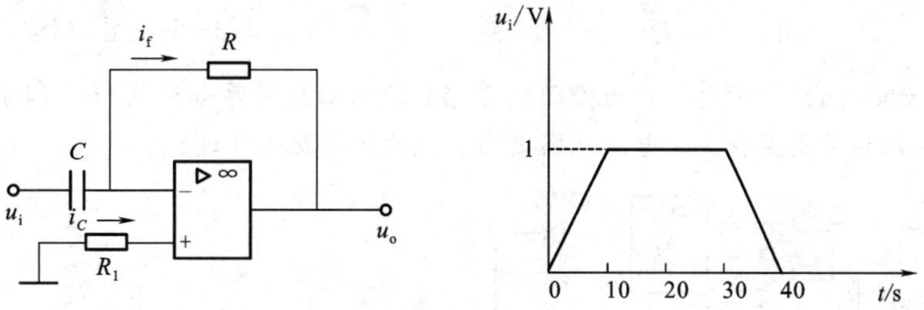

（a）　　　　　　（b）

图 3－56　题 8 图

9. 在图 3－57 所示的电路中。

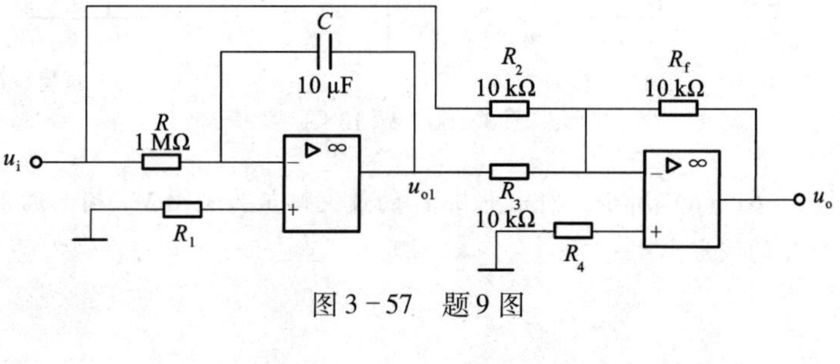

图 3－57　题 9 图

（1）写出输出电压 u_o 与输入电压 u_i 的关系式。

（2）若输入电压 $u_i = 1$ V，电容器两端的初始电压 $u_C = 0$ V，求输出电压 u_o 变为 0 V 所需要的时间。

10. 按下列要求设计运算电路（画出电路，并计算出电路中各电阻值）。

（1）电压放大倍数 $\dot{A}_u = -4$，输入电阻 $R_1 = 10$ kΩ；

（2）电压放大倍数 $\dot{A}_u = 5$，当输入信号 $u_i = 0.5$ V 时，反馈电阻 R_f 中流过的电流为 0.1 mA；

（3）$u_o = 2u_{i1} + 3u_{i2}$；

（4）$u_o = 2u_{i1} - 3\int u_{i2}\mathrm{d}t$（给定反馈电阻阻值为 6 kΩ，$C = 1$ μF。设计电路并标出各元件值）。

11. 图 3-58 是一基准电压电路。u_o 可作为基准电压用，试计算 u_o 的调节范围。

12. 同相端输入的比较器如图 3-59 所示。已知 $U_R = 3$ V，输入信号 $u_i = 6\sin\omega t$ V，试画出输出电压波形 u_o。

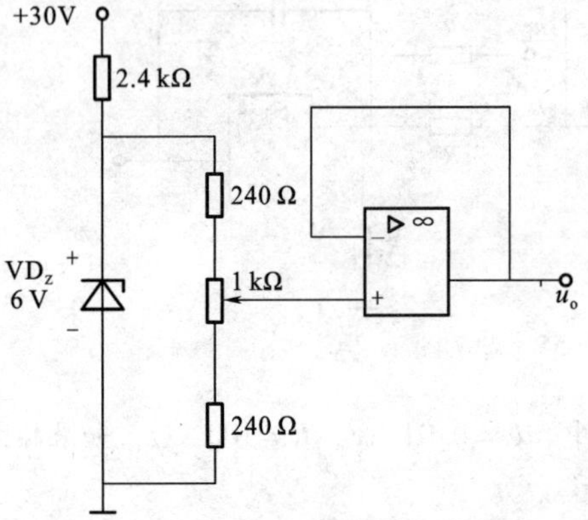

图 3-58　题 11 图

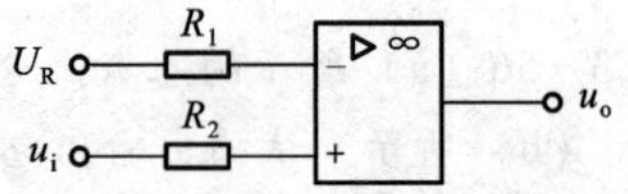

图 3-59　图 12 图

13. 图 3-60（a）所示电路称为**窗口比较器**，输入输出关系如图 3-60（b）所示，它可以用来判断输入信号是否在某个电压范围之内。试简述电路工作过程。

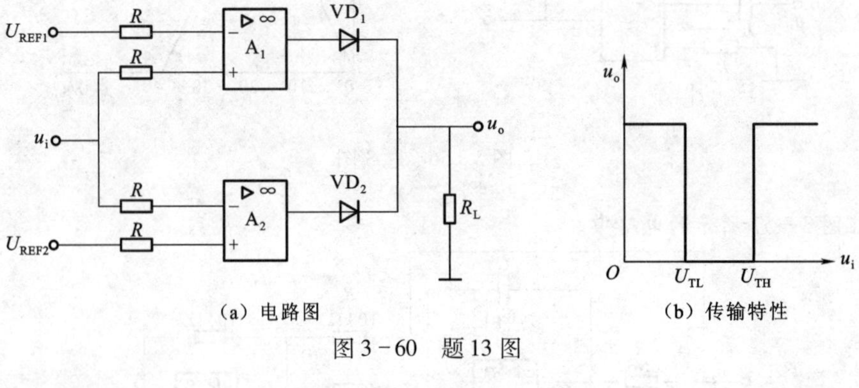

（a）电路图　　（b）传输特性

图 3-60　题 13 图

14. 电路如图 3-61（a）所示，输出电压 u_o 的最大幅值为 ±10 V。输入波形如图 3-61（b）所示，画出输出电压的波形。

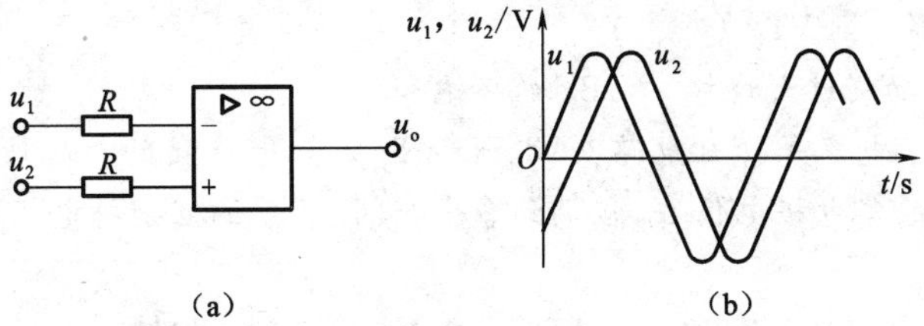

图 3－61　题 14 图

15. 图 3－62 所示是一滞回比较器，已知集成运放的开环电压增益无穷大，双向稳压管的稳定电压是 ±6 V。

(1) 请画出它的传输特性曲线。

(2) 输入一个幅度值为 4 V 的正弦信号时，输出信号将是怎样的波形？

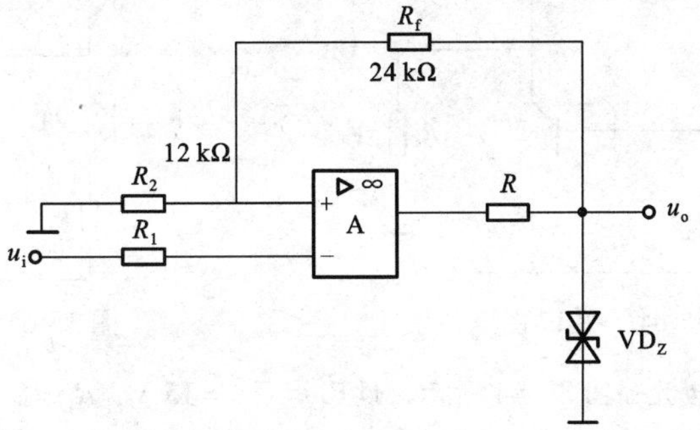

图 3－62　题 15 图

16. 要对图 3－63 输入信号进行以下的处理和转换，应该选用什么样的电路，试分析它们的不同。

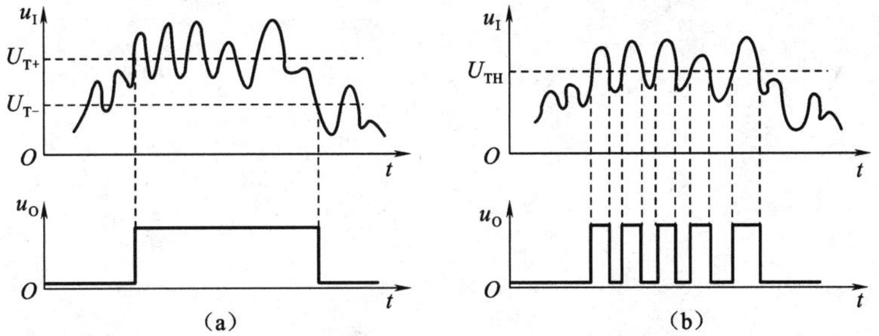

图 3－63　题 16 图

17. 已知电路如图 3－64 所示，VT_1 和 VT_2 的饱和管压降 $|U_{CES}| = 3$ V，$U_{CC} = 15$ V，$R_L = 8\ \Omega$。选择正确答案填入空内。

(1) 电路中 VD_1 和 VD_2 的作用是消除（　　）。

A. 饱和失真　　B. 截止失真　　C. 交越失真

(2) 静态时，晶体管发射极电位 U_E（　　）。

A. >0 V　　B. =0 V　　C. <0 V

(3) 最大输出功率 P_{om}（　　）。

A. ≈28 W　　B. =18 W　　C. =9 W

(4) 当输入为正弦波时，若 R_1 虚焊，即开路，则输出电压（　　）。

A. 为正弦波　　B. 仅有正半波　　C. 仅有负半波

(5) 若 VD_1 虚焊，则 VT_1（　　）。

A. 可能因功耗过大烧坏　　B. 始终饱和　　C. 始终截止

18. 图 3－65 所示电路是什么电路？VT_4 和 VT_5 是如何连接的，起什么作用？在静态时，$U_A=0$ V，这时 VT_3 的集电极电位 U_{C3} 应调到多少？（设各管的发射结电压为 0.6 V）。

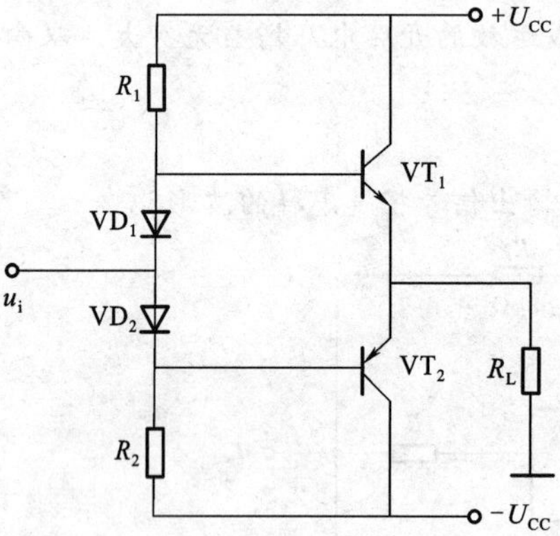

图 3－64　题 17 图

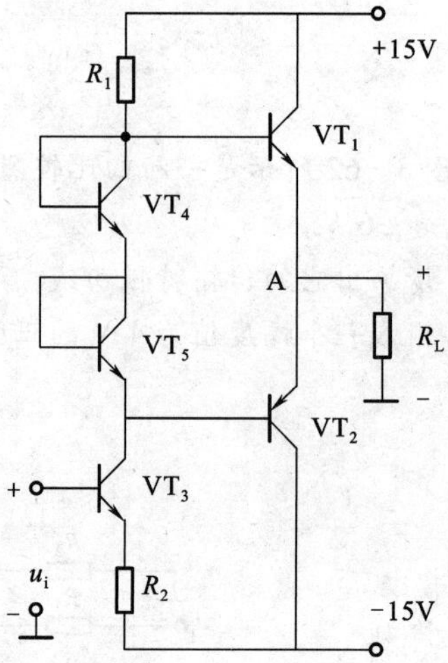

图 3－65　题 17 图

19. OCL 互补对称功放如图 3－64 所示，设已知 $U_{CC}=15$ V，$R_L=8\ \Omega$，u_i 为正弦波。试求：

(1) 在晶体管的饱和压降 U_{CES} 可以忽略不计的条件下，负载可能得到的最大输出功率 P_{om} 和电压供给的功率 P_E；

(2) 功放效率 η；

(3) 每个晶体管允许的功耗 P_{CM} 的最小值。

第4章 信号发生电路

学习目标

- 理解自激振荡的概念；掌握正弦波振荡电路的基本组成；掌握典型 *RC* 正弦波振荡电路的工作原理、起振条件、稳幅原理及振荡频率的计算。
- 掌握 *LC* 正弦波振荡电路的工作原理、起振条件、稳幅原理及振荡频率的计算。
- 掌握非正弦波振荡电路的基本组成及方波-三角波振荡电路的工作原理及振荡频率的计算；熟悉集成函数信号发生器的应用要点。

信号发生器是产生正弦波、方波、三角波等交流信号的电路，它不同于普通的放大电路，不需要输入信号，就可以输出特定频率的正弦波或非正弦波信号。根据信号发生器输出信号的不同可以将其分为正弦波振荡器和非正弦波振荡器。正弦波振荡器是最常见的一种电路，在测量、通信、无线电技术、自动控制和热加工等许多领域中有着广泛的应用。各种电路或工作系统都经常需要信号源，振荡器与放大器都是能量转换装置，它们都是把直流电源的能量转换为交流能量输出，但是，放大器需要外加激励，即必须有信号输入，而振荡器不需要外加激励。因此，振荡产生的信号是自激信号，常称为**自激振荡器**。

4.1 正弦波振荡器的工作原理

4.1.1 自激振荡器产生振荡的基本原理

自激振荡器实质上是建立在反馈和放大的基础上的，这是目前应用最多的一类振荡器。图4-1所示为自激振荡器构成原理框图。由图可知，当开关S在1的位置，放大器的输入端外加一定频率和幅度的正弦波信号 u_i，这一信号经放大器放大后，在输出端产生输出信号 u_o，若 u_o 经反馈网络并且在反馈网络输出端得的反馈信号 u_f 与 u_i 不仅大小相等，而且相位也相同，若此时除去外加信号源，并且将开关由1端转接到2端，使放大器和反馈网络构成一个闭合环路，那么在没有外加输入信号的情况下，输出端仍可以维持一定幅度的电压输出 u_o，从而产生了自激振荡。

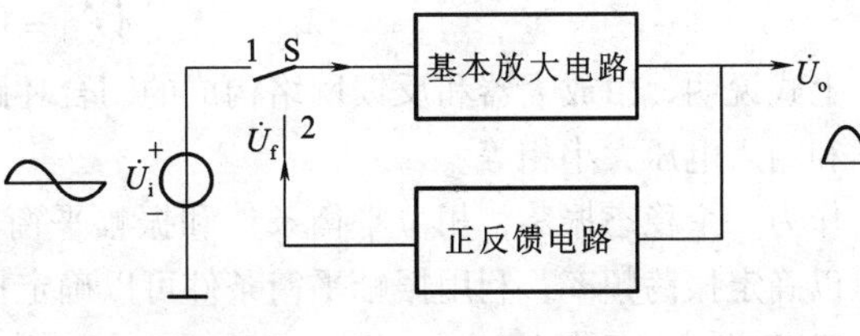

图4-1 自激振荡器构成原理框图

为了使振荡器的输出 u_o 为一个固定频率的正弦波，图4-1所示的闭合环路内必须含有**选频网络**。实际上的自激振荡器是不需要通过开关转换的，是由外加信号激发产生输出信号的。当振荡环路内产生微弱的电扰动（如接通电源瞬间在电路中产生很窄的脉冲、放大器内部的热噪声等），都可以作为放大器的初始输入信号，由于很窄的脉冲内具有十分丰富的频率分量，经选频网络的选频，使得只有某一频率的信号能反馈到放大器的输入端，而其他频率的信号被抑制。这一频率分量的信号经放大后，又通过反馈网络回送到输入端，如果该信号幅度比原来的大，则再经过放大、反馈，使回送到输入端的信号幅度进一步增大，最后放大器将进入非线性工作区，增益下降，振荡电路输出幅度越大，增益下降也越多。最后当反馈电压正好等于产生输出电压所需的输入电压时，振荡幅度就不再增大，电路进入平衡状态。

4.1.2　自激振荡的平衡条件和起振条件

1. 振荡的平衡条件

当反馈信号 u_f 等于放大器的输入信号 u_i，这时振荡电路的输出电压不再发生变化，电路将达到平衡状态，用相量表示这一状态，即

$$\dot{U}_f = \dot{U}_i$$

上式称为振荡的平衡条件。这里 $\dot{U}_f$ 和 $\dot{U}_i$ 都是复数，所以两者相等是指大小相等而且相位也相同。根据图 4-1 可知，放大器开环电压放大倍数 $\dot{A}$ 和反馈网络的反馈系数又称传输系数 $\dot{F}$，分别为

$$\dot{A} = \frac{\dot{U}_o}{\dot{U}_i}, \qquad \dot{F} = \frac{\dot{U}_f}{\dot{U}_o}$$

所以

$$\dot{U}_f = \dot{F}\dot{U}_o = \dot{F}\dot{A}\dot{U}_i$$

由此可得，振荡的平衡条件为

$$\dot{A}\dot{F} = |\dot{A}\dot{F}|e^{j(\varphi_A + \varphi_F)} = 1$$

式中，$|\dot{A}|$、φ_A 为放大倍数的模和相角；$|\dot{F}|$、φ_F 为反馈系数的模和相角。

总之，振荡平衡条件包括相位平衡条件和振幅平衡条件两个方面。

（1）相位平衡条件：

$$\varphi_A + \varphi_F = 2n\pi \quad (n = 0, 1, 2, \cdots)$$

上式说明，放大器与反馈网络的总相移必须等于 2π 的整数倍，使反馈电压与输入电压相位相同，以保证环路构成正反馈。

（2）振幅平衡条件：

$$|\dot{A}\dot{F}| = 1$$

上式说明，由放大器和反馈网络构成的闭合环路中，其环路传输系数应等于 1，以使反馈电压和输入电压大小相等。

作为一个稳态振荡，相位平衡条件和振幅平衡条件必须同时得到满足。利用相位平衡条件可以确定振荡频率，利用振幅平衡条件可以确定振荡电路输出信号的幅度。

2. 振荡的起振条件

为了使振荡器的输出振荡电压在接通直流电源后能够由小到大直到平衡，则要求在振荡幅度由小增大时，反馈电压的相位必须与放大器输入电压同相，反馈电压幅度必须大于输入电压的幅度，即

$$\varphi_A + \varphi_F = 2n\pi \quad (n = 0, 1, 2, \cdots) \qquad 和 \qquad |\dot{A}\dot{F}| > 1$$

前式称为相位起振条件，后式称为振幅起振条件。

图 4-2 说明了起振过程。放大电路在接通电源的瞬间，电路受到扰动，在放大器的输入端产生一个微弱的扰动电压 u_i，经放大器放大，正反馈，再放大，再反馈，如此反复循环，

输出信号的幅度很快增加。这个扰动电压包括从低频到甚高频的各种频率的谐波成分。由于电路设有**选频网络**，只有在选频网络中心频率上的信号能通过，其他频率的信号被抑制，在输出端就会得到如图4-2（a）的 ab 段所示的起振波形。振荡电路起振后，随着信号的幅度增大，由于电路含有稳幅环节，放大电路的放大倍数会受到限制逐步减小，直至满足 $|\dot{A}\dot{F}|=1$ 的振幅平衡条件。维持了一个相对稳定的稳幅振荡，如图4-2（a）的 bc 段所示。

综上所述，自激振荡器既要满足起振条件，又要满足平衡条件，其中相位起振条件与相位平衡条件是一致的，相位条件是构成振荡电路的关键，即振荡闭合环路必须是正反馈。同时，振荡电路中通常设有**稳幅环节**，即具有放大倍数随振荡幅度的增大后自动调整直至减小的特性。这样，在起振时，放大倍数 $|\dot{A}|$ 比较大，满足 $|\dot{A}\dot{F}|>1$，振荡幅度迅速增大，随着振荡幅度的增大，稳幅环节发生作用，放大倍数 $|\dot{A}|$ 跟随减小，直至 $|\dot{A}\dot{F}|=1$，振荡器进入平衡状态。图4-2（b）为振荡电路的框图。

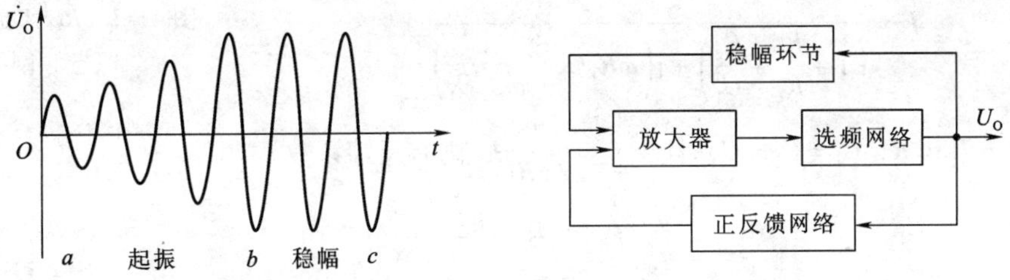

（a）起振与稳幅　　（b）振荡电路的框图

图4-2　起振与稳幅过程

4.1.3　振荡电路的组成、分析与分类

1. 振荡电路的基本组成

（1）放大电路：放大信号，将直流电源的能量转化为信号能量。

（2）反馈电路：构成正反馈，满足相位平衡条件。

（3）选频电路：选出满足振荡条件的单一频率的信号。有时选频和反馈电路合二为一。

（4）稳幅环节：使振幅稳定，改善波形。

2. 判断振荡电路能否起振

在实际应用中，常常需要判别振荡电路能否起振，其步骤如下：

（1）检查振荡电路是否包括必需的基本组成，如放大电路、反馈电路和选频电路等。

（2）检查放大电路的静态工作点是否合适。

（3）检查振荡电路是否满足相位平衡条件、幅值平衡条件；是否满足起振条件。

3. 正弦波振荡电路的分类

正弦波振荡电路大致分为 RC 振荡电路、LC 振荡电路和石英晶体振荡电路。RC 振荡电路常用于产生低频（几赫至几百千赫）的信号；LC 振荡电路常用于产生高频（几百千赫以上）的信号；石英晶体振荡电路可以产生频率十分稳定的振荡信号。

4.2　*RC* 正弦波振荡器

采用 RC 选频网络构成的振荡器，称为 RC 振荡器，它适用于低频振荡，一般用于1 Hz ~ 1 MHz的低频信号。RC 正弦波振荡电路有 RC 串并联式（桥式）振荡电路、移相式振荡电路和双 T 网络式振荡电路等。*RC* 串并联式正弦波振荡电路具有波形好，振幅稳定，频率调节方便等优点，应用十分广泛，是重点讨论的对象。

4.2.1 *RC* 串并联选频网络

由 *RC* 组成的串并联选频网络如图 4-3 所示，Z_1 为 R_1C_1 串联电路阻抗，Z_2 为 R_2C_2 并联电路阻抗，$\dot{U}_1$ 为输入电压，$\dot{U}_2$ 为输出电压。由电路理论可知，其反馈系数为

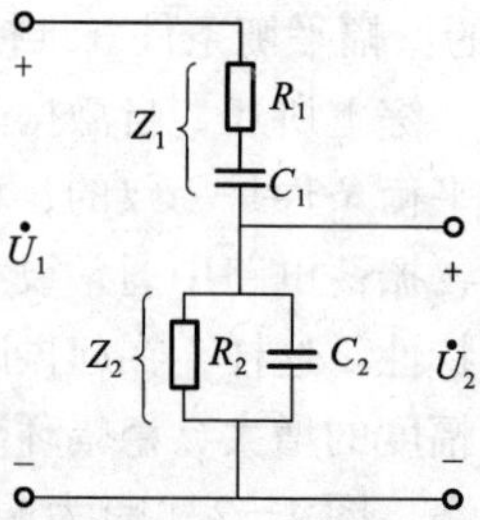

图 4-3　*RC* 组成的串并联选频网络

$$\dot{F}=\frac{\dot{U}_2}{\dot{U}_1}=\frac{R_2/\!/\dfrac{1}{\mathrm{j}\omega C_2}}{\left(R_1+\dfrac{1}{\mathrm{j}\omega C_1}\right)+\left(R_2/\!/\dfrac{1}{\mathrm{j}\omega C_2}\right)}$$

化简得

$$\dot{F}=\frac{1}{\left(1+\dfrac{R_1}{R_2}+\dfrac{C_2}{C_1}\right)+\mathrm{j}\left(\omega R_1C_2-\dfrac{1}{\omega R_2C_1}\right)}$$

当 $R_1=R_2=R$，$C_1=C_2=C$，且令 $f_0=\dfrac{1}{2\pi RC}$，则有反馈系数

$$\dot{F}=\frac{1}{3+\mathrm{j}\left(\dfrac{f}{f_0}-\dfrac{f_0}{f}\right)}$$

其幅频特性和相频特性分别为

$$|\dot{F}|=\frac{1}{\sqrt{3^2+\left(\dfrac{f}{f_0}-\dfrac{f_0}{f}\right)^2}}\quad 及\quad \varphi_{\mathrm{F}}=-\arctan\frac{\dfrac{f}{f_0}-\dfrac{f_0}{f}}{3}$$

由上两式可画出 *RC* 串并联网络的幅频特性和相频特性如图 4-4 所示。

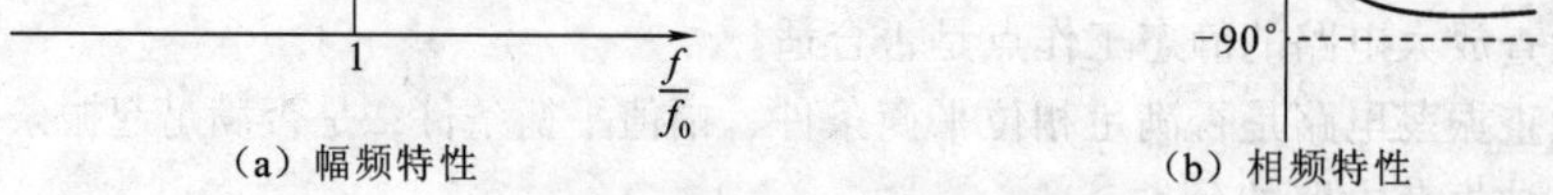

（a）幅频特性　（b）相频特性

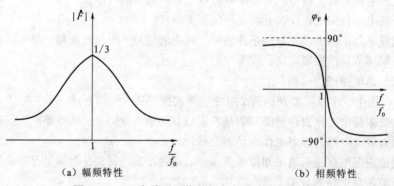

图 4-4　*RC* 串并联网络的幅频特性和相频特性

从图 4-4 中可以看出：

（1）当 $f=f_0$ 时，网络的输出电压 $\dot{U}_2$ 与输入电压 $\dot{U}_1$ 同相，且反馈系数 $\dot{F}$ 的模最大，为1/3，相位角 $\varphi_{\mathrm{F}}=0°$，即输出电压的振幅等于输入电压振幅的 1/3，输出电压与输入电压同相位，所以 *RC* 串并联网络具有选频作用。

（2）只要此时放大器的放大倍数 $\dot{A}$ 大于 3，就能满足起振条件 $|\dot{A}\dot{F}|>1$。

4.2.2 RC 桥式振荡器

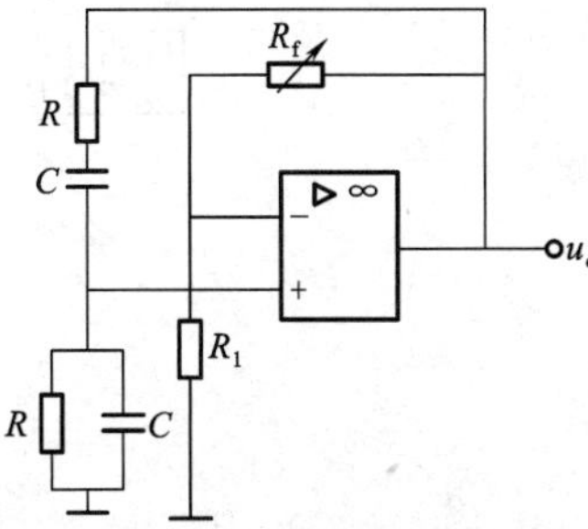

图 4－5　RC 桥式振荡电路

RC 桥式振荡电路如图 4－5 所示，它由集成运放、RC 串并联选频网络和负反馈支路 R_1-R_f 组成。仔细看，RC 串并联网络中的并联 RC、串联 RC，以及负反馈支路中 R_1-R_f 四组元件可以看成四边形模样，形成四臂**电桥**形式，且集成运放的输出端接到电桥的上下对角线上，电桥两侧之间的输出信号通向集成运放输入端，因此该电路又称为 RC 桥式振荡器。

1. 起振条件

由于 RC 选频网络在 $f=f_0$ 时，$\dot{F}=1/3$，$\varphi_F=0°$，因此只要满足放大器的放大倍数 $\dot{A}$ 大于 3，以及 $\varphi_A=2n\pi$（$n=0,1,2,\cdots$），就能使电路满足自激振荡的振幅和相位起振条件，产生自激振荡。振荡器的振荡频率取决于 RC 串并联选频网络的参数，可以求得振荡频率为

$$f_0=\frac{1}{2\pi RC}$$

由于集成运放构成同相放大，所以输出电压 $\dot{U}_o$ 与输入电压 $\dot{U}_i$ 同相，满足振荡的相位条件。另外，同相放大的闭环增益为 $\dot{A}=1+(R_f/R_1)$。可见，欲使 $\dot{A}>3$，只要 $R_f>2R_1$。振荡电路就能满足振荡的幅度起振条件。振荡稳定后，满足

$$|\dot{A}\dot{F}|=1 \quad 及 \quad \dot{A}=1+(R_f/R_1)=3$$

从原理上说，为了使振荡器容易起振，要求 $R_f \gg R_1$，即 $\dot{A}\gg 3$。不过这样电路会形成很强的正反馈，振荡幅度增长很快，致使集成运放工作于很深的非线性区。由于 RC 串并联网络的选频作用较差，当放大器进入非线性区后，振荡波形会产生严重的失真。

2. 稳幅环节

为了改善输出电压的波形又能限制振荡幅度的过度增长，电路要适当加入负反馈。负反馈环节往往决定了放大器的放大倍数。根据振荡幅度的变化来改变负反馈的强弱是常用的自动稳幅措施。实用电路中 R_f 采用负温度系数的热敏电阻器。起振时由于输出电压 $\dot{U}_o$ 比较小，流过热敏电阻器 R_f 的电流 i_f 很小，其阻值很大，使 R_1 产生的负反馈作用很弱，放大器的增益比较高，振荡振幅增长很快，从而有利于振荡的建立。随着振荡的增强，$\dot{U}_o$ 增大，流经 R_f 的电流 i_f 增大，其阻值减小，R_1 负反馈作用增强，放大器的增益下降，振荡幅度的增长受到限制。适当选取 R_1、R_f 的阻值及 R_f 的温度特性，就可以使振荡幅度限制在放大器的线性区内，振荡波形为正弦波且幅度稳定。

3. RC 桥式振荡器典型电路

实用 RC 桥式振荡电路如图 4－6 所示，在负反馈支路中，稳幅电路由二极管 VD_1、VD_2 与电阻器 R_2 并联组成。振荡时不论在振荡的正半周或者负半周，两只二极管总有一只处于正向导通状态。当电路起振时，信号幅度较小，二极管截止，致使放大倍数 A_f 较大，满足起振条件。当输出信号增大后，二极管导通，使放大倍数 A_f 减小，达到了自动稳幅的目的。与此类似的，也可采用稳压二极管实现振荡电路的稳幅。

为了实现振荡器的振荡频率波段性可调，RC 串并联网络经常采用多个电容器并联，通过波段开关选择不同电容器，达到改变振荡频率的目的。

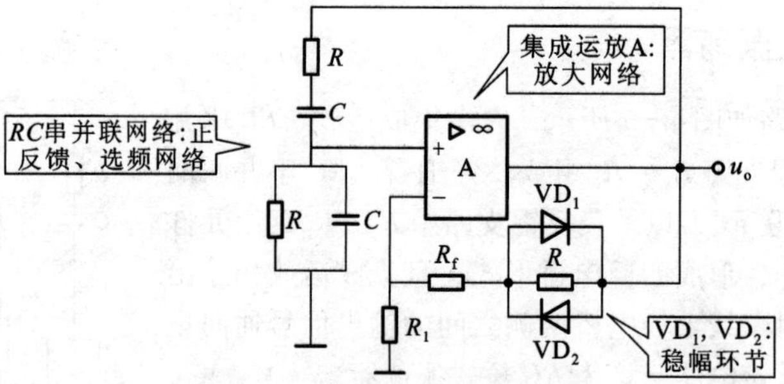

图 4-6　实用 RC 桥式振荡电路

4.3　LC 正弦波振荡器

以 LC 谐振回路作为选频网络的反馈振荡器称为 LC 正弦波振荡器。LC 正弦波振荡器的频率很高，一般都在几十兆赫以上。本节主要介绍变压器反馈式 LC 正弦波振荡器，其特点是采用 LC 并联谐振回路作为选频网络。

4.3.1　LC 并联谐振回路的基本特性

LC 并联谐振回路如图 4-7 所示。图中 R 表示电感器和回路其他损耗的总等效电阻，其数值很小。

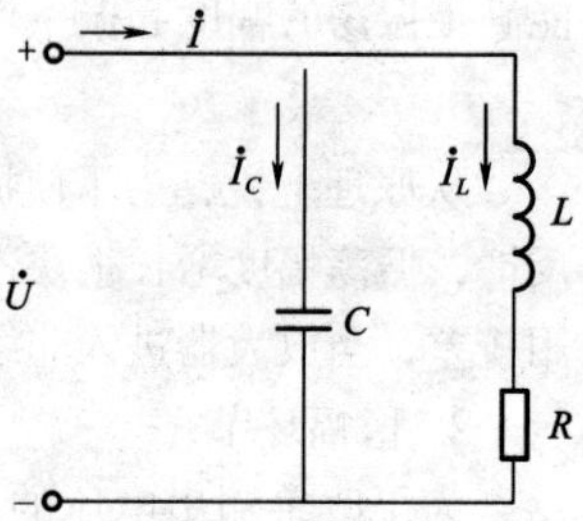

图 4-7　LC 并联谐振回路

1. 谐振频率

从图 4-7 可知，LC 并联谐振回路的复阻抗为

$$Z=\frac{\frac{1}{\mathrm{j}\omega C}(R+\mathrm{j}\omega L)}{\frac{1}{\mathrm{j}\omega C}+(R+\mathrm{j}\omega L)}$$

通常，$\omega L\gg R$，上式可简化为

$$Z=\frac{\frac{1}{\mathrm{j}\omega C}\cdot \mathrm{j}\omega L}{R+\mathrm{j}\left(\omega L-\frac{1}{\omega C}\right)}=\frac{\frac{L}{C}}{R+\mathrm{j}\left(\omega L-\frac{1}{\omega C}\right)}$$

当 $\omega L=\frac{1}{\omega C}$时，$Z$ 为实数，LC 回路呈纯电阻性，发生了并联谐振。所以谐振角频率和谐振频率为

$$\omega_0=\frac{1}{\sqrt{LC}}$$

整理得

$$f_0=\frac{1}{2\pi\sqrt{LC}}$$

2. 谐振时的阻抗

复阻抗 Z 代入 $\omega_0=\frac{1}{\sqrt{LC}}$，谐振时的阻抗为

$$Z_0 = \frac{L}{RC}$$

定义回路的**品质因数**

$$Q = \frac{\omega_0 L}{R} = \frac{1}{R\omega_0 C} = \frac{1}{R}\sqrt{\frac{1}{C}}$$

则回路的谐振阻抗可表述为

$$Z_0 = Q\sqrt{\frac{L}{C}}$$

这说明 Q 值越大，谐振阻抗越大。

3. 频率特性曲线

把上述 LC 并联谐振回路的复阻抗化简整理得

$$Z = \frac{Z_0}{1 + \mathrm{j}Q\left(\frac{f}{f_0} - \frac{f_0}{f}\right)}$$

画出其幅频特性和相频特性如图 4 - 8 所示。

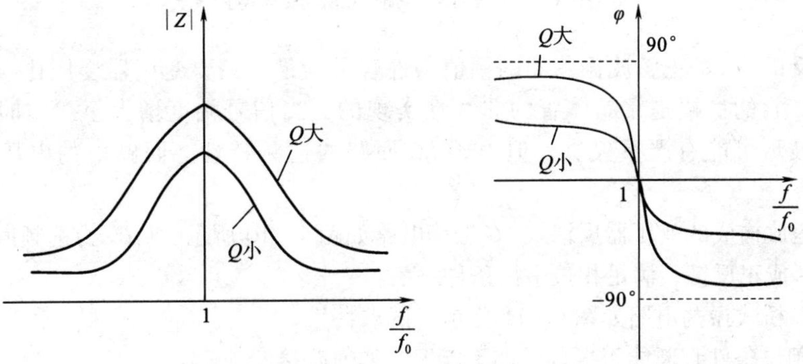

（a） 幅频特性　　（b） 相频特性

图 4 - 8　LC 并联谐振回路的幅频特性和频率特性

4.3.2　变压器反馈式 LC 振荡电路

变压器反馈式 LC 振荡电路如图 4 - 9 所示。电路由放大电路、选频和反馈网络等组成。其中放大电路为晶体管共发射极放大器。选频网络为变压器一次绕组与电容器组成的 LC 并联谐振电路。变压器二次绕组提供反馈通路。

因为晶体管共射极电路一般电压放大倍数较大，所以只要变压器电压比选择合适，变压器反馈式 LC 振荡电路的幅值平衡条件容易满足。这里主要分析相位平衡条件。当在晶体管基极输入频率等于 LC 并联回路谐振频率的信号时，由于 LC 回路呈电阻性，所以晶体管的集电极电位与基极电位反相。设基极瞬时极性为“+”，则变压器一次绕组 L 的 A 端极性为“-”、B 端极性为“+”。由于 L_2 绕组的 D 端与 L 的 B 端为同名端，所以 D 端电位的极性与基极电位同相，其极性为“+”，也即反馈信号与输入信号相位相同，满足振荡的相位平衡条件。电路各点的电位极性也如图 4 - 9 中所示。电路的振荡频率取决于 LC 回路的谐振频率，LC 回路谐振频率为

$$f_0 \approx \frac{1}{2\pi\sqrt{LC}}$$

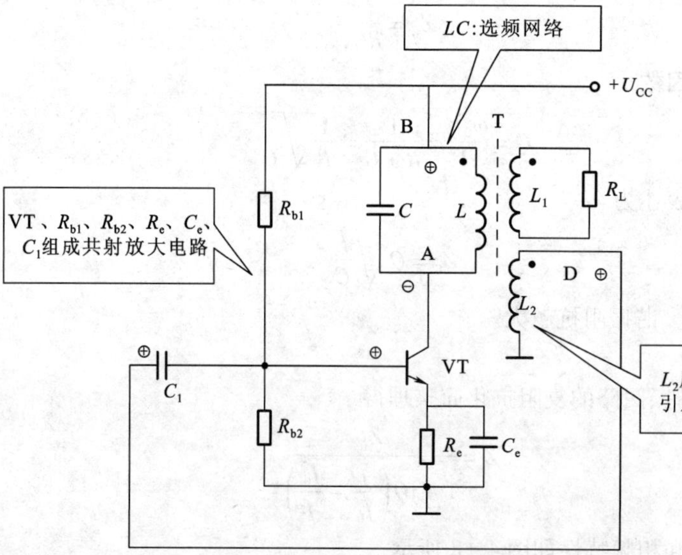

图 4－9　变压器反馈式 LC 振荡电路

变压器反馈式 LC 正弦波振荡器的幅值条件容易满足，只要变压器变压比合适，一般是容易起振的。它的稳幅是靠晶体管的非线性实现的。当信号幅度增大至一定时，晶体管的集电极电流波形可能有严重失真，但由于 LC 回路的选频特性，回路上的电压波形却失真不大。

由集成运放构成的变压器反馈式 LC 振荡电路如图 4－10 所示，L_1C_2 为选频回路，L_2 构成反馈绕组，形成正反馈，满足相位平衡条件。

【例】RC 桥式振荡电路如图 4－11 所示，试求：

（1）用相位条件判断能否振荡？如不能振，如何改接？

（2）求 R_P 的下限值。

（3）振荡频率的调节范围。

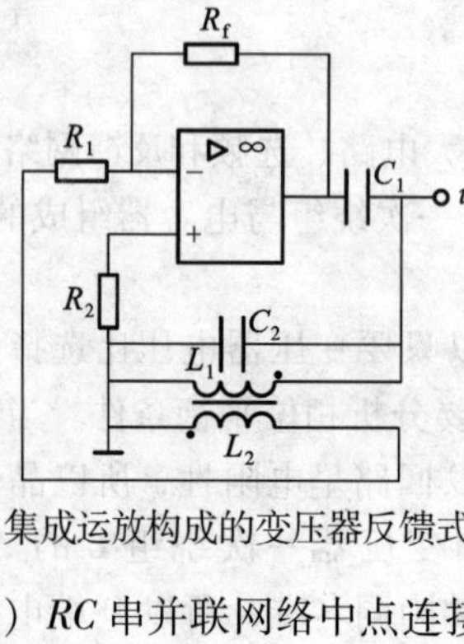

图 4－10　集成运放构成的变压器反馈式 LC 振荡电路

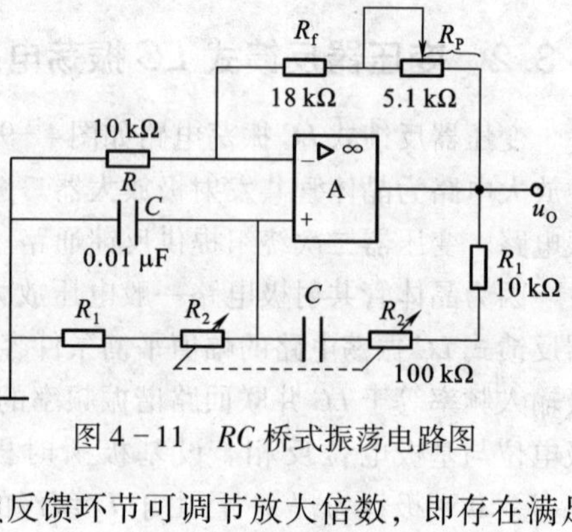

图 4－11　RC 桥式振荡电路图

解：（1）RC 串并联网络中点连接至同相端，有负反馈环节可调节放大倍数，即存在满足正弦波振荡相位条件的频率 f_0（此时 $\varphi_A+\varphi_F=0$）；且在 $f=f_0$ 时有可能满足起振条件 $|\dot{A}\dot{F}|>1$，故可能产生正弦波振荡。

（2）根据起振条件，应有闭环放大倍数 $\dot{A}=1+\dfrac{R_f+R_P}{R}$ 大于 3，即 $R_f+R'_P>2R$，$R'_P>2\ \text{k}\Omega$。故 R_P 的下限值为 2 kΩ。

（3）R_2 的联动变化为 0 ~ 100 kΩ，振荡频率的最大值和最小值分别为

$$f_{0\max}=\frac{1}{2\pi R_1 C}\approx 1.6\ \text{kHz},\qquad f_{0\min}=\frac{1}{2\pi(R_1+R_2)C}\approx 145\ \text{Hz}$$

4.4 石英晶体振荡电路

石英晶体振荡电路是利用石英晶体的压电效应制成的一种谐振器件。在晶体的两个电极上加交流电压时，晶体就会产生机械振动；反之，若在晶体的两侧施加机械压力，则在晶体相应的方向上产生交变电场，这种现象称为**压电效应**。如果外加交变电压的频率与晶体本身的固有振动频率相等，振幅明显加大，比其他频率下的振幅大得多，这种现象称为**压电谐振**，称该晶体为石英晶体振荡器，简称**晶振**，它的谐振频率仅与晶体的外形尺寸与切割方式等有关。

1. 石英晶体的频率特性

石英晶体的图形符号和等效电路如图 4 - 12（a）、图 4 - 12（b）所示。

图中的 C_0 表示金属极板间的静电电容，一般为几皮法至几十皮法。L 和 C 分别用来模拟机械振动的惯性和弹性，L 一般为 10^{-3} ~ 10^2 H，而 C 一般为 10^{-2} ~ 10^{-1} pF。振动过程中的损耗用 R 来模拟，其值约为 10^2 Ω。由于石英晶体的 L 大、C 小、R 小，所以 Q 值高。因此，利用石英晶体组成的振荡电路有很高的频率稳定度。

从石英晶体振荡器的等效电路可知，它有串联谐振频率 f_s 和并联谐振频率 f_p。

（1）当 LCR 支路发生串联谐振时，它的等效阻抗最小（等于 R），谐振频率为

$$f_s=\frac{1}{2\pi\sqrt{LC}}$$

（2）当频率高于 f_s 时，LCR 支路呈感性，可与电容器 C_0 发生并联谐振，谐振频率为

$$f_p=\frac{1}{2\pi\sqrt{L\dfrac{CC_0}{C+C_0}}}=f_s\sqrt{1+\frac{C}{C_0}}$$

由于 $C \ll C_0$，因此 f_s 和 f_p 非常接近。

根据石英晶体的等效电路，可定性地画出它的电抗曲线，如图 4 - 12（c）所示，当频率 $f<f_s$ 或 $f>f_p$ 时，石英晶体呈容性；当 $f_s<f<f_p$ 时，石英晶体呈感性。

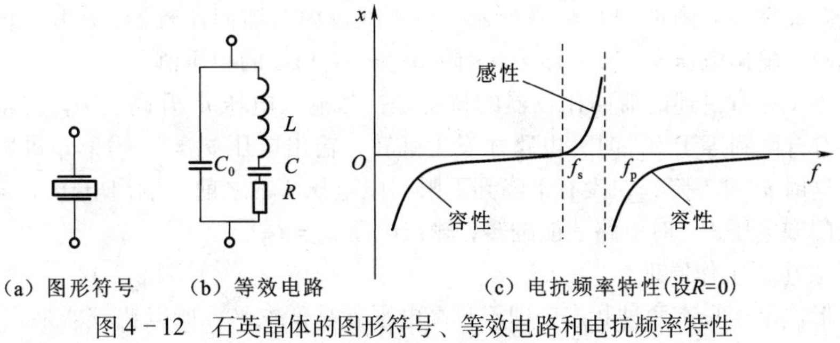

图 4 - 12　石英晶体的图形符号、等效电路和电抗频率特性

通常，石英晶体产品给出的标称频率不是 f_s 也不是 f_p，而是串联一个负载小电容器 C_L 时的校正振荡频率，利用 C_L 可使得石英晶体的谐振频率在一个小范围内（即 f_s ~ f_p 之间）调整。C_L 值应比 C 大。

2. 石英晶体振荡电路

石英晶体振荡电路的形式是多种多样的，但其基本电路只有两类，即并联晶体振荡器和串联晶体振荡器。现以图 4－13 所示的串联晶体谐振器的原理图为例进行简要介绍。

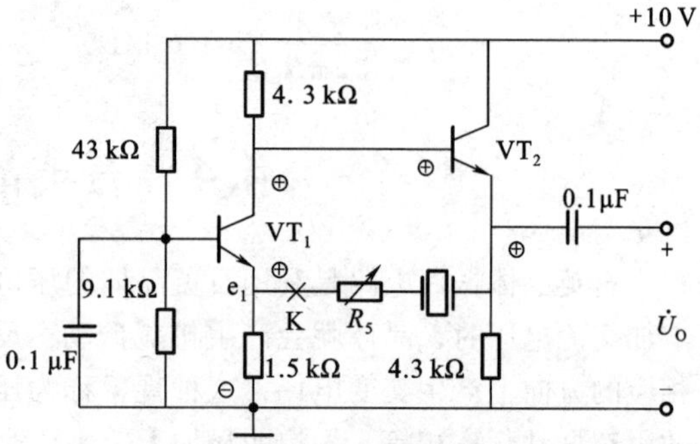

图 4－13　串联晶体振荡的原理图

电路的第一级为共基极放大电路，假设给放大电路加上输入电压，设 VT_1 发射极瞬时极性为"＋"，极性上"＋"下"－"，则 VT_1 集电极瞬时极性也为"＋"，VT_2 发射极瞬时极性也为"＋"。对某特定频率的信号产生串联谐振时，石英晶体将呈纯阻性，此时经石英晶体反馈到 VT_1 发射极瞬时极性为"＋"，即反馈电压才与输入电压同相，电路这时满足正弦波振荡的相位平衡条件，构成正弦波振荡电路。这个特定频率就是振荡频率。在反馈网络中串入可调电阻器 R_5，其作用是调节反馈量的大小，使电路既能起振，又能获得好的正弦波信号。

振荡器产生的频率由于种种原因而发生变化，这种频率变化的大小与额定频率的比值称为频率稳定度。石英晶振的频率稳定度为 $10^{-9}\sim10^{-11}$，RC 振荡器的频率稳定度在 10^{-3} 以上，LC 振荡器的频率稳定度在 10^{-4} 左右。石英晶振的频率稳定度远高于后两者，一般用在对频率稳定要求较高的场合，如用在数字电路和计算机中的时钟脉冲发生器等。

4.5　非正弦波信号发生器

在许多电子设备中，需要应用矩形波、三角波、锯齿波等非正弦波信号。其电路可采用分立元件、集成运算放大器、集成逻辑门电路组成。本节只介绍由集成运放构成的非正弦信号发生电路，它们一般由电压比较器和积分电路等构成。方波（矩形波）发生器是一种能够直接产生方波（矩形波）的非正弦波发生器。因矩形波包含着极丰富的谐波，故这种电路又称**多谐振荡器**或**矩形波振荡器**，常在数字系统中作为信号源。

1. 方波发生器电路构成

方波发生器是在集成运放过零滞回比较器的基础上，增加一条 R_fC 充、放电负反馈电路构成的，电路原理图如图 4－14（a）所示。点画线框内为滞回比较器，R 和双向稳压管 VD_Z 构成限幅电路，输出电压 $u_o=\pm U_Z$，U_Z 为限幅稳压管 VD_Z 的稳压值。

回顾一下上一章讲述的滞回比较器的特点是：当输入电压 u_i 升高到 U_{T+} 之前，输出电压 $u_o=U_Z$，只有升高到等于 U_{T+} 时，电路才发生翻转，输出电压 $u_o=-U_Z$，u_i 再增大，u_o 也不改变。如果这时 u_i 再下降，在没有下降到下限门限电压 U_{T-} 之前，输出电压 $u_o=-U_Z$，只有下降到下限门限电压 U_{T-} 时电路才能翻转，输出电压 $u_o=U_Z$，

2. 方波发生器工作原理

因为矩形波电压只有两种状态，即不是高电平就是低电平，所以比较器是它的重要部分；因为产生振荡，就是要求输出的两种准确状态自动地相互转换，所以电路中必须引入反馈；因为输出状态应按一定时间间隔交替变化，即产生周期性变化，所以电路中要有 R_fC 延迟环节来确定每种状态维持的时间。通过充、放电实现输出状态的自动转换。

在接通电源的瞬间，假设此时输出电压为正饱和电压 $+U_Z$，则同相端的电压为

$$u_+ = U_T = +\frac{R_1}{R_1 + R_2}U_Z$$

式中，U_T 为门限电压。

电容器 C 在输出电压 $+U_Z$ 的作用下开始充电。在电路中，通过 R_f 对电容器 C 充电，使 C 上获得一个三角波电压 u_C（图 4－14 中充电如实线斜向上所示，放电如实线斜向下所示），利用电压 u_C 代替 u_i 和同相端电压 u_+ 进行比较，根据比较结果决定输出状态：当电容器 C 充电至 $u_C > u_+$ 时，就从 $+U_Z$ 翻转为 $u_o = -U_Z$；同相端的电压此时变为

$$u_+ = -U_T = -\frac{R_1}{R_1 + R_2}U_Z$$

输出端电位变低，电容器 C 开始通过 R_f 放电，u_C 开始下降。当电容器 C 放电至 $u_C < u_+$ 时，就从 $-U_Z$ 翻转为 $u_o = +U_Z$。

如此周而复始，电路产生自激振荡，输出一方波（矩形波），如图 4－14（b）所示。当 $R_1 = R_2$ 时，可以证明，其振荡频率为

$$f_0 \approx \frac{1}{2.2RC}$$

由于电容器充电与放电时间常数相同，所以输出电压为对称的方波，即**占空比**（指方波的宽度 T_K 与其周期 T 的比值）为 1/2 的方波。该电路同时可以在电容器上得到不太标准的三角波。

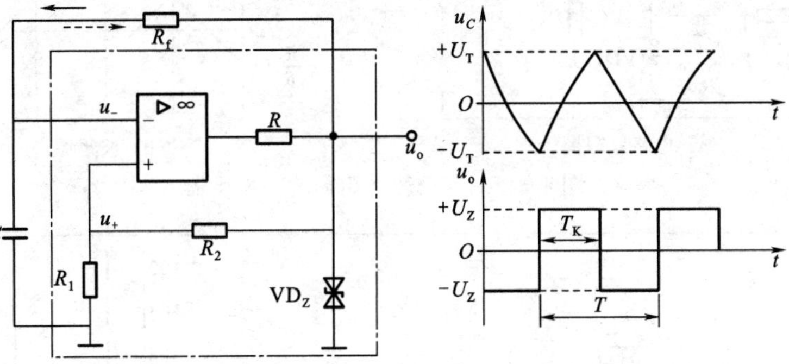

（a）电路原理图　　（b）波形图

图 4－14　方波发生器电路与工作波形

3. 三角波发生电路

在由滞回比较器与 RC 积分环节组成的方波发生器中，由于 RC 电路的充放电电流不是恒流，所以 u_C 波形与三角波波形相差较大，一般不能作为三角波使用。

用由集成运放组成的恒流积分电路替代 RC 积分环节，则既可得到方波输出，又可得到标准的三角波输出。上一章讲过，当积分电路输入电压是常数时，u_o 变化是线性的，充放电电流几乎是恒流，故 u_o 构成的三角波比较理想。具体电路如图 4－15 所示。

集成运放 A_1 构成滞回比较器，其反相端接地，由叠加定理，集成运放 A_1 同相端的电压由 u_o 和 u_{o1} 共同决定：

$$u_+ = u_{o1}\frac{R_1}{R_1 + R_2} + u_o\frac{R_2}{R_1 + R_2}$$

当 $u_+ > 0$ 时，$u_{o1} = +U_Z$；当 $u_+ < 0$ 时，$u_{o1} = -U_Z$。

在电源刚接通时，假设电容器初始电压为零，滞回比较器 A_1 输出电压为正饱和电压

$+U_Z$，积分器输入为 $+U_Z$，电容器 C 开始充电，输出电压 u_o 开始减小，u_+ 值也随之减小，当 u_o 减小到 $-\frac{R_1}{R_2}U_Z$ 时，u_+ 由正值变为零，滞回比较器 A_1 翻转，A_1 的输出 $u_{o1}=-U_Z$。$u_{o1}=-U_Z$时，积分器输入负电压，输出电压 u_o 开始增大，u_+ 值也随之增大，当 u_o 增加到$\frac{R_1}{R_2}U_Z$ 时，u_+ 由负值变为零，滞回比较器 A_1 翻转，A_1 的输出 $u_{o1}=+U_Z$。其频率估算公式为

$$f=\frac{R_2}{4R_1R_3C}$$

图 4-16 所示为实用的方波-三角波发生电路。集成运放采用截止频率 f_H 较高的 LM318，图中 A_1 构成同相输入的滞回比较器，A_2 构成电压跟随器，A_3 构成恒流积分电路。R_{P1}、R_{P2} 和 S、C_1、C_2、C_3 用于改变三角波 u_{o3} 的幅度和频率。

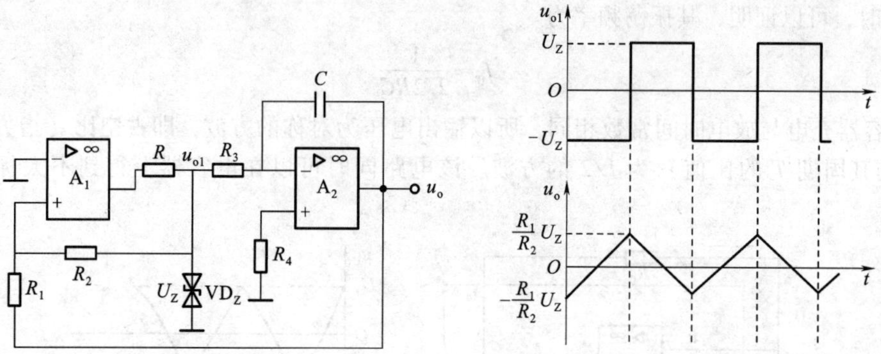

（a）电路原理图　　（b）波形图

图 4-15　三角波（矩形波）发生器

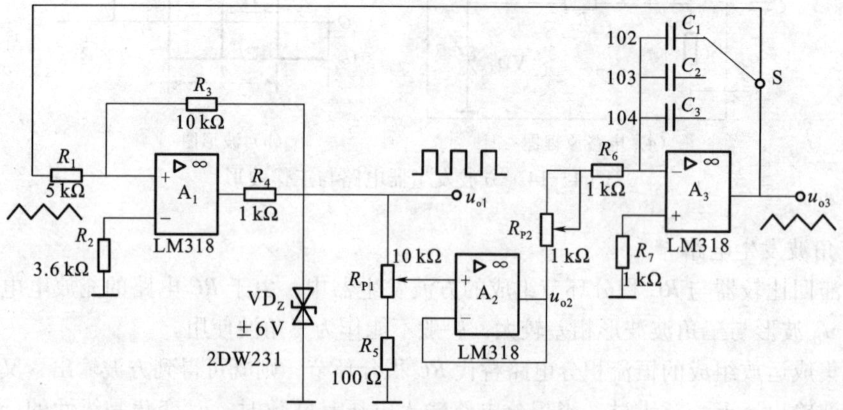

图 4-16　实用的方波-三角波发生电路

4.6　集成函数信号发生器 MAX038

随着电子技术的发展，信号发生器也日益完善和多样化，目前经常使用的振荡器是集成函数信号发生器，这些集成电路更完善、更可靠、更简洁。早期使用的集成函数信号发生器，如 ICL8038、BA205 等，它们的功能较少，精度一般，频率上限只有几百千赫，难以满足更高

的使用要求。鉴于此，相关公司开发了新一代函数信号发生器 IC MAX038，克服了上一代芯片的缺点，可以达到更高的技术指标。MAX038 频率高、精度好，因此它被称为高频精密函数信号发生器。在信号发生器、锁相环、压控振荡器、频率合成器、脉宽调制器等电路的设计上，MAX038 都是优选的器件。

MAX038 能精密地产生正弦波、三角波、锯齿波、矩形波（含方波）信号；频率范围为 0.1 Hz ~ 20 MHz，最高可达 40 MHz，各种波形的输出幅度均为 2 V（峰-峰值）；占空比调节范围宽，占空比和频率均可单独调节，二者互不影响，占空比最大调节范围是 10% ~ 90%；波形失真小，正弦波失真度小于 0.75%，占空比调节时非线性度低于 2%；采用 ±5 V 双电源供电，允许有 5% 的变化范围，电源电流为 80 mA，典型功耗为 400 mW，工作温度范围为 0 ~ 70 ℃；内设 2.5 V 电压基准，可利用该电压设定 FADJ、DADJ 的电压值，实现频率微调和占空比调节。

MAX038 采用 20 脚双列直插式封装。各引脚功能如表 4－1 所示。

表 4－1　MAX038 各引脚功能

引脚号	名　称	功　能
1	VREF	2.5 V 基准电压输出
2	GND	地
3	A0	波形选择编码输入端（兼容 TTL/CMOS 电平）
4	A1	同 A0 脚
5	COSC	主振器外接电容器接入端
6	GND	地
7	DADJ	占空比调节输入端
8	FADJ	频率调节输入端
9	GND	地
10	IIN	电流输入端，用于频率调节和控制
11	GND	地
12	PDO	相位检测器输出端，若相位检测器不用，该端接地
13	PDI	相位检测器基准时钟输入端，若相位检测器不用，该端接地
14	SYNC	TTL/CMOS 电平输出，用于同步外部电路，不用时开路
15	DGND	数字地。若 SYNC 不用时，该端开路
16	DV +	数字 +5 V 电源。若 SYNC 不用时，该端开路
17	V +	+5 V 电源输入端
18	GND	地
19	OUT	正弦、方波或三角波输出端
20	V −	−5 V 电源输入端

注：表中 5 个地内部不相连，需外部连接。

MAX038 可以产生正弦波、方波或三角波。具体的输出波形由地址 A0 和 A1 的输入数据进行设置，如图 4－17 所示。其中 × 表示任意状态。1 为高电平，0 为低电平。波形切换可通过程序控制在任意时刻进行，而不必考虑输出信号当时的相位。

根据上述使用原则，给出正弦波输出的工作电路，如图 4－17 所示。该电路具有输出频率范围宽、波形稳定、失真小、使用方便等特点。输出信号频率控制由注入 IIN 引脚的电流、COSC 引脚电容器和 FADJ 引脚上的电压决定。输出频率粗调可通过改变 COSC 引脚电容器和注入 IIN 引脚的电流进行；改变 COSC 引脚电容器，可以达到分段调节频率；调节 VREF 引脚与 IIN 引脚之间电阻器 R_{in}，来改变注入 IIN 引脚的电流，可在分段内连续调节输出频率；输出频率微调时，可改变 FDAJ 端的电压，能对频率进行精细调节，FDAJ 端的电压 V_{FADJ} 在 ±2.4 V 范围内变化时，输出频率的变化率为 ±70%。

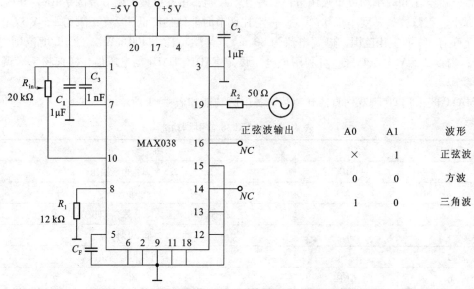

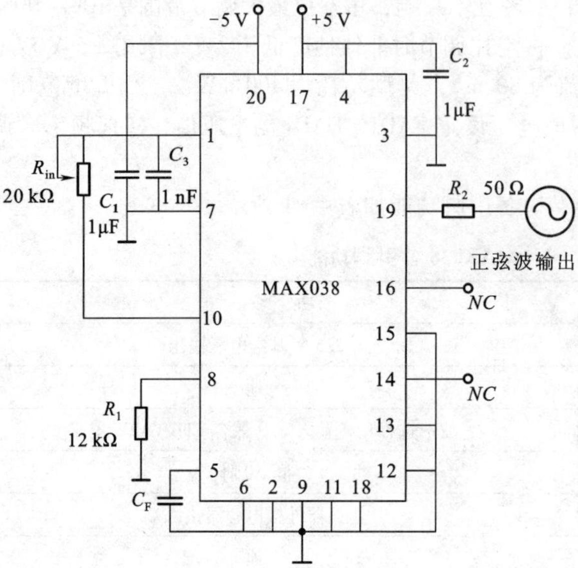

A0	A1	波形
×	1	正弦波
0	0	方波
1	0	三角波

图 4-17　集成函数信号发生器 MAX038 应用电路与设置

习　题

一、选择题

1. 自激振荡是电路在（　　）的情况下，产生了有规则的、持续存在的输出波形的现象。

A. 外加输入激励　　B. 没有输入信号　　C. 没有反馈信号

2. 在正弦波振荡电路中，能产生等幅振荡的幅度条件是（　　）。

A. $\dot{A}\dot{F}=1$　　B. $\dot{A}\dot{F}>1$　　C. $\dot{A}\dot{F}<1$

3. 在正弦波振荡电路中，能产生振荡的相位条件是（　　）。

A. $\varphi_A+\varphi_F=n\pi$　　B. $\varphi_A+\varphi_F=(2n+1)\pi$　　C. $\varphi_A+\varphi_F=2n\pi$

4. 正弦波振荡电路的起振条件是（　　）。

A. $|\dot{A}\dot{F}|=1$　　B. $|\dot{A}\dot{F}|>1$　　C. $|\dot{A}\dot{F}|<1$

5. (1) 当信号频率 $f=f_0$ 时，RC 串并联网络呈（　　）。

(2) LC 并联网络在谐振时呈（　　）；在信号频率大于谐振频率时呈（　　）；在信号频率小于谐振频率时呈（　　）。

(3) 当信号频率等于石英晶体的串联谐振频率时，石英晶体呈（　　）；当信号频率在石英晶体的串联谐振频率和并联谐振频率之间时，石英晶体呈（　　）；其余情况下，石英晶体呈（　　）。

A. 感性　　B. 阻性　　C. 容性

6. 正弦波振荡器通常由基本放大电路、反馈电路、(　　) 组成。

A. 稳幅电路和保护电路　　B. 检波电路　　C. 选频网络和稳幅电路

7. 振荡电路的振荡频率，通常是由 (　　) 决定的。

A. 放大倍数　　B. 反馈系数　　C. 选频网络参数

8. 现有电路如下：

A. *RC* 桥式正弦波振荡电路　　B. *LC* 正弦波振荡电路

C. 石英晶体正弦波振荡电路

选择合适答案填入下面空内，只需填入 A、B 或 C。

(1) 制作频率为 20 Hz ~ 20 kHz 的音频信号发生电路，应选用 (　　)。

(2) 制作频率为 2 ~ 20 MHz 的接收机的本机振荡器，应选用 (　　)。

(3) 制作频率非常稳定的测试用信号源，应选用 (　　)。

二、分析计算题

1. 举两三个例子说明生活中遇到振荡器的场合。产生自激振荡的振幅平衡条件和相位平衡条件是什么？满足稳定振荡条件是什么？

2. 试用相位平衡条件，判断图 4－18 下列各电路能否振荡？

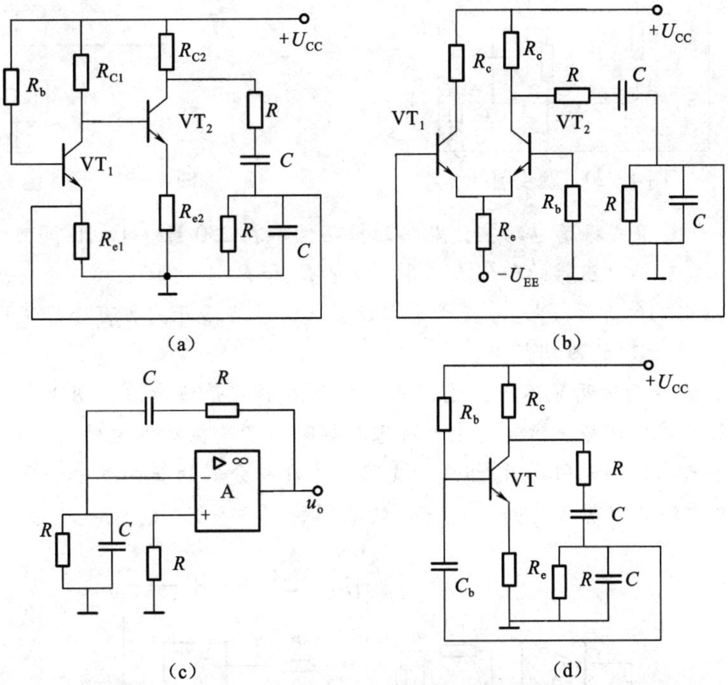

图 4－18　题 2 图

3. 试用相位平衡条件，判断下列图 4－19 中各电路能否振荡？

4. 标出图 4－20 所示电路中变压器的同名端，使之满足正弦波振荡的相位条件。并求出图 4－20 所示电路的振荡频率。

5. 设电路如图 4－21 所示，$R = 10\ \text{k}\Omega$，$C = 0.1\ \mu\text{F}$。

(1) 求振荡器的振荡频率。

(2) 为保证电路起振，对$\dfrac{R_f}{R_1}$的比值有何要求？

（3）试提出稳幅措施。

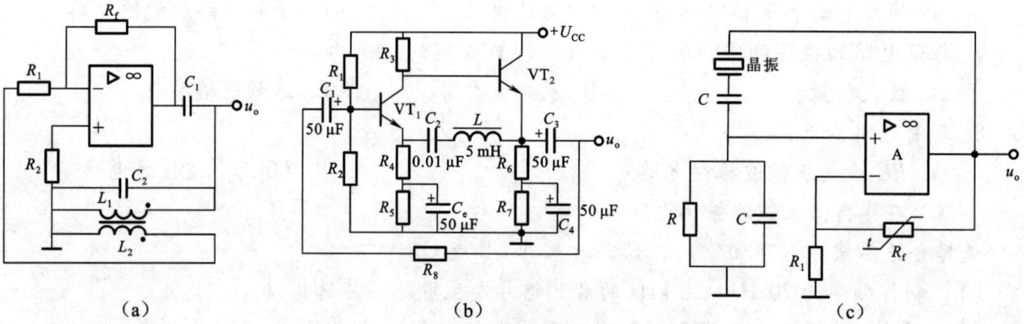

图4-19 题3图

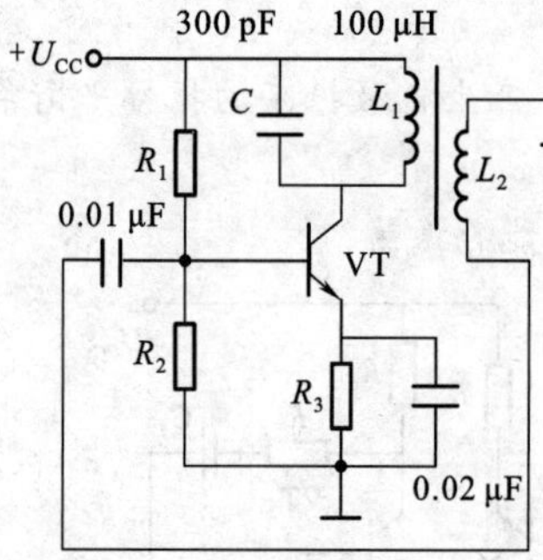

图4-20 题4图

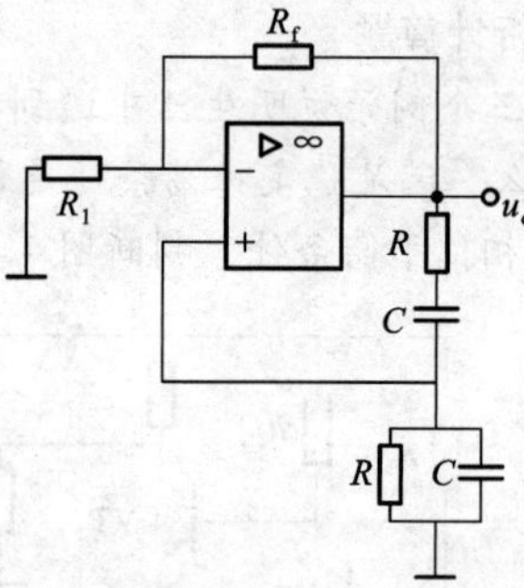

图4-21 题5图

6. 欲设计一 RC 桥式振荡电路，让电路的振荡频率在 250 Hz ~ 1 kHz 间可调，则电容器 C 的数值和采用双联可调电阻器的阻值 R 应取多大？R_f 和 R_1 如何取值？

7. 电路如图 4-16 所示，若 R_{P2} 置于中间位置，通过波段开关 S 可选择不同的电容器。试计算方波-三角波发生器的各挡频率。

8. 如果三角波形两边明显不等，这样输出电压波形就是锯齿波，图 4-22 是锯齿波发生器，它的结构及工作原理与三角波发生电路基本相同，只是在集成运放 A_2 的反相输入电阻器 R_3 上并联由二极管 VD 和电阻器 R_5 组成的支路，这样积分器的正向积分和反向积分的速度明显不同，试分析电路工作原理，画出 u_o，u_{o1} 的波形。

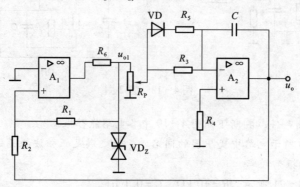

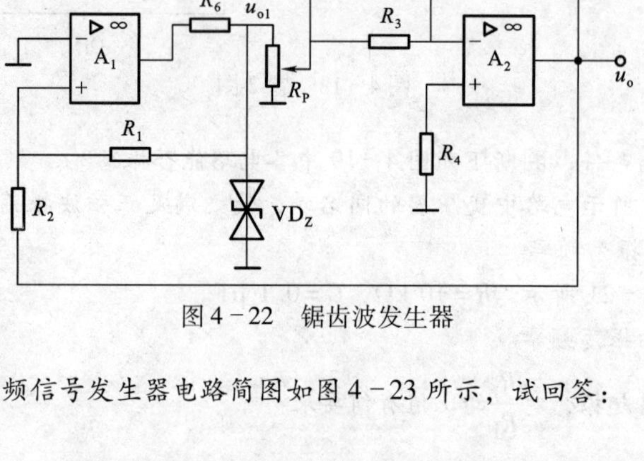

图4-22 锯齿波发生器

9. 一个可调型音频信号发生器电路简图如图 4-23 所示，试回答：

（1）R_1大致调到多少才能满足起振条件？

（2）R_P为双联电位器，两个电阻值联动，可从0调至14.4 kΩ，试求振荡频率f_o的振荡范围。

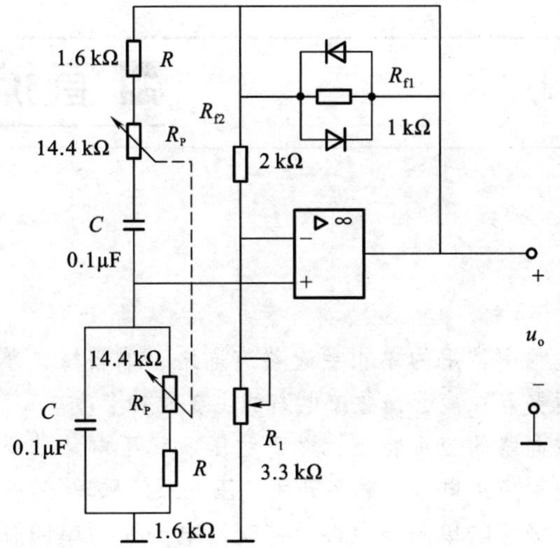

图4－23　题9图

第5章 直流稳压电源

学习目标

- 掌握小功率直流电源中常用的单相半波整流电路、单相桥式整流电路的工作原理、电路指标计算和应用要点；能选择整流电路的主要元件参数。
- 掌握几种常用滤波电路的应用特点；熟悉稳压管稳压电路的原理和电路特点；掌握三端集成稳压器的典型应用电路；熟悉开关稳压电源的原理。

整流电路就是利用二极管的单向导电性，将交流电变换为单向脉动直流电的电路。根据交流电的相数，整流电路分为单相整流电路、三相整流电路等。

电子设备的正常运行离不开稳定的电源，除了在某些特定场合下采用太阳能电池或化学电池作电源外，多数电路的直流电是由电网的交流电转换来的。这种直流电源的组成以及各处的电压波形如图5-1所示。

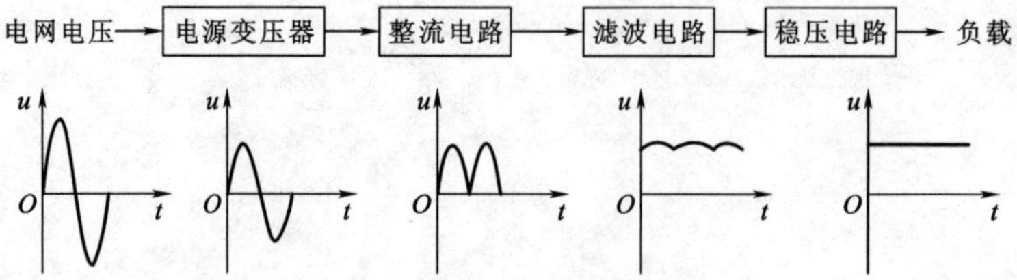

图5-1　直流稳压电源组成框图

图5-1中各组成部分的功能如下：

（1）电源变压器：将电网交流电压（220 V或380 V）变换成符合需要的交流电压，此交流电压经过整流后可获得电子设备所需的直流电压。因为大多数电子电路使用的电压都不高，这个变压器是降压变压器。

（2）整流电路：利用具有单向导电性能的整流元件，把方向和大小都变化的50 Hz交流电变换为方向不变但大小仍有脉动的直流电。

（3）滤波电路：利用储能元件电容器C两端的电压（或通过电感器L的电流）不能突变的性质，把电容器C（或电感器L）与整流电路的负载R_L并联（或串联），就可以将整流电路输出中的交流成分大部分加以滤除，从而得到比较平滑的直流电。在小功率整流电路中，经常使用的是电容滤波。

（4）稳压电路：当电网电压或负载电流发生变化时，滤波电路输出的直流电压的幅值也将随之变化，因此，稳压电路的作用是使整流滤波后的直流电压基本上不随交流电网电压和负载的变化而变化。

在小功率直流电源中，常见的几种整流电路有**单相半波整流电路**、**全波整流电路**、**桥式整流电路**和**三相整流电路**等。

整流（和滤波）电路中既有交流量，又有直流量。对这些量经常采用不同的表述方法：

输入（交流）——用有效值或最大值；

输出（直流）——用平均值；

二极管正向电流——用平均值；

二极管反向电压——用最大值。

5.1 单相整流电路

利用二极管的单向导电性组成整流电路，可将交流电压变为单向脉动电压。本章为便于分析整流电路，把整流二极管当作理想元件，即认为它的正向导通电阻为零，而反向电阻为无穷大，但在实际应用中，应考虑到二极管有内阻，整流后所得波形，其输出幅度会减少0.6～1 V，当整流电路输入电压大时，这部分压降可以忽略，但输入电压小时，例如，输入为3 V，则输出只有2 V，需要考虑二极管正向压降的影响。

单相整流电路有单相半波整流电路、单相全波整流电路和单相桥式整流电路3种形式。单相半波整流电路如图5-2所示。

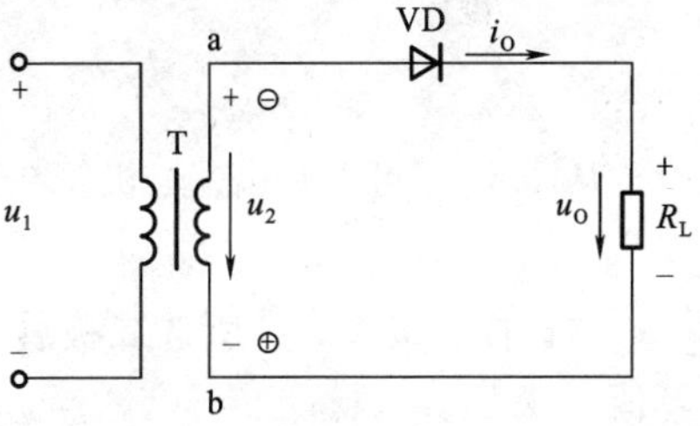

图5-2　单相半波整流电路

5.1.1 单相半波整流电路

1. 单相半波整流电路的工作原理

利用二极管的单向导电性，在变压器二次电压 u_2 为正的半个周期内，二极管正向偏置，处于**导通**状态，负载 R_L 上得到半个周期的直流脉动电压和电流；而在 u_2 为负的半个周期内，二极管反向偏置，处于**截止**状态，负载中没有电流流过，负载上电压为零。由于二极管的单向导电作用，将变压器二次的交流电压变换成为负载 R_L 两端的单向脉动电压，达到整流目的，其波形如图5-3所示。因为这种电路只在交流电压的半个周期内才有电流流过负载，所以称为**单相半波整流电路**。

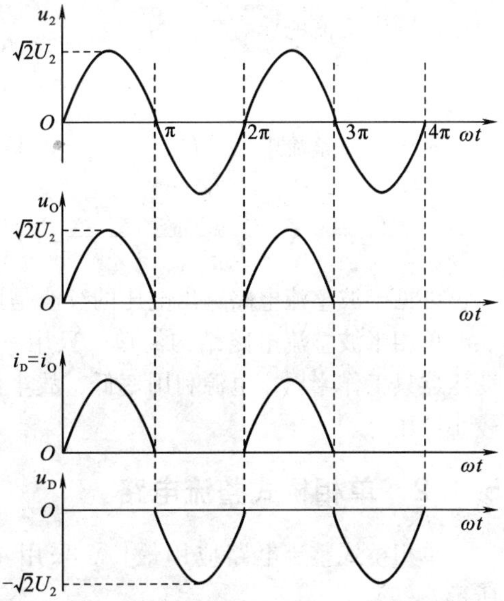

图5-3　单相半波整流电路波形

设变压器二次绕组电压为 $u_2=\sqrt{2}U_2\sin\omega t$。当 u_2 为正半周时，二极管VD导通，负载 R_L 上的电压 u_O、流过 R_L 的电流 i_O 及二极管的电流 i_D 分别为

$$u_O=u_2$$

$$i_O=i_D=u_2/R_L$$

2. 直流电压 U_O 和直流电流 I_O 的计算

利用傅里叶级数将单相半波脉动电压分解为

$$u_O = \sqrt{2}U_2\left(\frac{1}{\pi} - \frac{2}{3\pi}\cos 2\omega t - \frac{2}{15\pi}\cos 4\omega t - \cdots\right)$$

式中，第一项为 u_O 的直流分量，即 u_O 在一个周期的平均值 U_O，即

$$U_O = \frac{\sqrt{2}}{\pi}U_2 \approx 0.45U_2$$

可以看出，在半波整流情况下，负载上的直流电压只有变压器二次绕组电压有效值的45%。如果考虑二极管正向电阻和变压器内阻引起的压降，U_O 的数值还要低一些。

负载上的直流电流

$$I_O = \frac{U_O}{R_L} = 0.45\frac{U_2}{R_L}$$

3. 二极管参数的计算

在单相半波整流电路中，流过二极管的电流就等于输出电流

$$I_D = I_O = 0.45\frac{U_2}{R_L}$$

从图 5-2 可以看出，二极管在截止时所承受的最高反向电压就是 u_2 的最大值，即

$$U_{DRM} = U_{2m} = \sqrt{2}U_2$$

在选择二极管时，所选二极管的最大整流电流和最高反向工作电压，应大于上式的计算值。

4. 纹波系数 K_r

整流输出后的电压除含有直流分量外，还含有不小的高次谐波分量，这些谐波分量总称为**纹波**。常用**纹波系数** K_r 来衡量输出电压中的纹波大小，它定义为输出电压交流有效值 U_{Or} 与平均值（直流分量）U_O 之比，即

$$K_r = \frac{U_{Or}}{U_O}$$

而输出交流电压有效值为

$$U_{Or} = \sqrt{U_2^2 - U_O^2}$$

对于半波整流电路，$U_O = \frac{\sqrt{2}}{\pi}U_2 \approx 0.45U_2$，所以纹波系数为

$$K_r = \frac{U_{Or}}{U_O} = \frac{\sqrt{U_2^2 - U_O^2}}{U_O} = \sqrt{\left(\frac{U_2}{U_O}\right)^2 - 1} = \sqrt{\left(\frac{U_2}{0.45U_2}\right)^2 - 1} = 1.985$$

可见半波整流电路输出电压的纹波是比较大的。

单相半波整流电路结构简单，只用一个整流管，但输出波形脉动大，输出直流电压低，变压器只工作半周，电源利用率低，故半波整流电路只用在对直流电源要求不高，输出电流较小的场合。

5.1.2 单相桥式整流电路

单相桥式整流电路应用最广，采用 4 个整流二极管，组成桥式电路，如图 5-4（a）所示。

常将图 5-4（a）中的 4 个二极管组成的电路称为**整流桥**。图 5-4（b）为采用了整流桥符号的电路图。

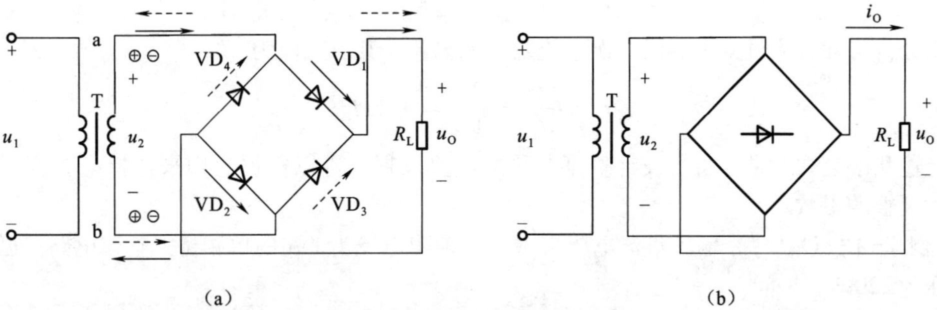

图 5-4　单相桥式整流电路

1. 单相桥式整流电路的工作原理

在图 5-4（a）中，在 u_2 的正半周时，a 点电位高于 b 点电位。二极管 VD_1，VD_2 正偏导通，VD_3，VD_4 反偏截止。电流从变压器二次［侧］a 点，经 VD_1，R_L，VD_2 流到 b 点。负载 R_L 上得到正半周的输出电压。电流如图 5-4（a）中的实线方向。

在 u_2 的负半周时，b 点电位高于 a 点电位。二极管 VD_3，VD_4 正偏导通，VD_1，VD_2 反偏截止。电流从变压器二次［侧］b 点，经 VD_3，R_L，VD_4 流通到 a 点。负载 R_L 上依然得到正向半周的输出电压。电流如图 5-4（b）中的虚线方向。

可见，虽然 u_2 为交流电压，但负载 R_L 上的输出电压 u_O，却已经变成为大小脉动而方向单一的直流电了。

单相桥式整流电路中各电压、电流的波形，如图 5-5 所示。

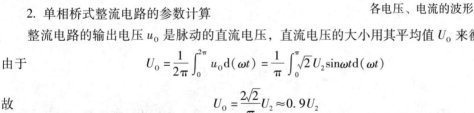

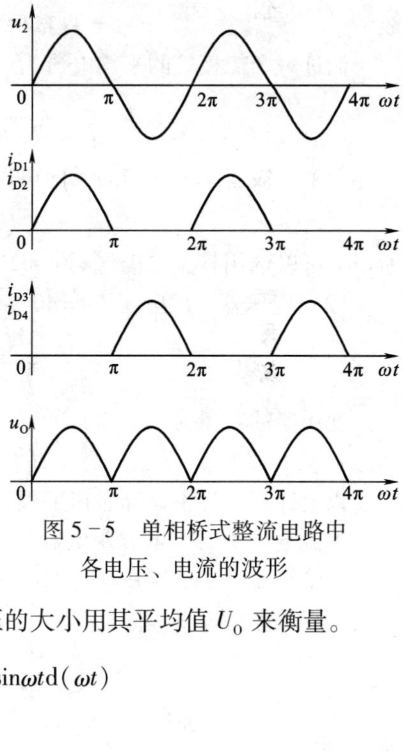

图 5-5　单相桥式整流电路中各电压、电流的波形

2. 单相桥式整流电路的参数计算

整流电路的输出电压 u_O 是脉动的直流电压，直流电压的大小用其平均值 U_O 来衡量。

由于
$$U_O=\frac{1}{2\pi}\int_0^{2\pi}u_O\mathrm{d}(\omega t)=\frac{1}{\pi}\int_0^{\pi}\sqrt{2}U_2\sin\omega t\mathrm{d}(\omega t)$$

故
$$U_O=\frac{2\sqrt{2}}{\pi}U_2\approx 0.9U_2$$

式中　U_2——变压器二次电压的有效值。

整流电路的输出电流 i_O 的平均值 I_O 为

$$I_O=\frac{U_O}{R_L}=0.9\frac{U_2}{R_L}$$

由于在每个周期中，4 个整流二极管分为两组，轮流导通。所以流过每个二极管的平均电流 I_D 是总负载电流的一半

$$I_D=\frac{1}{2}I_O=0.45\frac{U_2}{R_L}$$

当正向偏置的二极管导通时，另外两个二极管承受反向电压而截止。其承受的最高反向电压 U_{DRM} 为 $\sqrt{2}U_2$（忽略二极管的导通压降），即

$$U_{DRM} = \sqrt{2}U_2$$

由分析可知，流过变压器的二次电流是交流电流。其有效值为

$$I_2 = \frac{U_2}{R_L} = \frac{I_O}{0.9} \approx 1.11I_O$$

上述几个公式，是分析、设计整流电路的重要依据。可以根据它们来选择电源变压器和整流二极管的参数。

【例5－1】 设计一个输出直流电压为36 V，输出电流为1 A的单相桥式整流电路。已知交流电压为220 V，试问：

（1）如何选取整流二极管的参数？

（2）求电源变压器的二次电压及容量。

解：（1）由于 $U_O = 0.9U_2$

故 $$U_2 = 1.11U_O = 1.11 \times 36\ \text{V} = 39.96\ \text{V} \approx 40\ \text{V}$$

流过每个二极管的平均电流为

$$I_D = \frac{1}{2}I_O = \frac{1}{2} \times 1\ \text{A} = 0.5\ \text{A}$$

每个二极管承受的最高反向电压为

$$U_{DRM} = \sqrt{2}U_2 = \sqrt{2} \times 40\ \text{V} = 56.57\ \text{V} \approx 60\ \text{V}$$

所以，可以选用整流二极管1N4002，其参数为 $I_F = 1$ A，$U_{RM} = 100$ V。

（2）变压器二次电压 $U_2 = 40$ V，变压器二次电流为

$$I_2 = \frac{U_2}{R_L} = \frac{I_O}{0.9} = 1.11I_O = 1.11\ \text{A}$$

变压器的容量为

$$S = U_2I_2 = 40 \times 1.11\ \text{V} \cdot \text{A} = 44\ \text{V} \cdot \text{A}$$

以上计算为理论计算。在工程实践中，各参数应当参照理论值有适当的余量。

整流电路中的“电源变压器”，除了具有变换电压的作用之外，还具有“安全隔离”的作用，即将整流电路的用户与电网电压隔离开来。这样就保证了用户在接触变压器二次电路时，不会出现单相触电事故。

5.2 滤波电路

整流电路可以将交流电转换为直流电，但脉动较大，在某些应用中如电镀、蓄电池充电等可直接使用脉动直流电源。但许多电子设备需要平稳的直流电源。这种电源中的整流电路后面还需加滤波电路将交流成分滤除，以得到比较平滑的输出电压。滤波通常是利用电容器或电感器的能量存储功能来实现的。

滤波电路一般由电容器、电感器、电阻器等元件组成。滤波电路对直流和交流反映出不同的阻抗，电感器 L 对直流阻抗为零（线圈电阻忽略不计），对于交流却呈现较大的阻抗（$X_L = \omega L$）。若把电感器 L 与负载电阻 R_L 串联，则整流后的直流分量几乎无衰减地传到负载，交流分量却大部分降落在电感器上。负载上的交流分量很小，因此负载上的电压接近于直流电压。

电容器 C 对于直流相当于开路，对于交流却呈现较小的阻抗（$X_C = 1/\omega C$）。若将电容器 C 与负载电阻并联，则整流后的直流分量全部流过负载，而交流分量则被旁路电容器滤除，因

此在负载上只有直流电压，其波形平滑。

常用的滤波电路有电容滤波电路、电感滤波电路、复式滤波电路等。

5.2.1 电容滤波电路

图5－6所示为单相桥式整流及电容滤波电路。在分析电容滤波电路时，要特别注意电容器两端电压 u_C 对整流组件导电的影响，整流组件只有受正向电压作用时才导通，否则便截止。

1. 工作原理

负载 R_L 未接入时的情况：设电容器两端初始电压为零，接入交流电源后，当 u_2 为正半周时，u_2 经 VD_1、VD_2 向电容器 C 充电；当 u_2 为负半周时，u_2 经 VD_3、VD_4 向电容器 C 充电，充电时间常数为

$$\tau_C = R_n C$$

式中，R_n 包括变压器二次绕组的电阻和二极管 VD 的正向电阻。

接通电源时，变压器二次电压 u_2 由 0 开始上升，二极管 VD_1，VD_2 导通，电源向负载 R_L 供电，同时，也向电容器 C 充电，电容器很快就充电到交流电压 u_2 的最大值 $\sqrt{2}U_2$，$u_O = u_C = u_2$，达峰值后 u_2 减小，当 $u_O \geqslant u_2$ 时，二极管 VD_1，VD_2 截止，充电电流中断，电容器 C 开始通过 R_L 放电，使 $u_O = u_C$ 逐渐下降，直到下个半周 u_2 幅度上升至 $u_2 \geqslant u_O$，此后电源通过 VD_3，VD_4 又向负载 R_L 供电，同时又给电容器 C 充电，如此周而复始。图5－6（b）所示为输出电压波形。

注意，电容器充电电流出现不到半个周期，只有当 $u_2 \geqslant u_O$ 那一段时间充电（$t_1 \sim t_2, t_3 \sim t_4$）。如图5－6（c）所示。当 R_L 开路，由于电容器无放电回路，故输出电压（即电容器 C 两端的电压 u_C）保持在 $\sqrt{2}U_2$，输出为一个恒定的直流，显然，当 R_L 很小，即 I_O 很大时，电容滤波的效果不好。所以，电容滤波适合输出电流较小的场合。

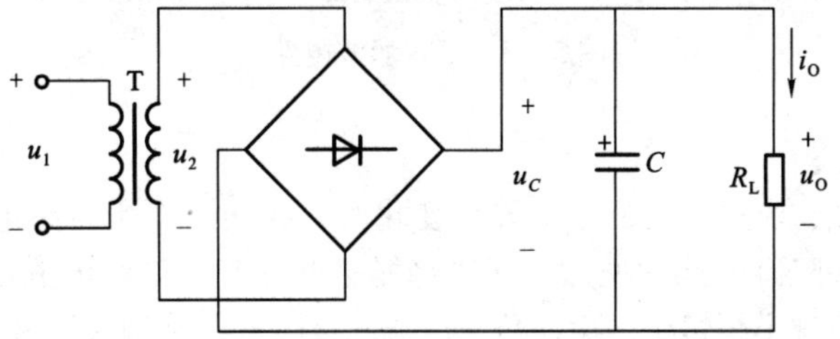

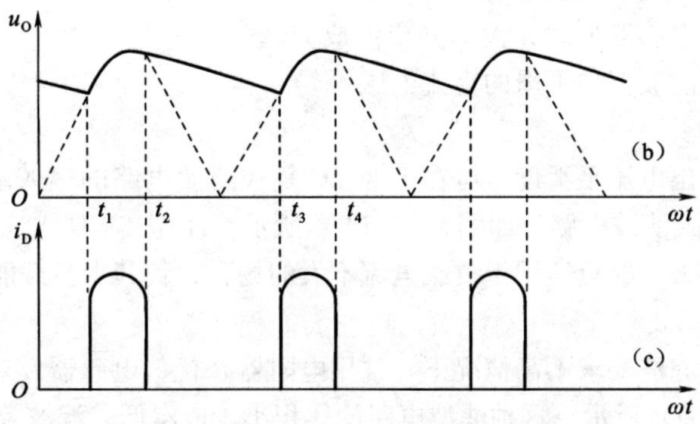

图5－6　电容滤波电路电流、电压波形图

2. 滤波电容器的选择

从滤波电容器的工作原理来看，电容越大，滤波效果越好。因为输出电压的脉动程度与电容器放电的时间常数 R_LC 有关。为了得到比较平直的输出电压，桥式整流电路要求放电时间常数 τ 应大于 u_2 的周期 T，一般要求按照

$$R_LC \geqslant (3 \sim 5)\frac{T}{2}$$

所以，在满足上式的条件下，负载电压的平均值可按下式估算：

单相半波整流电容滤波

$$U_O = U_2$$

单相桥式整流电容滤波

$$U_O = 1.2U_2$$

电容越大，波形越平滑，输出电压的平均值上升越大。

5.2.2 复式滤波电路

为进一步提高滤波效果，可将电容器和电感器组合成复式滤波电路。常见的有Γ型 LC、Π型 LC 和Π型 RC 复式滤波电路，其具体接线形式分别如图5－7（a）、图5－7（b）、图5－7（c）所示。

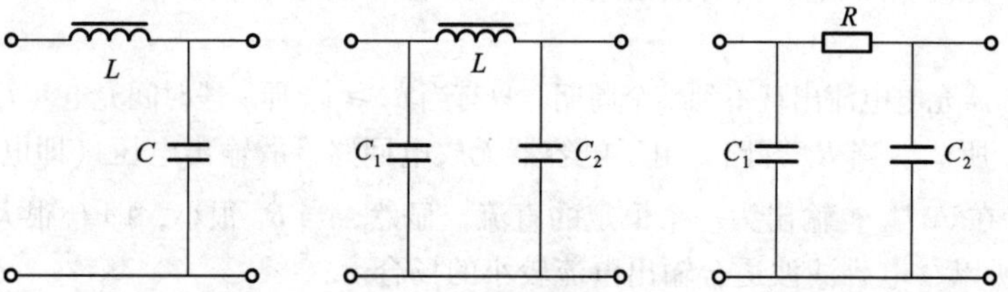

(a) Γ型LC复式滤波　(b) Π型LC复式滤波　(c) Π型RC复式滤波

图5－7　复式滤波电路

1. Γ型 LC 复式滤波

根据电感器的特点，流过线圈的电流发生变化时，线圈中产生自感电动势的方向与电流方向相反，自感电动势阻碍电流的增加，同时将能量储存起来，使电流增加缓慢；反之，当电流减小时，自感电流减小缓慢。因而使负载电流和负载电压脉动大为减小。

在电感滤波之后，再在负载两端并联一个电容器 C，如图5－7（a）所示。经整流后输出的脉动直流电压经过电感器 L 时，大部分交流成分降落在 L 上，再经电容器 C 滤波，即可得到比单电感或单电容滤波更加平滑的直流电压。

2. Π型 LC 复式滤波

为进一步提高输出电压平滑度，可在Γ型 LC 复式滤波电路的输入端再并联一个电容器，就形成了Π型 LC 复式滤波电路，如图5－7（b）所示。Π型 LC 复式滤波电路的滤波效果很好，但电感器体积较大，故只适用于负载电流不大的场合，且其带负载能力差。

3. Π型 RC 复式滤波

在负载电流小、滤波要求不高情况下，常用电阻器 R 代替电感器 L 来组成Π型 RC 复式滤波电路，如图5－7（c）所示。这种滤波电路的体积小、成本低，滤波效果也不错，但由于电阻器 R 的存在，会使输出电压降低，它也只适用于负载电流不大的场合。

5.3 集成稳压器

经整流滤波后输出的直流电压，虽然平滑程度较好，但其稳定性是比较差的。

滤波电路之后通常还有**稳压电路**，稳压电路的作用是使直流电源的输出电压稳定，尽可能不随负载电流和电网电压的变化而变化。在某些要求更高的场合，还要求输出电压具有较小的温度系数。随着电子技术的发展，集成电路得到了广泛的应用，集成稳压器具有体积小、外围元件少、可靠性高、使用方便、价格低廉等优点。

5.3.1 硅稳压管稳压电路

1. 电路组成

硅稳压管稳压电路是直流稳压电源重要的基本单元。在第 1 章已经介绍了硅稳压管的反向伏安特性，如图 5 - 8（a）所示，在反向击穿区，当反向电流 ΔI_Z 在一个较大范围内变化时，稳压管两端的电压变化量 ΔU_Z 很小，说明稳压管有很强的电流吞吐调节能力，故具有稳压性能。电压稳定是相对而言的。

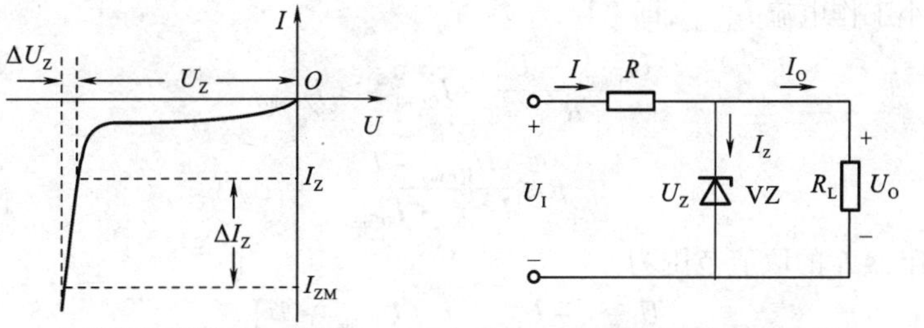

（a）硅稳压管反向伏安特性　　（b）硅稳压管稳压电路

图 5 - 8　硅稳压管稳压电路

2. 工作原理

（1）先分析负载 R_L 不变，电网电压变化时的稳压过程。若电网电压升高，将使整流后的直流电压 U_I 增加，随之输出电压 U_O 也增大，由稳压管伏安特性可知，I_Z 将急剧增加，则电阻器 R 上的压降 U_R 增大，导致 U_O 下降，从而使输出电压基本保持不变。I_Z 则分流了负载电流增量。其稳压过程可表示如下：

$$U_I\uparrow \rightarrow U_O\uparrow \rightarrow I_Z\uparrow \rightarrow I_R\uparrow \rightarrow U_R\uparrow \rightarrow U_O\downarrow$$

（2）再分析输入电压 U_I 不变，负载变化时的稳压过程。当负载电阻 R_L 减小，立即引起 I_O 和 I_R 增加，由于电流 I_R 在电阻器 R 上的压降升高，输出电压 U_O 即 U_Z 将下降，由伏安特性可看出，电流 I_Z 将急剧减小，使 I_R 和 U_R 减小，导致 U_O 回升，接近原来值并趋于稳定。

其稳压过程可表示如下：

$$R_L\downarrow \rightarrow I_O\uparrow \rightarrow I_R\uparrow \rightarrow U_O\downarrow \rightarrow I_Z\downarrow \rightarrow I_R\downarrow \rightarrow U_O\uparrow$$

综上所述，稳压管的稳压原理是将负载电流 I_O 的变化量等值转化为稳压管电流 I_Z 的反向变化量，稳压管有很强的电流吞吐调节能力，使 I_O 和 U_O 近于维持不变。

3. 稳压管的参数选择

通常根据稳压电路的输出电压 U_O、最大电流 $I_{O(max)}$ 和输出电阻 R_O 来选择稳压管的型号。

一般取：

$$U_Z = U_O$$
$$I_{ZM} = (1.5 \sim 3) I_{O(max)}$$

4. 限流电阻器 R 的选择

限流电阻器 R 的作用是当电网电压波动和负载电阻变化时，使流过稳压管的电流 I_Z 始终在极限值 I_{ZM} 和最小工作电流 $I_{Z(min)}$ 之间波动。由图 5-8（b）可知，$I_Z = \dfrac{U_I - U_O}{R} - I_O$，所以稳压管应满足以下两个条件：

（1）当电网电压 U_I 最高，且负载电流 I_O 最小时，流过稳压管的电流 I_Z 最大，其值不应超过 I_{ZM}，否则稳压管将损坏，即

$$\frac{U_{I(max)} - U_O}{R} - I_{O(min)} \leqslant I_{ZM}$$

得出

$$R \geqslant \frac{U_{I(max)} - U_O}{I_{ZM} + I_{O(min)}}$$

（2）当电网电压 U_I 最低，且负载电流 I_O 最大时，流过稳压管的电流 I_Z 最小，其值不应低于所允许的最小工作电流 $I_{Z(min)}$，即

$$\frac{U_{I(min)} - U_O}{R} - I_{O(max)} \geqslant I_{Z(min)}$$

得出

$$R \leqslant \frac{U_{I(min)} - U_O}{I_{Z(min)} + I_{O(max)}}$$

因此，限流电阻器 R 的取值范围为

$$\frac{U_{I(max)} - U_O}{I_{ZM} + I_{O(min)}} \leqslant R \leqslant \frac{U_{I(min)} - U_O}{I_{Z(min)} + I_{O(max)}}$$

式中，输入电压 U_I 的波动范围为 ±10%，而 $I_{O(min)}$ 一般可取为零，即负载开路时，I_Z 达最大值。应当指出，这种稳压电路简单、可靠、实用，但是稳定电压不能调整，负载电流太小，一般多用作电路前级的稳压和其他电源的参考电压。

【例 5-2】 在图 5-8（b）所示稳压电路中，已知稳压管的稳定电 U_Z 为 6 V，最小稳定电流 $I_{Z(min)}$ 为 5 mA，最大稳定电流 I_{ZM} 为 40 mA；输入电压 U_I 为 15 V，波动范围为 ±10%；限流电阻 R 为 200 Ω。（1）电路是否能空载？为什么？（2）作为稳压电路的指标，负载电流 I_O 的范围为多少？

解：（1）由于空载时稳压管流过的最大电流为

$$I_{ZMO} = I_{R\max} = \frac{U_{I(max)} - U_O}{R} - 0 = \frac{16.5 - 6}{200} = 52.5\ \text{mA} > I_{ZM} = 40\ \text{mA}$$

这时电路超出稳压区，超过最大稳定电流 I_{ZM}，故电路不能空载。

（2）根据 $I_{Z(min)} = \dfrac{U_{I(min)} - U_Z}{R} - I_{O(max)}$，可导出负载电流的最大值为

$$I_{O(max)} = \frac{U_{I(min)} - U_Z}{R} - I_{Z(min)} = \frac{13.5 - 6}{200} - 5 = 32.5\ \text{mA}$$

根据 $I_{ZM} = \dfrac{U_{I(max)} - U_Z}{R} - I_{O(min)}$，可导出负载电流的最小值为

$$I_{O(min)} = \frac{U_{I(max)} - U_Z}{R} - I_{ZM} = 12.5\ \text{mA}$$

所以，负载电流的范围为 12.5 ~ 32.5 mA。

在实际应用中，如果选择不到稳压值符合需要的稳压管，可以选用稳压值较低的稳压管，将其串联使用，或者串联一只或几只硅二极管“**枕垫**”，把稳定电压提高到所需数值。这是利用硅二极管的正向压降为 0.6 ~ 0.7 V 的特点来进行稳压的。因此，二极管在电路中必须正向连接，这是与稳压管不同的。

5.3.2 78 × ×和 79 × ×系列的三端集成稳压器

集成稳压器可分为输出电压固定式和输出电压可调式。由于集成稳压器仅有 3 个外接端脚，所以也常被称为三端集成稳压器。

集成稳压器的内部电路除了包括基准电源、采样电路、调整管和比较放大电路外，还包括起动电路和保护电路。起动电路用于集成稳压器的起动，保护电路可以使电路在过载、短路、过热等情况下仍不被损坏。图 5 - 9 是集成稳压器的内部结构框图。

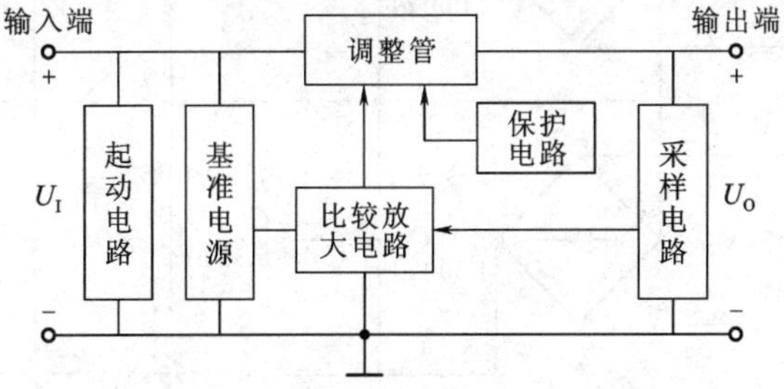

图 5 - 9　集成稳压器的内部结构框图

78 × ×和 79 × ×等系列的集成稳压器是输出电压固定的三端集成稳压器，如图 5 - 10 所示。78 × ×为输出**正电压**的集成稳压器，79 × ×为输出**负电压**的集成稳压器。集成稳压器型号末尾的两位数字 × ×，代表电路的输出电压数值。例如：7805、7812 分别是输出电压为 5 V、12 V 的正电压集成稳压器。国产对应 CW7800 系列、CW7900 系列。

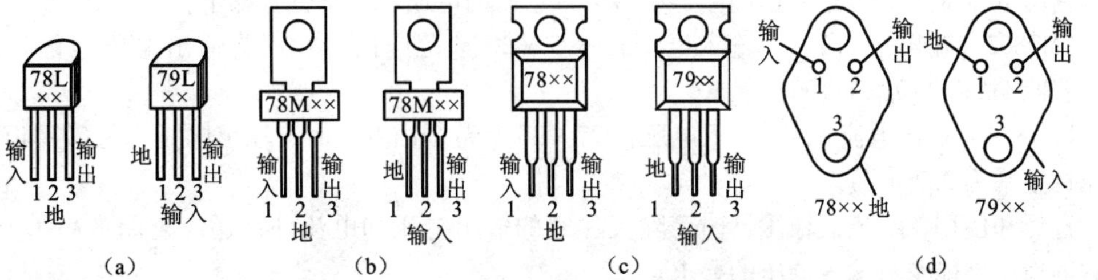

图 5 - 10　三端集成稳压器的外形及引脚排列

78 × ×和 79 × ×系列集成稳压器的输出电压值分为 5 V、6 V、9 V、10 V、12 V、15 V、18 V、24 V 共 8 个数值。78 × ×和 79 × ×的三端集成稳压器的最大输出电流为 1 A。同类型的产品，还有 78L × ×和 79L × ×，最大输出电流为 0.1 A，以及 78M × ×和 79M × ×产品，最大输出电流为 0.5 A。

三端集成稳压器使用时，应当注意输入电压 U_i 与输出电压 U_o 之间的电压差，不能过小，一般应在 2 ~ 3 V 以上。三端集成稳压器的基本稳压电路如图 5 - 11 所示。

使用时根据输出电压和输出电流来选择集成稳压器的型号。稳压电路中只需外接两个电容器，即输入电容器 C_2 和输出电容器 C_3，用于减小输入、输出电压的脉动和改善负载的瞬态响应，其值均在 0.1 ~ 1 μF 之间。当集成稳压器工作于输出电流较大状态时，应当注意安装散热器。

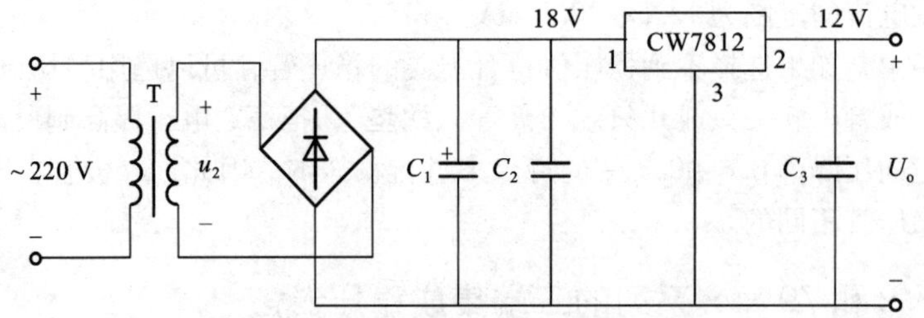

图 5-11　三端集成稳压器的基本稳压电路

图 5-12 为利用输出 ±15 V 的“双电源直流稳压电路”，很多电子仪器中均配有此电路。

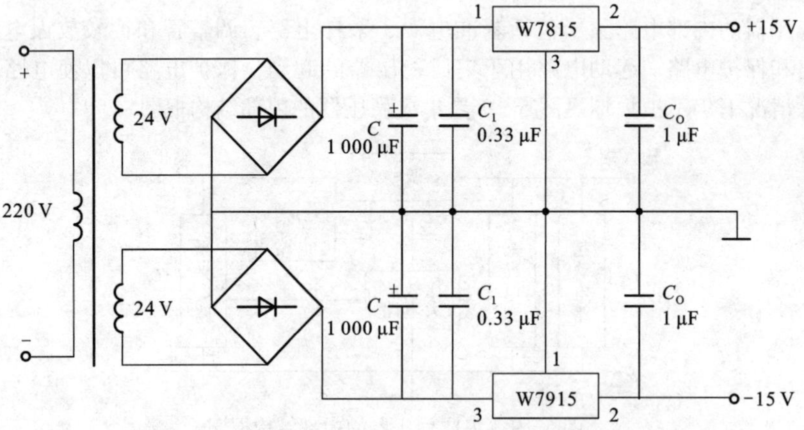

图 5-12　利用输出 ±15 V 的“双电源直流稳压电路”

集成稳压器质量指标：

电压调整率：不同子系列的稳压电路，电压调整率会各有不同，同一子系列的电路，其输出电压不同时，电压调整率也可能略有不同，例如 LM7800 子系列稳压电路的 7805 和 7824，前者输出电压为 5 V，后者输出电压为 24 V，它们的电压调整率分别如下：

LM7805：输出电流 1 A，输入电压在 7.5 ~ 20 V 范围内变化时，输出电压变化 0.5 mV（即电压调整率为 0.5 mV）；

LM7824：输出电流 1 A，输入电压在 27 ~ 38 V 范围内变化时，输出电压变化 2.7 mV（即电压调整率为 2.7 mV）。

选择和使用三端集成稳压器时，除关注它的输出电压和电流外，还应查阅产品手册，注意它的稳压性能及对输入电压的要求。

5.3.3　三端式可调集成稳压器

1. 概述

三端式可调集成稳压器是指输出电压可调节的稳压器，它克服了三端集成稳压器固定输出的缺点，具有电压调整率和负载调整率高的优点，只需配备少量的外围元件就可以方便地组成精密可调的稳压器。常用的三端可调式集成稳压器有 117/217/317 和 137/237/337。其中 117/217/317 为正电压的可调式集成稳压器，137/237/337 为负电压的可调式集成稳压器。它们的输出电压可调范围为 1.2 ~ 34 V。最大输出电流为 1.5 A。

三端式可调集成稳压器有金属封装和塑料封装两类，其内部电路和外形与三端固定输出稳压器相似，但引脚排列不同。按与图 5-13 引脚同样排列顺序，三端式可调集成稳压器各引脚具体含义如下：

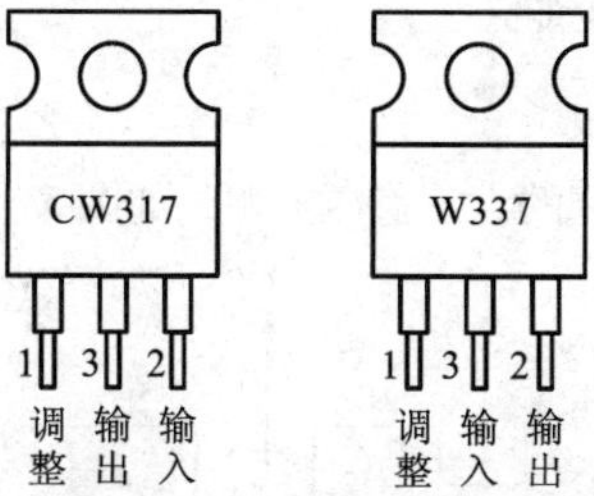

图 5－13　引脚排列顺序

W×17 系列。金属封装：1—调整端；2—输入端；3—输出端

塑料封装：1—调整端；2—输出端；3—输入端

W×37 系列。金属封装：1—调整端；2—输出端；3—输入端

塑料封装：1—调整端；2—输入端；3—输出端

其主要性能指标为：输出电压在 1.2～37 V 范围内可调，输出端和调整端之间是 $U_{REF}=1.25$ V 的基准电压，最大输出电流为 1.5 A。

2. 应用电路实例

（1）基本应用电路。可调式三端稳压器的典型应用电路如图 5－14 所示，由塑封 CW317 组成，它只需外接两个电阻器（R_1 和 R_P）来确定输出电压。外接采样电阻器 R_1 可取 240 Ω。其输出电压为

$$U_O = 1.25\left(1+\frac{R_P}{R_1}\right)\text{ V}$$

式中，1.25 V 是集成稳压器输出端与调整端之间的固定参考电压 U_{REF}。调节 R_P 可改变输出电压的大小。图 5－14 中电容器 C_2 用来减小 R_P 上的纹波电压。

（2）可调电压输出典型应用电路。可调式三端稳压器的典型应用电路如图 5－15 所示，采用 CW317，其输出电压为

$$U_O = 1.25\left(1+\frac{R_P}{R_1}\right)\text{ V}$$

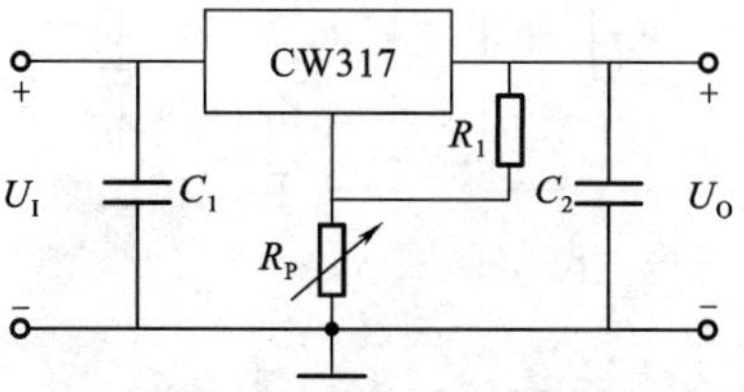

图 5－14　CW317 基本应用电路

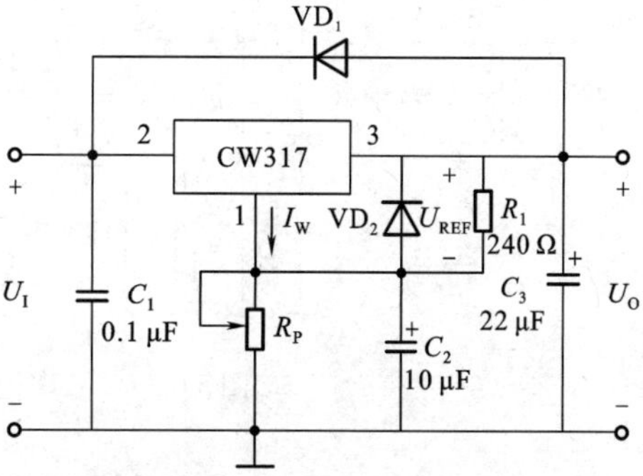

图 5－15　CW317 典型应用电路

调节 R_P 可改变输出电压的大小。图中电容器 C_2 用于抑制调节电位器时产生的纹波干扰。电容器 C_3 用来抑制容性负载时的阻尼振荡，电容器 C_1 可消除输入长线引起的自激振荡。

二极管 VD_1、VD_2 为保护电路。VD_1 用于输入端短路时提供给 C_3 放电回路，防止损坏稳压器；当输出短路时，C_2 将向稳压器调整端放电，并使调整管发射结反偏，为了保护稳压器，可加二极管 VD_2 提供一个放电回路。

5.3.4 直流稳压电源应用举例

1. 多输出可调的直流稳压电源

下面给出一个实用的多输出可调的直流稳压电源，如图5－16所示。读者可自行分析其原理。

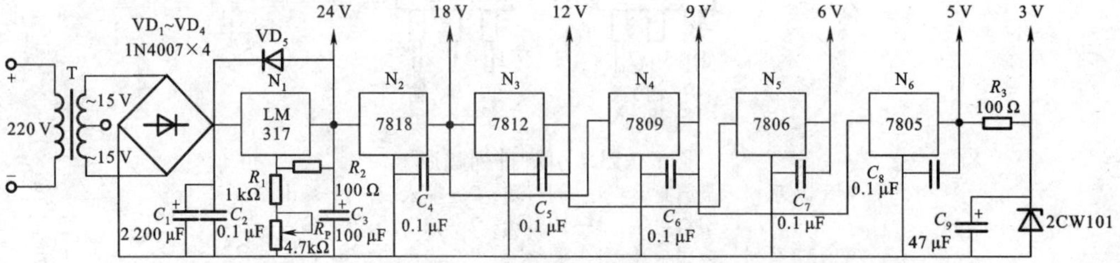

图5－16　实用多路稳压电路

2. 自动充电电路

下面介绍的是由整流电路和比较器构成的一个蓄电池自动充电电路，如图5－17所示。12 V工作电源可由交流220 V降压后经桥式整流电路提供，也可直接使用12 V电源。运算放大器接成比较器形式，同相端所加基准电压U_R，其大小可通过调节R_2来改变，反相端电压u_-采样于蓄电池电压并与U_R进行比较，以便控制充电电压。当蓄电池电压不足（低于预定值U_B）时，$u_- < U_R$，集成运放输出为高电平，则晶体管VT_1导通，LED发光，继而使VT_2也导通，产生恒定电流流经二极管VD_2给蓄电池充电。当充电电压上升到额定值U_B时，其采样电压u_-也相应增加到U_R，比较器输出为低电平，使VT_1、VT_2截止，充电停止，充电电流自动切断，防止了蓄电池过充电。

充电结束时蓄电池电压为$U_B = [U_R(R_8 + R_9)/R_9 - 0.7]$ V，它可按需要调节。充电电流$I \approx 1.4/R_7$ A，调节R_7可改变充电电流。图中二极管VD_2是为了防止电源断开或整流电路出现故障时蓄电池对电路放电而设立的。VD_1则用来隔离交直流电源的相互影响。

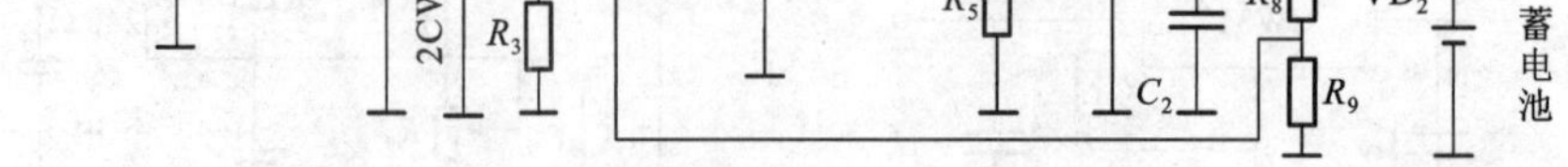

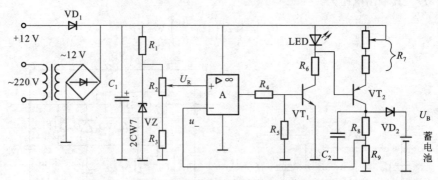

图5－17　蓄电池自动充电电路

5.4 开关型稳压电源简介

前面介绍的稳压电路，包括分立元件直流稳压电路和集成稳压器，均属于线性稳压电路，这是由于其中的调整管总是工作在线性放大区。其结构简单，调整方便，输出电压脉动较小。主要缺点是效率低，一般只有20%~40%。由于调整管消耗的功率较大，有时需要在调整管上安装散热器，致使电源的体积和质量增大，比较笨重。

电源技术在发展，为解决上述线性稳压电源功耗较大的缺点，研制了开关型稳压电源。

它可以根据电网电压和负载电流的大小，通过控制调整管的通、断时间来稳定输出电压。由于调整管工作在截止与饱和交替的开关状态，稳压电路的功率损耗主要产生于开关状态转换的过程中，因而使其效率大大提高，达到70%~95%。调整管的功率损耗较小，导致散热器随之减小，滤波电感器、电容器的参数和体积也较小，因此具有效率高、体积小、质量小和允许环境温度高等优点，开关型稳压电源在计算机、电视机、航天设备、通信设备、数字系统等领域得到了日益广泛的应用。

1. 开关型稳压电源的工作原理

串联型开关稳压电源是最常用的开关电源，开关型稳压电源的原理可用图5－18的电路加以说明。它由调整管、滤波电路、比较器 A_2、三角波发生器、比较放大器 A_1 和基准电源等部分构成。开关调整管VT一般选择功率管，在开关脉冲控制下导通或截止，工作在开关状态。储能滤波电路由电感器 L、电容器 C 和二极管VD组成，它把调整管输出的断续脉冲电压滤波成连续的平滑直流电压输出。

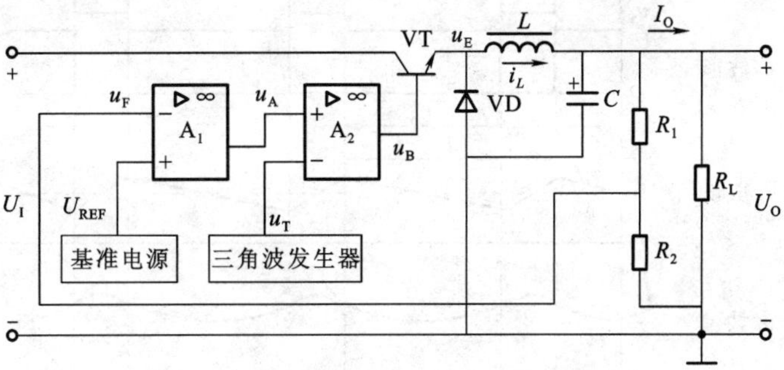

图5－18　串联型开关型稳压电源的原理图

三角波发生器通过比较器 A_2 产生一个方波 u_B，去控制调整管的通断。调整管导通时，向电感器充电。当调整管截止时，必须给电感器中的电流提供一个泄放通路。续流二极管VD即可起到这个作用，有利于保护调整管。

为了稳定输出电压，应按电压负反馈方式引入反馈，以此确定基准电源和比较放大器 A_1 的连线。设输出电压增加，经过采样电阻得到的反馈电压 $u_F = FU_O$ 增加，比较放大器 A_1 的输出 u_A 减小，比较器 A_2 方波输出的调整管截止时间 t_{off} 增加，调整管导通时间减小，输出电压下降。起到了稳压作用。

根据电路图的接线，当三角波的幅度 u_T 小于比较放大器 A_1 的输出 u_A 时，比较器 A_2 输出高电平，对应调整管的导通时间为 t_{on}；反之，输出为低电平，对应调整管的截止时间 t_{off}。输出波形中电位水平高于高电平最小值的部分，对方波而言，相当于方波存在的部分。

开关电源各点波形如图5－19所示。由于调整管发射极输出为方波，有滤波电感器的存在，使输出电流 i_L 为锯齿波，趋于平滑。输出则为带纹波的直流电压。

忽略电感器的直流电阻，输出电压 U_O 即为 u_E 的平均分量。于是有

$$U_O = \frac{1}{T}t_{on}(U_I - U_{CES}) + \frac{1}{T}t_{off}(-U_D) \approx \frac{t_{on}}{T}U_I = qU_I$$

式中，$T = t_{on} + t_{off}$ 是开关转换周期；$q = \frac{t_{on}}{T}$ 为脉冲波形占空比。

因此，在输入电压 U_I 一定时，调节占空比 q，即调节 R_1 和 R_2 的比值，即可改变输出电压 U_O。

在输入电压一定时，输出电压与占空比成正比。方波高电平的时间占整个周期的百分比

称为**占空比**。可以通过改变比较器输出方波的宽度（占空比）来控制输出电压值。这种控制方式称为**脉冲宽度调制**（PWM）。总之，串联型开关稳压电源的特点如下：

（1）调整管工作在开关状态，功耗大大降低，电源效率大为提高；

（2）调整管在开关状态下工作，为得到直流输出，必须在输出端加滤波器；

（3）可通过脉冲宽度的控制方便地改变输出电压值；

（4）在许多场合可以省去电源变压器；

（5）由于开关频率较高，滤波电容器和滤波电感器的体积可大大减小。

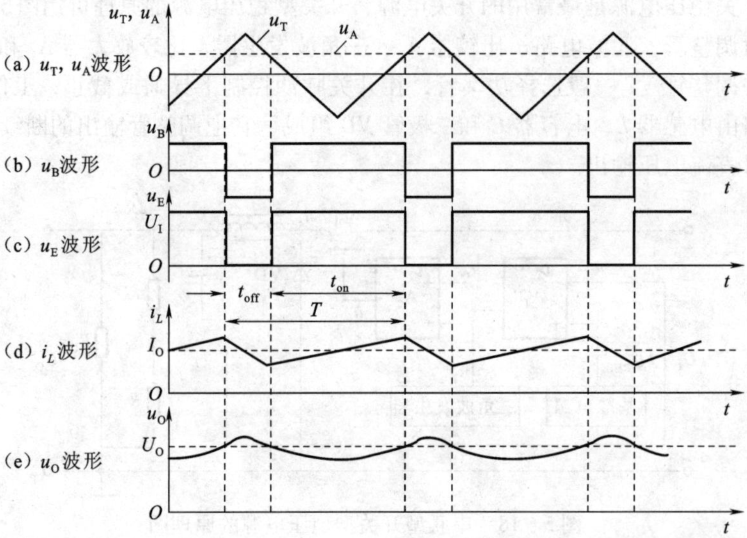

图 5－19　开关电源各点波形

2. 单片开关式集成稳压器简介

单片开关式集成稳压器是由一片开关式集成稳压器构成的新型、高效、可调式开关稳压电源。这种电源效率高，可达 90%，甚至更高。单片集成开关稳压电源还有三端单片开关电源，常用的三端单片开关电源 PWR－TOP200 系列器件内部有电压型 PWM 控制，N 沟道功率 MOSFET、工作频率为 100 kHz 的振荡器、高压起动偏置电路、基准电压源、并联调节器、误差放大器及保护电路等。采用 TOP 系列产品可极大地简化 150 W 以下开关电源的设计工作，它广泛用于仪表仪器、笔记本式计算机、移动电话、电视机、摄录像机、功率放大器、电池充电器等设备中。由三端单片开关电源 PWR－TOP200 组成的电源电路如图 5－20 所示。该电路输出功率为 25 W。

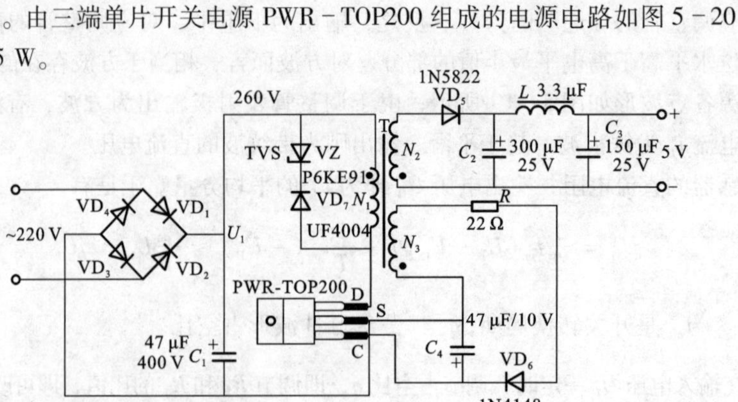

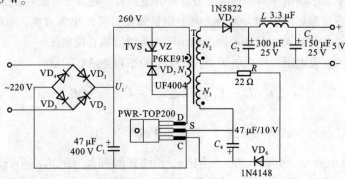

图 5－20　三端单片开关电源 PWR－TOP200 组成的电源电路

习　题

一、填空题

1. 常用直流稳压电源系统由________、________、________、________等部分组成。

2. 三端可调输出稳压器的三端是指________、________和________三端。

3. 滤波电路中，滤波电容器和负载________联，滤波电感器和负载________联。

二、选择题

1. 桥式无电容器滤波整流电路的输出电压为（　　）。

A. $0.45\ U_2$　　B. $0.9U_2$　　C. $1.2U_2$　　D. 脉动较大

2. 整流电路中电容滤波器适用于（　　）的场合。

A. 输出电压较低　　B. 输出电压较高

C. 输出电流较大　　D. 输出电流较小

3. 单相半波整流电路输出电压平均值为变压器二次电压有效值的（　　）。

A. 0.9 倍　　B. 0.45 倍　　C. 0.707 倍　　D. 1 倍

4. 开关型直流电源比线性直流电源效率高的主要原因是（　　）。

A. 调整管工作在开关状态　　B. 输出端有 *LC* 滤波电路

C. 可以不用电源变压器

三. 分析计算题

1. 在图 5－4 中，如果整流桥中的一个二极管接反了，会出现什么情况？如果一个二极管被击穿后开路，会出现什么情况？

2. 单相半波整流电路如图 5－2 所示。已知负载电阻 $R_L = 600\ \Omega$，变压器的二次电压 $U_2 = 20$ V。试求：输出电压、电流的平均值 U_0、I_0 及二极管截止时承受的最大反向电压 U_{DRM}。

3. 已知一桥式整流电容滤波电路的交流电源为 220 V，50 Hz，要求输出直流电压 $U_0 = 24$ V，输出电流 $I_0 = 600$ mA。试选择整流管和电容器的参数，问：

（1）如何选取整流二极管的参数？

（2）求电源变压器的二次电压及容量。

4. 整流滤波电路如图 5－21 所示，二极管是理想元件，正弦交流电压有效值 $U_2 = 20$ V，负载电阻 $R_L = 400\ \Omega$，电容 $C = 1\ 000\ \mu F$，当直流电压表的读数为下列数据时，分析哪个是合理的？哪个表明出了故障？并指出原因。(1) 28 V；(2) 24 V；(3) 18 V；(4) 9 V。(设电压表的内阻为无穷大。)

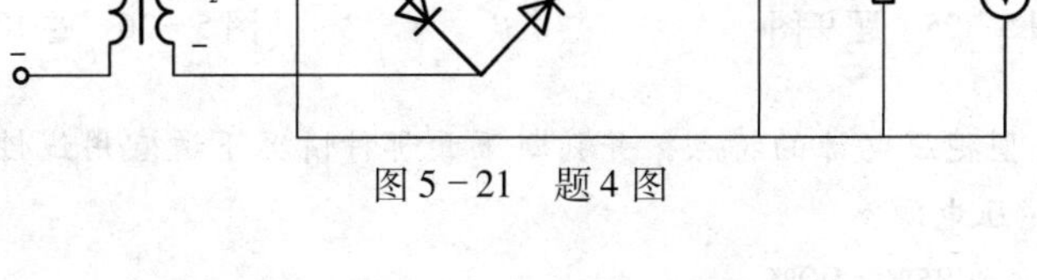

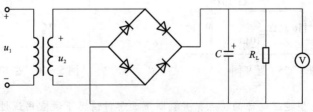

图 5－21　题 4 图

5. 一种单相全波整流电路如图 5－22 所示。

(1) 输入为正弦波，试画出输出电压波形。

(2) 求出输出电压平均值 U_O 和输出电流平均值 I_O 的表达式。

6. 在图 5－23 中，稳压管的稳压值 $U_Z=9$ V，最大工作电流为 25 mA，最小工作电流为 5 mA；负载电阻在 300～450 kΩ 之间变动，$U_I=15$ V，电网电压变化 ±10%。试确定限流电阻器 R 的选择范围。

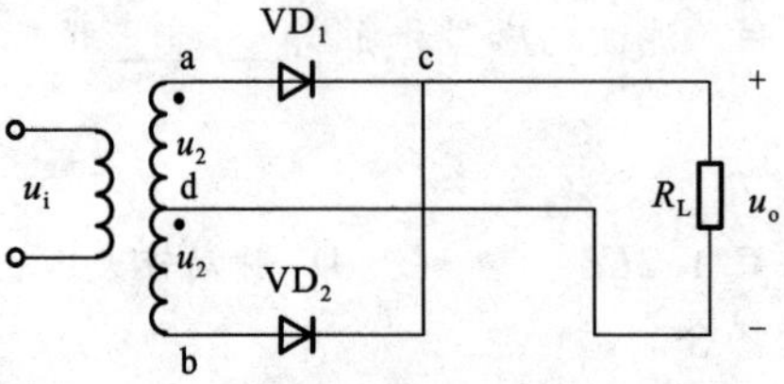

图 5－22　题 5 图

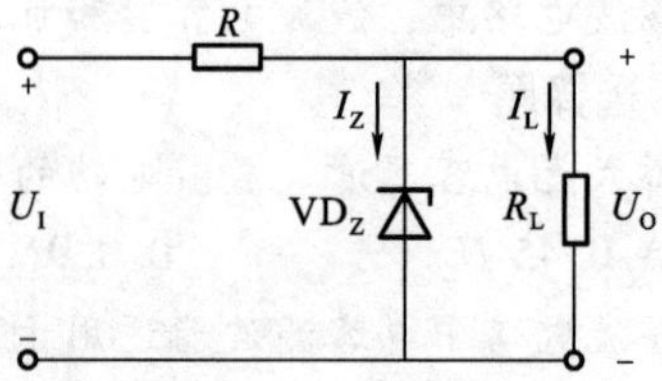

图 5－23　题 6 图

7. 电路如图 5－24。试合理连线，构成 5 V 的直流稳压电源。

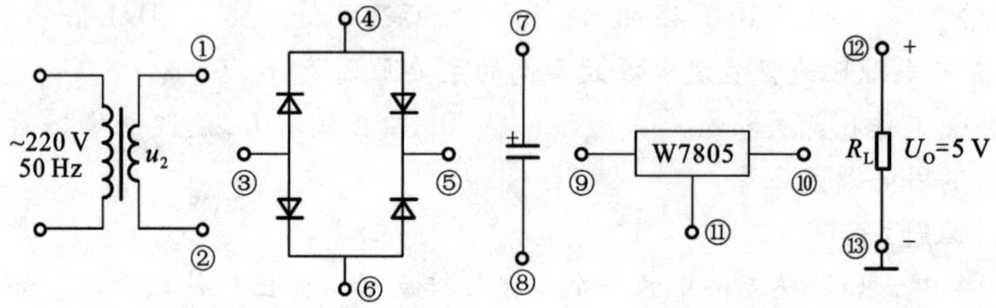

图 5－24　题 7 图

8. 用三端集成稳压器设计一个输出 ±12 V 电压的直流稳压电源。画出完整的电路图。

9. 试将 CW317 三端可调输出集成稳压器接入图 5－25 所示的电路中。

10. 在图 5－26 电路中，$R_1=240$ Ω，$R_2=3$ kΩ；W117 输入端和输出端电压允许范围为 3～40 V，输出端和调整端之间的电压 U_{REF} 为 1.25 V。试求：

(1) 输出电压的调节范围；

(2) 输入电压允许的范围。

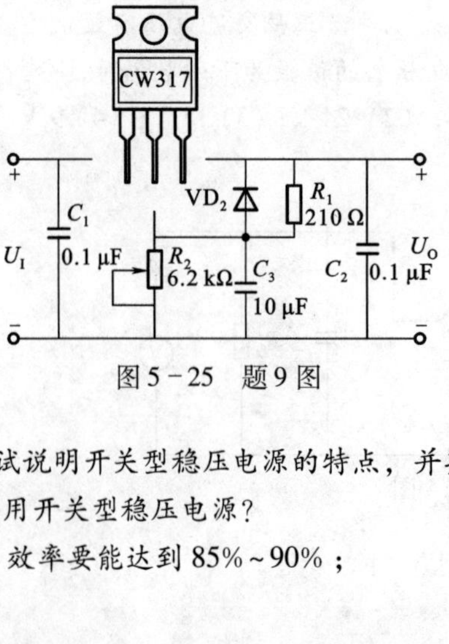

图 5－25　题 9 图

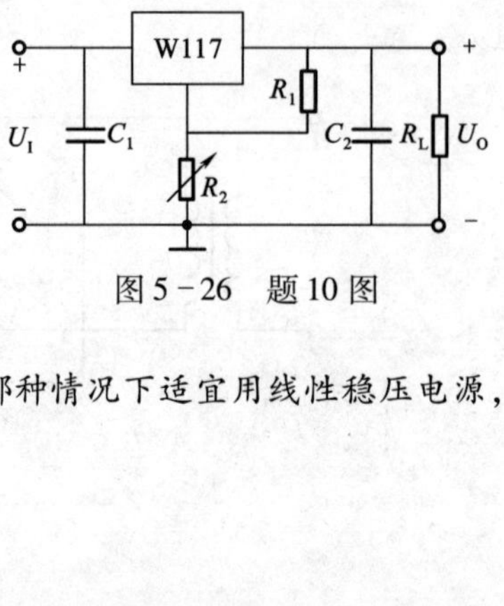

图 5－26　题 10 图

11. 试说明开关型稳压电源的特点，并判断下面哪种情况下适宜用线性稳压电源，哪种情况下适宜用开关型稳压电源？

(1) 效率要能达到 85%～90%；

(2) 输出电压的纹波和噪声尽量小；

(3) 电路结构简单，稳压性能要好；

(4) 输入电压在 180 ~ 250 V 范围内波动。

12. 观察了解图 5-27 中直流电源电路及组件实物。

图 5-27　题 12 图

第6章 数字逻辑基础

学习目标

- 掌握常用的数制和码制，与、或、非三种基本逻辑关系及与非、或非、与或非、异或和同或几种复合逻辑关系；熟悉实现这些逻辑关系的逻辑门电路。
- 掌握逻辑函数的几种表示方法：真值表、逻辑表达式、逻辑电路图、卡诺图和波形图等；掌握逻辑函数的化简方法：公式法和卡诺图法。
- 掌握常用集成逻辑门电路的逻辑功能和外部特性；掌握典型器件的使用方法。

数字电子技术是一门研究数字信号的编码、运算、记忆、计数、存储、分配、测量与传输的科学技术。简单地说是用数字信号去实现运算、控制、测量的学科。

电子电路所处理的电信号可以分为**模拟信号**和**数字信号**两大类。**模拟信号**是指在时间和数值上都连续变化的信号［见图6－1（a）］，如温度、压力、正弦波电压和电流以及广播电视系统中传送的各种语音信号和图像信号等，模拟信号可以用计量仪器测量出某个时刻模拟量的瞬时值，或某一段时间之内的平均值，或有效值，传送和处理模拟信号的电路称为**模拟电路**（Analog Circuit）。**数字信号**是在时间和数值上都是断续变化的**离散**信号［见图6－1（b）］，数字信号是从脉冲演变而来的，一般是在两个稳定状态之间阶跃式变化的信号，如记录个数的计数信号、灯光闪烁等，传送和处理数字信号的电路称为**数字电路**（Digital Circuit）。

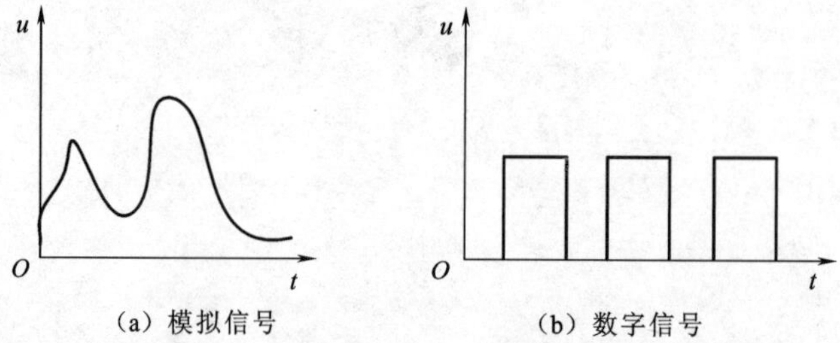

（a）模拟信号　　（b）数字信号

图6－1　典型模拟信号与数字信号波形图

【例6－1】 判断下列仪表或设备反映的物理量哪些是模拟量？哪些是数字量？

（1）水银温度计；（2）产品数量统计仪表；（3）电阻箱；（4）收音机音量旋钮控制。

解：（1）模拟量；（2）数字量；（3）数字量；（4）模拟量。

数字电路广泛应用在通信系统、测量仪表、控制装置和电子计算机等领域，如数字手表、数字电视、数字通信、数码照相机、智能手机、二维条码、网络电子商城等等。数字化已成为当今现代电子技术的发展潮流。

与模拟电路相比，数字电路有很多优点：

（1）数字电路易于设计，使用方便。因为数字电路采用开关电路，它不要求物理量的精确数值，只要求物理量的范围。

（2）数字电路便于信息的储存和传输。数字电路的信息储存是由特定的开关电路完成的。根据需要，开关电路就能将信息锁存并保持下来，数字信号可以无限地长期存储。

（3）数字电路的准确度和精确度高。数字电路可以方便地控制精确数字。

（4）数字电路工作可靠性高，抗干扰能力强。在数字电路中，因为不要求物理量的准确值，所以只要干扰不影响对高、低电平的区分就可以。

（5）数字电路便于实现程控，便于采用数字计算机和微处理器来处理信息和参与控制。

（6）数字电路便于集成化、系列化生产，成本低。

数字电路的特点：工作信号是**离散**的数字信号；在稳定状态时，电子器件（如二极管、三极管）均工作在开关状态，即工作在饱和区和截止区；数字电路研究的主要问题是输入和输出之间的**逻辑关系**；主要分析工具是逻辑代数。

随着数字电子技术的迅速发展，尤其是互联网的普遍应用，数字化已成为当今现代电子技术的发展潮流。部分流行数字产品如图 6－2 所示。

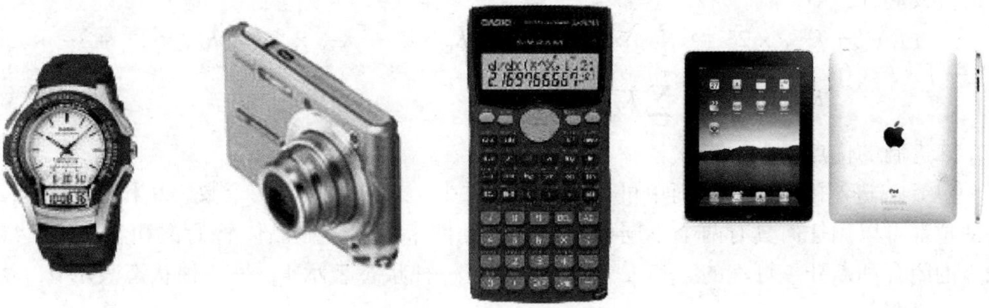

图 6－2　部分流行数字产品

6.1　数制和码制

6.1.1　数制

数制（Digital Number Systems）即计数体制，也就是计数方法。日常生活中最常用的是十进制数，而数字系统和计算机中主要采用的是二进制数。另外，还有十六进制数和八进制数。

1. 十进制

十进制（Decimal）数采用 0、1、2、3、4、5、6、7、8、9 十个不同的数码来表示任何一个数。进位规律是“逢十进一，借一当十”，其基数是 10。各数码在不同数制时，所代表的数值是不同的。

位权：在一个进位计数制表示的数中，处于不同数位的数码，代表不同的数值，某一个数位的数值是由这一位数码的值乘上处于这位的一个固定常数，不同数位上的固定常数称为位权值，简称**位权**，或**权**。不同数位有不同的位权值，例如：$(286.32)_{10}=2\times10^2+8\times10^1+6\times10^0+3\times10^{-1}+2\times10^{-2}$。其中，$10^2$、$10^1$、$10^0$、$10^{-1}$、$10^{-2}$等分别称为十进制数各数位的**权**，都是 10 的幂。任何一个十进制数都可以写成以 10 为底的幂之和的形式，即

$$(N)_{10} = K_{n-1} \times 10^{n-1} + K_{n-2} \times 10^{n-2} + \cdots + K_0 \times 10^0 + K_{-1} \times 10^{-1} + K_{-2} \times 10^{-2} + \cdots + K_{-m} \times 10^{-m} = \sum_{i=-m}^{n-1} K_i \times 10^i$$

式中，i 为数字中各数码 K 的位置号；K_i 为基数“10”的第 i 次幂的系数；小数点前的第一位 $i=0$，第二位 $i=1$，依次类推；小数点后第一位 $i=-1$，第二位 $i=-2$，依次类推。10^i 为第 i 位的权。

从数字电路的角度来看，采用十进制是不方便的，因为构成数字电路的基本思路是把电路的状态与数码对应起来，而十进制的十个数码，必须有十个不同的而且能严格区分的电路状态与之对应起来，这样将在技术上带来许多困难且不经济，因而在数字电路中一般不直接采用十进制，而采用**二进制**。

2. 二进制

二进制（Binary）数采用 0、1 两个数码来表示任何一个数。进位规律是“逢二进一，借一当二”，其基数是 2。例如：

$$(1101.01)_2 = 1 \times 2^3 + 1 \times 2^2 + 0 \times 2^1 + 1 \times 2^0 + 0 \times 2^{-1} + 1 \times 2^{-2}$$

式中，2^3、2^2、2^1、2^0、2^{-1}、2^{-2} 等分别称为二进制数各数字的权，都是 2 的幂。二进制数也可以按权展开，即

$$(N)_2 = K_{n-1} \times 2^{n-1} + K_{n-2} \times 2^{n-2} + \cdots + K_0 \times 2^0 + K_{-1} \times 2^{-1} + K_{-2} \times 2^{-2} + \cdots + K_{-m} \times 2^{-m} = \sum_{i=-m}^{n-1} K_i \times 2^i$$

二进制的优点：

（1）二进制的数字装置简单可靠，应用元件少；二进制只有两个数码 0 和 1，因此，它的每一位都可以用任何具有两个不同稳定状态的元件来表示，如晶体管的饱和和截止，继电器触点的闭合和断开，灯泡的亮和灭等。只要规定一种状态表示 1，另一种状态表示 0，就可以表示二进制数。

（2）二进制的基本运算规则简单，与十进制数的运算相似，运算操作方便。

二进制的缺点：用二进制表示一个数时，位数多，使用起来不方便也不习惯，因此在运算时，原始数据多用人们习惯的十进制，在送入计算机时，就必须将十进制数转换成数字系统能接受的二进制数，而运算结束后再将二进制数转换为十进制数，表示最终结果。

3. 十六进制

十六进制（Hexadecimal）数采用 0、1、2、3、4、5、6、7、8、9、A、B、C、D、E、F 十六个不同的数码来表示任何一个数，符号 A ~ F 分别代表十进制的 10 ~ 15。进位规律是“逢十六进一，借一当十六”，其基数是 16。每个数字的权是 16 的幂。十六进制数按权展开为

$$(N)_{16} = K_{n-1} \times 16^{n-1} + K_{n-2} \times 16^{n-2} + \cdots + K_0 \times 16^0 + K_{-1} \times 16^{-1} + K_{-2} \times 16^{-2} + \cdots + K_{-m} \times 16^{-m} = \sum_{i=-m}^{n-1} K_i \times 16^i$$

例如：

$$(3DA)_{16} = 3 \times 16^2 + D \times 16^1 + A \times 16^0 = 3 \times 16^2 + 13 \times 16^1 + 10 \times 16^0 = (986)_{10}$$

此外，还有**八进制**（Octal），其采用 0、1、2、3、4、5、6、7 八个不同的数码来表示任何一个数。进位规律是“逢八进一，借一当八”，其基数是 8。每个数字的权是 8 的幂。八进制数按权展开为

$$(N)_8 = \sum_{i=-m}^{n-1} K_i 8^i$$

十进制、二进制、八进制和十六进制数之间的对应关系如表 6－1 所示。

表 6-1　几种数制之间的对应关系

十进制数	二进制数	八进制数	十六进制数
0	0	0	0
1	1	1	1
2	10	2	2
3	11	3	3
4	100	4	4
5	101	5	5
6	110	6	6
7	111	7	7
8	1000	10	8
9	1001	11	9
10	1010	12	A
11	1011	13	B
12	1100	14	C
13	1101	15	D
14	1110	16	E
15	1111	17	F
16	10000	20	10

6.1.2　数制的转换

各种数制之间可以互相转换，以方便设计和使用。

1. 任意进制转换成十进制

任意进制转换成十进制的方法是按权展开，求和即可。

例如：

$$(11011)_2 = 1\times 2^4 + 1\times 2^3 + 0\times 2^2 + 1\times 2^1 + 1\times 2^0 = (27)_{10}$$

$$(11010.11)_2 = 1\times 2^4 + 1\times 2^3 + 0\times 2^2 + 1\times 2^1 + 0\times 2^0 + 1\times 2^{-1} + 1\times 2^{-2} = (26.75)_{10}$$

$$(1AB)_{16} = 1\times 16^2 + A\times 16^1 + B\times 16^0 = 1\times 16^2 + 10\times 16^1 + 11\times 16^0 = (427)_{10}$$

$$(247)_8 = 2\times 8^2 + 4\times 8^1 + 7\times 8^0 = (167)_{10}$$

2. 十进制转换成任意进制

十进制数整数转换为任意进制数都可以采用“**除基取余法**”，即“除以基数，得余数，从低位到高位排列”。其步骤如下：

（1）将给定的十进制数除以要转换的数制的基数，余数就是欲转换进制数的最低位。

（2）将上一步得到的商继续除以基数，余数即是次低位。

（3）重复用得到的商除以基数，直至商为0，此时的余数为最高位。

【例 6-2】将十进制数 $(2004)_{10}$ 转换为二进制数。

解：这里基数是2。

$$\begin{array}{r@{\,}l}
2 & \underline{|2004}\cdots 0\\
2 & \underline{|1002}\cdots 0\\
2 & \underline{|501}\cdots 1\\
2 & \underline{|250}\cdots 0\\
2 & \underline{|125}\cdots 1\\
2 & \underline{|62}\cdots 0\\
2 & \underline{|31}\cdots 1\\
2 & \underline{|15}\cdots 1\\
2 & \underline{|7}\cdots 1\\
2 & \underline{|3}\cdots 1\\
2 & \underline{|1}\cdots 1\\
 & \ 0
\end{array}$$

故 $$(2004)_{10}=(11111010100)_2$$

【例6-3】 将十进制数 $(32)_{10}$ 转换为十六进制数。

解： 这里基数是16。

$$\begin{array}{r|l} 16 & 32 \cdots 0 \\ \hline 16 & 2 \cdots 2 \\ \hline & 0 \end{array}$$

故 $$(32)_{10}=(20)_{16}$$

十进制数小数转换为任意进制小数可以采用“**乘基取整法**”，即“乘基数，取整数，从高位到低位排列”。其步骤如下：

（1）将给定的十进制小数乘以要转换的数制的基数，其乘积的整数就是欲转换进制数的最高位。

（2）将上一步得到的乘积的小数部分继续乘以基数，乘积的整数部分即是次高位。

（3）重复用得到的积乘以基数，直到其纯小数部分为0或者满足一定误差要求为止。

【例6-4】 将十进制数 $(0.135)_{10}$ 转换为二进制数。（精确到第五位）

解：

$0.135\times2=0.270\cdots\cdots0$　　最高位

$0.270\times2=0.540\cdots\cdots0$

$0.540\times2=1.080\cdots\cdots1$

$0.080\times2=0.160\cdots\cdots0$

$0.160\times2=0.320\cdots\cdots0$　　最低位

故 $$(0.135)_{10}=(0.00100)_2$$

3. 二进制与十六进制、八进制之间的转换

因为每一个十六进制数码都可以用4位二进制数来表示，所以可以将二进制数每4位一组，写出各组的数值。如果是整数，从右至左划分，从左至右读写，就是十六进制数。注意整数按4位一组划分时，最高位一组不够4位时用0补齐。如果是小数，从小数点后第一位从左到右划分，从左至右读写，最低位一组不够4位时用0补齐。

同理，十六进制数转换为二进制数时，可将十六进制数的每一位写成4位二进制数，不改变顺序，即可将十六进制数转换为二进制数。

【例6-5】 将二进制数 $(1101010)_2$ 转换为十六进制数。

解： $$(1101010)_2=(0110,1010)_2=(6A)_{16}$$

【例6-6】 将二进制数 $(0.101011)_2$ 转换为十六进制数。

解： $$(0.101011)_2=(0.1010,1100)_2=(0.AC)_{16}$$

【例6-7】 将十六进制数 $(A.3B)_{16}$ 转换为二进制数。

解： $$(A.3B)_{16}=(1010.00111011)_2$$

十进制数转换为十六进制数也可以先转换为二进制数，再由二进制数转换为十六进制数。

因为每一个八进制数码都可以用3位二进制数来表示，所以可以将二进制数每3位一组，写出各组的数值。如果是整数，从右至左划分，从左至右读写，就是八进制数。注意整数按3位一组划分时，最高位一组不够3位时用0补齐。如果是小数，从小数点后第一位起从左到右划分，从左至右读写。最低位一组不够3位时用0补齐。

同理，八进制数转换为二进制数时，可将八进制数的每一位写成3位二进制数，不改变顺序，即可将八进制数转换为二进制数。

【例6-8】 将二进制数 $(10110.1011)_2$ 转换为八进制数。

解： $$(10110.1011)_2=(010,110.101,100)_2=(26.54)_8$$

【例 6-9】将八进制数 $(3.7)_8$ 转换为二进制数。

解：
$$(3.7)_8 = (011.111)_2$$

另外，十进制数与十六进制数、八进制数之间的转换，也可以利用二进制数为中介。先把十进制数转换为二进制数，再利用二进制数与十六进制数、八进制数的转换关系得到。

6.1.3 码制

数字系统中的信息可分为两类，一类是数值，另一类是文字符号（包括控制符）。为了表示文字符号信息，往往也采用一定位数的二进制码表示，这个特定的二进制码称为**代码**。建立代码与十进制数、字母、符号的一一对应关系的方法称为**编码**。不同的编码方式称为**码制**。常用的编码有**二-十进制码**（BCD 码）及字符代码等。

1. 二-十进制码

用二进制代码表示一个给定的十进制数 0 ~ 9，称为二-十进制编码，简称 BCD 码（Binary Coded Decimal）。表 6-2 给出了几种常用的 BCD 码。

因为 4 位二进制代码共有 16 个不同的组合，用它对 0 ~ 9 十个十进制数编码总有 6 个不用的状态，称为无关状态，或称为**伪码**。例如 8421 码中的 1010 ~ 1111 为 6 个伪码。

BCD 码分为**有权码**和**无权码**。

8421 码是最常用的一种十进制数编码，它是用 4 位二进制数 0000 到 1001 来表示 1 位十进制数的。如表 6-2 中的 8421 码 $b_3b_2b_1b_0$，每位都有相应的位权值，如 b_0 的位权为 $2^0=1$，b_1 的位权为 $2^1=2$，b_2 的位权为 $2^2=4$，b_3 的位权为 $2^3=8$，由于每位的位权值分别为 8，4，2，1，所以这种代码称为 8421BCD 码。

有权码都是将自然 4 位二进制数的 16 个组合去掉 6 个而得到的，只不过舍去的组合不同，被保留的 10 个组合中的每一位都是有位权的，它们的权展开式的计算结果分别对应 10 个阿拉伯数字，因而又称**二-十进制码**。

表 6-2　几种常用的 BCD 码

BCD 码 / 十进制数码	8421 码	5421 码	2421 码	余 3 码（无权码）	格雷码（无权码）
0	0000	0000	0000	0011	0000
1	0001	0001	0001	0100	0001
2	0010	0010	0010	0101	0011
3	0011	0011	0011	0110	0010
4	0100	0100	0100	0111	0110
5	0101	1000	1011	1000	0111
6	0110	1001	1100	1001	0101
7	0111	1010	1101	1010	0100
8	1000	1011	1110	1011	1100
9	1001	1100	1111	1100	1000

2. 其他代码

表 6-2 中，余 3 码和格雷码为无权码。

余 3 码也是用 4 位二进制数表示 1 位十进制数的，但对于同样的十进制数字，其表示比 8421 码多 0011，所以称为余 3 码。不能用权展开式来表示其转换关系。

格雷码的特点是按照"相邻性"编码的，即相邻两码之间只有一位数字不同。一般可在下面情况下使用：如果用其他代码转换时，若代码的变化位数多于一位时可能产生错误或模糊的结果。例如，当二进制代码从 0111 转换成 1000 时，需要所有的位数都变化，不同位数的过渡时间可能有较大区别，它取决于构成这些位的器件或电路。因此从0111到1000可能出现一个或几个中间状态。如果最高位变化的快，将会出现如下过渡状态：

0 1 1 1　　　十进制数7

1 1 1 1　　　错误码

1 0 0 0　　　十进制数8

虽然1111状态的出现只是暂时的，但由这些位所控制的器件就可能出现误操作。使用格雷码是因为每次变换只有一位发生变化，各位之间不会出现竞争，可以避免这种错误。格雷码还常用于模拟量与数字量的转换。

还有其他编码方法，如奇偶检验码、汉明码等。

6.2　逻辑代数基础

6.2.1　逻辑变量与逻辑函数

广义地讲，**逻辑**就是规律。**逻辑代数**（Logic Algebra）又称布尔代数，它是一种描述事物逻辑关系的数学方法，是研究逻辑电路的数学工具。逻辑代数中的变量和普通代数中的变量一样，也由字母表示。在对实际问题进行逻辑抽象时，一般称决定事物的原因为**逻辑自变量**，而称被决定事物的结果为**逻辑因变量**。

以某种形式表达的逻辑自变量和逻辑因变量的函数关系称为逻辑函数（Logic Function）。它是由逻辑变量、常量通过运算符连接起来的代数式。一般写作

$$L = F(A,B,C,D,\cdots)$$

与普通代数不同的是，逻辑代数的变量只有0和1两个取值。而且这里的“0”和“1”不表示数值的大小，只表示两种相互对立的逻辑状态。如用“1”和“0”表示灯的亮和灭、门的开与关、电平的高与低等等。因此，常把“1”状态称为逻辑1，“0”状态称为逻辑0。逻辑代数有一系列的定律和规则，用它们对逻辑表达式进行处理，可以完成电路的化简、变换、分析和设计。

二值数字逻辑的产生是基于客观世界的许多事物可以用彼此相关又互相对立的两种状态来描述，例如，是与非、真与假、开与关、低与高等。而且在电路上，可以用电子器件的开关特性来实现，由此形成离散信号电压或数字电压。这些数字电压通常用逻辑电平来表示，如高电平、低电平。应当注意，逻辑电平不是物理量，而是物理量的相对表示。

由于逻辑代数可以使用二值函数进行逻辑运算，一些用语言描述显得十分复杂的逻辑命题，使用数学语言后，就变成了简单的代数式。逻辑电路中的一个命题，不仅包含“肯定”和“否定”两重含义，而且包含条件与结果的多种组合。

在数字电路中，有两种逻辑体制，即**正逻辑体制和负逻辑体制**。若用逻辑“1”表示电路中的高电平，用逻辑“0”表示电路中的低电平，用H对应二进制的“1”，用L对应二进制的“0”，称为正逻辑体制；反之，称为负逻辑体制。对逻辑变量的逻辑状态采用不同的逻辑体制，所得到的逻辑函数也就不同。在一个数字电路中一般只能使用一种逻辑体制，混用时必须有严格的分界面，一般情况下采用**正逻辑体制**。

6.2.2　逻辑关系和运算

基本逻辑关系有与逻辑、或逻辑和非逻辑3种。相应的逻辑运算有与运算、或运算和非运算。

1. 与逻辑

与逻辑即**逻辑乘**。在图6－3（a）所示指示灯控制电路中，开关A、B如果有一个断开或者两个都断开，指示灯不亮；只有当两个开关都闭合时，指示灯才亮。指示灯的亮灭与开关的通断存在的这种逻辑关系，即只有决定事物结果（灯亮）的几个条件全都具备时，这种结果才会发生，逻辑规律如图6－3（b）所示，这种逻辑关系称为“**与**”逻辑。

在数字电路中，研究的主要对象是输入变量和输出变量之间的逻辑关系，把输入变量可能的取值组合状态及其对应的输出状态列成表格，经逻辑赋值称为真值表。用真值表可直观地表示电路的输出与输入之间的逻辑关系。可用逻辑“1”表示开关闭合、指示灯亮；用逻辑“0”表示开关断开、指示灯灭。与逻辑真值表如图6－3（c）所示。

为便于分析和运算，通常用代数式表示逻辑关系，称为逻辑表达式。

与逻辑的逻辑表达式为

$$L=A\cdot B \quad 或 \quad L=AB$$

式中的“·”读作“**与**”。由真值表可知

$$0\cdot 0=0,\quad 0\cdot 1=0,\quad 1\cdot 0=0,\quad 1\cdot 1=1$$

与逻辑允许有两个或两个以上的输入变量，实现与逻辑运算的电路称为与门。与门的逻辑符号如图6－3（d）所示。

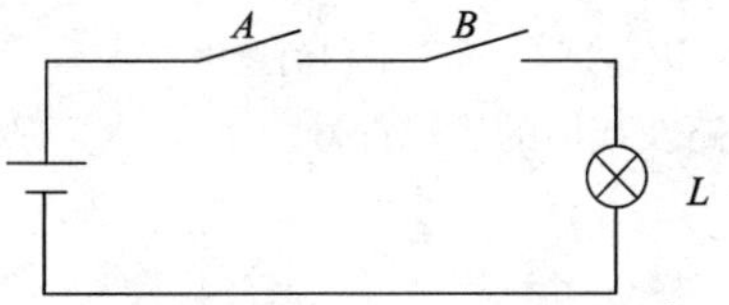

（a）与逻辑电路

A	B	灯L
不闭合	不闭合	不亮
不闭合	闭合	不亮
闭合	不闭合	不亮
闭合	闭合	亮

（b）逻辑规律

A	B	L
0	0	0
0	1	0
1	0	0
1	1	1

（c）与逻辑真值表

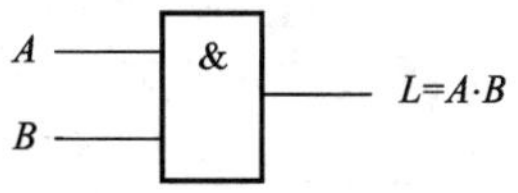

（d）与门的逻辑符号

图6－3　与逻辑电路及与门的逻辑符号

2. 或逻辑

或逻辑即**逻辑加**。在图6－4（a）所示指示灯控制电路中，开关A、B如果有一个闭合或者两个都闭合，指示灯亮；只有当两个开关都断开时，指示灯才不亮。指示灯的亮灭与开关的通断存在的这种逻辑关系，即在决定事物结果（灯亮）的几个条件中，只要有一个或一个以上条件满足时，结果就会发生，逻辑规律如图6－4（b）所示，这种逻辑关系称为“或”逻辑。或逻辑真值表如图6－4（c）所示。

或逻辑的逻辑表达式为

$$L=A+B$$

式中的“＋”读作“**或**”。由真值表可知

$$0+0=0，0+1=1，1+0=1，1+1=1$$

或逻辑允许有两个或两个以上的输入变量，实现或逻辑运算的电路称为**或门**。或门的逻辑符号如图 6-4（d）所示。

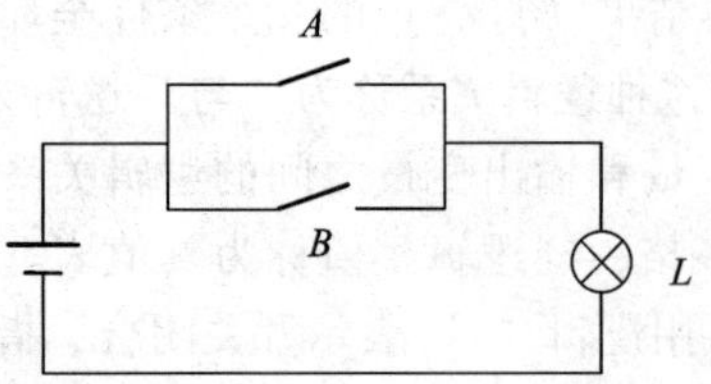

（a）或逻辑电路

开关 A	开关 B	灯L
不闭合	不闭合	不亮
不闭合	闭合	亮
闭合	不闭合	亮
闭合	闭合	亮

（b）逻辑规律

A	B	L=A+B
0	0	0
0	1	1
1	0	1
1	1	1

（c）或逻辑真值表

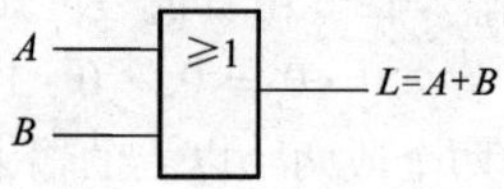

（d）或门的逻辑符号

图 6-4　或逻辑电路及或门的逻辑符号

3. 非逻辑

非逻辑即**逻辑非**。在图 6-5（a）所示指示灯控制电路中，开关 A 闭合时，指示灯不亮；当开关 A 断开时，指示灯才亮。指示灯的亮灭与开关的通断存在的这种逻辑关系，即当决定事物结果（灯亮）的条件具备时，结果不发生；而当条件不具备时，结果才会发生，逻辑规律如图 6-5（b）所示，这种逻辑关系称为“**非**”逻辑。非逻辑真值表如图 6-5（c）所示。

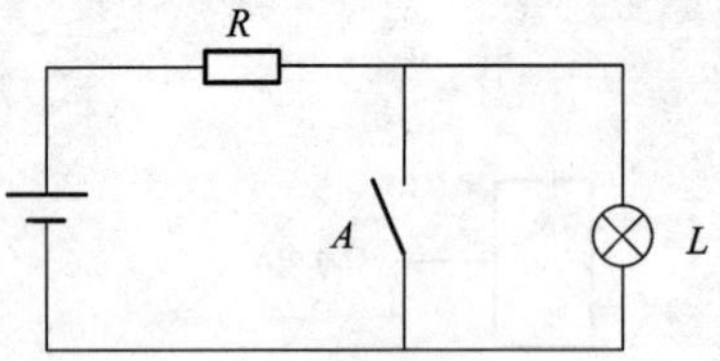

（a）非逻辑电路

开关A	灯L
不闭合	亮
闭合	不亮

（b）逻辑规律

A	$L=\overline{A}$
0	1
1	0

（c）非逻辑真值表

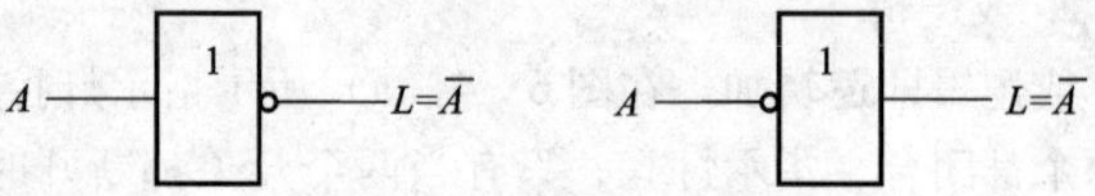

（d）非门的逻辑符号

图 6-5　非逻辑电路及非门的逻辑符号

非逻辑的逻辑表达式为

$$L=\overline{A}$$

式中的“$\bar{A}$”读作“*A*非”或“*A*反”。由真值表可知

$$\bar{0}=1,\ \bar{1}=0$$

非逻辑只允许有一个逻辑变量。实现非逻辑运算的电路称为**非门**，又称**反相器**。非门的逻辑符号如图6-5（d）所示。

4. 复合逻辑

复合逻辑由基本逻辑组合而成。常见的复合逻辑有**与非、或非、异或**、**同或**和**与或非**5种。对应的运算电路称为**与非门、或非门、异或门、同或门**和**与或非门**。其逻辑表达式、真值表和逻辑规律如表6-3～表6-7所示。其逻辑符号如图6-6～图6-10所示。

表6-3　与非逻辑表达式、真值表和逻辑规律

逻辑表达式	真值表			逻辑规律
	A	*B*	*L*	
$L=\overline{AB}$	0	0	1	有0为1 全1为0
	0	1	1	
	1	0	1	
	1	1	0	

表6-4　或非逻辑表达式、真值表和逻辑规律

逻辑表达式	真值表			逻辑规律
	A	*B*	*L*	
$L=\overline{A+B}$	0	0	1	有1为0 全0为1
	0	1	0	
	1	0	0	
	1	1	0	

表6-5　异或逻辑表达式、真值表和逻辑规律

逻辑表达式	真值表			逻辑规律
	A	*B*	*L*	
$L=A\bar{B}+\bar{A}B$ $=A\oplus B$	0	0	0	不同为1 相同为0
	0	1	1	
	1	0	1	
	1	1	0	

表6-6　同或逻辑表达式、真值表和逻辑规律

逻辑表达式	真值表			逻辑规律
	A	*B*	*L*	
$L=AB+\bar{A}\bar{B}$ $=A\odot B$	0	0	1	不同为0 相同为1
	0	1	0	
	1	0	0	
	1	1	1	

表6-7　与或非逻辑表达式、真值表和逻辑规律

逻辑表达式	A B C D	L	逻辑规律
$L=\overline{AB+CD}$	0 0 0 0	1	两组输入均有0为1 一组输入全1时为0
	0 0 0 1	1	
	0 0 1 0	1	
	0 0 1 1	0	
	0 1 0 0	1	
	0 1 0 1	1	
	0 1 1 0	1	
	0 1 1 1	0	
	1 0 0 0	1	
	1 0 0 1	1	
	1 0 1 0	1	
	1 0 1 1	0	
	1 1 0 0	0	
	1 1 0 1	0	
	1 1 1 0	0	
	1 1 1 1	0	

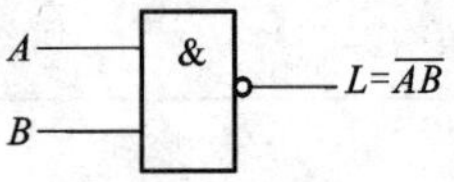

图6-6　与非门逻辑符号

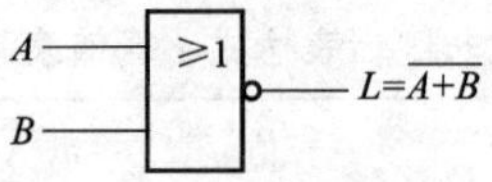

图6-7　或非门逻辑符号

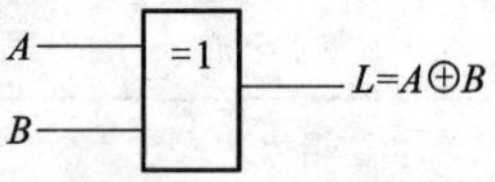

图6-8　异或门逻辑符号

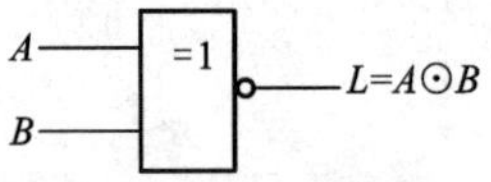

图6-9　同或门逻辑符号

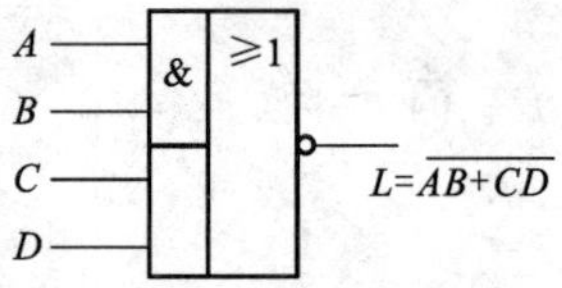

图6-10　与或非门逻辑符号

新出现的逻辑有**异或**逻辑和**同或**逻辑，从图6-8和图6-9可看出，异或逻辑和同或逻辑在逻辑上互为**反函数**。即

$$A\oplus B=\overline{A\odot B}$$

$$A\odot B=\overline{A\oplus B}$$

每个异或和同或逻辑门只允许有两个输入变量。例如：若要实现$A\oplus B\oplus C$逻辑函数，必须用两个异或门，如图6-11所示。

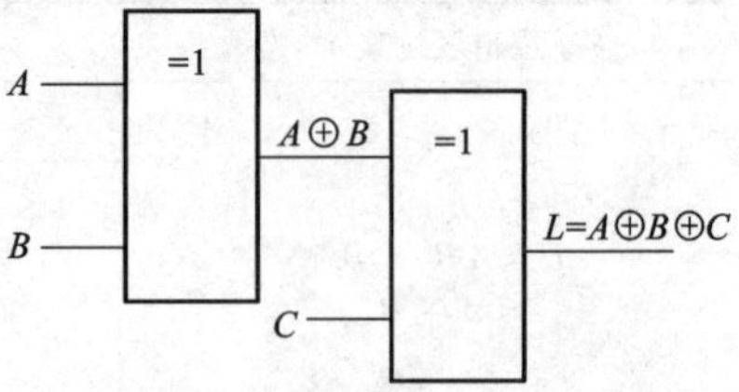

图6-11　复合异或门

6.2.3　逻辑函数的表示方法及其相互转换

在逻辑函数中，各逻辑变量之间的逻辑关系可以用**逻辑表达式**来表示。逻辑表达式右边的字母A、B、C、D等称为**输入逻辑变量**，左边的字母L称为**输出逻辑变量**。字母上面没有非运算符号的称为**原变量**，有非运算符号的称为**反变量**，即

$$L=F(A,B,C,D,\cdots)$$

逻辑函数常用的表示方法有真值表、逻辑表达式、逻辑电路图、卡诺图和波形图等。

1. 已知真值表求逻辑图和逻辑表达式

真值表如表6-8所示，使函数L为1的变量取值组合是

$$A=0 \quad B=1 \quad C=1$$
$$A=1 \quad B=0 \quad C=1$$
$$A=1 \quad B=1 \quad C=0$$
$$A=1 \quad B=1 \quad C=1$$

表6-8 真 值 表

A	*B*	*C*	*L*
0	0	0	0
0	0	1	0
0	1	0	0
0	1	1	1
1	0	0	0
1	0	1	1
1	1	0	1
1	1	1	1

依照取值为1写成原变量，取值为0写成反变量的原则，得到的与项（乘积项）为$\overline{A}BC$、$A\overline{B}C$、$AB\overline{C}$、ABC，将这4个与项相加（或的关系），得到的函数式为

$$L=\overline{A}BC+A\overline{B}C+AB\overline{C}+ABC$$

若证明逻辑表达式的正确性，可将真值表中任一组使$L=1$的输入变量取值代入逻辑表达式中，$L=1$；反之，将任一组使$L=0$的输入变量取值代入逻辑表达式中，$L=0$。

由逻辑表达式，先与后或，用逻辑符号表示并正确连接就可以得到如图6-12所示的逻辑图。

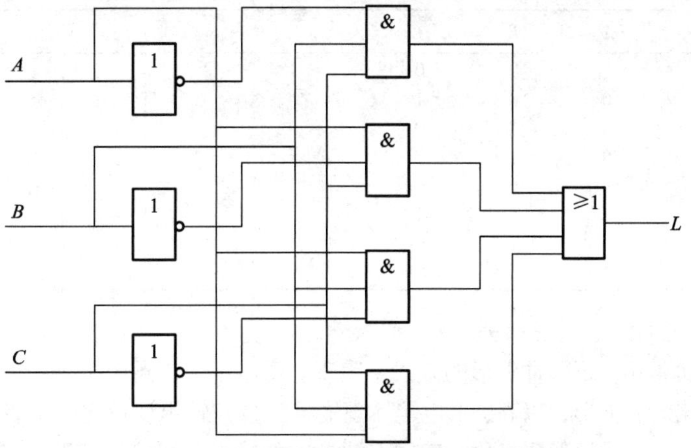

图6-12　表6-8的逻辑电路图

需要注意的是：由真值表得到的逻辑表达式和逻辑图在逻辑功能上是等价的，但不是唯一的。表示同一逻辑功能的逻辑表达式和逻辑图还可以有其他形式。

由于和这些图形符号相对应的电子电路都已经做成了现成的集成电路产品，所以能很方便地将逻辑图实现为具体的硬件电路。

2. 已知逻辑图求逻辑表达式和真值表

如果给出逻辑图，就能够得到对应的逻辑表达式和真值表。

具体步骤为：通过观察，将逻辑图中每个逻辑门的逻辑表达式依次写出来，逐级导出最后的逻辑表达式；然后根据逻辑表达式中的逻辑自变量与因变量的关系，代入输入变量的所有组合取值，计算各个输出值，就可以列出逻辑电路的真值表。

【例 6-10】逻辑电路图如图 6-13 所示，写出逻辑表达式及其真值表。

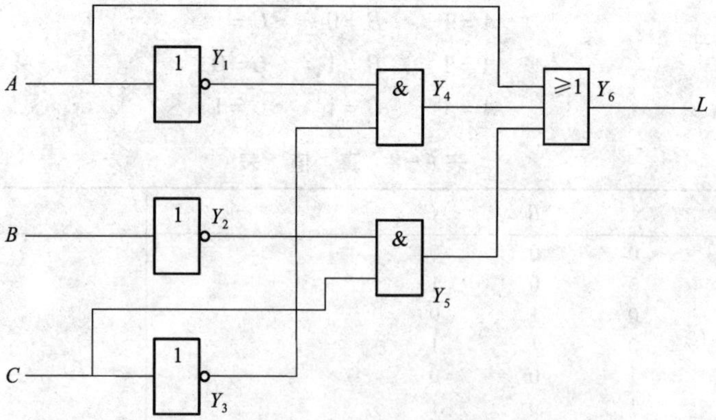

图 6-13　例 6-10 题图

解：按每个门的顺序，标记 $Y_1 \sim Y_6$。写出每个逻辑门输出的逻辑表达式：

$$Y_1 = \overline{A},\ Y_2 = \overline{B},\ Y_3 = \overline{C},\ Y_4 = \overline{A}\,\overline{C},\ Y_5 = \overline{B}C$$

则

$$L = A + Y_4 + Y_5 = A + \overline{A}\,\overline{C} + \overline{B}C$$

将输入变量 A、B、C 的 8 种组合取值一一代入上述逻辑表达式，分别计算出各个 L 值，即可得到图 6-13 所示电路的真值表，如表 6-9 所示。

表 6-9　真　值　表

A	B	C	L
0	0	0	1
0	0	1	1
0	1	0	1
0	1	1	0
1	0	0	1
1	0	1	1
1	1	0	1
1	1	1	1

3. 逻辑表达式的波形图表示法

逻辑表达式也常用矩形脉冲波形的方式来表现。高电平代表逻辑 1，低电平表示逻辑 0，按横轴依次展开画出时间波形，以高、低电平体现输入变量与输出变量之间所有取值的逻辑关系，形象直观。在时序电路中波形图又称**时序图**。波形图的特点是可以用实验仪器，如示波器直接显示电路输出波形。例如，异或门、同或门，以及与门、或门的波形图如图 6-14、图 6-15 所示。

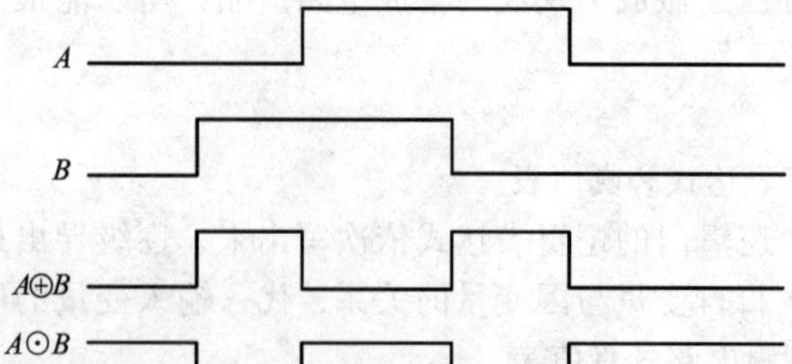

图 6-14　异或门和同或门的波形图

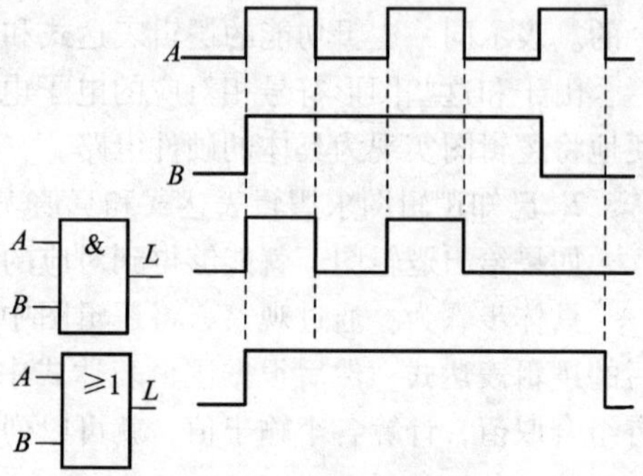

图 6-15　与门和或门的波形图

4. 门电路应用举例

（1）或门应用举例。图6－16所示为两路防盗报警电路，该电路采用了一个两输入端的或门，S_1和S_2为微动开关，可装在门和窗户上，当门和窗户都关上时，开关S_1和S_2闭合，或门输入端全部接地，$A=0$，$B=0$，输出端$F=0$，报警灯不亮。如果门或窗任何一个被打开，相应的开关断开，该输入端经1 kΩ电阻器接至5 V电源，为高电平，故输出也为高电平，报警灯点亮。输出端还可接音响电路实现声光同时报警。

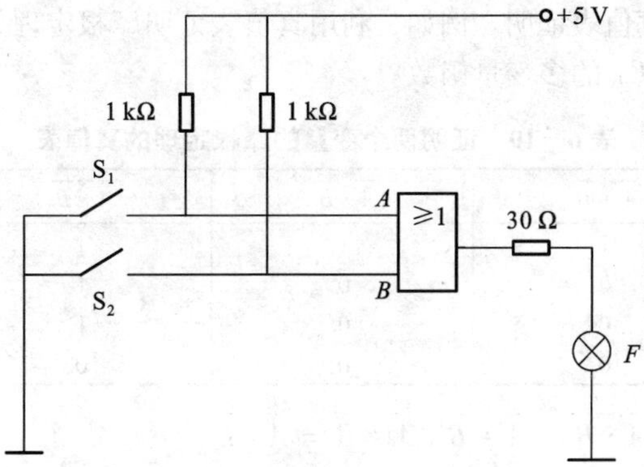

图6－16　两路防盗报警电路

（2）或非门应用举例。图6－17所示为汽车门关闭检测系统，通过传感器可探知，汽车门若是未完全关闭，门检测开关输出高电平H；若是车门完全关闭，门开关输出低电平L。系统可检测若是有一个或多个车门未完全关闭，发光二极管点亮，提示驾驶人关门。

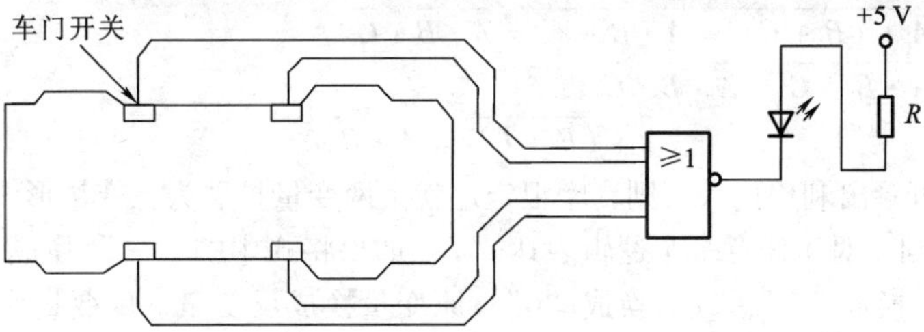

图6－17　汽车门关闭检测系统

6.2.4　逻辑代数的基本定律和规则

1. 基本定律

逻辑代数中有10个基本定律。它是化简逻辑函数、分析和设计逻辑电路的基础，必须熟悉和掌握。

（1）0－1律：　$A\cdot 1=A$，　$A+0=A$

$A\cdot 0=0$，　$A+1=1$

（2）交换律：　$AB=BA$，　$A+B=B+A$

（3）结合律：　$ABC=A(BC)=(AB)C$

$A+B+C=A+(B+C)=(A+B)+C$

（4）分配律：　$A(B+C)=AB+AC$

$A+BC=(A+B)(A+C)$

(5) 重叠律：　　$AA=A,\quad A+A=A$

(6) 互补律：　　$A\overline{A}=0,\quad A+\overline{A}=1$

(7) 吸收律：　　$A+AB=A,\quad A(A+B)=A$

　　　　　　　　$A+\overline{A}B=A+B,\quad A(\overline{A}+B)=AB$

(8) 还原律：　　$\overline{\overline{A}}=A$

(9) 反演律（摩根定理）：　　$\overline{A\cdot B}=\overline{A}+\overline{B},\quad \overline{A+B}=\overline{A}\cdot\overline{B}$

(10) 隐含律：　　$AB+\overline{A}C+BC=AB+\overline{A}C$

以上定律都可以用真值表证明。例如，利用真值表证明摩根定理如表6－10所示。摩根定理适用于任何两个变量以上的多变量函数。

表6－10　证明两个变量的摩根定理的真值表

$A\quad B$	$\overline{A+B}$	$\overline{A}\cdot\overline{B}$	$\overline{A\cdot B}$	$\overline{A}+\overline{B}$
0 0	1	1	1	1
0 1	0	0	1	1
1 0	0	0	1	1
1 1	0	0	0	0

由表6－10可看出：$\overline{A\cdot B}=\overline{A}+\overline{B}$，$\overline{A+B}=\overline{A}\cdot\overline{B}$。

2. 逻辑代数运算的基本规则

(1) 代入规则。在任何一个逻辑等式中，将等式两边的同一变量都用一个相同的逻辑函数代替，等式仍成立，这个规则称为代入规则。应用代入规则可以扩大基本公式、基本定律的应用范围。

【例6－11】 已知 $\overline{A+B}=\overline{A}\cdot\overline{B}$，证明：用 $B+C$ 代替 B 后，等式仍成立。

证明： 左 $=\overline{A+(B+C)}=\overline{A}\cdot\overline{B+C}=\overline{A}\cdot\overline{B}\cdot\overline{C}$

右 $=\overline{A}\cdot\overline{B+C}=\overline{A}\cdot\overline{B}\cdot\overline{C}$

所以

$$\overline{A+(B+C)}=\overline{A}\cdot\overline{B+C}$$

从例6－11可看出利用代入规则，摩根定理就由两变量扩展为三变量形式了。

(2) 反演规则。对于任意一个逻辑表达式 L，如果将式中的“·”换成“+”、将“+”换成“·”；“0”换成“1”、“1”换成“0”；原变量换成反变量、反变量换成原变量，即可求出函数 L 的反函数 $\overline{L}$。

【例6－12】 求 $L=\overline{A}B+A\overline{B}$ 的反函数。

解：

$$\overline{L}=(A+\overline{B})\cdot(\overline{A}+B)=\overline{A}\,\overline{B}+AB$$

应用反演规则时需注意：

① 变换后的运算顺序要保持变换前的优先级不变，即先括号，然后乘，最后加。

② 规则中反变量换成原变量只对单个变量有效，若反号下面包含两个或两个以上变量时，反号应保留不变。

6.3　逻辑函数的化简

在设计逻辑电路过程中，对逻辑函数进行化简具有十分重要的意义。在进行逻辑设计时，由实际问题归纳导出的逻辑表达式往往不是最简形式，或器件所需要的形式。通过对逻辑函数进行化简和变换，可以得到所需的最简函数式，从而设计出最简的逻辑电路。这对节省元器件、降低设计和维修成本及提高产品可靠性是十分重要的。

6.3.1 逻辑函数的代数化简法

1. 逻辑函数的常见形式

一个逻辑函数可以有多种不同的表达式，例如：

$$L_1 = AB + CD \qquad \text{与-或表达式}$$
$$= \overline{\overline{AB} \cdot \overline{CD}} \qquad \text{与非-与非表达式}$$
$$= \overline{(\overline{A} + \overline{B}) \cdot (\overline{C} + \overline{D})} \qquad \text{或与-非表达式}$$
$$= \overline{\overline{A} + \overline{B}} + \overline{\overline{C} + \overline{D}} \qquad \text{或非-或表达式}$$
$$L_2 = (A + B)(C + D) \qquad \text{或-与表达式}$$
$$L_3 = \overline{AB + CD} \qquad \text{与或非表达式}$$

在上述多种表达式中，**与-或**表达式（又称**与或**表达式）是逻辑函数的最基本表达形式。因此，在化简逻辑函数时，通常是将逻辑式化简成最简与或表达式，然后根据需要转换成其他形式。与或表达式可以从真值表直接写出，且只需运用一次摩根定理就可以从最简与或表达式变换为**与非-与非**表达式，从而可以用与非门电路来实现。

例如，要将与-或表达式 $Y = AB\overline{C} + \overline{B}C + BD$ 化为“**与非-与非**”式。只需对 Y 取二次反，运用一次摩根定理即得

$$Y = \overline{\overline{AB\overline{C} + \overline{B}C + BD}} = \overline{\overline{AB\overline{C}} \cdot \overline{\overline{B}C} \cdot \overline{BD}}$$

2. 常用的化简方法

代数化简法又称**公式化简法**。就是利用逻辑代数的基本定律，消去多余的乘积项和每个乘积项中多余的变量。基本的化简方法有并项法、吸收法、消去法和配项法。

（1）并项法。利用 $AB + A\overline{B} = A$，将两项合并为一项，消去一个变量。

（2）吸收法。利用 $A + AB = A$，将多余的乘积项 AB 吸收掉。

（3）消去法。利用 $A + \overline{A}B = A + B$ 和 $AB + \overline{A}C + BC = AB + \overline{A}C$，消去乘积项中的多余变量。

（4）配项法。利用 $A + \overline{A} = 1$，乘某一项，可使其变成两项，再与其他项合并。

【例 6－13】 化简逻辑表达式 $L = AB(BC + A)$。

解：

$$L = ABBC + ABA = ABC + AB = AB(C + 1) = AB$$

【例 6－14】 化简逻辑表达式 $L = (\overline{A} + \overline{B} + \overline{C}) \cdot (B + \overline{B}C + \overline{C}) \cdot (\overline{D} + DE + \overline{E})$。

解：

$$L = (\overline{A} + \overline{B} + \overline{C}) \cdot (B + C + \overline{C}) \cdot (\overline{D} + E + \overline{E})$$
$$= (\overline{A} + \overline{B} + \overline{C}) \cdot (B + 1) \cdot (\overline{D} + 1)$$
$$= \overline{A} + \overline{B} + \overline{C}$$

【例 6－15】 化简逻辑表达式 $L = A\overline{B} + B\overline{C} + \overline{B}C + \overline{A}B$。

解：

$$L = A\overline{B} + B\overline{C} + \overline{B}C(A + \overline{A}) + \overline{A}B(C + \overline{C})$$
$$= A\overline{B} + B\overline{C} + A\overline{B}C + \overline{A}\,\overline{B}C + \overline{A}BC + \overline{A}B\overline{C}$$
$$= A\overline{B}(1 + C) + B\overline{C}(1 + \overline{A}) + \overline{A}C(B + \overline{B})$$
$$= A\overline{B} + B\overline{C} + \overline{A}C$$

注意，化简后的表达式不是唯一的。

【例 6－16】 化简逻辑表达式 $L = \overline{A\overline{C}}B + \overline{A\overline{C} + B} + BC$，并转换为与-非表达式。

解：

$$L = \overline{A\overline{C}}B + \overline{A\overline{C}} \cdot \overline{B} + BC$$
$$= \overline{A\overline{C}}(B + \overline{B}) + BC$$
$$= (\overline{A} + C) + BC = \overline{A} + C(1 + B) = \overline{A} + C = \overline{\overline{\overline{A} + C}} = \overline{A\overline{C}}$$

第 6 章 数字逻辑基础

6.3.2 逻辑函数的卡诺图化简法

利用代数法化简逻辑函数，要求熟练掌握逻辑代数的基本定律和规则，而且要有一定的技巧，特别是化简结果是否最简有时也不能确定。而下面介绍的卡诺图法则是一种图形化简法，它有确定的化简步骤，可以确定最终的化简结果，能比较方便地得到逻辑函数的最简与-或表达式。

1. 逻辑函数的最小项及其表达式

对于有 n 个变量的逻辑函数，可以组成 2^n 个与项（乘积项），如果每个与项中包含全部变量，而且每个变量在与项中都以原变量或反变量的形式出现一次，这样的与项称为逻辑函数的最小项。

例如 A、B、C 三个逻辑变量，可以组成多个与项，但根据最小项的定义，只有 $\overline{A}\,\overline{B}\,\overline{C}$、$\overline{A}\,\overline{B}C$、$\overline{A}B\overline{C}$、$\overline{A}BC$、$A\overline{B}\,\overline{C}$、$A\overline{B}C$、$AB\overline{C}$ 和 ABC 这 8 个与项是三变量 A、B、C 的最小项。这里 $n=3$，所以最小项的个数为 $2^3=8$ 个。

如果变量数很多，则最小项的个数也很多。为了分析方便，常对最小项进行编号，用 m_i 表示。m 代表最小项，i 是 n 个变量取值组合排成二进制数所对应的十进制数。例如 $\overline{A}\,\overline{B}\,\overline{C}$ 用状态 0 和 1 表示为 000，则最小项编号为 m_0；$A\overline{B}C$ 表示为 101，则最小项编号为 m_5；ABC 最小项编号为 m_7 等。有了最小项编号，A、B、C 三变量的所有最小项表达式可写为

$$
\begin{aligned}
L(A,B,C) = m_0 + m_1 + m_2 + \cdots + m_7 &= \sum_i m_i (i = 0,1,2,\cdots,7) \\
&= \sum m(0,1,2,\cdots,7)
\end{aligned}
$$

最小项具有以下性质：

（1）对于任一个最小项，只有一组变量取值使它为 1，而其余各种变量取值均使它为 0。

（2）对于变量的任一组取值，任意两个或多个最小项的乘积恒为 0，而且全部最小项的和为 1。

（3）若两个最小项之间只有一个变量不同（注意 A 和 $\overline{A}$ 算两个变量），则称这两个最小项满足逻辑相邻。两个逻辑相邻的最小项可合并为一项，并消去相反变量。

任何一个逻辑函数都可以写成最小项的形式。

需要注意的是：每个最小项中应包括逻辑表达式中所出现的所有变量，要么是原变量，要么是反变量。

【例 6-17】 将逻辑函数 $L=AB+\overline{B}C$ 写成最小项形式。

解： $$L = AB(C+\overline{C}) + \overline{B}C(A+\overline{A}) = ABC + AB\overline{C} + A\overline{B}C + \overline{A}\,\overline{B}C$$

即逻辑表达式中的与项缺哪个变量，就用哪个变量的原变量加反变量乘以这个与项。

2. 逻辑函数的卡诺图表示法

卡诺图即最小项方格图，是以发明者美国工程师卡诺（Karnaugh）命名的。它是用 2^n 个方格来表示 n 个变量的 2^n 个最小项。卡诺图的特点是按几何相邻反映逻辑相邻规律进行排列，即相邻方格里的最小项**只有一个变量因子不同**。在卡诺图中，将 n 个变量分为两组，即行变量和列变量，分别标注在卡诺图的左上角。行、列变量的取值顺序必须按格雷码排列，以保证相邻位置上的最小项逻辑相邻。

一般为了画图方便，卡诺图有几种表示方法。图 6-18 为卡诺图的 3 种表示方法（以二变量为例）。图 6-19 和图 6-20 分别为三变量和四变量卡诺图的常用表示方法。在化简逻辑函数时，逻辑表达式中存在的最小项通常填“1”。

A \ B	0	1
0	00	01
1	10	11

（a） 数字表示最小项

A \ B	0	1
0	$\overline{A}\overline{B}$	$\overline{A}B$
1	$A\overline{B}$	AB

（b） 直接填入最小项

A \ B	0	1
0	m_0	m_1
1	m_2	m_3

（c） 填入最小项编号

图 6-18　卡诺图的 3 种表示方法

A \ BC	00	01	11	10
0	$\overline{A}\overline{B}\overline{C}$ m_0	$\overline{A}\overline{B}C$ m_1	$\overline{A}BC$ m_3	$\overline{A}B\overline{C}$ m_2
1	$A\overline{B}\overline{C}$ m_4	$A\overline{B}C$ m_5	ABC m_7	$AB\overline{C}$ m_6

图 6-19　三变量卡诺图

AB \ CD	00	01	11	10
00	$\overline{A}\overline{B}\overline{C}\overline{D}$ m_0	$\overline{A}\overline{B}\overline{C}D$ m_1	$\overline{A}\overline{B}CD$ m_3	$\overline{A}\overline{B}C\overline{D}$ m_2
01	$\overline{A}B\overline{C}\overline{D}$ m_4	$\overline{A}B\overline{C}D$ m_5	$\overline{A}BCD$ m_7	$\overline{A}BC\overline{D}$ m_6
11	$AB\overline{C}\overline{D}$ m_{12}	$AB\overline{C}D$ m_{13}	$ABCD$ m_{15}	$ABC\overline{D}$ m_{14}
10	$A\overline{B}\overline{C}\overline{D}$ m_8	$A\overline{B}\overline{C}D$ m_9	$A\overline{B}CD$ m_{11}	$A\overline{B}C\overline{D}$ m_{10}

图 6-20　四变量卡诺图

仔细观察上面所得各种变量的卡诺图，其共同特点是可以直接观察相邻项。也就是说，各小方格对应于各变量不同的组合，而且上下左右在几何上相邻的方格内**只有一个变量因子有差别**，这个重要特点成为卡诺图化简逻辑函数的主要依据。

要指出的是，卡诺图水平方向同一行里，**最左端**和**最右端**的两个方格也是符合上述相邻规律的，例如，m_4 和 m_6 的差别仅在 C 和 $\overline{C}$。同样，垂直方向同一列里**最上端**和**最下端**的两个方格也是相邻的，这是因为都只有一个因子有差别。这个特点说明卡诺图呈现**循环邻接**的特性。

【例 6-18】 用卡诺图表示逻辑函数 $L = BC + C\overline{D} + \overline{B}CD + \overline{A}\,\overline{C}D$。

解： 首先应把逻辑函数式化为最小项形式，即

$$\begin{aligned}L &= (A+\overline{A})BC(D+\overline{D}) + (A+\overline{A})(B+\overline{B})C\overline{D} + (A+\overline{A})\,\overline{B}CD + \overline{A}(B+\overline{B})\,\overline{C}D \\ &= ABCD + ABC\overline{D} + \overline{A}BCD + \overline{A}BC\overline{D} + A\overline{B}C\overline{D} + \overline{A}\,\overline{B}C\overline{D} + A\overline{B}CD + \overline{A}\,\overline{B}CD + \\ &\quad \overline{A}B\overline{C}D + \overline{A}\,\overline{B}\,\overline{C}D \\ &= \sum(m_1, m_2, m_3, m_5, m_6, m_7, m_{10}, m_{11}, m_{14}, m_{15}) \\ &= \sum m(1,2,3,5,6,7,10,11,14,15)\end{aligned}$$

画出四变量的卡诺图，将对应于函数式中最小项的方格位置上填 1，其余位置上填 0 或空格，则可得到如图 6-21 所示的函数 L 的卡诺图。

AB \ CD	00	01	11	10
00	0	1	1	1
01	0	1	1	1
11	0	0	1	1
10	0	0	1	1

图 6-21　例 6-18 题图

3. 用卡诺图化简逻辑函数

卡诺图化简法实际是利用 $AB + A\overline{B} = A$ 将两个最小项合并消去一个或几个变量。

卡诺图化简法具体步骤如下：

（1） 画出逻辑函数的卡诺图。

（2） 圈出卡诺图中相邻的最小项。

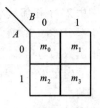

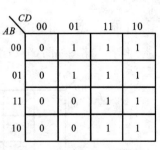

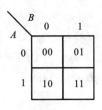

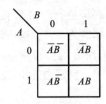

把卡诺图中 2^n 个相邻最小项用框圈起来进行合并，直到所有为 1 的项被圈完为止。画框的规则：每个框只能圈 2^n 项，且只有相邻的为 1 项才能圈到一起；框要尽可能大而且尽可能少，这样逻辑函数的与项和或项就少，但所有为 1 的项都必须被圈到；每个为 1 的项可以被圈多次，但每个框内至少有一项是首次被圈。需要注意的是，同一行或同一列的首尾（靠边）方格也是相邻的。

（3）相邻最小项进行合并。**两个相邻**项可以合并为一项，消去一个互为反变量的变量，保留相同的变量；**四个相邻**项可以合并为一项，消去两个互为反变量的变量，保留相同的变量；**八个相邻**项可以合并为一项，消去三个互为反变量的变量，保留相同的变量；依次类推。另外，孤立的、无任何相邻的最小项则无法合并，在表达式中原样写出。

（4）把每个框圈合并后得到的与项再进行逻辑加，即可得到化简后的逻辑函数式。

【例 6－19】 用卡诺图法化简逻辑函数 $L=\bar{A}\bar{B}C+\bar{A}BC+A\bar{B}C+ABC$。

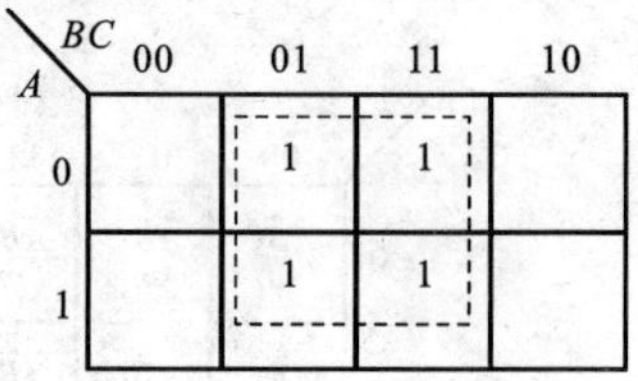

图 6－22　例 6－19 题图

解： 逻辑函数 L 的卡诺图如图 6－22 所示，为了方便，把函数式中存在的项用“1”填入方格中。

把相邻的项用框圈起来，然后合并，得到

$$L=C$$

可见，框里有四项可以消去两个变量。

【例 6－20】 用卡诺图法化简逻辑函数 $L=A\bar{C}+\bar{A}C+B\bar{C}+\bar{B}C$。

解： 首先把逻辑函数式化为最小项形式，即

$$L=AB\bar{C}+A\bar{B}\bar{C}+\bar{A}BC+\bar{A}\bar{B}C+\bar{A}B\bar{C}+A\bar{B}C$$

$$=\sum m(1,2,3,4,5,6)$$

卡诺图如图 6－23 所示，把相邻项用框圈起来，然后合并，得到

$$L=\bar{A}C+B\bar{C}+A\bar{B}$$

可见，框里有两项可以消去一个变量。

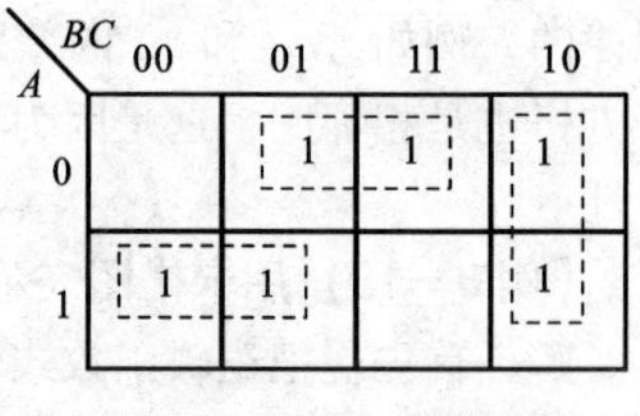

图 6－23　例 6－20 题图

【例 6－21】 用卡诺图化简逻辑函数 $L=\sum m(2,6,7,8,9,10,11,13,14,15)$。

解： 卡诺图如图 6－24 所示。

把相邻项按画框的规则用框圈起来，然后合并，得到

$$L=A\bar{B}+AD+BC+C\bar{D}$$

【例 6－22】 用卡诺图化简逻辑函数 $L=\sum m(0,1,2,3,4,5,8,10,11,12)$。

解： 卡诺图如图 6－25 所示。

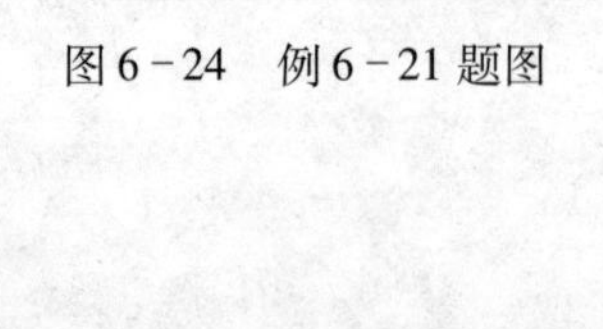

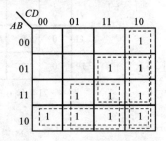

图 6－24　例 6－21 题图

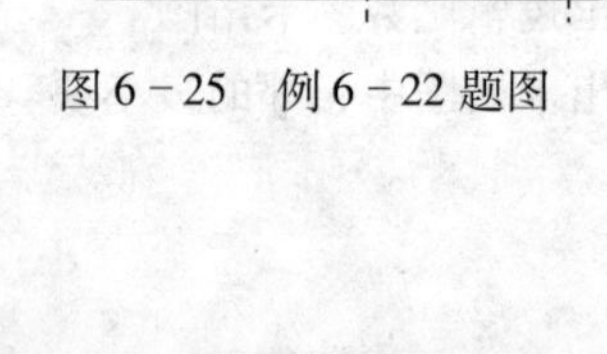

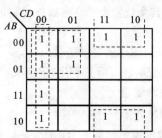

图 6－25　例 6－22 题图

把相邻项按画框的规则用框圈起来，然后合并，得到

$$L = \overline{A}\,\overline{C} + \overline{B}C + \overline{C}\,\overline{D}$$

4. 约束项的逻辑函数及其化简

（1）约束项的定义。前面所讨论的逻辑函数，对于每一组输入变量的取值组合，其输出是确定的。而有些情况下，逻辑函数的某些输入变量的取值组合是不可能出现的，或者不允许出现，即 n 变量的逻辑函数输出值不一定与其 2^n 个最小项都有关，称那些与逻辑函数值无关的最小项为约束项或无关项。

例如 8421BCD 码中，1010 ~ 1111 这 6 种代码是不允许出现的，这 6 种代码所对应的 6 个最小项就是无关项。

相对于前面表示逻辑函数的 m，无关项用 d 来表示。例如：

$$L = \sum m(1,2,4,5,7,10,14,15) + \sum d(0,3,6,9,11,12)$$

式中，$\sum m$ 部分为使函数值为 1 的最小项；$\sum d$ 部分为与函数无关的约束项。

（2）利用无关项化简逻辑函数。在卡诺图和真值表中，无关项用"×"来表示，因为约束项与逻辑函数输出值无关，所以其值可以为"1"，也可以为"0"。画框时可以把约束项画在框里，令其为 1，使框里的项更多。但要注意的是：画框的原则不变，而且框里的项不能全都是约束项。

【例 6－23】 利用约束项化简逻辑函数

$$L = \sum m(0,1,2,3,6,8) + \sum d(10,11,12,13,14,15)$$

解： 卡诺图如图 6－26 所示。

把相邻项按画框的规则用框圈起来，其中令约束项 d_{10} 和 d_{14} 为 1，然后合并。得到

$$L = \overline{A}\,\overline{B} + C\overline{D} + \overline{B}\,\overline{D}$$

【例 6－24】 利用约束项化简逻辑函数 $L=\sum m(0,1,2,3,4,5,6,9)$。约束条件为 $AB+AC=0$。

解： 首先将约束条件写成最小项形式为

$$AB(C+\overline{C})\cdot(D+\overline{D}) + A(B+\overline{B})C(D+\overline{D}) = 0$$

即
$$ABCD + ABC\overline{D} + AB\overline{C}D + AB\overline{C}\,\overline{D} + A\overline{B}CD + A\overline{B}C\overline{D} = 0$$

或者
$$\sum d(10,11,12,13,14,15) = 0$$

卡诺图如图 6－27 所示。

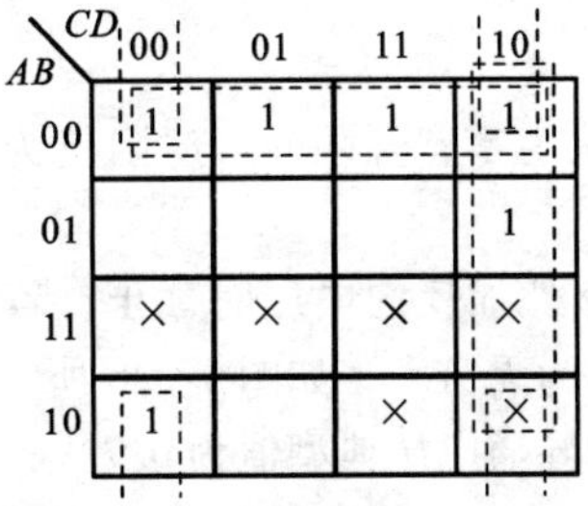

图 6－26　例 6－23 题图

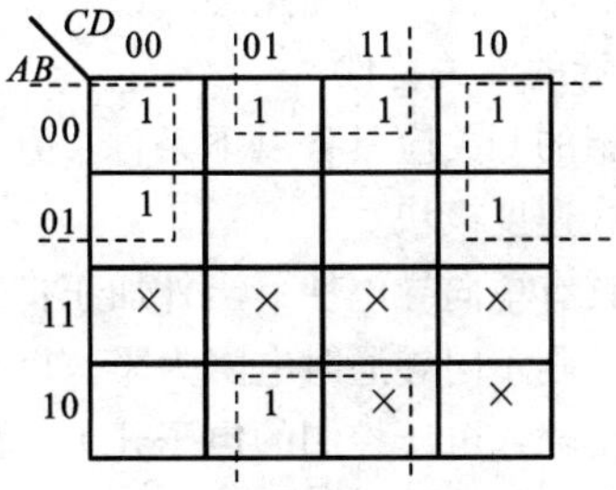

图 6－27　例 6－24 题图

把相邻项按画框的规则用框圈起来，其中令约束项 d_{11} 为 1，然后合并。得到

$$L = \overline{A}\,\overline{D} + \overline{B}D$$

由例 6－23 和例 6－24 可以看出，利用约束项，可以使逻辑函数更为简单。

总之，卡诺图化简法的主要优点是简单直观，而且有一定的化简步骤可循。这种方法易

于掌握，也易于避免差错。卡诺图化简法的缺点是函数的变量不能太多，用于四变量及四变量以下的函数化简较为方便。公式法化简的优点是没有变量个数上的限制，但在化简一些复杂的逻辑表达式时，需要有一定的运算技巧和经验。

6.4 基本逻辑门电路

门电路是数字电路中最基本的逻辑元件，是用以实现基本逻辑运算和复合逻辑运算的单元电路的通称。本节介绍由分立元件组成的基本逻辑门的电路结构；TTL 与非逻辑门和 CMOS 非逻辑门、与非逻辑门的电路结构；三态门结构及工作原理。重点放在掌握集成逻辑门电路的逻辑功能和外部特性，以及器件的使用方法上。

在数字电路中，大量运用着执行基本逻辑操作的电路。能够实现逻辑运算的电路称为逻辑门电路，简称门电路。什么是逻辑操作？例如，有的电气设备在送电时，必须先送低压、后送高压，送低压是送高压的条件，这就是一种逻辑操作。门电路的输入信号和输出信号是用信号的**有无**、电平的**高低**来表示的。

早期的门电路主要由继电器的触点构成，后来采用二极管、三极管，目前则广泛应用集成电路。在数字集成电路的发展过程中，同时存在着两种类型器件的发展主线。一种是由三极管组成的**双极型**集成电路，例如**晶体管-晶体管逻辑电路**（Transistor - Transistor Logic，TTL）及射极耦合逻辑电路（Emitter Coupled Logic，ECL）等；另一种是由 MOS 管组成的**单极型**集成电路，例如 N - MOS 逻辑电路、P - MOS 逻辑电路和互补 MOS（简称 CMOS）逻辑电路。20 世纪 80 年代中期出现了 CMOS 电路，有效地克服了 TTL 和 ECL 集成电路中存在的单元电路结构复杂，器件之间需要外加电隔离、功耗大、密度低的缺点。

小规模集成电路（SSI，每片数十个器件）；中规模集成电路（MSI，每片数百个器件）；大规模集成电路（LSI，每片数千个器件）；超大规模集成电路（VLSI，每片器件数目大于 1 万）。

6.4.1 二极管和三极管的开关特性

在逻辑电路中，逻辑变量的取值是用电路的两种相反状态来表示的。例如，用逻辑“1”表示灯亮，用逻辑“0”表示灯灭。电路的状态是靠二极管或三极管控制的。为了便于今后更好地分析门电路，首先必须熟悉二极管和三极管的开关特性。

1. 二极管的开关特性

一个理想的开关应具备以下条件：开关闭合时阻抗为零；开关断开时阻抗为无穷大；开关的状态转换速度极快。

二极管具有单向导电性，当外加正向电压时**导通**，外加反向电压时**截止**，若认为二极管是理想元件，则正向导通时电阻为零，反向截止时电阻为无穷大，如图 6 - 28 所示。所以它相当于一个只受输入电压控制的**电子开关**。硅材料二极管导通电压典型值为 0.7 V；锗材料二极管导通电压典型值为 0.2 V。

2. 三极管的开关特性

三极管的输出特性曲线如图 6 - 29 所示。由输出特性曲线可知，三极管可分为 3 个区域：**截止区**、**放大区**和**饱和区**。特别当三极管工作在截止区和饱和区时，电参数也表现为对立的两个状态，可以作为开关使用。

（1）在共射三极管放大电路工作过程中，当 u_I 为高电平时，只要合理选择电路参数，使

其满足基极电流 i_B 大于临界饱和值 I_{BS}，即 $i_B \geqslant I_{BS}$，或

$$i_B = \frac{u_I - U_{BE}}{R_b} \geqslant I_{BS} = \frac{I_{CS}}{\beta} = \frac{U_{CC} - U_{CES}}{\beta R_c} \approx \frac{U_{CC}}{\beta R_c}$$

则三极管工作在饱和区，这时饱和压降 $U_{CES} \approx 0$，相当于开关**闭合**，$u_O = U_{OL} \approx 0$。

（2）当 u_I 为低电平时，此时三极管的发射结电压小于死区电压，满足截止条件，所以三极管截止，即有 $i_B \approx 0$。故三极管工作在截止区，相当于开关**断开**，$u_O = U_{OH} = U_{CC}$。

简言之，如果把三极管的集电极、发射极之间等效成一个电子开关，当三极管饱和时，$U_{CES} \approx 0$，如同开关被接通，其间电阻很小；当三极管截止时，$I_C \approx 0$，如同开关被断开，其间电阻很大，这就是三极管的开关作用。逻辑门电路主要就是利用三极管的开关作用进行工作的。

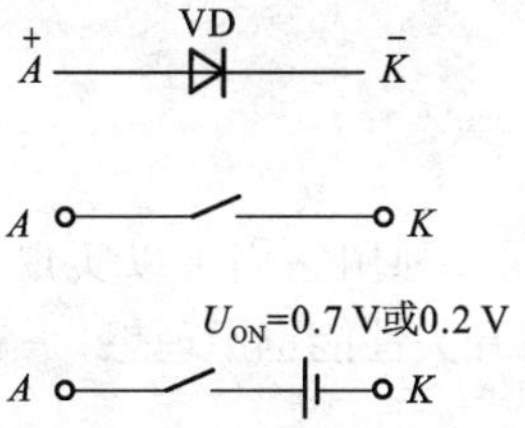

图 6-28　二极管的开关电路特性

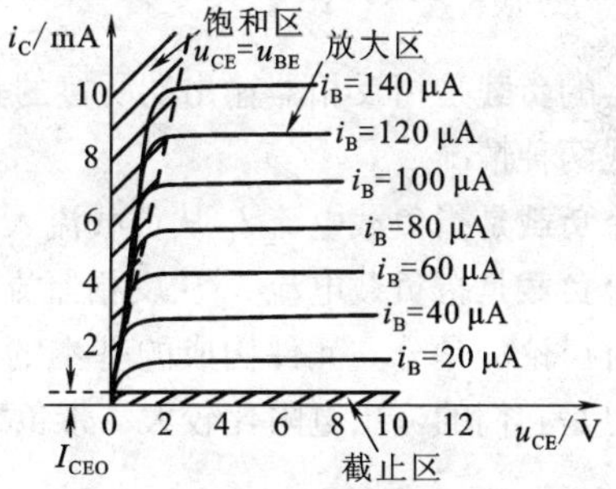

图 6-29　三极管的输出特性曲线

6.4.2　二极管与门

由二极管组成的与门电路如图 6-30 所示。A、B 为信号输入端，L 为输出端，设电源电压为 5 V。**注意**：二极管看作理想元件。

（1）A、B 都为高电平：$U_A = U_B = 5$ V，二极管 VD_1、VD_2 均截止，则 $U_L = 5$ V，即输出 L 为高电平。

（2）A 为高电平、B 为低电平：$U_A = 5$ V，$U_B = 0$ V，二极管 VD_2 导通，由于钳位作用，$U_L \approx 0$ V，VD_1 截止，则 $U_L = 0$ V，即输出 L 为低电平。

（3）A 为低电平、B 为高电平：$U_A = 0$ V，$U_B = 5$ V，二极管 VD_1 导通，VD_2 截止，则 $U_L = 0$ V，即输出 L 为低电平。

（4）A、B 都为低电平：$U_A = U_B = 0$ V，二极管 VD_1、VD_2 均导通，则 $U_L = 0$ V，即输出 L 为低电平。

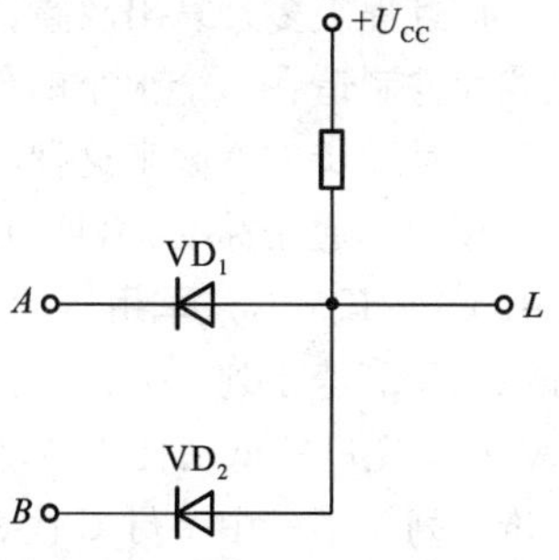

图 6-30　二极管组成的与门电路

由以上分析可知，该电路实现的是**与逻辑**关系：只要有一个输入为低电平，输出就为低电平；只有输入全部为高电平，输出才为高电平。同样，由二极管也可以组成或门电路。

6.4.3　三极管非门（反相器）

三极管非门电路如图 6-31 所示。

当输入信号 u_I 为低电平时，三极管的发射结处于反向偏置，三极管截止，输出为高电平；当输入信号为 u_I 为高电平时，三极管饱和导通，输出低电平（饱和压降为 0.3 V）。由以上分析可知，该电路实现的是**非逻辑**关系。要注意的是：为了保证反相器有充分的饱和和可靠的截止，在电路电源 U_{CC} 一定的前提下，要合理选择三极管的放大系数 β 及 R_1、R_2 和 R_C。

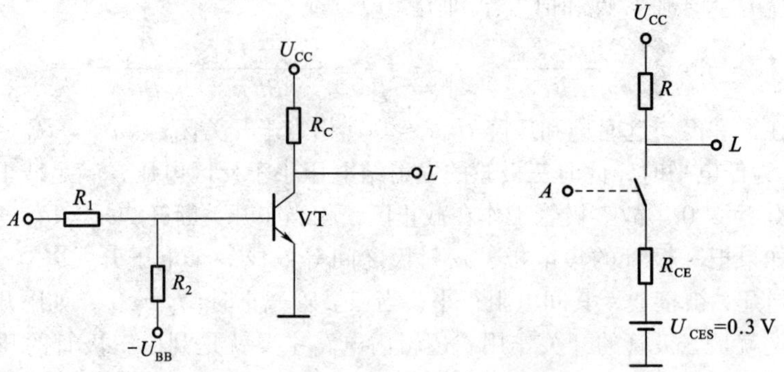

图 6-31　三极管组成的非门电路及其等效图

反相器的**负载**是指反相器输出端所接的其他电路（如其他门电路）。它分为**灌电流负载**和**拉电流负载**两种情况。

灌电流负载是指负载电流 I_L 从负载流入反相器。

拉电流负载是指负载电流 I_L 从反相器流入负载。

以上所讨论的是分立元件构成的基本的与、或、非门，利用它们可以实现与、或、非逻辑运算。但是它们的输出电阻比较大，带负载的能力差，开关性能也不理想，一般使用不多。

6.5　TTL 集成逻辑门电路

TTL 电路是晶体管-晶体管逻辑（Transistor - Transistor Logic，TTL）门电路的简称，是双极型集成逻辑门电路中应用最广泛的门电路。早先采用分立元件焊接成的门电路，不仅体积大，而且焊点多，易出故障，使得电路可靠性下降。集成门电路是通过特殊工艺方法将所有电路元件制造在一个很小的硅片上，其优点是体积小、质量小、功耗小、成本低、可靠性提高。于是逐步发展起来这种新的电路形式——TTL 门电路。

按国际通用标准，TTL 电路根据工作温度可分为：74 系列（0 ~ 70 ℃，**民用**）和 54 系列（-55 ~ +125 ℃，**军用**）两种，实际应用中只使用 74 系列；根据工作速度和功耗可分为：标准系列、高速系列（H）、肖特基系列（S）、低功耗肖特基（LS）系列、先进的肖特基系列（AS）和先进的低功耗肖特基（ALS）系列。国产的 TTL 电路命名为 CT74/54 系列，又称 TTL 标准系列，第一个字母 C 代表中国，T 代表 TTL；它们对应型号的门电路逻辑功能和引脚图与国际标准基本是一样的。本书举例将以最常用的 74 × × 系列和 74LS × × 系列门电路为主。

6.5.1　TTL 与非门电路

1. 电路结构

每个系列的 TTL 与非门基本都是由输入级、中间级（倒相级）和输出级组成。图 6-32 为 TTL 与非门内部电路。

输入级通常由多发射极三极管组成，如图 6-32 所示，把 VT_1 看成是发射极独立而基极和集电极分别并联在一起的三极管。输入级完成“与”逻辑功能。

中间级由 VT_2 组成，其集电极和发射极输出的信号相位相反。由这两个相位相反的信号去控制输出级的 VT_3 和 VT_5，所以中间级又称倒相级。

输出级由 VT_3、VT_4 和 VT_5 组成，采用推拉式结构。其中，VT_3、VT_4 组成复合三极管，

作为 VT_5 的有源负载，既可以改善开关特性又可以提高电路的带负载能力。

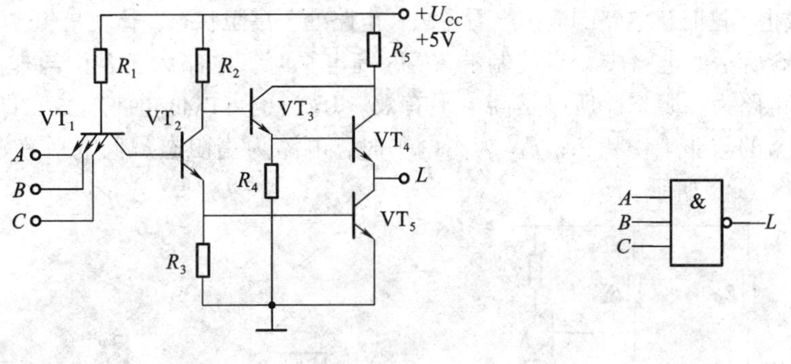

（a）电路结构　　　　　　　　（b）逻辑符号

图 6-32　TTL 与非门内部电路（74H 系列）

2. 工作原理

假设输入端的输入信号 u_I 的高电平 $U_{IH}=3.4\ V$，低电平 $U_{IL}=0.3\ V$。

（1）当输入端 A、B 只要有一个为低电平，VT_1 对应的发射极即可导通。VT_1 的基极电位 U_{B1} 约为 $U_{BEQ}+U_{IL}=(0.7+0.3)V=1\ V$。很明显，这个电压不够使 VT_2、VT_5 导通，所以 VT_2、VT_5 截止。这样电源 U_{CC} 经电阻器 R_1 产生的 VT_1 的基极电流就比较大，使得 VT_1 工作在深度饱和状态，$U_{CES1}\approx 0.3\ V$，则 $U_{B2}=U_{CES1}+U_{IL}=0.6\ V$，$VT_2$ 截止。由于 VT_2 截止，其集电极电位接近电源电压 U_{CC}，使 VT_3、VT_4 导通，而 VT_5 是截止的，所以输出为高电平。其值为

$$U_{OH}=U_{CC}-I_{BQ3}R_2-U_{BEQ3}-U_{BEQ4}\approx 3.6\ V\text{（忽略 }I_{BQ3}\text{ 不计）}$$

（2）当输入端 A、B 都为高电平时，电源 U_{CC} 通过 R_1 分别加在 VT_1 的发射结和集电结上。看起来 VT_1、VT_2、VT_5 都应该导通，但是 VT_2、VT_5 导通后使得 VT_1 的基极电位为 2.1 V。此时，VT_1 的发射极电位为 3.4 V，所以 VT_1 的发射结反偏。由于 VT_2 导通，其集电极对地电位 U_{C2} 下降，如果参数选择合适，可以使 VT_2 饱和导通。那么 VT_3、VT_4 截止，而 VT_5 虽然集电极电流约为 0，但由于其基极电流大，使得 VT_5 仍然是饱和导通的，所以输出为低电平。其值为

$$U_{OL}=U_{CES}\approx 0.3\ V$$

通过以上分析可知，该电路实现了与非功能。

要注意的是：在实际工作中，TTL 与非门输出端常接有其他门电路作为负载，可以是灌电流负载或拉电流负载，若负载向 VT_5 灌入电流，则 VT_5 的饱和深度变浅，所以负载不能超过规定数目。

6.5.2　TTL 三态门电路

TTL 三态门（Three State Gate）又称 TS 门或 TSL（Tristate Logic）门。

1. 电路结构与工作原理

三态门与普通与非门不同的是：除了输出正常的高、低电平两个状态之外，还有一个输出电阻极高的**高阻**状态，或称**开路**状态。其电路及逻辑符号如图 6-33 所示。A、B 为输入端，EN 称为使能控制端（Enable）。

当 EN 为高电平时，二极管 VD_1 截止，此时 TS 门同普通的 TTL 与非门一样，输出完全取决于输入端 A 和 B 的状态。

当 EN 为低电平时，二极管 VD_1 导通，使 VT_1、VT_2 的基极电位为 1 V 左右，那么 VT_2、VT_3、VT_4 均截止。这时从电路的输出端看进去，电路处于**高阻状态**，这就是 TS 门的**第三状态**。

在图 6－33 所示的电路中，当控制端 EN 为高电平时，电路为正常的**与非**工作状态；EN 为低电平时，电路为高阻态，所以是高电平有效。TS 门也可以低电平有效，即 EN 为低电平时，电路为正常的与非工作状态；EN 为高电平时，电路为**高阻态**。低电平有效的 TS 门逻辑符号如图 6－33（c）所示。

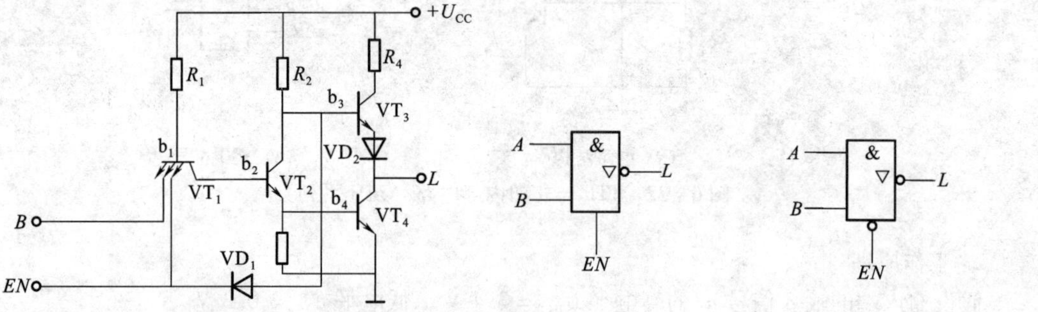

（a）高电平有效的电路结构　（b）逻辑符号（高电平有效）　（c）逻辑符号（低电平有效）

图 6－33　TTL 三态门电路及其逻辑符号

2. 应用举例

TS 门可以实现同一条传输线上分时传递几个门电路信号，所以在计算机系统中经常被用作数据传递，电路如图 6－34 所示。

电路工作时，各 TS 门的控制端 EN 仅有一个为有效电平，这样就可以把每个门的输出信号轮流送至传输线上。这条传输线又称总线（BUS）。

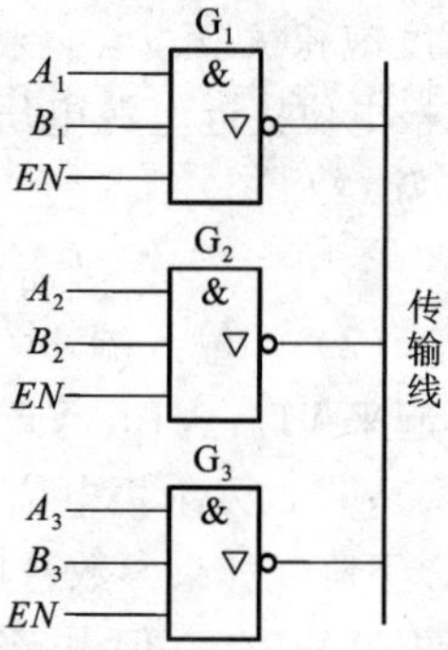

图 6－34　用 TS 门实现总线传输

6.5.3　逻辑门的外部特性及主要参数

同使用分立元器件需要掌握其特性和参数一样，要正确选择和使用集成逻辑门电路，必须掌握其外部特性及主要参数。

（1）电压传输特性。逻辑门的电压传输特性是指其输出电压与输入电压之间的关系，即 $u_O = f(u_I)$。通常用电压传输特性曲线来表示，图 6－35 为 TTL 与非门的电压传输特性。由图中可看出，随着 u_I 的增大，u_O 的变化过程可分为 3 段：AB 段、BCD 段和 DE 段。AB 段，输入为低电平，输出为高电平；BCD 段称为转折区，随着输入电压 u_I 的增加（即由低电平向高电平转换），输出电压开始降低（即由高电平向低电平转换）；DE 段，输入为高电平，输出为低电平。

（2）**阈值电压** U_T。在电压传输特性中，转折区中点所对应的输入电压值称为阈值电压 U_T。

（3）**标准输出高电平** U_{OH} 和**标准输出低电平** U_{OL}。U_{OH} 和 U_{OL} 都是在额定负载下测出的。U_{OH} 对应于传输特性中的 AB 段，一般把输出高电平的下限值称为标准输出高电平；U_{OL} 对应于传输特性中的 DE 段，一般把输出低电平的上限值称为标准输出低电平。

（4）**关门电平和开门电平**。图 6－35 中，U_{OFF} 称为**关门电平**，是指在保证输出为额定高电平的 90% 时允许的最大输入低电平值；U_{ON} 称为**开门电平**，是指在保证输出为额定低电平时允许的最小输入高电平值。

（5）**噪声容限电压**。噪声容限电压分为低电平噪声容限电压和高电平噪声容限电压两种。

低电平噪声容限电压 U_{NL}：在保证输出高电平至少为额定高电平的 90% 时，允许加在输入低电平上的噪声电压（或干扰电压）为

$$U_{NL} = U_{OFF} - U_{IL}$$

高电平噪声容限电压 U_{NH}：在保证输出为低电平时，允许加在输入高电平上的噪声电压（或干扰电压）为

$$U_{NH} = U_{IH} - U_{ON}$$

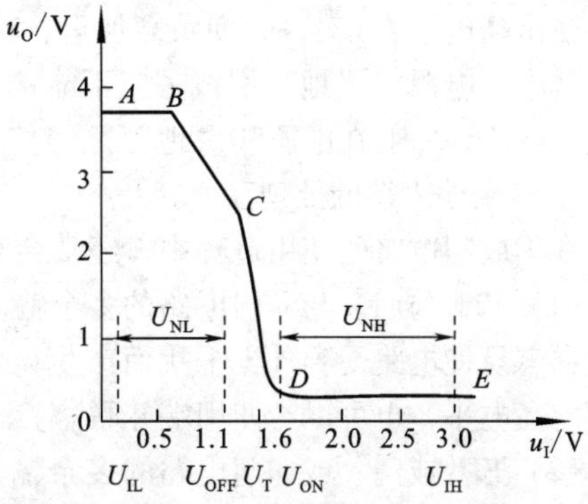

图 6－35　TTL 与非门的电压传输特性

噪声容限电压是用来说明门电路抗干扰能力的参数，其值大，则抗干扰能力强。

（6）**扇出系数** N_O。扇出系数是指输出端的一个与非门最多能驱动同类与非门的个数，它表示逻辑门电路的带负载能力。输出特性是确定扇出系数的依据。如果输出端的最大额定灌电流为 $I_{O\max}$、输入短路电流为 I_{IS}，那么

$$N_O = \frac{I_{O\max}}{I_{IS}}$$

式中，$I_{O\max}$ 为输出电压 U_O 不大于 0.35 V 时输出端允许的最大灌电流；I_{IS} 为输入短路电流。

对一般 TTL“与非”门，N_O 的典型值为 8～10。

（7）**平均传输延迟时间**。如果在与非门的输入端加一个脉冲电压，那么会在一定的时间之后输出端才有输出信号，这个时间称为**延迟时间**，如图 6－36 所示。从输入脉冲上升沿的 50% 处到输出脉冲下降沿的 50% 处的时间称为上升延迟时间 t_{pd1}；从输入脉冲下降沿的 50% 处到输出脉冲上升沿的 50% 处的时间称为下降延迟时间 t_{pd2}。二者的平均值称为平均延迟时间 t_{pd}。

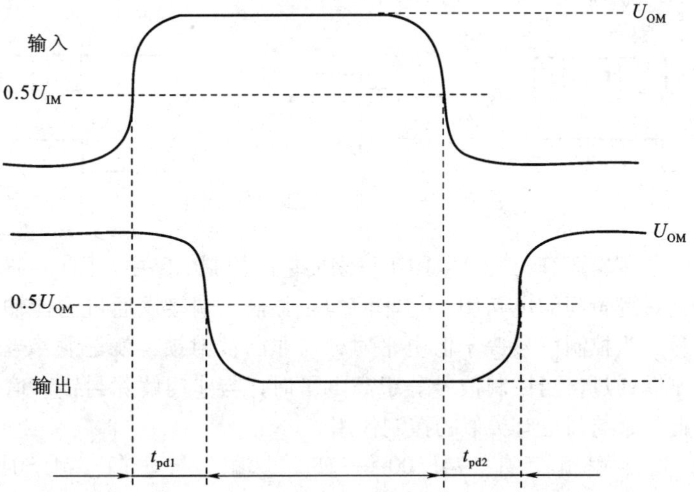

图 6－36　考虑延迟时间的输入、输出电压波形

6.5.4　TTL 逻辑门使用中的注意事项

1. 电源和接地

TTL 电路的电源电压变化范围应控制在 U_{CC}（5 V）的 10% 以内，电源电压升高会导致门

电路输出高电平 U_{OH}升高，使负载加重、功耗增大；电源电压降低会使 U_{OH}减小，高电平噪声容限减小。电源与“地”引线一定不能接反，输出端不允许电源或“地”短路；为了消除动态尖峰电流，一般在电源和“地”之间接入滤波电容器。

2. 多余输入端的处理

在集成门电路的使用过程中，经常会有用不到的多余输入端。

（1）TTL 与门、与非门电路的多余输入端可以悬空处理。从理论上分析相当于接高电平，但这样容易使电路受到外界干扰而产生误动作，所以对这类电路的多余输入端常常接正电源或固定高电平，也可以与使用端并联。

（2）TTL 或门、或非门电路的多余输入端不能悬空，应采取直接接地的方式，以保证电路逻辑工作的正确性，也可以与使用端并联。

门电路多余输入端的处理方法如图 6－37 所示。

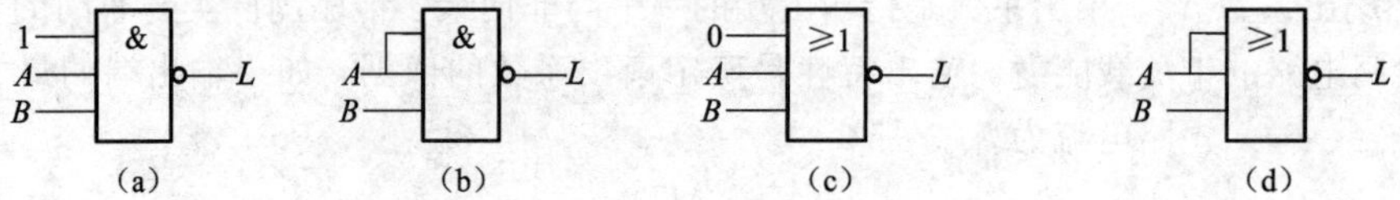

图 6－37　门电路多余输入端的处理方法

3. 电路外引线端的连接

（1）各输入端不能直接与高于 5.5 V 或低于 0.5 V 的低内阻电源连接，否则会因电流过大烧毁电路。

（2）输出端应通过电阻与低内阻电源连接。

（3）输出端接有较大容性负载时，应串入电阻器，防止电路在接通瞬间电流过大损坏电路。

【例 6－25】分析图 6－38 中与非门的作用。

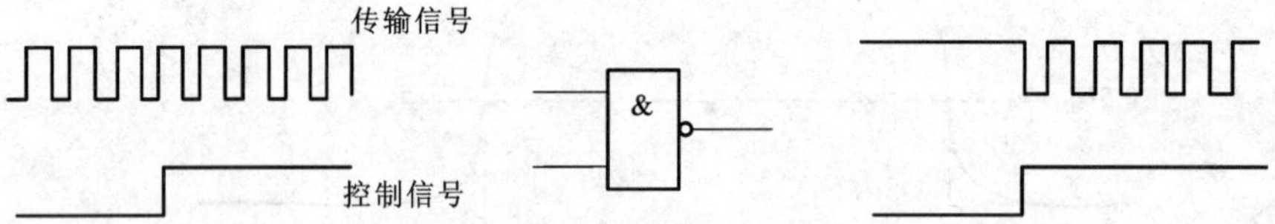

图 6－38　与非门的控制作用图

解：与非门除了逻辑运算，还可以用于许多简单的控制电路中。图 6－38 是与非门用于控制一路信号能否通过逻辑门的电路图，与非门的一个输入端接欲通过的传输信号，另外一个输入端接控制信号。当控制信号等于低电平时，与非门被**封锁**，就是说，与非门将输出高电平，使传输信号不能通过；当控制信号等于高电平时，与非门解除封锁，信号可以反相的形式通过与非门。此外，与门也有类似的控制作用。

常用的 TTL 集成逻辑门有：74LS00——四－二输入与非门，74LS04——六反相器，74LS20——二－四输入与非门，74LS08——四－二输入与门，74LS02——四－二输入或非门和 74LS86——异或门等。74 系列集成门电路实物图，如图 6－39 所示。

4. TTL 与非门举例——74LS00

74LS00 是一种典型的 TTL 与非门器件，内部含有 4 个 2 输入端与非门，共有 14 个引脚，引脚排列图如图 6－40 所示。

图 6-39　74 系列集成门电路实物图

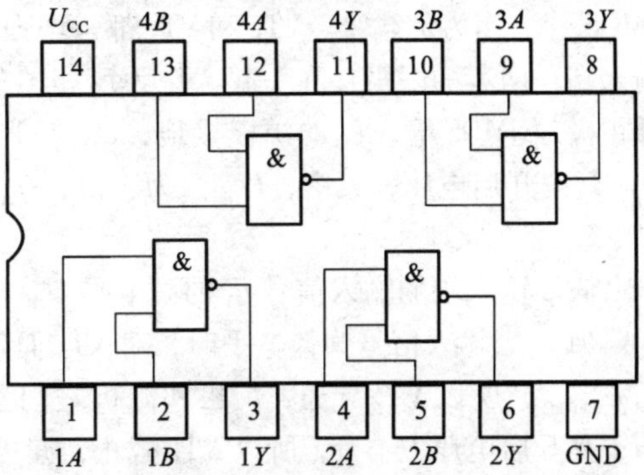

图 6-40　74LS00 引脚排列图

6.6　CMOS 集成逻辑门电路

TTL 集成逻辑门电路是以三极管为基础的，所以是双极型电路。此外，还有一种以场效应管为基础的单极型集成逻辑门电路，即 MOS 集成逻辑门电路。

MOS 门电路根据电路中所选 MOS 管的不同，可分为 3 种类型：PMOS 门电路（由 P 沟道的 MOS 管构成）、NMOS 门电路（由 N 沟道的 MOS 管构成）以及由 N 沟道和 P 沟道 MOS 组成的互补集成电路——CMOS 门电路，CMOS 门电路是在前两种电路的基础上改进和发展起来的，相比之下性能更优。由于 CMOS 门电路的静态功耗低、抗干扰能力强、稳定性好、工作速度快，所以是目前发展最快、使用最广的一种集成电路。目前常用的 CMOS 器件为 4000 系列和新型的高速 CMOS 器件 74HC 系列。

6.6.1　CMOS 反相器（非门）

场效应管回顾。第 2 章讲到，场效应管有两种类型：**结型**场效应管和**绝缘栅型**场效应管。数字电路主要使用绝缘栅型场效应管，又称 MOS 管，可以分成增强型和耗尽型两大类，每一类中又有 N 沟道和 P 沟道之分。

MOS 管是一种电压控制器件。开关性能类似三极管，它也具有 3 种工作状态。栅极（g）、漏极（d）和源极（s），当栅极加上 u_I 小于开户电压 $U_{GS(th)}$ 时，漏极和源极之间没有形成导电沟道，MOS 管截止，漏极和源极之间的沟道电阻约为 $10^{10}\Omega$，相当于开关**断开**。

当 u_I 大于开启电压 $U_{GS(th)}$ 时，漏极和源极之间开始导通。当 u_I 远大于开启电压 $U_{GS(th)}$ 时，MOS 管完全导通，相当于开关**闭合**。此时漏极和源极之间的沟道电阻最小，约为 1 000 Ω。

从以上分析可看出，可以把 MOS 管的漏极和源极当作一个受栅极电压控制的开关使用，即当 $u_I > U_{GS(th)}$ 时，相当于开关闭合；当 $u_I < U_{GS(th)}$ 时，相当于开关断开。

本章 $U_{GS(th)}$ 也习惯写为 $U_{th(on)}$，都是指增强型 MOS 管的开启电压。

增强型 PMOS 管的开管特性与增强型 NMOS 管类似，不同的是此时所加的栅源电压和漏源电压都为负值，开启电压也为负值。

1. 电路结构

CMOS 逻辑电路的含义是电路采用互补的 N 沟 MOS 场效应管和 P 沟 MOS 场效应管。在 CMOS 管中使用最多的是增强型 MOS 管的开关特性。

CMOS 反相器的电路结构如图 6-41 所示。其中，VT_1 是 NMOS 管，作为驱动管；VT_2 是

PMOS 管，作为负载管。VT_1 和 VT_2 都是增强型 MOS 管。二者的栅极接在一起，作为反相器的输入端；两者的漏极接在一起，作为反相器的输出端。工作时要求 PMOS 管 VT_2 的源极接电源正极，NMOS 管 VT_1 的源极接地；$U_{DD} > |U_{2th(on)}| + U_{1th(on)}$。$U_{1th(on)}$ 和 $U_{2th(on)}$ 分别为 VT_1 和 VT_2 管的开启电压，其中，$U_{1th(on)}$ 为正值，$U_{2th(on)}$ 为负值。

2. 工作原理

假设输入端的输入信号 u_I 的高电平 $U_{IH} = +U_{DD}$，低电平 $U_{IL} = 0$ V。

（1）当输入信号为低电平时，对 VT_2 而言，栅源电压 $U_{GS2} = -U_{DD}$，绝对值大于其开启电压 $U_{2th(on)}$，所以 VT_2 导通，漏极和源极之间呈低阻状态；对 VT_1 而言，栅源电压 $U_{GS1} = 0$ V，小于其开启电压 $U_{1th(on)}$，所以 VT_1 截止，漏极和源极之间高阻状态，$u_O \approx +U_{DD}$，输出为高电平，等效图如图 6－41（b）所示。

（2）当输入信号为高电平时，对 VT_2 而言，栅源电压 $U_{GS2} = 0$ V，绝对值小于其开启电压 $U_{2th(on)}$，所以 VT_2 截止，漏极和源极之间呈高阻状态；对 VT_1 而言，栅源电压 $U_{GS1} = +U_{DD}$，大于其开启电压 $U_{1th(on)}$，所以 VT_1 导通，漏极和源极之间呈低阻状态，$u_O \approx 0$ V，输出为低电平，等效图如图 6－41（c）所示。

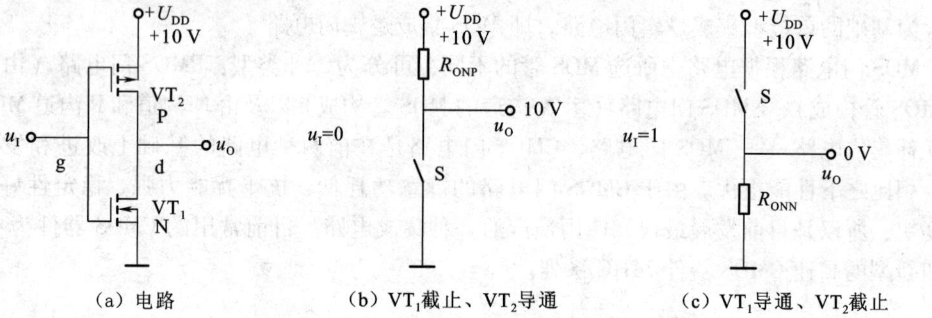

图 6－41　CMOS 反相器的电路结构

通过以上分析可知，该电路实现了逻辑非功能。

6.6.2　CMOS 逻辑门使用中应注意的问题

TTL 逻辑门电路的使用注意事项，一般对 CMOS 逻辑门电路也适用。但 CMOS 逻辑门电路由于输入电阻高，容易使栅极产生静电击穿，所以要特别注意以下几点：

1. 保存

存放 CMOS 逻辑门时，要注意屏蔽。一般放在金属容器内或用金属把引脚短接起来。

2. 多余输入端的处理

CMOS 逻辑门电路的输入端绝对**不允许悬空**。因为 CMOS 逻辑门电路的输入电阻高，极易受干扰而破坏其逻辑关系。一般与门和与非门的多余输入端接正电源或固定高电平；或门和或非门的多余输入端则接地。

3. 电源和接地

CMOS 逻辑门电路电源电压的波动范围应该有一定的限度，输入、输出电压不能超过电源电压的范围。如果系统有两个以上的电源，使用时应遵循 CMOS 逻辑门电源“先开后关”的原则。组装、焊接时，电烙铁应该接地，最好用电烙铁的余热快速焊接，而且所用仪器、仪表及工作台也要良好接地。

6.6.3 数字集成电路系列介绍

前面介绍的 TTL 门的技术规范标准，以及国际标准 TTL 系列，不仅仅适合于逻辑门，对其他 TTL 系列的集成电路都是适用的。

对于一般的应用场合，使用最多的 TTL 系列是低功耗肖特基系列，即 CT74/74LS 系列。对于 CMOS 系列使用最多的是标准 CMOS 系列和高速 CMOS 系列，即 CC4000 系列和 54/74HC 系列。与 CC4000 系列对应的还有 CD4000 系列以及 MOTOROLA 公司产品 MC14000 系列。一般情况下最后 3 位数如果是一样的，那么产品的类型和规格也是一样的。

图 6-42 中给出了几种常用集成门电路的外引脚排列图。依次是：74LS04——六反相器；74LS08——四-二输入与门；74LS00——四-二输入与非门；74LS20——二-四输入与非门；CD4011——四-二输入端与非门；CD4001——四-二输入端或非门。Y 为输出端，NC 为空脚。

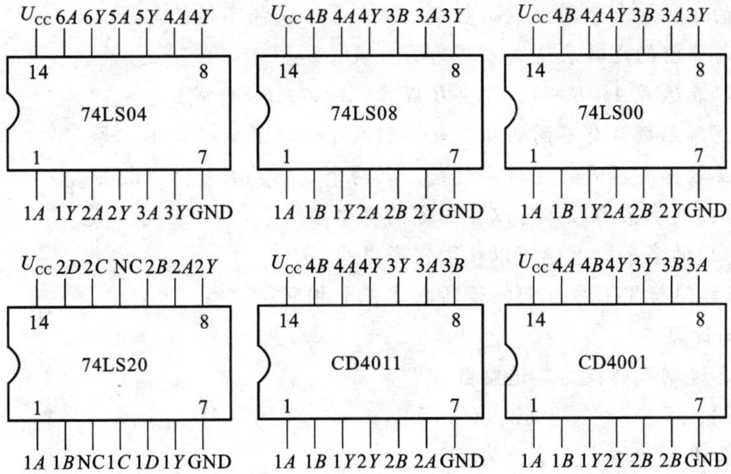

图 6-42 几种常用集成门电路的外引脚排列图

习 题

一、填空题

1. 模拟信号是指在时间和数值上都是________的信号；数字信号是指在时间和数值上都是________的信号。

2. $(32B)_{16}=(\_\_\_\_\_\_)_2=(\_\_\_\_\_\_)_{10}=(\_\_\_\_\_\_)_8$。

3. $(5E.C)_{16}=(\_\_\_\_\_\_)_2=(\_\_\_\_\_\_)_{10}=(\_\_\_\_\_\_)_8$。

4. 逻辑函数 $L=\overline{A}+B+\overline{CD}$ 的反函数为________。

5. 逻辑函数的常用表示方法有________、________和________。

6. CMOS 门电路的闲置输入端不能________，对于与门应当接到________电平，对于或门应当接到________电平。

二、选择题

1. 十进制数 $(25)_{10}$ 转换为二进制数为（　　）。

A. 10110　　B. 11001　　C. 10011　　D. 11011

2. 与十进制数 $(53.5)_{10}$ 等值的数或代码为（　　）。

A. 01010011.0101　　B. $(35.8)_{16}$　　C. (110101.1)　　D. $(65.4)_8$

3. 与八进制数 $(47.3)_8$ 等值的数为（　　）。

A. $(27.3)_{16}$　　B. $(100111.11)_2$　　C. $(27.6)_{16}$　　D. $(100111.01)_2$

4. 常用的 BCD 码有（　　）、（　　）、（　　）、（　　）和（　　）。其中（　　）和（　　）为无权码。

A. 5421 码　　B. 奇偶检验码　　C. 8421 码　　D. 格雷码

E. 余 3 码　　F. 2421 码

5. 两个变量的摩根定理：$\overline{AB}=$（　　）。

A. $\overline{A}\,\overline{B}$　　B. $\overline{A}+\overline{B}$　　C. $A+\overline{B}$　　D. $\overline{A}+B$

6. 约束项在卡诺图中既可以为（　　），也可以为（　　）。

A. 0　　B. 1　　C. 高电平　　D. 低电平

三、判断题

1. 三态门的 3 种状态分别为：高电平、低电平、不高不低的电压。（　　）
2. 两输入与非门的逻辑表达式可写为 $L=\overline{A+B}$。（　　）
3. 因为逻辑表达式 $A+B+AB=A+B$ 成立，所以 $AB=0$ 成立。（　　）
4. 若两个逻辑函数具有不同的真值表，则两个逻辑函数必然不相等。（　　）
5. 若两个函数具有不同的逻辑函数式，则两个逻辑函数必然不相等。（　　）
6. TTL 与非门的多余输入端可以接固定高电平。（　　）
7. TTL 或非门的多余输入端可以接固定高电平。（　　）
8. CMOS 或非门与 TTL 或非门的逻辑功能完全相同。（　　）

四、化简与计算

1. 将下列各进制数转换为二进制数。

（1）$(9)_{10}$；　（2）$(20.5)_{10}$；　（3）$(4D)_{16}$；　（4）$(34)_8$。

2. 将下列各进制数转换为十进制数。

（1）$(11011)_2$；　（2）$(101.11)_2$；　（3）$(3A9)_{16}$；　（4）$(17)_8$。

3. 有一组数码为 10111101，作为自然二进制数和 BCD 码时，其各自对应的十进制数为多少？

4. 用真值表证明下列恒等式。

（1）$A\overline{B}+\overline{A}B=(A+B)(\overline{A}+\overline{B})$；　（2）$(A\oplus B)\oplus C=A\oplus(B\oplus C)$。

5. 用公式法化简下列逻辑函数。

（1）$L=\overline{A}\,\overline{B}\,\overline{C}+A+B+C$；　（2）$L=\overline{\overline{A}BC}(B+\overline{C})$；

（3）$L=AB+AC+\overline{A}B+\overline{B}C$；　（4）$L=ABC+BC\overline{D}+B\overline{C}+CD$；

（5）$L=A+A\overline{B}\,\overline{C}+\overline{A}CD+(\overline{C}+\overline{D})E$；　（6）$L=A(B\oplus C)+ABC+A\overline{B}\,\overline{C}$。

6. 写出如图 6-43 所示逻辑图的函数表达式，并写出它们的真值表。

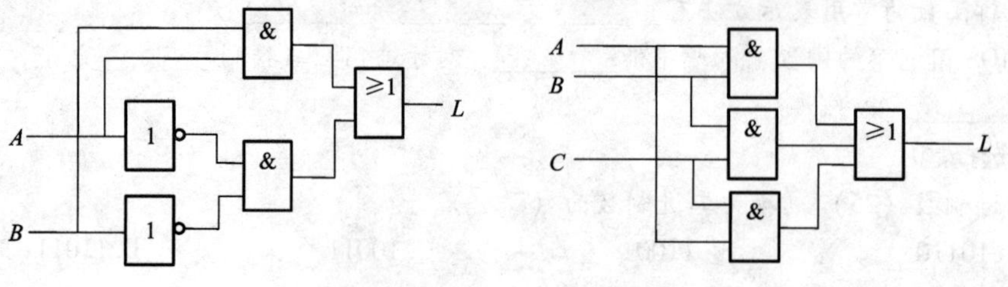

(a)　　(b)

图 6-43　题 6 图

7. 由下列真值表6－11写出逻辑表达式。

表6－11　题　7　表

A	B	C	L_1	L_2
0	0	0	0	0
0	0	1	1	0
0	1	0	1	0
0	1	1	0	1
1	0	0	1	0
1	0	1	0	1
1	1	0	0	1
1	1	1	1	1

8. 将下列函数展开为最小项表达式。

(1) $L=AB+BC+CD$；　　(2) $L=\overline{AC+\bar{A}BC+\bar{B}C}+AB\bar{C}$。

9. 用卡诺图法化简下列逻辑函数。

(1) $L=B\bar{C}+\bar{B}C+\bar{A}C+A\bar{C}$；

(2) $L=\bar{A}\bar{B}+BC+\bar{A}B$；

(3) $L=\bar{A}\bar{B}C+B\bar{C}D+\bar{A}BC+A\bar{B}\bar{C}+AB\bar{C}\bar{D}+ABCD$；

(4) $L(A,B,C,D)=\sum m(0,1,2,3,4,5,8,10,11,12)$；

(5) $L(A,B,C,D)=\sum m(2,3,6,7,8,9,10,11,13,14,15)$；

(6) $L(A,B,C,D)=\sum m(0,2,4,5,6,7,8,10,13,14,15)$。

10. 用卡诺图法化简下列具有约束条件的逻辑函数。

(1) $L(A,B,C,D)=\sum m(0,1,4,9,12,13)+\sum d(2,3,6,10,11,14)$；

(2) $L(A,B,C,D)=\sum m(2,4,6,7,12,15)+\sum d(0,1,3,8,9,11)$。

11. 开关电路如图6－44所示。请分析电路并写出LED发光与开关A、B、C动作之间关系的逻辑表达式。

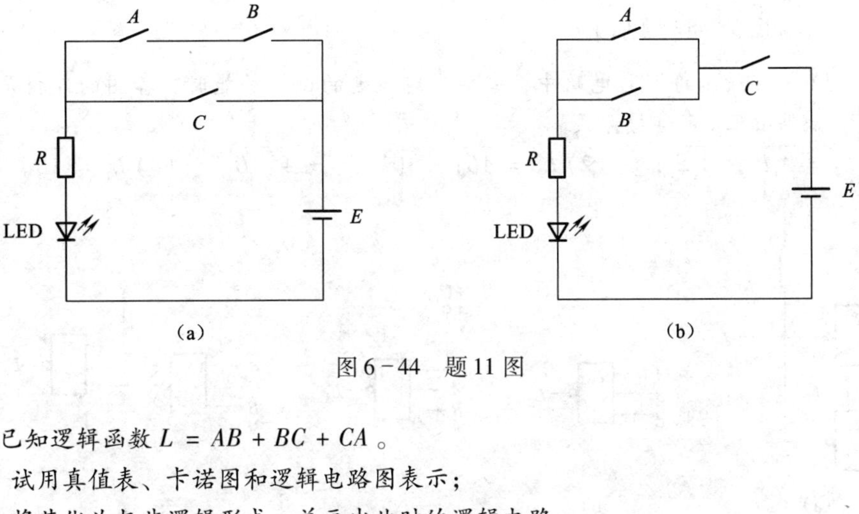

图6－44　题11图

12. 已知逻辑函数$L=AB+BC+CA$。

(1) 试用真值表、卡诺图和逻辑电路图表示；

(2) 将其化为与非逻辑形式，并画出此时的逻辑电路。

13. 逻辑电路如图 6-45 所示，写出该电路的输出逻辑表达式，并进行化简。

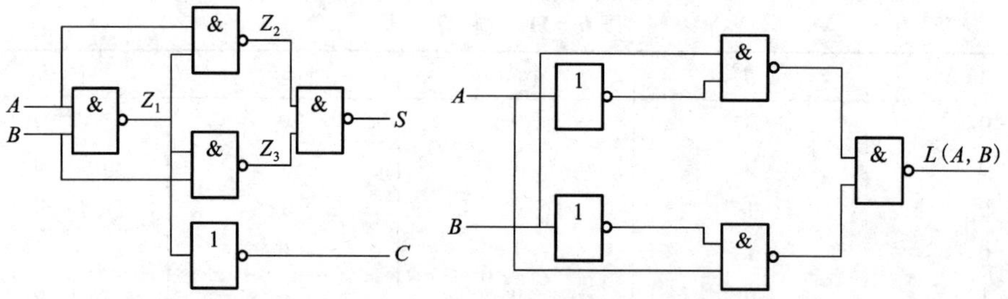

（a）（b）

图 6-45 题 13 图

五、分析计算题

1. 当 u_A、u_B 是两输入端门的输入波形时，如图 6-46 所示，试画出对应下列门的输出波形，对齐波形。(1) 与门；(2) 与非门；(3) 或门；(4) 异或门。

2. 晶体管为什么可以作为开关使用？其工作在饱和及截止状态的条件分别是什么？

3. 某 CMOS 逻辑门的电路如图 6-47 所示。其中 VT_1、VT_2 是 NMOS 管，作为驱动管；VT_3、VT_4 是 PMOS 管，作为负载管。VT_1、VT_2、VT_3、VT_4 都是增强型 MOS 管。试分析电路的逻辑功能。

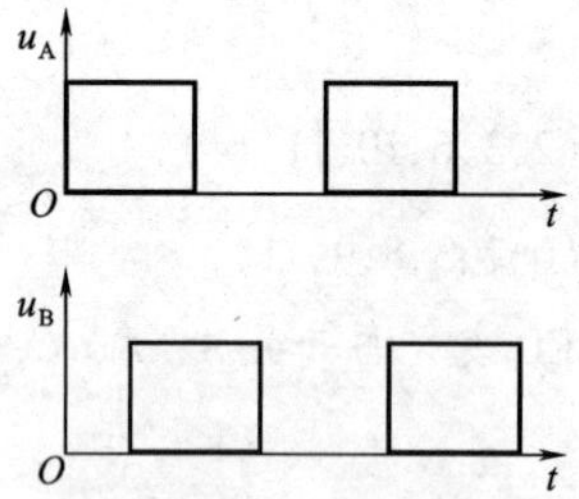

图 6-46 题 1 图

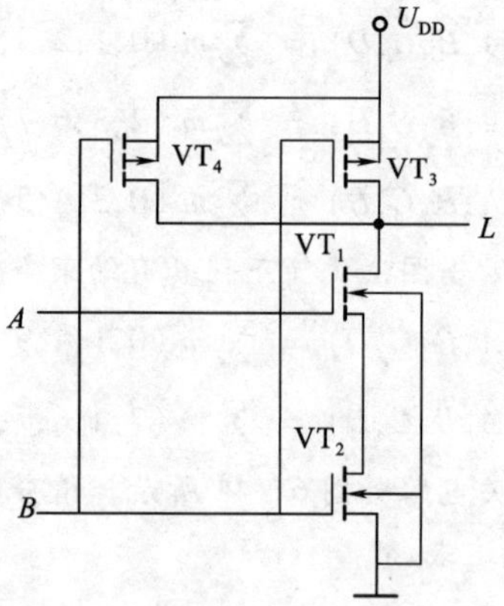

图 6-47 题 3 图

4. 在图 6-48 所示的 TTL 电路中，若要实现规定的逻辑功能时，各图的连接是否正确？如有错误，试画出正确的连接方式。

(1) $L_1 = \overline{A_1B_1 + A_2B_2}$；　(2) $L_2 = \overline{AB}$；　(3) $L_3 = \overline{A + B}$；　(4) $L_4 = \overline{AB}$。

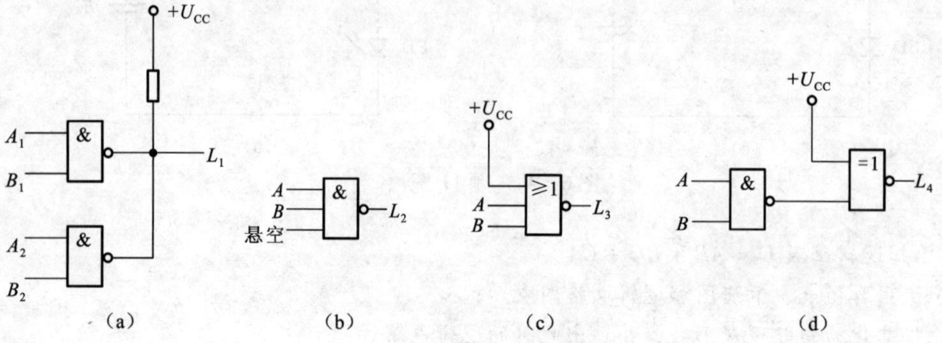

（a）（b）（c）（d）

图 6-48 题 4 图

5. 在图 6-49 所示 TTL 电路中。试求：

(1) 写出 L_1、L_2、L_3 及 L_4 的逻辑表达式；

(2) 已知 A、B、C 的波形，分别画出 $L_1 \sim L_2$ 的波形。

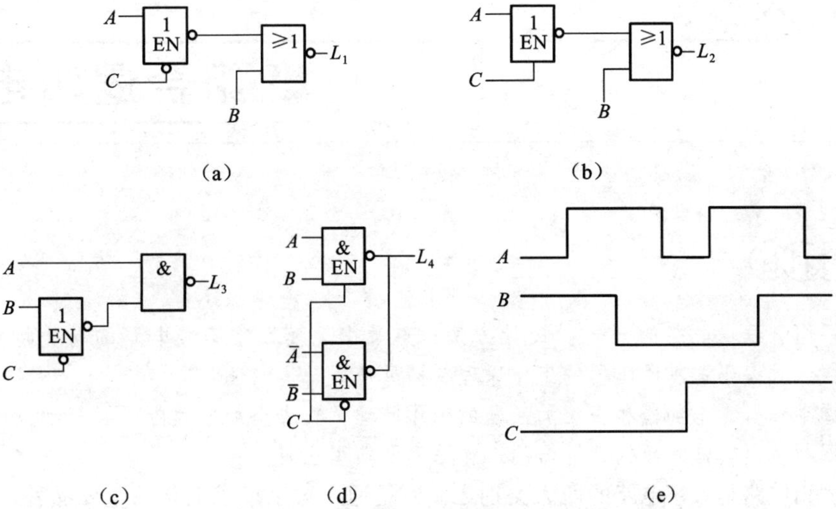

图 6-49　题 5 图

6. 电路如图 6-50 所示，试用表格方式列出各门电路的名称，输出逻辑表达式，以及当 $ABCD = 1001$ 时，各输出函数的值。

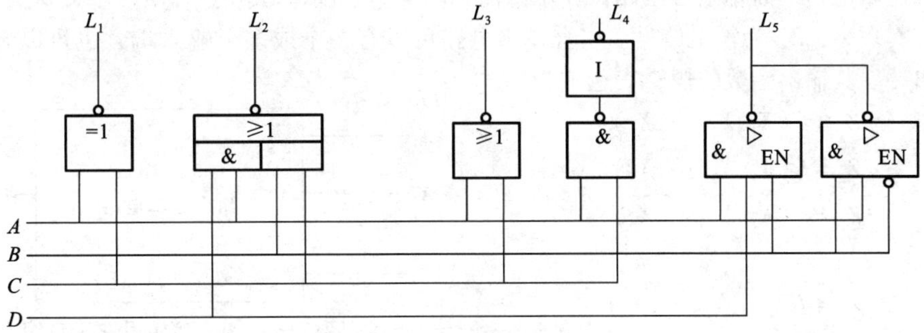

图 6-50　题 6 图

7. 图 6-51 所示数字控制电路是汽车安全带绑紧检测装置简图，试说明其工作原理。

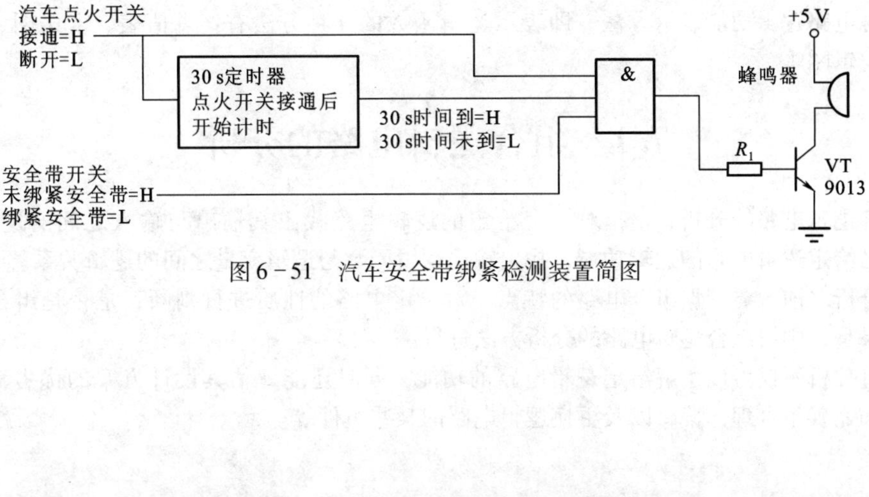

图 6-51　汽车安全带绑紧检测装置简图

第7章 组合逻辑电路

学习目标

- 掌握组合逻辑电路的分析和设计方法；熟悉中规模数字集成电路的功能特点和应用，掌握各种编码器、译码器的工作原理及拓展应用。
- 掌握半加器、全加器和多位加法器的工作原理及集成全加器的应用。
- 掌握数值比较器和数据选择器的工作原理及典型应用。

组合逻辑电路是数字电路的两大类别之一，是通用数字集成电路的重要品种，用途十分广泛。数字电路按逻辑功能的不同，可分为**组合逻辑电路**和**时序逻辑电路**两大类。

组合逻辑电路是指电路在任一时刻的输出状态只与该时刻各输入状态的组合有关，而与电路前一时刻的状态（即原状态）无关。

组合逻辑电路，简称**组合电路**。其示意图如图 7 -1 所示。其中 X_1，X_2，…，X_n 为输入信号，Z_1，Z_2，…，Z_m 为输出信号。组合逻辑电路可以有一个或多个输入端，也可以有一个或多个输出端。其输出函数的逻辑表达式为

$$
\begin{aligned}
Z_1 &= f_1(X_1, X_2, \cdots, X_n) \\
Z_2 &= f_2(X_1, X_2, \cdots, X_n) \\
Z_3 &= f_3(X_1, X_2, \cdots, X_n) \\
&\cdots \\
Z_m &= f_m(X_1, X_2, \cdots, X_n)
\end{aligned}
$$

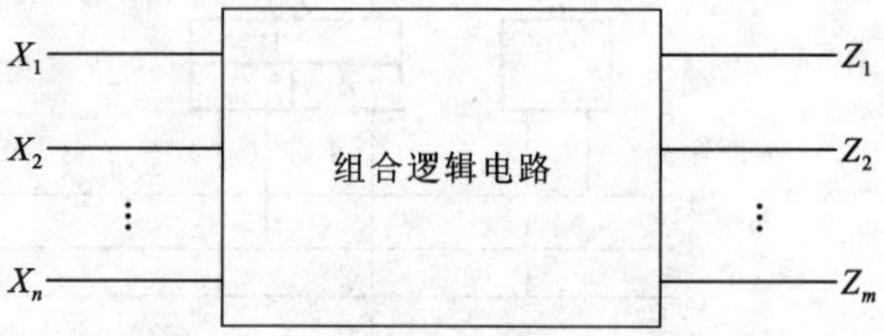

图7 -1　组合逻辑电路示意图

组合逻辑电路具有以下特点：组合逻辑电路不含存储元件，不具有记忆保持功能。没有从输出至输入的反馈回路。组合电路是由逻辑门构成的，它是数字逻辑电路的基础。

组合电路逻辑功能表示方法，即表示逻辑函数的几种方法有：真值表、卡诺图、逻辑表达式、逻辑图等。

7.1　组合逻辑电路的分析

组合逻辑电路的分析，是指对一个给定的逻辑电路找出其输出与输入之间的逻辑关系，即分析已给定逻辑电路的逻辑功能，找出输出逻辑函数与逻辑变量之间的逻辑关系。

在分析之前，要依据组合电路的特点，对给定电路的性质进行判断，是否是组合逻辑电路，如果是，则按组合逻辑电路的分析方法进行。

通过分析不仅可以了解给定逻辑电路的功能，同时还能评估其设计方案的优劣，以便考虑改进和完善不合理方案，以及更换逻辑电路的某些组件等。

7.1.1　组合逻辑电路的一般分析步骤

(1) 根据已给的逻辑电路图，从输入到输出逐级写出逻辑函数表达式；也可以由输出向输入逐级反推。

(2) 如果所得到的逻辑表达式不是最简，需要利用公式法或卡诺图法进行化简，得到最简逻辑表达式。

(3) 由逻辑表达式写出真值表。

(4) 根据真值表的状态变化规律，分析和确定电路图的逻辑功能。

上述步骤可用图 7－2 所示流程图表示。一般情况下，组合逻辑电路的功能是按上述步骤分析的，但对于具体的应用电路，有时可以直接分析其逻辑功能。

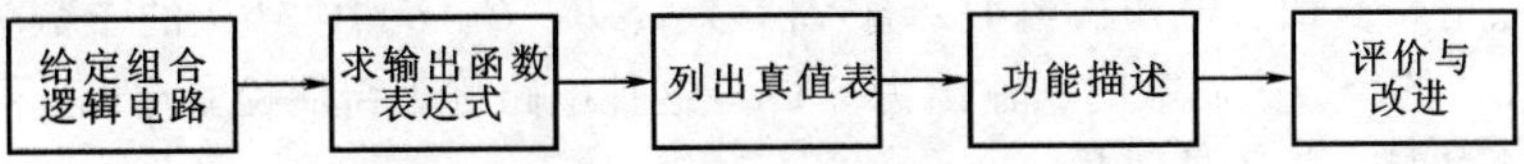

图 7－2　组合逻辑电路的一般分析步骤

7.1.2　组合逻辑电路的分析举例

【例 7－1】 分析如图 7－3 所示组合逻辑电路的逻辑功能。

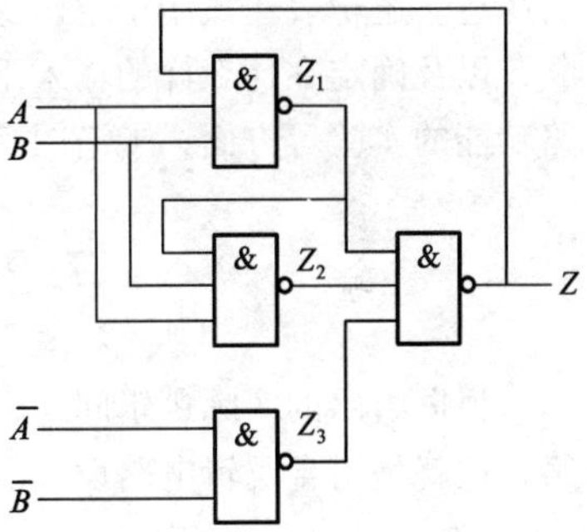

图 7－3　例 7－1 题图

解： (1) 由逻辑电路逐级写出逻辑表达式为

$$Z_1 = \overline{ABZ},\quad Z_2 = \overline{ABZ_1},\quad Z_3 = \overline{\bar{A}\,\bar{B}}$$

$$\begin{aligned} Z &= \overline{Z_1Z_2Z_3} = \overline{\overline{ABZ}} + \overline{\overline{ABZ_1}} + \overline{\overline{\bar{A}\,\bar{B}}} \\ &= ABZ + ABZ_1 + \bar{A}\,\bar{B} \\ &= AB(Z + Z_1) + \bar{A}\,\bar{B} = AB(Z + \overline{ABZ}) + \bar{A}\,\bar{B} \\ &= AB(Z + \overline{AB} + \bar{Z}) + \bar{A}\,\bar{B} \\ &= AB(1 + \overline{AB}) + \bar{A}\,\bar{B} = AB + \bar{A}\,\bar{B} \end{aligned}$$

(2) 由化简后的逻辑表达式得到如表 7－1 所示的真值表。

表 7－1　例 7－1 真值表

输　入		输　出	输　入		输　出
A	B	Z	A	B	Z
0	0	1	1	0	0
0	1	0	1	1	1

(3) 通过分析真值表可知：当输入 A、B 相同时，电路输出为“1”；当输入 A、B 不同时，电路输出为“0”。这种电路称为“同或”电路。

【例 7－2】 试分析图 7－4 所示组合逻辑电路的逻辑功能。

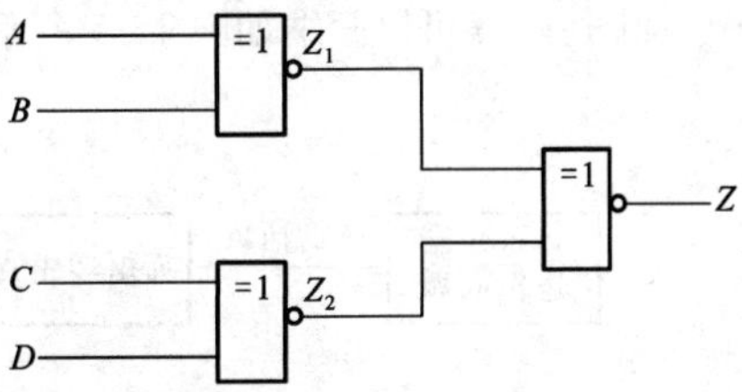

图 7－4　例 7－2 题图

解： (1) 由逻辑电路写出表达式为

$$Z_1 = \overline{A \oplus B},\ Z_2 = \overline{C \oplus D}$$

$$Z = \overline{Z_1 \oplus Z_2}$$

(2) 由化简后的逻辑表达式得到如表 7－2 所示的真值表。

表 7-2　例 7-2 真值表

输入				输出	输入				输出
A	B	C	D	Z	A	B	C	D	Z
0	0	0	0	1	1	0	0	0	0
0	0	0	1	0	1	0	0	1	1
0	0	1	0	0	1	0	1	0	1
0	0	1	1	1	1	0	1	1	0
0	1	0	0	0	1	1	0	0	1
0	1	0	1	1	1	1	0	1	0
0	1	1	0	1	1	1	1	0	0
0	1	1	1	0	1	1	1	1	1

（3）通过分析真值表可知：当4个输入信号 A、B、C、D 中“1”的个数为奇数时，输出为“0”；“1”的个数为偶数时，输出为“1”。这种电路称为**奇偶检验电路**。可以检验输入信号“1”的个数是奇数还是偶数。

有时逻辑功能难以用几句话概括出来，在这种情况下，列出真值表即可。

逻辑图、逻辑表达式、真值表及卡诺图均可对同一个组合逻辑问题进行描述，知道其中的任何一个，可以推出其余的3个。这4种形式虽然可以互相转换，但毕竟各有特点，各有各的用途。逻辑表达式用于逻辑关系的推演、变换、化简等；真值表用于逻辑关系的分析、判断，以及确定在什么样的输入下有什么样的输出；逻辑图多用于电路的工艺设计、分析和电路功能的实验等方面；卡诺图多用于化简和电路的设计等方面。

7.2　组合逻辑电路的设计

根据给出的实际逻辑问题，通过逻辑抽象，列表，求出实现这一逻辑功能的组合逻辑电路，这就是组合逻辑电路设计的任务。

7.2.1　组合逻辑电路的一般设计方法

（1）根据给定的设计要求，分析题意，确定输入和输出变量及其个数；对输入和输出变量进行状态赋值，确定0和1表示的状态。

（2）根据给定的逻辑问题，通过逻辑抽象，列出真值表。

（3）由真值表写出逻辑表达式并化简。

（4）选择适当器件，由逻辑表达式画出逻辑电路。

前面讲过，同一个逻辑关系可有多种实现方案。为了提高电路工作可靠性和经济性等，组合逻辑电路的设计通常以电路简单、所用器件最少为目标。在采取小规模集成器件（SSI）时，通常将函数进行适当的函数表达式变换，化简成最简与-或表达式、与非-与非表达式等。

上述步骤可以归纳如图 7-5 所示。

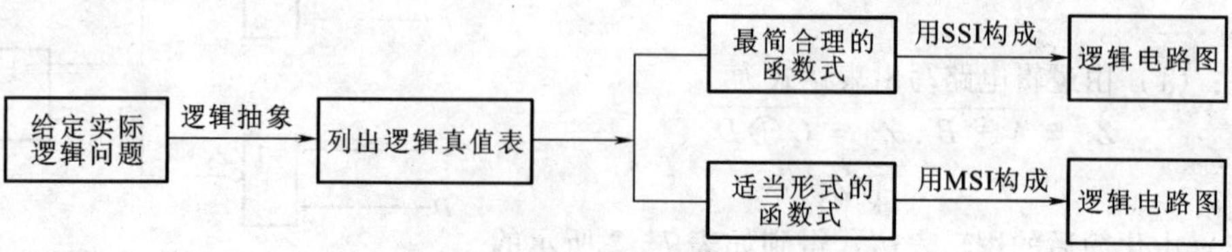

图 7-5　组合逻辑电路的一般设计方法

下面来举几个简单例子来具体讨论组合逻辑电路设计的方法和步骤。用中规模集成器件MSI设计的方法将在后面述及。

7.2.2 组合逻辑电路的设计举例

【例7-3】 设计一个用于3人表决的逻辑电路，电路能显示表决结果，表决符合多数原则，并用与非门实现电路。

解： 所谓3人表决电路，即3个人进行表决，当多数人（在此为2人以上）同意，提议通过；反之，提议被否决。

（1）由题意经逻辑抽象，将参加表决的人数设为输入变量，3人就是3个变量，分别用 A，B，C 来表示，同意为“1”，不同意为“0”；表决结果设为输出变量，结果只有2种情况，所以设1个输出变量，用 L 表示，通过为“1”，不通过为“0”。

（2）根据给定的逻辑功能列出真值表，如表7-3所示。

表7-3 例7-3题真值表

输入			输出	输入			输出
A	B	C	L	A	B	C	L
0	0	0	0	1	0	0	0
0	0	1	0	1	0	1	1
0	1	0	0	1	1	0	1
0	1	1	1	1	1	1	1

（3）由真值表写出逻辑表达式。

$$L = \bar{A}BC + A\bar{B}C + AB\bar{C} + ABC$$

化简得

$$L = AB + AC + BC = \overline{\overline{AB + AC + BC}} = \overline{\overline{AB} \cdot \overline{AC} \cdot \overline{BC}}$$

由于与非门是常用的标准集成门电路，本题有要求，故逻辑函数要化简为与非-与非形式。

（4）由逻辑表达式画出逻辑电路，如图7-6所示。

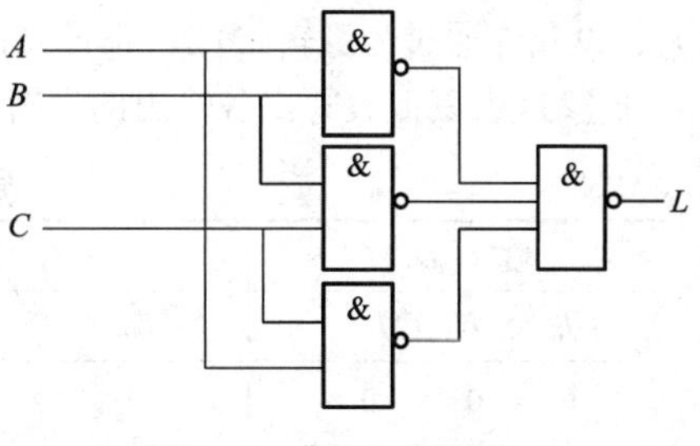

图7-6 例7-3题图

【例7-4】 设计一个交通信号灯的检测电路。要求当信号灯正常工作时，红、黄、绿3种灯中只有1种灯亮，其余2种灯灭，否则说明信号灯发生故障，此时应发出故障信号。试用与非门实现。

解：（1）由题意，设红、黄、绿3种灯为输入变量，分别用 A，B，C 来表示，灯亮时为“1”，灯灭时为“0”；输出变量为 Y，“0”表示正常，“1”表示故障。

（2）3个交通灯工作时，红、黄、绿3种只亮1个时为正常，根据给定的逻辑问题列出真值表，如表7-4所示。

表7-4 例7-4题真值表

输入			输出	输入			输出
A	B	C	L	A	B	C	L
0	0	0	1	1	0	0	0
0	0	1	0	1	0	1	1
0	1	0	0	1	1	0	1
0	1	1	1	1	1	1	1

（3）由真值表写出逻辑表达式。

$$L = \bar{A}\,\bar{B}\,\bar{C} + \bar{A}BC + A\bar{B}C + AB\bar{C} + ABC$$

上式利用卡诺图可化简得

$$L = \bar{A}\,\bar{B}\,\bar{C} + AB + AC + BC = \overline{\overline{\bar{A}\,\bar{B}\,\bar{C} + AB + AC + BC}} = \overline{\overline{\bar{A}\,\bar{B}\,\bar{C}}\;\overline{AB}\;\overline{AC}\;\overline{BC}}$$

（4）由逻辑表达式画出逻辑电路，如图 7－7 所示。

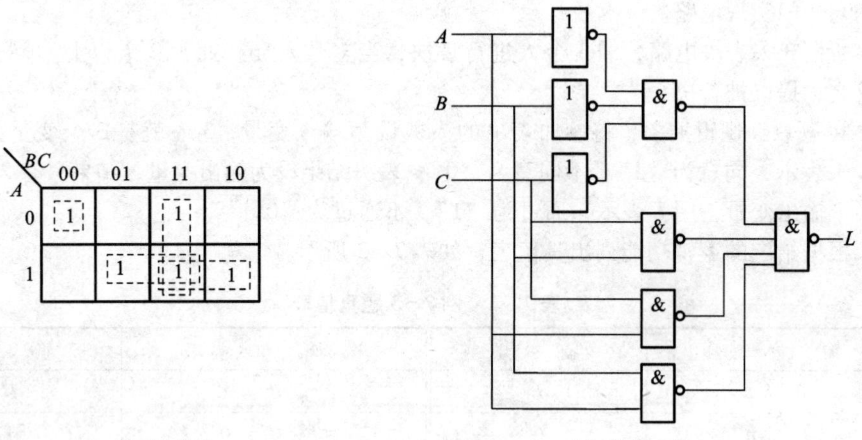

（a）卡诺图化简　　　　（b）逻辑电路

图 7－7　例 7－4 题图

【例 7－5】设计一个电话机信号控制电路。电路有 I_0（火警）、I_1（盗警）和 I_2（日常业务）3 种输入信号，通过排队电路分别从 L_0、L_1、L_2 输出，在同一时间只能有 1 个信号通过。如果同时有 2 个以上信号出现时，应首先接通火警信号，其次为盗警信号，最后是日常业务信号。试按照上述轻重缓急设计该信号控制电路。要求用集成门电路 74LS00（每片含 4 个 2 输入端与非门）实现。

解：（1）列真值表。对于输入 I_i，设有信号为逻辑“1”；没信号为逻辑“0”。对于输出 L_i，设允许通过为逻辑“1”；不设允许通过为逻辑“0”。列出真值表如表 7－5 所示。

（2）由真值表写出各输出的逻辑表达式。

表 7－5　例 7－5 真值表

输入			输出			输入			输出		
I_0	I_1	I_2	L_0	L_1	L_2	I_0	I_1	I_2	L_0	L_1	L_2
0	0	0	0	0	0	0	1	×	0	1	0
1	×	×	1	0	0	0	0	1	0	0	1

$$L_0 = I_0,\quad L_1 = \bar{I}_0 I_1,\quad L_2 = \bar{I}_0\,\bar{I}_1 I_2$$

这 3 个表达式已是最简，不需化简。但题目要求用非门和与门实现，且 L_2 需用三输入端与门才能实现，故不符合设计要求。

（3）根据要求，将上式转换为与非表达式。

$$L_0 = I_0,\quad L_1 = \overline{\overline{\bar{I}_0 I_1}},\quad L_2 = \overline{\overline{\bar{I}_0\,\bar{I}_1 I_2}} = \overline{\overline{\overline{\overline{\bar{I}_0\,\bar{I}_1}}\cdot I_2}}$$

（4）画出逻辑图如图 7－8 所示，可用两片集成与非门 74LS00 来实现，每块 74LS00 含有 4 个 2 输入与非门。

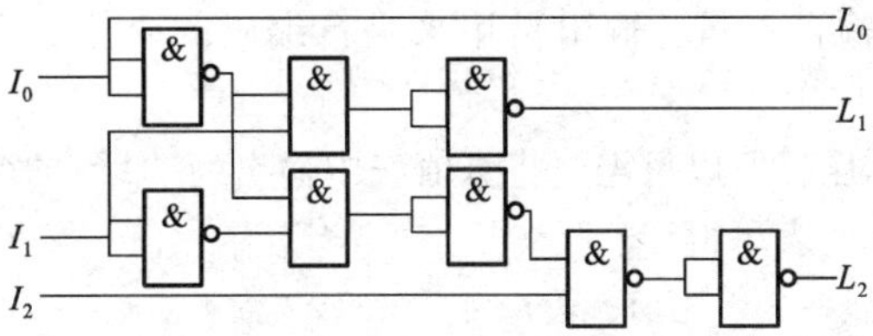

图 7-8　例 7-5 逻辑图

可见，在实际设计逻辑电路时，有时并不是表达式单纯地最简单，就能满足设计要求，如果题目有器件类型的要求，还应考虑所使用集成器件的种类，将表达式转换为能用所要求的集成器件实现的形式，并尽量使所用集成器件最少，就是设计步骤框图中所说的“**最简合理的函数式**”。

为了使写出的逻辑函数表达式尽可能的简单，一般来说，输出变量真值为 1 的少时，写原函数的逻辑表达式；输出变量真值为 0 的少时，可以写反函数的逻辑表达式。

上面几例所讲的逻辑电路用小规模集成电路（SSI）就可以实现，后面将重点介绍用中规模数字集成电路（MSI）进行设计的方法，其最简标准是所用集成电路个数最少，品种最少，同时集成电路间的连线也最少。

7.3　编　码　器

从本节开始，将学习一些常用的组合逻辑电路组件包括**编码器、译码器、数据选择器、数值比较器、加法器、数据分配器**等，已制成中规模集成电路（MSI），属于中规模集成电路的标准化集成电路产品，并在数字系统中得到了广泛的应用。尤其是利用中规模集成电路也可以设计逻辑电路，它具有连线少、可靠性高、体积小等一系列优点。

在数字系统里，常常需要将某一信息（文字、符号等特定对象）变换为某一特定的代码（输出），把二进制码按一定的规律编排，例如 8421 码、格雷码等，使每组代码具有一特定的含义（代表某个数字或控制信号）称为**编码**。具有编码功能的逻辑电路称为**编码器**（Encoder）。

例如计算机的键盘输入功能，就是由编码器组成的，每按下一个键，编码器就将该按键的含义（控制信息）转换成一个计算机能够识别的二进制数码，用它去控制机器的操作。

实现用 n 位二进制代码对 $N=2^n$ 个信号进行编码的电路称为**二进制编码器**，即输入变量的个数为 N，输出变量的位数为 n。

常用的编码器有 8 线-3 线（8 个输入变量，3 个输出变量）编码器、16 线-4 线编码器和 10 线-4 线 BCD 码编码器。

7.3.1　二-十进制编码器

二-十进制编码器是指用 4 位二进制代码表示 1 位十进制数（或信息）的编码电路，又称 10 线-4 线编码器。最常见的是 8421BCD 码编码器。表 7-6 为 8421BCD 码编码器的真值表。

表 7-6　8421BCD 码编码器的真值表

输　入	输出 8421BCD 码				输　入	输出 8421BCD 码			
十进制数	Y_3	Y_2	Y_1	Y_0	十进制数	Y_3	Y_2	Y_1	Y_0
0	0	0	0	0	5	0	1	0	1
1	0	0	0	1	6	0	1	1	0
2	0	0	1	0	7	0	1	1	1
3	0	0	1	1	8	1	0	0	0
4	0	1	0	0	9	1	0	0	1

用 $I_0 \sim I_9$ 表示 10 个输入变量，输出是用来进行编码的 4 位二进制代码，用 $Y_3\ Y_2\ Y_1\ Y_0$ 表示。

由于输入变量相互排斥，所以只需要将真值表中输出为“1”的变量加起来就可得到相应输出信号的表达式。由真值表可得

$$Y_3 = I_8 + I_9$$

$$Y_2 = I_4 + I_5 + I_6 + I_7$$

$$Y_1 = I_2 + I_3 + I_6 + I_7$$

$$Y_0 = I_1 + I_3 + I_5 + I_7 + I_9$$

图 7－9 为由或门实现的 8421BCD 码编码器的逻辑电路，输入为高电平有效。也可以用与非门实现，不过输入为低电平有效。市场上常用的 8421BCD 集成编码器有 74LS147。

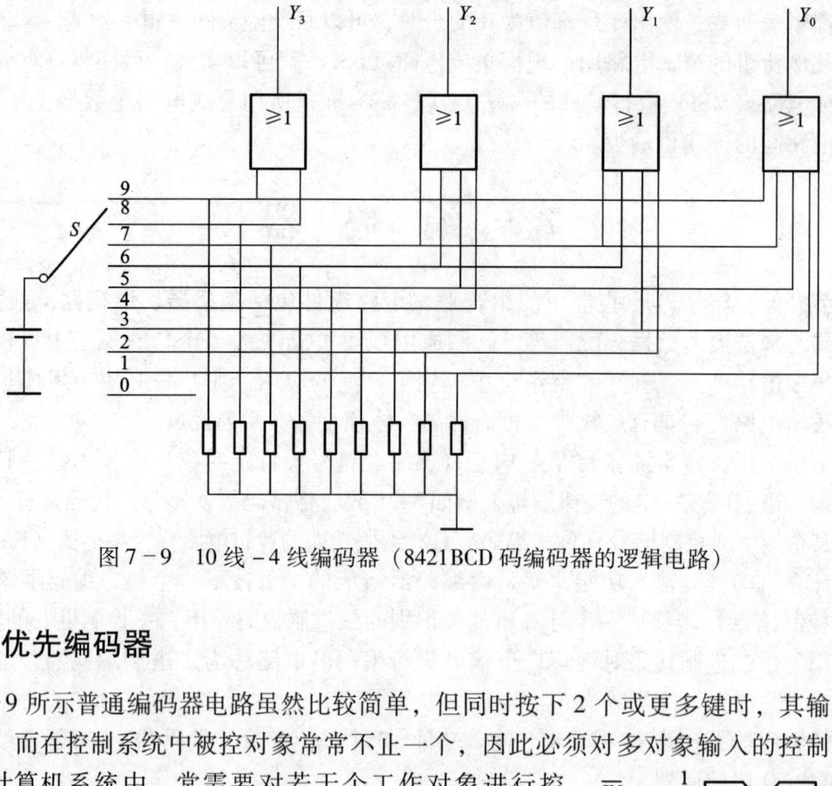

图 7－9　10 线－4 线编码器（8421BCD 码编码器的逻辑电路）

7.3.2　优先编码器

图 7－9 所示普通编码器电路虽然比较简单，但同时按下 2 个或更多键时，其输出将是混乱不定的，而在控制系统中被控对象常常不止一个，因此必须对多对象输入的控制量进行处理。例如计算机系统中，常需要对若干个工作对象进行控制，如打印机、键盘、磁盘驱动器等。若几个部件同时发出服务请求时，必须根据轻重缓急、按预先规定好的优先顺序允许其中的一个进行操作。优先编码器设置了优先权级，以 8 线－3 线编码器为例，通常设 I_7 的优先级别最高，I_6 次之，依此类推，I_0 最低。当 2 个以上的有效输入信号同时出现时，选择优先级最高的一个输入信号进行编码。

下面以图 7－10 所示的 8 线－3 线编码器 74LS148 为例，简要说明其工作原理和使用方法。

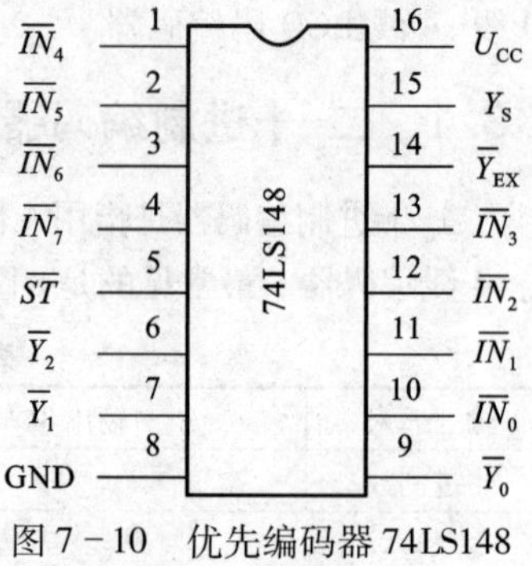

图 7－10　优先编码器 74LS148

$\overline{IN_0} \sim \overline{IN_7}$ 为 74LS148 的 8 个输入变量，优先级别的从高至低是由 $\overline{IN_7}$ 到 $\overline{IN_0}$ 。$\overline{Y_0}$、$\overline{Y_1}$、$\overline{Y_2}$ 为 3 个输出变量。输入和输出均为低电平有效。

(1) 输入信号 $\overline{IN_0} \sim \overline{IN_7}$ 低电平有效，当多个输入有效时，对最大输入数字进行优先编码。

(2) 输入端 $\overline{ST}$ 是**使能输入控制端**，当 $\overline{ST}=0$ 时，编码器输出正常编码；当 $\overline{ST}=1$ 时，禁止编码，输出全为高电平。

(3) Y_S 为**使能输出端**，高电平有效，多个 74LS148 级联时应用，Y_S 端一般级联到低位 74LS148 的 $\overline{ST}$ 端。当 $Y_S=1$ 时，本级（高位）编码正常输出，Y_S 端级联到低位 74LS148 的 $\overline{ST}$ 端，使其 $\overline{ST}=1$，不允许其编码；$Y_S=0$ 时，禁止本级（高位）编码输出，使低位 74LS148 的 $\overline{ST}=0$，允许其编码。

(4) $\overline{Y}_{EX}$ 为输出状态标志，又称扩展输出端。$\overline{Y}_{EX}$ 低电平有效，即 $\overline{Y}_{EX}=0$ 时，说明输出编码信号为有效码，编码器工作正常；$\overline{Y}_{EX}=1$ 时，说明输出编码信号为无效码。应用它可以使编码输出位得到扩展。表 7－7 为 74LS148 优先编码器的真值表。

表 7－7　74LS148 优先编码器的真值表

$\overline{ST}$	$\overline{IN_0}$	$\overline{IN_1}$	$\overline{IN_2}$	$\overline{IN_3}$	$\overline{IN_4}$	$\overline{IN_5}$	$\overline{IN_6}$	$\overline{IN_7}$	$\overline{Y}_2$	$\overline{Y}_1$	$\overline{Y}_0$	$\overline{Y}_{EX}$	Y_S
1	×	×	×	×	×	×	×	×	1	1	1	1	1
0	1	1	1	1	1	1	1	1	1	1	1	1	0
0	×	×	×	×	×	×	×	0	0	0	0	0	1
0	×	×	×	×	×	×	0	1	0	0	1	0	1
0	×	×	×	×	×	0	1	1	0	1	0	0	1
0	×	×	×	×	0	1	1	1	0	1	1	0	1
0	×	×	×	0	1	1	1	1	1	0	0	0	1
0	×	×	0	1	1	1	1	1	1	0	1	0	1
0	×	0	1	1	1	1	1	1	1	1	0	0	1
0	0	1	1	1	1	1	1	1	1	1	1	0	1

优先编码器的种类繁多，例如 TTL 优先编码器 74147、74148，以及 CMOS 优先编码器 74HC147、74HC148 等。

7.4　译　码　器

译码是编码的逆过程，它的功能是对具有特定含义的二进制码进行辨别，并转换成相应的控制信号，具有译码功能的逻辑电路称为**译码器**（Decoder）。它是一种使用广泛的多输入、多输出的组合逻辑电路。译码又称**解码**。

7.4.1　二进制译码器

二进制译码器是将二进制代码转换成相应输出信号的电路。它有 n 个输入变量，2^n 个输出变量。对应每一组输入信号，输出端只有一个信号为有效电平，其余都为无效电平。可以是高电平有效，也可以是低电平有效，设计时根据实际情况确定。二进制译码器常称为 n 线-2^n 线译码器。

如果设计一个 2 线－4 线译码器，要求高电平有效。令输入信号为 A_1、A_0，则输出信号为 $2^2=4$ 个，即 Y_3、Y_2、Y_1、Y_0。表 7－8 为高电平有效的 2 线－4 线译码器的真值表。

表 7-8　2 线-4 线译码器的真值表

输入		输出			
A_1	A_0	Y_3	Y_2	Y_1	Y_0
0	0	0	0	0	1
0	1	0	0	1	0
1	0	0	1	0	0
1	1	1	0	0	0

由真值表可得到

$$Y_0 = \overline{A}_1\,\overline{A}_0\,,\quad Y_1 = \overline{A}_1 A_0\,,\quad Y_2 = A_1\overline{A}_0\,,\quad Y_3 = A_1 A_0$$

二进制码译码器又称最小项译码器，因为最小项取值的性质是对于一种二进制码的输入，只有一个最小项为“1”，其余 $N-1$ 个最小项均为“0”。

由输出的逻辑表达式可以画出该译码器的逻辑电路，如图 7-11 所示。

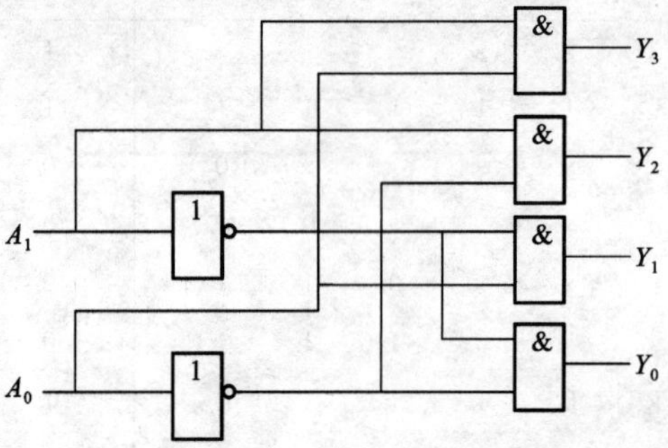

图 7-11　2 线-4 线译码器逻辑电路

常用的 2 线-4 线集成译码器有 74LS139、74139、74HC139 和 74HCT139 等。

表 7-9 为 3 线-8 线译码器的真值表，输出低电平有效。由真值表可得

$$\overline{Y}_0 = \overline{\overline{A}_2\overline{A}_1\overline{A}_0}\,,\quad \overline{Y}_1 = \overline{\overline{A}_2\overline{A}_1 A_0}$$

$$\overline{Y}_2 = \overline{\overline{A}_2 A_1\overline{A}_0}\,,\quad \overline{Y}_3 = \overline{\overline{A}_2 A_1 A_0}$$

$$\overline{Y}_4 = \overline{A_2\overline{A}_1\overline{A}_0}\,,\quad \overline{Y}_5 = \overline{A_2\overline{A}_1 A_0}$$

$$\overline{Y}_6 = \overline{A_2 A_1\overline{A}_0}\,,\quad \overline{Y}_7 = \overline{A_2 A_1 A_0}$$

表 7-9　3 线-8 线译码器的真值表

输入			输出							
A_2	A_1	A_0	$\overline{Y}_7$	$\overline{Y}_6$	$\overline{Y}_5$	$\overline{Y}_4$	$\overline{Y}_3$	$\overline{Y}_2$	$\overline{Y}_1$	$\overline{Y}_0$
0	0	0	1	1	1	1	1	1	1	0
0	0	1	1	1	1	1	1	1	0	1
0	1	0	1	1	1	1	1	0	1	1
0	1	1	1	1	1	1	0	1	1	1
1	0	0	1	1	1	0	1	1	1	1
1	0	1	1	1	0	1	1	1	1	1
1	1	0	1	0	1	1	1	1	1	1
1	1	1	0	1	1	1	1	1	1	1

由输出的逻辑表达式可以画出该译码器的逻辑电路，如图 7－12 所示。

常用的3线－8线集成译码器有138系列如74LS138、74138、74HC138等；137系列如74LS137、74137、74HC137等。常用的74LS138是一种中规模集成电路（MSI），应用很广。图7－13为74LS138的引脚示意图。其中，ST_A、$\overline{ST}_B$、$\overline{ST}_C$为选通控制端。ST_A为高电平有效，权最高；$\overline{ST}_B$、$\overline{ST}_C$为低电平有效，即当$ST_A=1$，$\overline{ST}_B=\overline{ST}_C=0$时，译码器正常译码。

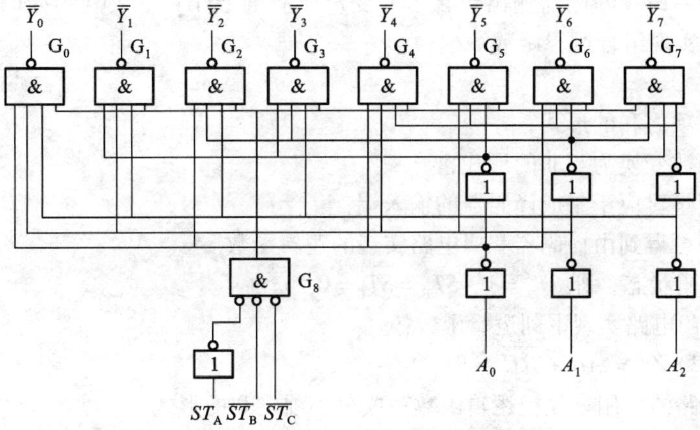

图7－12　3线－8线译码器逻辑电路

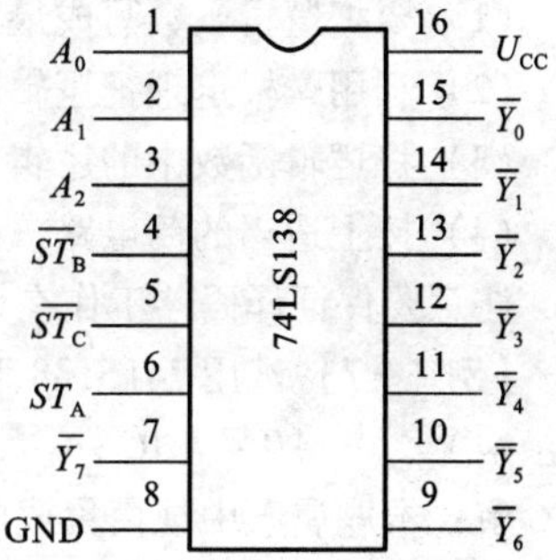

图7－13　74LS138的引脚示意图

7.4.2　二进制译码器的应用

译码器除了译码功能之外，还可以用来扩展译码、实现组合逻辑函数及数据分配。

1. 扩展译码

通过正确配置译码器的使能输入端，可以将译码器的位数进行扩展。

【例7－6】 试用两个74LS138实现4线－16线译码功能。

解： 4线－16线译码要求有4个输入端、16个输出端。74LS138每片有3个输入端、8个输出端，利用它的使能端适当级联，可以完成4线－16线译码功能。

设4位输入为$D_3D_2D_1D_0$，16个输出为$\overline{Y}_0 \sim \overline{Y}_{15}$（74LS138输出低电平有效），电路如图7－14所示。

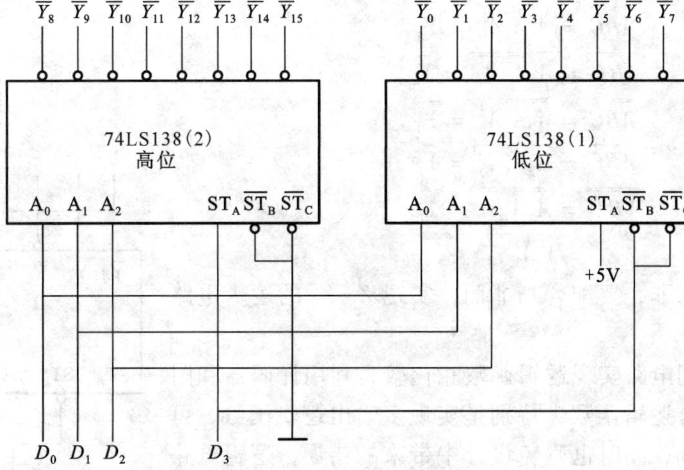

图7－14　例7－6题图

当输入 $D_3=0$ 时，高位译码器不工作，低位正常译码，根据 $D_2D_1D_0$ 的取值组合，$\overline{Y}_0 \sim \overline{Y}_7$ 中有一个为低电平输出，完成 0000～0111 的译码。

当输入 $D_3=1$ 时，低位译码器不工作，高位正常译码，根据 $D_2D_1D_0$ 的取值组合，$\overline{Y}_8 \sim \overline{Y}_{15}$ 中有一个为低电平输出，完成 1000～1111 的译码。

2. 实现组合逻辑函数

从表 7－9 中不难发现，n 线－2^n 线译码器输出包含了 n 变量所有的最小项。故利用译码器和一些附加逻辑门可以方便地实现组合逻辑函数。

用译码器实现逻辑函数时：

（1）要把逻辑函数写成最小项之和的形式；

（2）利用摩根定理把逻辑函数变换为与非的形式；

（3）将逻辑函数中的逻辑变量对应于集成译码器的输入端；

（4）接上适当的门电路，即可得到由译码器和门电路实现的逻辑函数。

注意要保证译码器工作在译码状态，即 $ST_A=1$、$\overline{ST}_B=\overline{ST}_C=0$。

【例 7－7】 试用 74LS138 和门电路实现下列逻辑函数：

（1）$Z_1 = A\overline{B} + \overline{A}BC$；　（2）$Z_2 = A\overline{B} + \overline{B}\,\overline{C} + BC$。

解： 本题属于中规模集成电路的应用。先把逻辑函数写成最小项之和的形式。

（1）$Z_1 = A\overline{B}C + A\overline{B}\,\overline{C} + \overline{A}BC = \overline{\overline{A\overline{B}C + A\overline{B}\,\overline{C} + \overline{A}BC}} = \overline{\overline{A\overline{B}C}\cdot\overline{A\overline{B}\,\overline{C}}\cdot\overline{\overline{A}BC}}$

因为 74LS138 的地址输入端为 A_2、A_1、A_0，令 $A=A_2$、$B=A_1$、$C=A_0$，则有

$$\overline{A\overline{B}C} = \overline{A_2\overline{A}_1A_0} = \overline{Y}_5$$

$$\overline{A\overline{B}\,\overline{C}} = \overline{A_2\overline{A}_1\overline{A}_0} = \overline{Y}_4$$

$$\overline{\overline{A}BC} = \overline{\overline{A}_2A_1A_0} = \overline{Y}_3$$

故

$$Z_1 = \overline{\overline{Y}_3\overline{Y}_4\overline{Y}_5}$$

（2）$Z_2 = A\overline{B}C + A\overline{B}\,\overline{C} + \overline{A}BC + \overline{A}\,\overline{B}\,\overline{C} + ABC = \overline{\overline{A\overline{B}C + A\overline{B}\,\overline{C} + \overline{A}BC + \overline{A}\,\overline{B}\,\overline{C} + ABC}}$

$= \overline{\overline{A\overline{B}C}\cdot\overline{A\overline{B}\,\overline{C}}\cdot\overline{\overline{A}BC}\cdot\overline{\overline{A}\,\overline{B}\,\overline{C}}\cdot\overline{ABC}}$

因为 74LS138 的地址输入端为 A_2、A_1、A_0，令 $A=A_2$，$B=A_1$，$C=A_0$，则有

$$\overline{A\overline{B}C} = \overline{A_2\overline{A}_1A_0} = \overline{Y}_5$$

$$\overline{A\overline{B}\,\overline{C}} = \overline{A_2\overline{A}_1\overline{A}_0} = \overline{Y}_4$$

$$\overline{\overline{A}BC} = \overline{\overline{A}_2A_1A_0} = \overline{Y}_3$$

$$\overline{ABC} = \overline{A_2A_1A_0} = \overline{Y}_7$$

$$\overline{\overline{A}\,\overline{B}\,\overline{C}} = \overline{\overline{A}_2\overline{A}_1\overline{A}_0} = \overline{Y}_0$$

故

$$Z_2 = \overline{\overline{Y}_3\overline{Y}_4\overline{Y}_5\overline{Y}_0\overline{Y}_7}$$

上述关系是与非，要配合与非门，实现 Z_1、Z_2 的逻辑电路如图 7－15 所示。

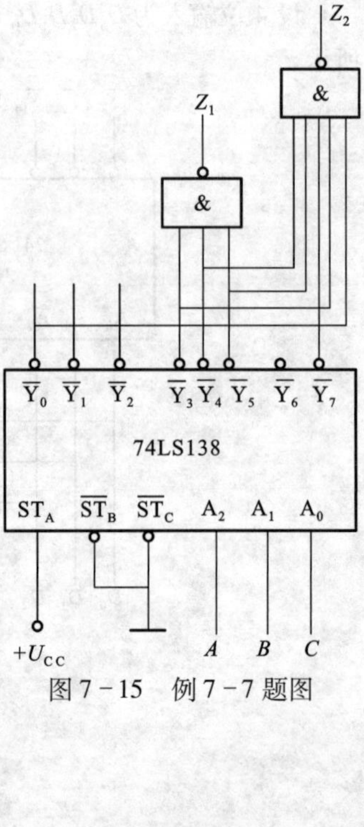

图 7－15　例 7－7 题图

同采用普通门电路实现逻辑函数相比较，利用译码器和附加逻辑门实现组合逻辑函数，特别是实现多输出逻辑函数，可以省去烦琐的设计，同时也避免设计中带来的错误，逻辑电路的可靠性高。

【例7-8】74LS138是一种常用二进制译码器，试分析74LS138在图7-16电路中的作用。

解：如图7-16所示，这是74LS138在智能单片机地址译码中的典型应用。单片机8051通常有多个存储器芯片，单片机通过指令，从P2.5、P2.6和P2.7这3个端输出代码，经74LS138译码后可以从最多8片6264存储器中每次选中一片进行读写操作。$\overline{CE}$是存储器片选端，低电平有效。$\overline{WR}$是写入端，$\overline{RD}$是读出端。

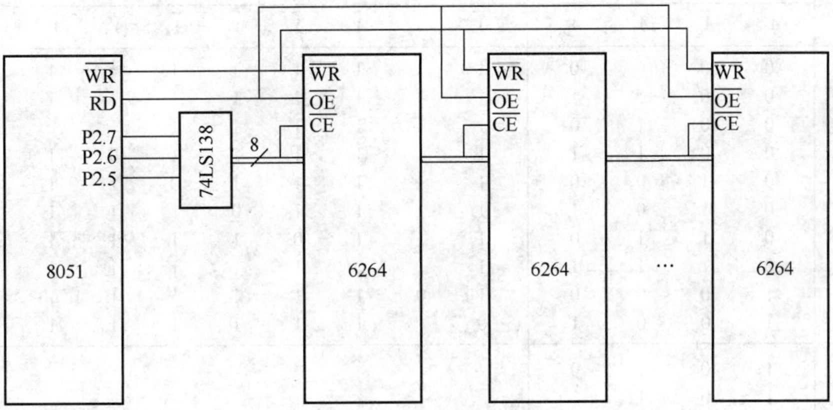

图7-16　在单片机地址译码中的应用

3. 用作数据分配器（Multiplexer）

在数字系统和计算机中，经常需要将同一条线上（总线）的数据传输到多个支路中的一条支路上，这种功能称为数据分配，这种电路称为**数据分配器**（Multiplexer）。译码器在数字系统和计算机中也可以做到将同一条线上（总线）的数据传输到多个支路中的一条支路上，因此译码器电路也可以作为**数据分配器**使用。用集成译码器实现数据分配时，需要做如下连接：

（1）把集成译码器的选通控制端当作数据输入端。

（2）把集成译码器的地址输入端当作选择控制端。

（3）如果译码器有多个选通控制端（如74LS138有3个），需要把权最高的选通控制端当作数据输入端，另外的接为有效电平，保证译码器工作在译码状态。图7-17为由74LS138实现的1路-8路数据分配器示意图。

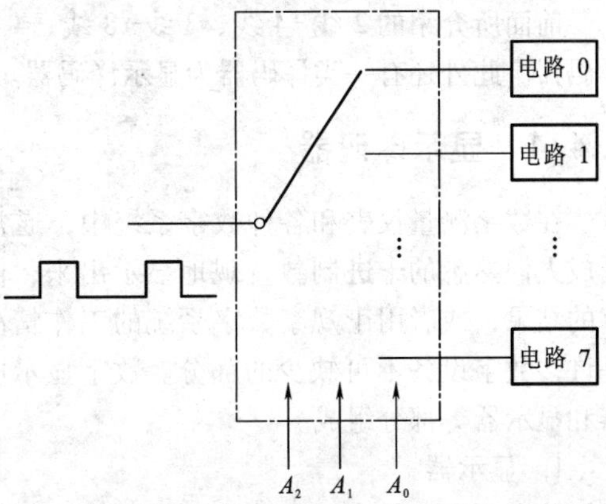

图7-17　由74LS138实现的1路-8路数据分配器

由于译码器和数据分配器的功能非常接近，所以译码器一个很重要的应用就是构成数据分配器。也正因为如此，市场上没有集成数据分配器产品，只有集成译码器产品。

7.4.3　二-十进制译码器

二-十进制译码器又称BCD译码器，它是将BCD码翻译成对应的1位十进制数，所以称为**二-十进制译码器**。因为编码时采用的BCD码不同，所以BCD译码器有很多种。

二-十进制译码器的设计方法同二进制译码器一样，但此种译码器有4个输入端、10个输出端，又称4线-10线译码器。常用的有8421BCD码译码器，典型集成电路有74LS42、74HC42等。表7-10为74LS42译码器的真值表。

表7-10　4线-10线译码器74LS42的真值表

十进制数		8421BCD码				输出									
		A_3	A_2	A_1	A_0	$\overline{Y}_9$	$\overline{Y}_8$	$\overline{Y}_7$	$\overline{Y}_6$	$\overline{Y}_5$	$\overline{Y}_4$	$\overline{Y}_3$	$\overline{Y}_2$	$\overline{Y}_1$	$\overline{Y}_0$
0		0	0	0	0	1	1	1	1	1	1	1	1	1	0
1		0	0	0	1	1	1	1	1	1	1	1	1	0	1
2		0	0	1	0	1	1	1	1	1	1	1	0	1	1
3		0	0	1	1	1	1	1	1	1	1	0	1	1	1
4		0	1	0	0	1	1	1	1	1	0	1	1	1	1
5		0	1	0	1	1	1	1	1	0	1	1	1	1	1
6		0	1	1	0	1	1	1	0	1	1	1	1	1	1
7		0	1	1	1	1	1	0	1	1	1	1	1	1	1
8		1	0	0	0	1	0	1	1	1	1	1	1	1	1
9		1	0	0	1	0	1	1	1	1	1	1	1	1	1
无效数码	10	1	0	1	0										
	11	1	0	1	1										
	12	1	1	0	0	全部为1									
	13	1	1	0	1										
	14	1	1	1	0										
	15	1	1	1	1										

从真值表可看出，当输入为十进制数10~15时，输出全为高电平，所以1010~1111这6组输入称为**“伪码”**，此时，10个输出端均为无效电平。

图7-18为74LS42的引脚示意图。若将输入的最高位A_3作为选通控制端，则74LS42也可用作3线-8线译码器使用。

前面所介绍的2线-4线、3线-8线、4线-10线译码器均为变量译码器。此外还有一类译码器为显示译码器。

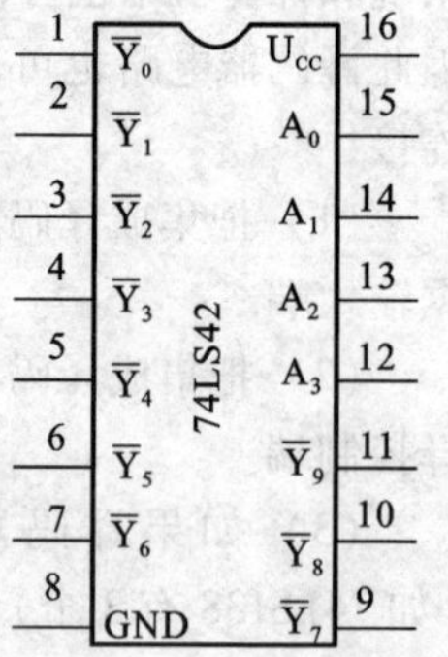

图7-18　二-十进制译码器74LS42引脚示意图

7.4.4　显示译码器

在数字测量仪表和各种数字系统中，通常需要将各种数字信息翻译成人们熟悉的**十进制数**直观地显示出来，供人们直接读取测量和运算的结果；或者用于观察数字系统的工作情况。因此，数字显示电路是许多数字设备不可缺少的部分。数字显示电路通常由译码器、驱动器和显示器等部分组成。

1. 显示器

数字显示器件按发光物质的不同可分为辉光显示器（如辉光数码管）、荧光显示器（如荧光数码管、场致发光数字板）、半导体显示器（又称发光二极管）和液晶显示器。按显示方式不同可分为分段式显示器、字符重叠式显示器、点阵式显示器。

这里主要介绍目前使用较多的由发光二极管组成的**半导体七段字符显示器**，又称**半导体数码管**。其字形示意图如图7-19所示。它通常是由7个可发光的线段（a~g）外加1个小数点（h）组合而成，每个线段都包含1个发光二极管（LED），由这7个线段来组成0~9十个数字。其中的发光二极管使用的材料是磷砷化镓、磷化镓、砷化镓等，而且杂质浓度很高。当外加正向电压时，以扩散运动为主，其中一部分电子从导带跃迁到价带，把多余的能量以光的形式释放出来，发出一定波长的可见光。若要显示某个数字，必须使相应的线段同时发光。

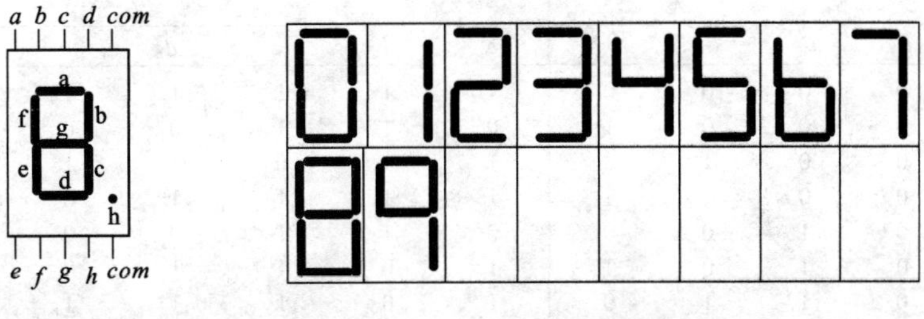

（a）显示器　　（b）发光组合图

图 7－19　半导体七段字符显示器与字形图

半导体七段字符显示器有**共阴极**和**共阳极**两种接法。图 7－20 为半导体七段字符显示器两种接法的引脚排列图和接线图。共阴极接法时，所有阴极连在一起接地，哪个发光二极管的阳极接收到高电平，则哪个发光二极管发光，对应显示段发光；共阳极接法时，所有阳极连在一起接电源正极，哪个发光二极管阴极接收到低电平，哪个发光二极管发光。

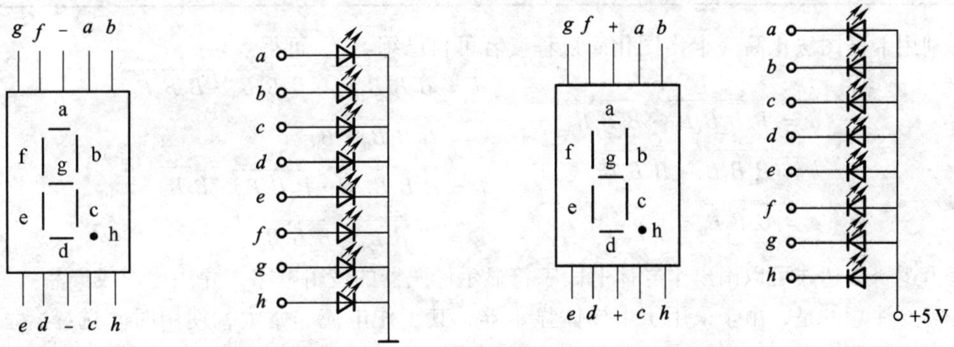

（a）共阴极接法　　（b）共阳极接法

图 7－20　半导体七段字符显示器两种接法电路结构和引脚示意图

2. 显示译码器

分段式显示器必须与特定的译码器配合使用，这种译码器称为**显示译码器**。

设计一个显示译码器首先必须考虑的是显示器要显示的字形。下面以输入为 8421BCD 码的半导体七段显示译码器为例，介绍显示译码器的一般设计方法和逻辑电路。

由于分段式显示器是利用不同发光段组合的方式显示不同数码的。为了使显示器能将数码代表的数显示出来，先将数码经过显示译码器译出一个特定信号，然后经驱动器点亮对应的字段。例如，对于 8421 码的 0011 状态，对应的十进制数为 3，则显示译码器的输出信号应使 a、b、c、d、g 段点亮，即对应于某一个输入代码，显示译码器有确定的几个输出端有信号输出，这是分段式显示器电路的主要特点。

如果选择共阴极七段字符显示器，即当某一个阳极为高电平时，该阳极对应的段点亮；当某一个阳极为低电平时，该阳极对应的段不亮。

表 7－11 为半导体七段显示译码器的真值表，输入为 4 位 8421BCD 码，输出为 $a \sim g$ 七个线段的控制信号。因为采用共阴极接法，所以输出端是“1”为有效电平，“0”为无效电平。由于输入为 8421BCD 码，所以 1010～1111 这 6 个数不会出现，即为无效状态，在化简时可以作为无关项使用。

表 7-11　半导体七段字符显示译码器（共阴极接法）真值表

十进制数	输入				输出						
	B_3	B_2	B_1	B_0	a	b	c	d	e	f	g
0	0	0	0	0	1	1	1	1	1	1	0
1	0	0	0	1	0	1	1	0	0	0	0
2	0	0	1	0	1	1	0	1	1	0	1
3	0	0	1	1	1	1	1	1	0	0	1
4	0	1	0	0	0	1	1	0	0	1	1
5	0	1	0	1	1	0	1	1	0	1	1
6	0	1	1	0	1	0	1	1	1	1	1
7	0	1	1	1	1	1	1	0	0	0	0
8	1	0	0	0	1	1	1	1	1	1	1
9	1	0	0	1	1	1	1	1	0	1	1
无关项	1	0	1	0	×	×	×	×	×	×	×
	1	0	1	1	×	×	×	×	×	×	×
	1	1	0	0	×	×	×	×	×	×	×
	1	1	0	1	×	×	×	×	×	×	×
	1	1	1	0	×	×	×	×	×	×	×
	1	1	1	1	×	×	×	×	×	×	×

利用卡诺图法化简（卡诺图化简过程读者可自己练习），可得

$$a = \overline{\overline{B}_3\overline{B}_2\overline{B}_1B_0} \cdot \overline{B_2\overline{B}_1\overline{B}_0}$$

$$b = \overline{B_2\overline{B}_1B_0} \cdot \overline{B_2B_1\overline{B}_0}$$

$$c = \overline{\overline{B}_2B_1\overline{B}_0}$$

$$d = \overline{\overline{B}_3\overline{B}_2\overline{B}_1B_0} \cdot \overline{B_2\overline{B}_1\overline{B}_0} \cdot \overline{B_2B_1B_0}$$

$$e = \overline{B_2\overline{B}_1\overline{B}_0} \cdot \overline{B}_0$$

$$f = \overline{\overline{B}_3\overline{B}_2\overline{B}_1B_0} \cdot \overline{B_2B_1B_0} \cdot \overline{\overline{B}_2B_1}$$

$$g = \overline{\overline{B}_3\overline{B}_2\overline{B}_1} \cdot \overline{B_2B_1B_0}$$

由逻辑表达式可以画出半导体七段字符显示译码器的逻辑电路，并优化形成产品。

需要注意的是，由于采用了半导体显示器，其工作电流非常大，使用时要选择合适的输出级与显示器匹配。

目前市场常用的七段字符集成显示译码器有 TTL 系列的 7446、7447、74LS47、7448、74LS48 等及 CMOS 系列的 CD4511 等。常用搭配有：74LS47 显示译码器是输出低电平，驱动共阳极数码管；74LS48 是输出高电平，驱动共阴极数码管。

3. 7448 七段显示译码器

图 7-21 为共阳极半导体七段显示译码器 7448 驱动显示数码管 BS201A 的连接图。7448 是常用的集成七段显示译码器，输出为高电平有效，用以驱动**共阴极**显示器。该集成显示译码器设有多个辅助控制端，以增强器件的功能。7448 有 3 个辅助控制端 $\overline{LT}$、$\overline{RBI}$、$\overline{BI}/\overline{RBO}$，现简要说明如下所示。

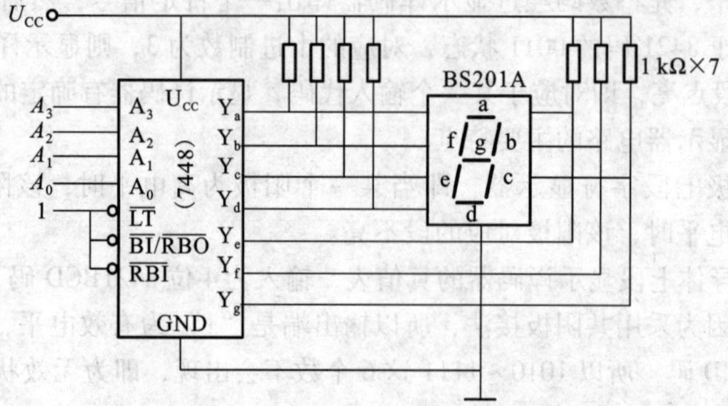

图 7-21　显示译码器 7448 驱动显示数码管 BS201A 的连接图

（1）**灯输入** $\overline{BI}/\overline{RBO}$。$\overline{BI}/\overline{RBO}$ 是特殊控制端，有时作为输入，有时作为输出。当 $\overline{BI}/\overline{RBO}$ 作输入使用且 $\overline{BI}=0$ 时，无论其他输入端是什么电平，所有各段输出 $a\sim g$ 均为0，所以字形熄灭。

（2）**试灯输入**$\overline{LT}$。当$\overline{LT}=0$ 时，$\overline{BI}/\overline{RBO}$ 是输出端，且$\overline{RBO}=1$，此时无论其他输入端是什么状态，所有各段输出 $a\sim g$ 均为1，显示字形8。该输入端常用于检查7448本身及显示器的好坏。

（3）**动态灭零输入**$\overline{RBI}$。当$\overline{LT}=1$，$\overline{RBI}=0$ 且输入代码 $DCBA=0000$ 时，各段输出 $a\sim g$ 均为低电平，与BCD码相应的字形0熄灭，故称“**灭零**”。利用$\overline{LT}=1$ 与$\overline{RBI}=0$ 可以实现某一位的“消隐”。此时 $\overline{BI}/\overline{RBO}$ 是输出端，且$\overline{RBO}=0$。

（4）**动态灭零输出**$\overline{RBO}$。$\overline{BI}/\overline{RBO}$ 作为输出使用时，受控于$\overline{LT}$和$\overline{RBI}$。当$\overline{LT}=1$ 且$\overline{RBI}=0$，输入代码 $DCBA=0000$ 时，$\overline{RBO}=0$；若$\overline{LT}=0$ 或者$\overline{LT}=1$ 且$\overline{RBI}=1$，则$\overline{RBO}=1$。该端主要用于显示多位数字时，多个译码器之间的连接。

显示译码器74LS48、74LS47和显示数码管实物图如图7－22所示。

图7－22　显示译码器74LS48、74LS47和显示数码管实物图

在数字电路中，译码器和编码器经常配合运用，例如对1位计算器，其工作过程如图7－23所示。

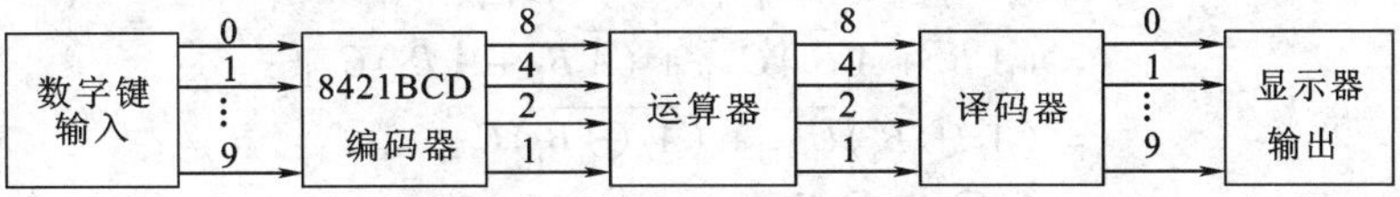

图7－23　译码器和编码器配合运用

7.5　加　法　器

在数字系统中，同样要进行算术运算，包括加、减、乘、除等。这些运算都可由加法器实现，所以加法器可以称为数字系统中最基本的运算电路。

7.5.1　半加器（Half Adder）

完成两个1位二进制数相加，只考虑两个加数本身，不考虑来自低位进位的数字电路称为**半加器**。

设相加的两个数为输入，分别为 A（被加数）、B（加数），相加的结果和进位为输出，分别为 S（和）和 C（进位）。其真值表如表7－12所示，逻辑电路与逻辑符号如图7－24所示。

表 7-12 半加器真值表

输入		输出		输入		输出	
A	B	S	C	A	B	S	C
0	0	0	0	1	0	1	0
0	1	1	0	1	1	0	1

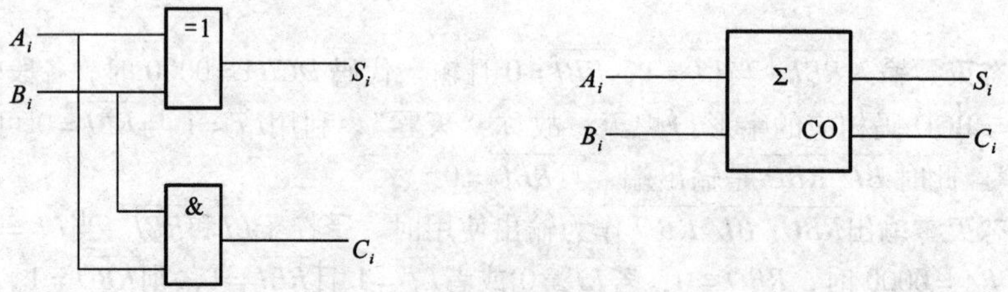

（a）逻辑电路　　　　（b）逻辑符号

图 7-24 半加器逻辑电路与逻辑符号

由真值表可得

$$S = \overline{A}B + A\overline{B}$$
$$C = AB$$

7.5.2 全加器（Full Adder）

完成两个 1 位二进制数相加，不仅考虑两个数本身，而且考虑来自低位进位的数字电路称为**全加器**。

设相加的两个数及低位的进位为输入，分别为 A_i（被加数）、B_i（加数）、C_{i-1}（低位进位），相加的结果和进位为输出，分别为 S_i（和）和 C_i（进位），其真值表如表 7-13 所示。由真值表可得：

$$\begin{aligned} S_i &= \overline{A}_i\overline{B}_iC_{i-1} + \overline{A}_iB_i\overline{C}_{i-1} + A_i\overline{B}_i\overline{C}_{i-1} + A_iB_iC_{i-1} \\ &= (\overline{A}_iB_i + A_i\overline{B}_i)\overline{C}_{i-1} + (\overline{A}_i\overline{B}_i + A_iB_i)C_{i-1} \\ &= (A_i \oplus B_i)\overline{C}_{i-1} + (\overline{A_i \oplus B_i})C_{i-1} \\ &= A_i \oplus B_i \oplus C_{i-1} \\ C_i &= \overline{A}_iB_iC_{i-1} + A_i\overline{B}_iC_{i-1} + A_iB_i\overline{C}_{i-1} + A_iB_iC_{i-1} \\ &= (\overline{A}_iB_i + A_i\overline{B}_i)C_{i-1} + A_iB_i(\overline{C}_{i-1} + C_{i-1}) \\ &= (A_i \oplus B_i)C_{i-1} + A_iB_i \end{aligned}$$

表 7-13 全加器真值表

输入			输出		输入			输出	
A_i	B_i	C_{i-1}	S_i	C_i	A_i	B_i	C_{i-1}	S_i	C_i
0	0	0	0	0	1	0	0	1	0
0	0	1	1	0	1	0	1	0	1
0	1	0	1	0	1	1	0	0	1
0	1	1	0	1	1	1	1	1	1

全加器逻辑电路与逻辑符号如图 7-25 所示。

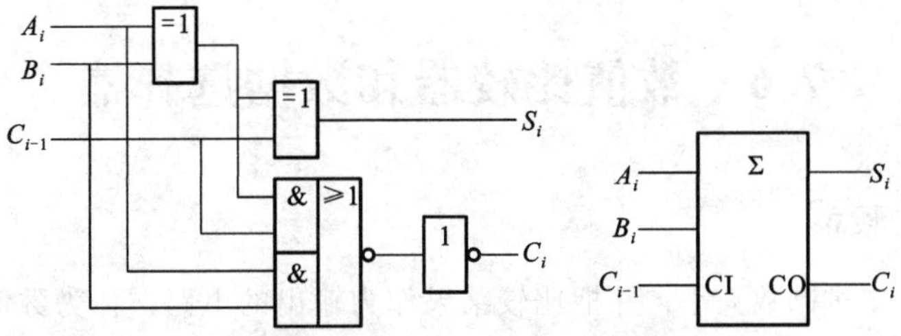

（a）逻辑电路　　　　　　（b）逻辑符号

图 7-25　全加器的逻辑电路与逻辑符号

一个 1 位全加器只能实现两个 1 位二进制数的相加，要实现两个多位二进制数相加，就必须采用多位加法器。最简单的多位加法器就是把多个全加器串联起来，依次将低位的进位输出 C_i 接到高位的进位输入 C_{i-1} 就构成了多位加法器，这种加法器称为**串行进位加法器**，这种加法器的优点是结构简单，速度比较慢，即运算结果必须等到低位的进位送到高位才能得到。

7.5.3　超前进位集成加法器

目前使用最多的是**超前进位加法器**，又称并行进位加法器。为了克服串行进位加法器速度慢的缺点，采用超前进位的方法，在进行算术运算的同时使每位的进位只由加数和被加数决定，每级的进位 C_i 数值也可以快速计算出来，直接送到输出端，运算速度很快。

常用的超前进位集成全加器有 TTL 系列的 74283、74LS283、74S283 等和 CMOS 系列的 74HC283、CD4008 等，而 74LS183 是双 2 位全加器。

图 7-26 为 4 位全加器 74LS283 的引脚示意图。$A_1 \sim A_4$ 为 4 位被加数输入端、$B_1 \sim B_4$ 为 4 位加数输入端，CI_0 为进位输入端；$Y_1 \sim Y_4$ 为输出端，CO_4 为进位输出端。不难看出，如果把低位的 CO_4 接到高位的 CI_0，则可以实现 8 位二进制数的运算。

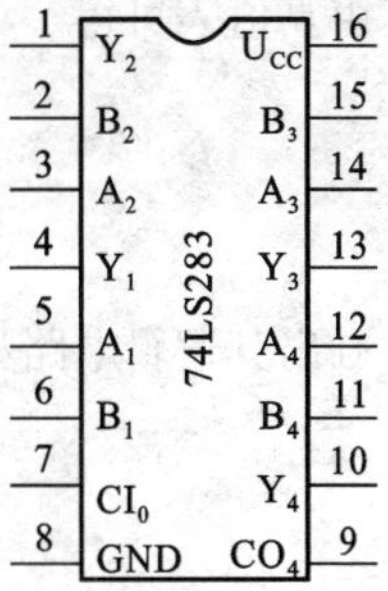

图 7-26　4 位全加器 74LS283 的引脚示意图

7.5.4　加法器的应用

因为加法器是数字系统中一种基本的逻辑器件，所以它的应用很广。它可用于二进制的码组变换，减法运算、乘法运算，BCD 码的加、减法，数码比较等。在有些情况下也用作实现组合逻辑函数。下面举一个例子，应用加法器实现代码变换。

全加器的基本功能是实现二进制的加法。因此，若某一逻辑函数的输出恰好等于输入代码所表示的数加上另一常数或另一组输入代码时，则用全加器实现十分方便。例如将 8421BCD 码转换为余 3 码。

在第 6 章中提到，对于同一个十进制数，余 3 码的编码是在 8421BCD 码的基础上加 3，如果转换为 4 位二进制数，即加上 0011。因此，用一块 4 位加法器即能实现这种转换。把 4 位全加器的 $A_1 \sim A_4$（由低位到高位）作为 4 位 8421BCD 码的输入端，把 $B_4 \sim B_1$ 输入 0011，且进位 $CI_0 = 0$，输出 $Y_1 \sim Y_4$（由低位到高位）即为对应的余 3 码，即可以实现 BCD 码转换为余 3 码的要求。图 7-27 为实现转换的逻辑电路。

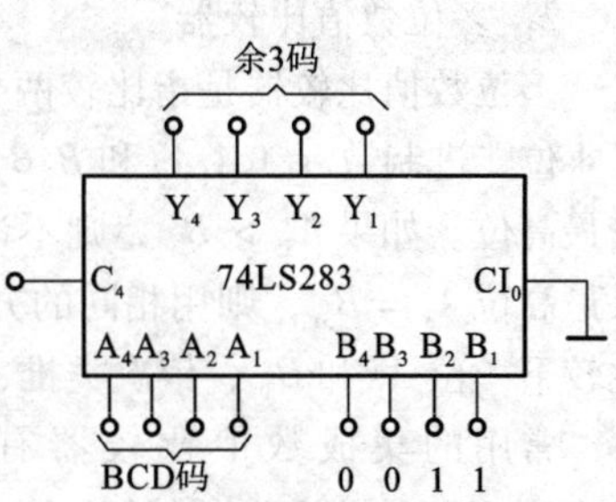

图 7-27　应用加法器实现代码变换

7.6 数值比较器和数据选择器

7.6.1 数值比较器

实现比较两个二进制数大小，并把比较结果作为输出的电路，称为**数值比较器**，又称数字比较器。

1. 1 位数值比较器

1 位数值比较器是指比较两个 1 位二进制数 A 和 B 的电路，其真值表如表 7－14 所示。

表 7－14　1 位数值比较器真值表

输入		输出		
A	B	Z_1（$A>B$）	Z_2（$A<B$）	Z_3（$A=B$）
0	0	0	0	1
0	1	0	1	0
1	0	1	0	0
1	1	0	0	1

设 A、B 是需要比较的两个 1 位二进制数，作为输入；$Z_1(A>B)$、$Z_2(A<B)$、$Z_3(A=B)$ 是比较结果，作为输出。

由真值表可得

$$Z_1 = A\overline{B}$$
$$Z_2 = \overline{A}B$$
$$Z_3 = \overline{A}\,\overline{B} + AB = A \odot B = \overline{A \oplus B}$$

画出其逻辑电路如图 7－28 所示。

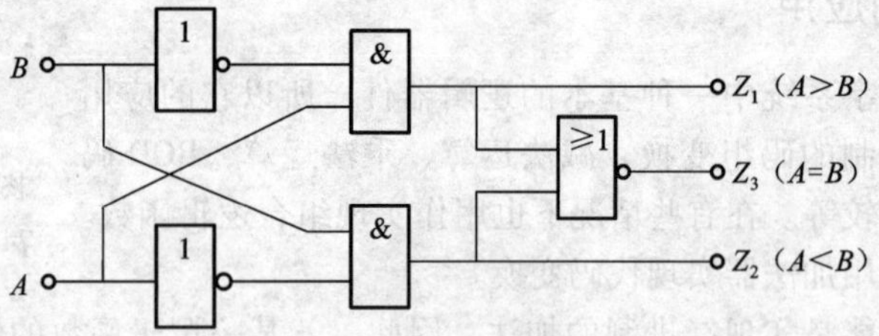

图 7－28　1 位数值比较器逻辑电路

2. 多位数值比较器

多位数值比较器是指比较两个多位二进制数 $A(A_{n-1}A_{n-2}\cdots A_0)$ 和 $B(B_{n-1}B_{n-2}\cdots B_0)$ 的电路。以 4 位二进制数 $A_3A_2A_1A_0$ 和 $B_3B_2B_1B_0$ 的比较为例。很明显，多位二进制数的比较，首先要比较最高位。如果 $A_3>B_3$，则不论其他位如何，肯定 $A>B$；如果 $A_3<B_3$，肯定 $A<B$。如果最高位 $A_3=B_3$，则用相同的方法比较次高位 A_2 和 B_2。如果次高位也相等，即 $A_2=B_2$，再比较下一位 A_1 和 B_1，依次类推，直到比较出最后的结果。

常用的集成数值比较器有 TTL 系列的 7485、74LS85、74F85、74S85 和 CMOS 系列 74HC85、74HCT85、CC14585 等。下面介绍集成 4 位数值比较器 74LS85。

图 7－29 为集成 4 位数值比较器 74LS85 的引脚示意图。A_3 ~ A_0、B_3 ~ B_0 为需比较的两个 4 位二进制数的输入端；$Z_1(A>B)$、$Z_2(A<B)$、$Z_3(A=B)$ 为比较结果输出端。另外还有 3 个串行输入端 $IN(A>B)$、$IN(A<B)$、$IN(A=B)$，是为了扩展比较位数设置的。当需要比较超过 4 位数的二进制数时，可以采用级联的方法解决。

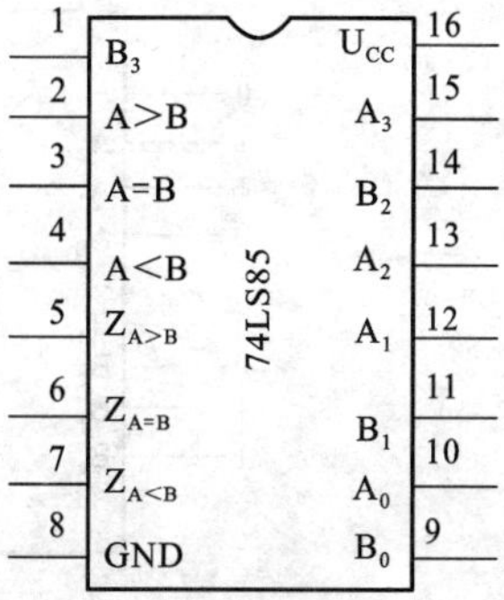

图 7－29　4 位数值比较器 74LS85 引脚示意图

TTL 比较器级联时，高位芯片中的 $IN(A>B)$、$IN(A<B)$、$IN(A=B)$ 应该分别与低位芯片中的 $Z_1(A>B)$、$Z_2(A<B)$、$Z_3(A=B)$ 3 个输出端连接起来，低位芯片中的 $IN(A>B)$、$IN(A<B)$ 接“0”，$IN(A=B)$ 接“1”。

表 7－15 为 4 位数值比较器 74LS85 真值表。

表 7－15　4 位数值比较器 74LS85 真值表

输入							输出		
比较				级联					
$A_3\ B_3$	$A_2\ B_2$	$A_1\ B_1$	$A_0\ B_0$	$IN(A>B)$	$IN(A<B)$	$IN(A=B)$	$Z_1(A>B)$	$Z_2(A<B)$	$Z_3(A=B)$
$A_3>B_3$	××	××	××	×	×	×	1	0	0
$A_3<B_3$	××	××	××	×	×	×	0	1	0
$A_3=B_3$	$A_2>B_2$	××	××	×	×	×	1	0	0
$A_3=B_3$	$A_2<B_2$	××	××	×	×	×	0	1	0
$A_3=B_3$	$A_2=B_2$	$A_1>B_1$	××	×	×	×	1	0	0
$A_3=B_3$	$A_2=B_2$	$A_1<B_1$	××	×	×	×	0	1	0
$A_3=B_3$	$A_2=B_2$	$A_1=B_1$	$A_0>B_0$	×	×	×	1	0	0
$A_3=B_3$	$A_2=B_2$	$A_1=B_1$	$A_0<B_0$	×	×	×	0	1	0
$A_3=B_3$	$A_2=B_2$	$A_1=B_1$	$A_0=B_0$	1	0	0	1	0	0
$A_3=B_3$	$A_2=B_2$	$A_1=B_1$	$A_0=B_0$	0	1	0	0	1	0
$A_3=B_3$	$A_2=B_2$	$A_1=B_1$	$A_0=B_0$	0	0	1	0	0	1

图 7－30 为由两片 74LS85（TTL 系列）组成的 8 位数值比较器。

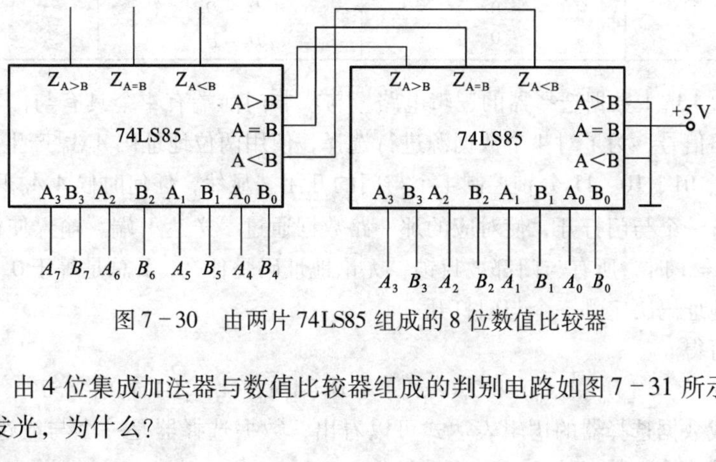

图 7－30　由两片 74LS85 组成的 8 位数值比较器

【例 7－9】由 4 位集成加法器与数值比较器组成的判别电路如图 7－31 所示，问图中哪个发光二极管会发光，为什么？

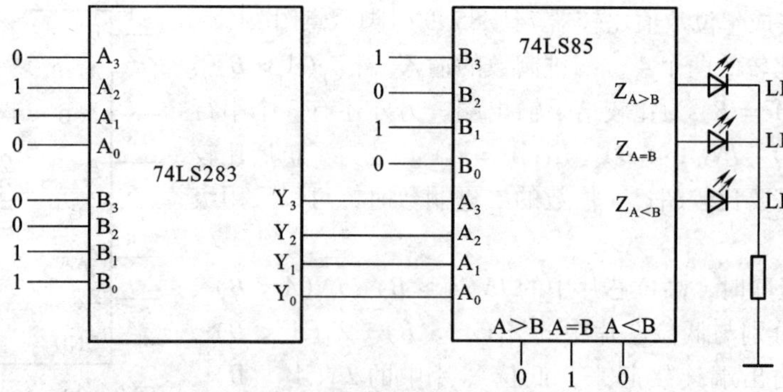

图 7－31　例 7－9 题图

解：由图可知，74LS283 为 4 位集成加法器，两个加数输入，则 $A+B=0110+0011=1001$，运算结果为 $Y=1001$；74LS85 为 4 位数据比较器，比较结果 $Y=1001$ 小于 1010，所以 74LS85 输出端 $Z_{A<B}$ 为高电平，故 LED_3 发光二极管正向导通，发光显示。

7.6.2　数据选择器

1. 数据选择器的逻辑功能与电路

数据选择器（Multiplexer）又称“**多路开关**”，用缩写 MUX 表示。其逻辑功能与数据分配器相反，它能在多个输入数据中选择一个，送到输出端。数据选择器可以有多个数据输入端和多个相应的选择地址码输入端，但输出端只有一个。究竟选择哪一组数据，是由地址码输入端的信号来控制的。设有 m 个数据输入端，n 个选择地址码输入端，则有 $m=2^n$。

图 7－32 为 4 选 1 数据选择器的逻辑功能示意图，4 个数据输入端（$m=4$），2 个地址码输入端（$n=2$）。表 7－16 为 4 选 1 数据选择器的真值表。

表 7－16　4 选 1 数据选择器真值表

地址码输入		使能控制	数据输入	输出
A_1	A_0	$\overline{ST}$	D	Y
×	×	1	×	0
0	0	0	$D_3 \sim D_0$	D_0
0	1	0	$D_3 \sim D_0$	D_1
1	0	0	$D_3 \sim D_0$	D_2
1	1	0	$D_3 \sim D_0$	D_3

图 7－33 为 4 选 1 数据选择器的逻辑电路。与或非门前端有 4 个具有与门功能的逻辑门，分别连接着各路信号，为了对 4 个数据源进行选择，使用两位地址码 A_1A_0 产生 4 个地址信号，由 A_1A_0 等于 00、01、10、11 分别控制 4 个与门的开闭。显然，任何时候 A_1A_0 只有一种可能的取值，所以只有一个与门打开，使对应的那一路数据通过，送达 Y 端。输入使能端 $\overline{ST}$ 是低电平有效，当 $\overline{ST}=1$ 时，所有与门都被封锁，无论地址码是什么，Y 总是等于 0；当 $\overline{ST}=0$ 时，封锁解除，由地址码决定哪一个与门打开。

由真值表可得

$$Y=[D_0(\overline{A_1}\,\overline{A_0})+D_1(\overline{A_1}A_0)+D_2(A_1\overline{A_0})+D_3(A_1A_0)]\cdot ST$$

由真值表或数据选择器的逻辑表达式可以看出，数据选择器是一个与或逻辑，是一个由最小项译码器选择输入数据的 $\sum m_i$ 的电路结构。

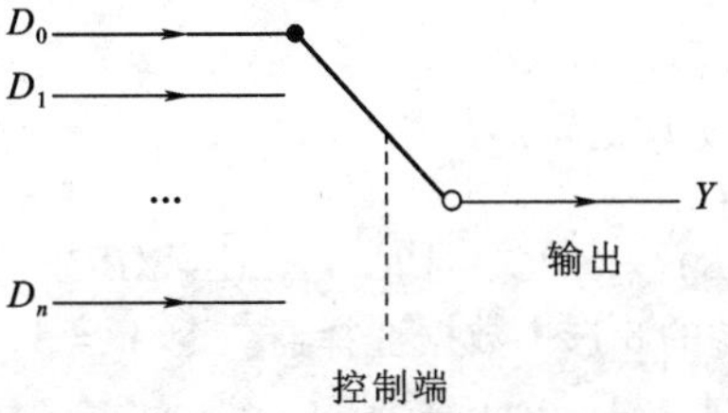

图 7-32　4 选 1 数据选择器逻辑功能示意图

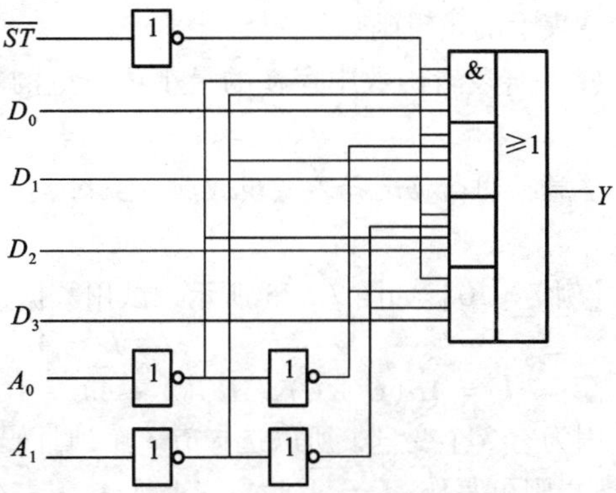

图 7-33　4 选 1 数据选择器逻辑电路

由逻辑表达式可以画出其逻辑电路，如图 7-33 所示。常用的集成数据选择器有：2 选 1 的 74LS157、74HC157；4 选 1 的 74153、74LS153、74HC153、40H153；8 选 1 的 74151、74LS151、74HC151；16 选 1 的 74150、74LS150 等。

图 7-34（a）为 8 选 1 MUX 74LS151 的引脚示意图。$D_0 \sim D_7$ 为 8 个数据输入端，$A_0 \sim A_2$ 为 3 个地址码输入端，Y 为输出端。另外为了使用方便，直接引出了 $\overline{Y}$。双 4 选 1 MUX 74LS153 实物图如图 7-34（b）所示。

（a）8 选1 MUX 74LS151 引脚图　　（b）双4选1MUX 74LS153实物图

图 7-34　集成数据选择器引脚示意图与实物

2. 数据选择器实现任何所需的组合逻辑函数

数据选择器除了作为数据选择输出之外，还可以用来实现逻辑函数功能、改变数据的传送方式等。中规模数据选择器的级联可扩展其选择数据的路数，其功能扩展不仅可用于组合逻辑电路，而且还可用于时序逻辑电路。

数据选择器是一个有使能端的 Σm_i 与或标准形电路结构，因为任何组合逻辑函数总可以用最小项之和的标准形式构成。所以，利用数据选择器的输入 D_i 来选择地址码输入组成的最小项 m_i，可以实现任何所需的组合逻辑函数。

数据选择器用来实现逻辑函数的具体方法步骤如下：

（1）确定逻辑函数的输入变量个数，选定数据选择器。先将给定的逻辑函数整理为最小项之和形式的与或表达式，根据输入变量的个数选定数据选择器。数据选择器的地址码输入端的变量个数应该等于或小于逻辑函数的输入变量个数。也就是说，具有 n 个地址码输入端的 MUX 可实现 n 变量的逻辑函数，最多可实现 $n+1$ 个变量的逻辑函数（不需要其他辅助电路）。

（2）将数据选择器的地址码输入变量与逻辑函数的输入变量一一对应，写出由地址码输入变量表示的逻辑函数。

（3）将逻辑函数中存在的最小项对应的输入 D_i 接“1”，不存在的最小项对应的输入 D_i 接“0”。

注意：用数据选择器实现逻辑函数时，数据选择器必须正常工作，因此使能控制端 $\overline{ST}$ 应该接“0”。

【例 7－10】如图 7－35 所示，试用数据选择器实现逻辑函数：

$$L = AB + BC + AC$$

解： $L = AB(C + \overline{C}) + BC(A + \overline{A}) + AC(B + \overline{B}) = \overline{A}BC + A\overline{B}C + AB\overline{C} + ABC$

因为有 3 个变量，所以选择有 3 个地址码输入端的 8 选 1 数据选择器。令 $A_2 = A$，$A_1 = B$，$A_0 = C$，则可写作：$L = \overline{A_2}A_1A_0 + A_2\overline{A_1}A_0 + A_2A_1\overline{A_0} + A_2A_1A_0 = m_3 + m_5 + m_6 + m_7$。

与 8 选 1 的 MUX 的表达式 $Y = \sum_{i=0}^{7} m_iD_i$ 进行对照，将逻辑函数式中存在的最小项对应的 D_3、D_5、D_6、D_7 接“1”，不存在最小项对应的 D_0、D_1、D_2、D_4 接“0”。即可实现逻辑函数 L 功能，电路如图 7－35 所示。

使用数据选择器实现组合逻辑函数是十分方便的，但它仅对实现单输出的逻辑函数方便；对于多输出函数，每个输出则需至少一块数据选择器组件。

3. 数据选择器的扩展

（1）输入扩展。如果把数据选择器的使能端作为地址输入，可以将两片 4 选 1 连接成一个 8 选 1 的数据选择器，其连接方式如图 7－36 所示。8 选 1 的数据选择器的地址选择输入应有 3 位，其最高位 A_2 与一个 4 选 1 数据选择器的使能端连接，经过一反相器反相后与另一个数据选择器的使能端连接。低 2 位地址选择输入端 A_1A_0 由两片 MUX 的地址选择输入端相对应连接而成，类似的方法，可以实现 8 选 1 MUX 扩展为 16 选 1 MUX 等。

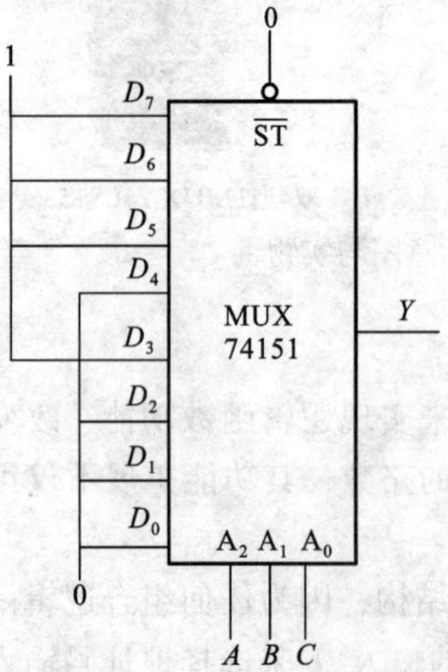

图 7－35　例 7－10 题图

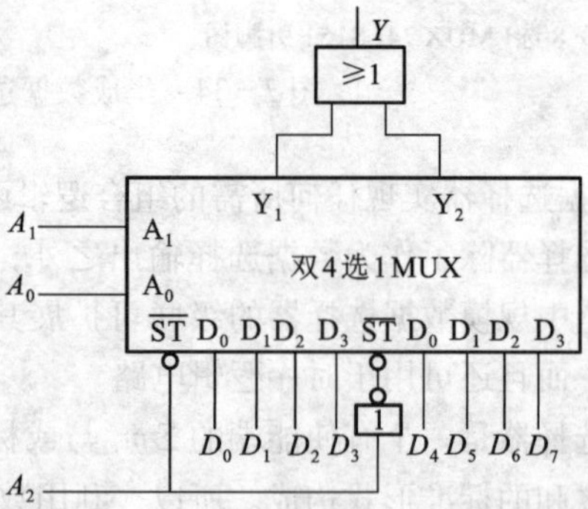

图 7－36　数据选择器的扩展

（2）输出扩展。上面所讨论的是输出为 1 位的数据选择器，如需要选择多位数据时，可由几个 1 位数据选择器并联组成，即将它们的使能端连在一起，相应的选择输入端连在一起。

7.7　中规模组合逻辑电路综合应用举例

组合逻辑电路应用范围很广。数字集成电路由小规模集成电路（SSI）发展到中规模集成电路（MSI）、LSI 和 VLSI 之后，单个芯片的功能大大增强。一般地，在 SSI 中仅是基本器件

（如逻辑门或触发器）的集成，在 MSI 中已是逻辑部件（如译码器、数据选择器、加法器、编码器等）的集成，在 LSI 和 VLSI 中则是一个数字子系统或整个数字系统（如微处理器）的集成。在工程应用中 MSI 方便且实用，很多场合可取代小规模集成电路 SSI。

下面再给出几个数字集成电路综合应用的例子。

【例 7－11】 图 7－37 所示电路是某工厂的安全监视系统，试分析电路工作原理。

解： 该系统监视对象是各车间大门的开闭情况。每扇门的开或闭以开关“0”和“1”表示，然后接到一个指示灯（发光二极管）上以显示其开关状态，将所有的指示灯集中装在很远的厂值班室的监视器上。这样，如果每扇门发送一路独立的开关信号给监视器，就需要很多根连线。在车间大门比较集中的情况下，采用数据分配器和数据选择器构成一个数据**分时传送**系统，可以大大节约传输线的数目。图 7－37 所示的电路能够自动监视 8 扇大门，如需要还可以扩展。试叙述整个监视系统的工作原理。

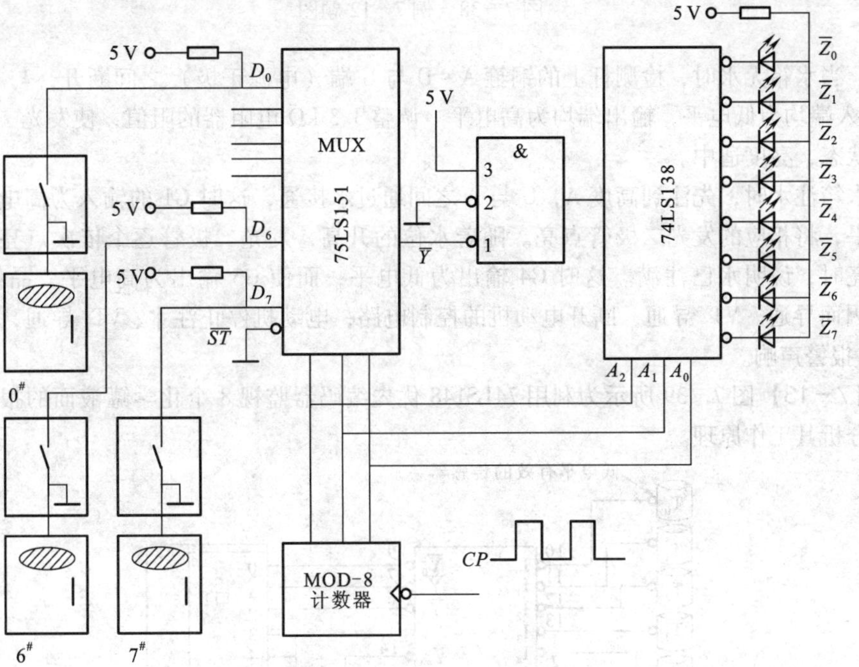

图 7－37　例 7－11 题图

将每扇门的开闭状态转换为开关量，门打开时为高电平“1”，门关闭时为低电平“0”。每扇门都送出一路开关信号 D_i 至数据选择器的输入端。一个八进制计数器（可以记录脉冲个数）为数据选择器提供了选择控制信号，该计数器一直输入连续时钟脉冲，使得计数器输出 $Q_2Q_1Q_0$ 从 000～111 连续循环地变化，数据选择器的选择控制信号 $A_2A_1A_0$ 也如此变化，则各路开关信号从 D_0～D_7 轮流循环传送至 $\overline{Y}$ 端，通过一与门驱动，再经过一段传输线送到值班室的监视器上，作为数据分配器的信号输入。由于数据选择器和数据分配器（使用译码器实现）的选择控制信号 $A_2A_1A_0$ 的变化规律是同步的，即从 000～111 依次循环往复，故信号 $\overline{Y}$ 将依次对应地传送到数据分配器的输出端，使相应的指示灯亮，依次显示出各个大门的开关状态。如果扫描速度快（时钟脉冲 CP 频率高），指示灯的显示状态是稳定的。例如，在某一时刻，计数器状态是 110，而此时 6# 大门关闭着，则 D_6 上的低电平信号经反相在 $\overline{Y}$ 端出现高电平信号，分配至 $\overline{Z}_6$ 端也是高电平，故 6# 指示灯此时不亮。实际上电路是连续扫描的，6# 指示灯一直不亮，直到 6# 大门打开才会变化。

【例 7-12】图 7-38 是用 CMOS 与非门组成的**水位检测电路**。试分析其工作原理。

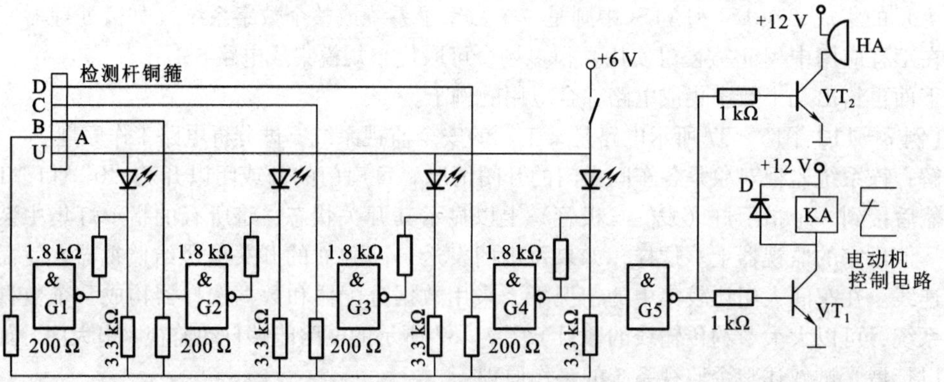

图 7-38　例 7-12 题图

解： 当水箱无水时，检测杆上的铜箍 A～D 与 U 端（电源正极）之间断开，与非门 G1～G4 的输入端均为低电平，输出端均为高电平。调整 3.3 kΩ 电阻器的阻值，使发光二极管处于微导通状态，亮度适中。

当水箱注水时，先注到高度 A，U 与 A 之间通过水接通，这时 G1 的输入为高电平，输出为低电平，将相应的发光二极管点亮。随着水位的升高，发光二极管逐个依次点亮。当最后一个点亮时，说明水已注满。这时 G4 输出为低电平，而使 G5 输出为高电平，晶体管 VT_1，和 VT_2 因而导通。VT_1 导通，断开电动机的控制电路，电动机停止注水；VT_2 导通，使蜂鸣器 HA 发出报警声响。

【例 7-13】图 7-39 所示为利用 74LS148 优先编码器监视 8 个化学罐液面的报警编码电路。试分析其工作原理。

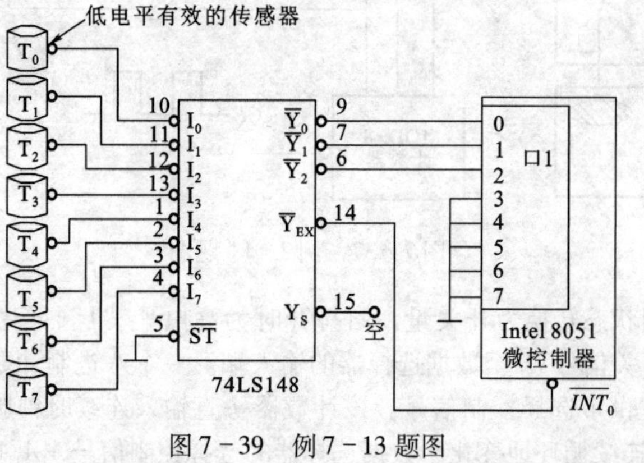

图 7-39　例 7-13 题图

解： 若 8 个化学罐中任何一个的液面超过预定高度时，其相应的液面检测传感器便输出一个 0 电平到编码器的输入端。编码器输出一个 3 位二进制代码到微控制器（单片机），若同时报警则自动依照优先级别报送。此时，微控制器仅需要 3 根输入线就可以监视 8 个独立的被测点。这里用的是 Intel 8051 微控制器，它有 4 个输入/输出接口。使用其中的一个口输入被编码的报警代码，并且利用中断输入 $\overline{INT_0}$ 接收报警信号 $\overline{Y}_{EX}$（$\overline{Y}_{EX}$ 是编码器输入信号有效的标志输出，只要有一个输入信号为有效的低电平，$\overline{Y}_{EX}$ 就变成低电平）。当 Intel 8051 的 $\overline{INT_0}$ 端接收到一个 0 时，就运行报警处理程序并根据代码做相应的反应，完成报警。

习　题

一、填空题

1. 共阳极 LED 数码管应与输出__________电平有效的显示译码器匹配。

2. 欲实现三变量组合逻辑函数，应选用__________数据选择器。

3. 采用 4 位比较器对两个 4 位数比较时，先比较__________位。

4. 共阴极七段显示器，要配一种 TTL74 系列译码器，可选用__________。

二、选择题

1. 能驱动七段数码管显示的译码器是（　　）。

A. 74LS48　　B. 74LS138　　C. 74LS148　　D. TS547

2. 八输入端的编码器按二进制数编码时，输出端的个数是（　　）。

A. 2 个　　B. 3 个　　C. 4 个　　D. 8 个

3. 四输入端的译码器其输出端最多为（　　）。

A. 4 个　　B. 8 个　　C. 10 个　　D. 16 个

4. 组合逻辑电路的输出取决于（　　）。

A. 输入信号的现态　　B. 输出信号的现态

C. 输入信号的现态和输出信号变化前的状态

三、分析计算题

1. 试分析图 7－40 所示逻辑电路的逻辑功能。

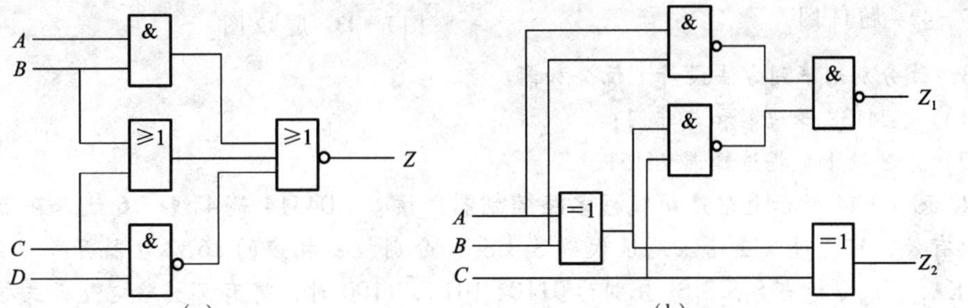

图 7－40　题 1 图

2. 试写出图 7－41 所示逻辑电路的逻辑表达式，并分析其逻辑功能。

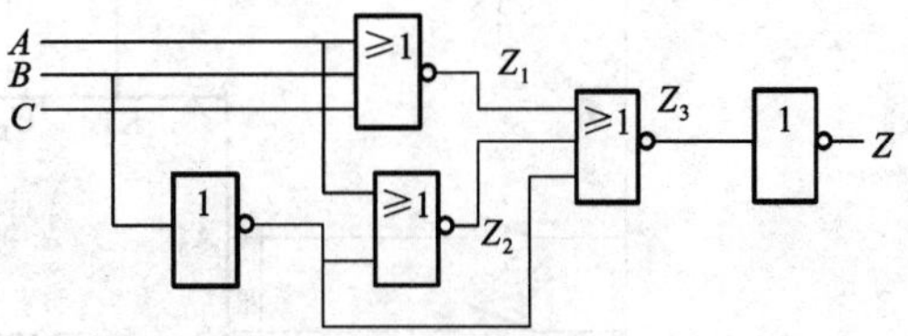

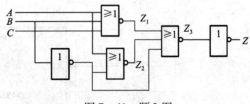

图 7－41　题 2 图

3. 试用与非门设计一个三变量的奇偶检验电路。当 3 个变量中有奇数个变量为“1”时，输出为“1”；否则，输出为“0”。

4. 举重比赛有一个主裁判和两个副裁判。杠铃是否举起成功的裁决，由每一个裁判按一下自己面前的按钮确定。只有当两个或两个以上裁判判为成功，并且其中有一个为主裁判时，表明成功的指示灯才亮。试用与非门设计这个举重裁判表决电路。

5. 某公司 A、B、C、D 四个股东开会，A 占 40% 股，B 占 30% 股，C 占 20% 股，D 占 10% 股。要求设计一个逻辑电路，把 4 个股东同意、不同意的表决分别自动地按所持股份的百分数来记分。注意逻辑电路输出应该能够指出是通过、否决还是平局。

6. 试用与非门设计一个三变量的一致的检验电路。当 3 个变量取值一致时，输出为“1”；否则，输出为“0”。

7. 某公司电话总机室需要对 4 种电话进行级别控制。按紧急顺序排列优先权由高到低为：火警电话、急救电话、工作电话和生活电话，分别编码为 11、10、01、00，试设计该编码电路。

8. 何谓编码？二进制编码和二-十进制编码有何不同？

9. 设计并画出一个 4 线-2 线二进制编码电路。

10. 试用译码器 74LS138 实现下列逻辑功能。

(1) $Z_1 = \bar{A}\bar{B} + \bar{B}C + ABC$；

(2) $Z_2 = A\bar{B}\bar{C} + \bar{A}BC + B\bar{C}$。

11. 试设计一个如图 7-42 所示的五段荧光数码管显示电路。输入信号为 A、B，要求显示 L、E、F、H 四个字母。列出真值表，写出各显示段的逻辑表达式。

12. 在图 7-43 中，集成运放构成的过零比较器，若 u 为正弦电压，其频率为 1 Hz，试问七段 LED 数码管显示什么字母？

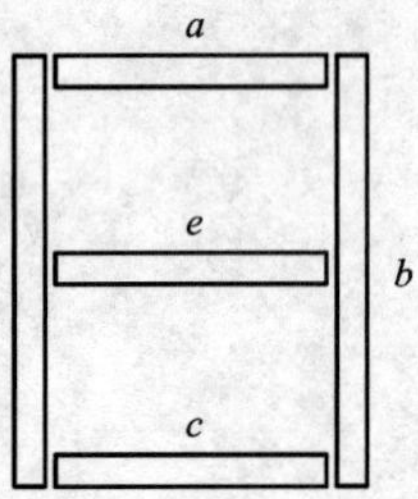

图 7-42　题 11 图

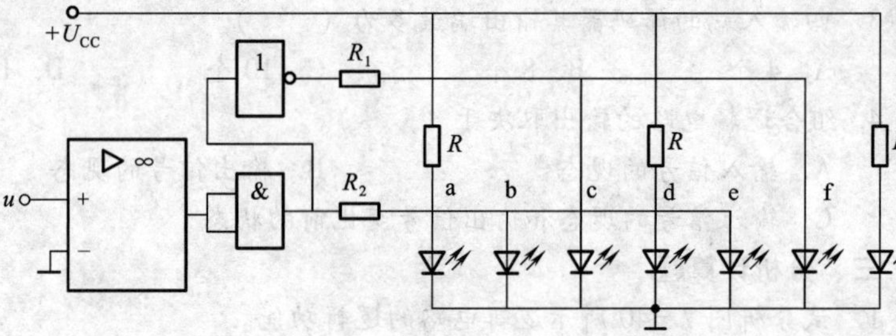

图 7-43　题 12 图

13. 试分别用下列方法设计 1 位全加器。

(1) 用 74138 译码器和与非门；

(2) 用 8 选 1 数据选择器 74151。

14. 图 7-44 所示电路是**可编程多路控制器**，核心 CD4514 是 4 线-16 线译码器，高电平输出有效，可通过改变输入地址代码 $S_3S_2S_1S_0$ 分别控制相应的 16 路电器开关（继电器）$KA_0 \sim KA_{15}$，试分析当 $S_3S_2S_1S_0$ 分别为 0110，1010，1100 时，将有哪一路电气开关接通。

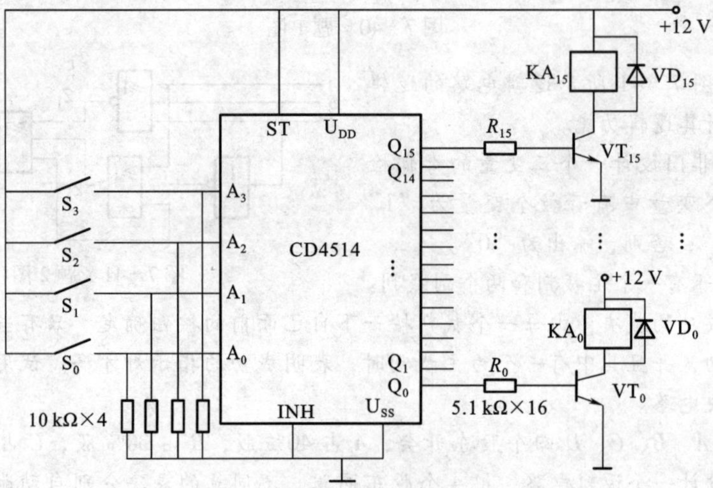

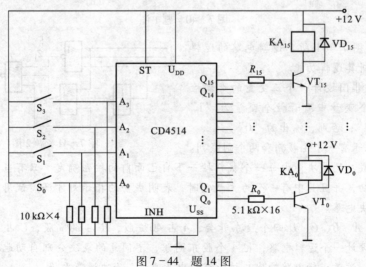

图 7-44　题 14 图

15. 由数值比较器74LS85构成的报警电路，如图7－45所示。其功能是将输入的BCD码与设定的BCD码进行比较，当输入值大于设定值时报警。改变 $S_0 \sim S_3$ 的状态，可以改变报警的设定下限值。本题假定 S_0、S_2 闭合，试分析电路将报警对应的输入代码的范围。

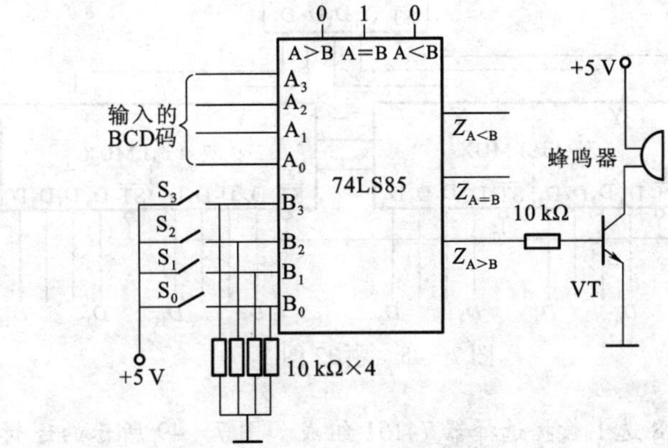

图7－45 题15图

16. 选择器如图7－33所示。并行输入数据 $D_3D_2D_1D_0 = 0101$，地址码 A_1A_0 的状态顺序为00、01、10、11。试画出输出 Y 横向展开的时序波形。

17. 图7－46所示电路中，使用3个2选1数据选择器，试说明该电路的功能。

18. 用8选1数据选择器74LS151实现下列逻辑功能。

(1) $Z_1 = AB + BC + AC$；

(2) $Z_2 = A\overline{B}\,\overline{C} + \overline{A}BC + B\overline{C}$。

19. 选1数据选择器74151组成的三变量逻辑电路如图7－47所示。试写出输出 Y 的逻辑表达式。

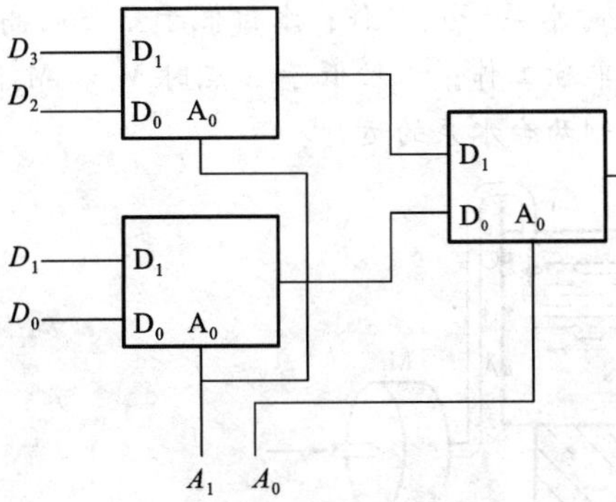

图7－46 题17图

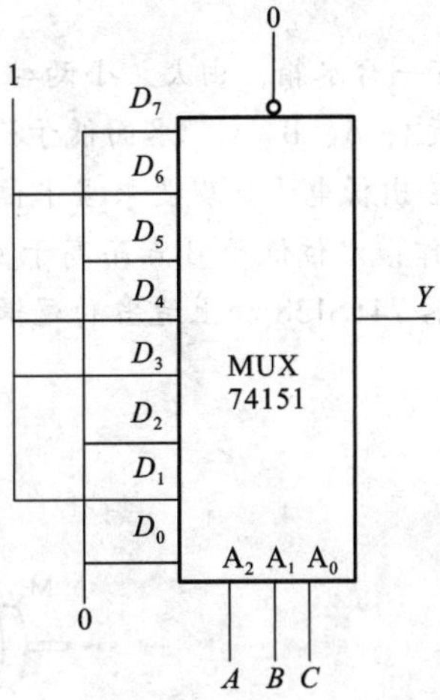

图7－47 题19图

20. 如何用4位数值比较器74LS85组成比较两个10位二进制数的电路。

21. 试用8选1数据选择器74151和门电路设计一个4位二进制码奇偶检验器。要求当输入的4位二进制码中有奇数个1时，输出为1，否则为0。

22. 判断图7－48所示电路是几选一数据选择器。

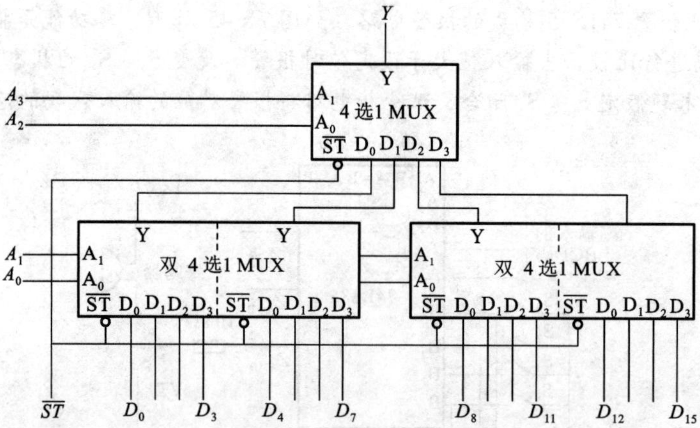

图 7－48　题 22 图

23. 译码器 74138 和 8 选 1 数据选择器 74151 组成如图 7－49 所示的逻辑电路。$X_2X_1X_0$ 及 $Z_2Z_1Z_0$ 为两个 3 位二进制数。试分析电路的逻辑功能。

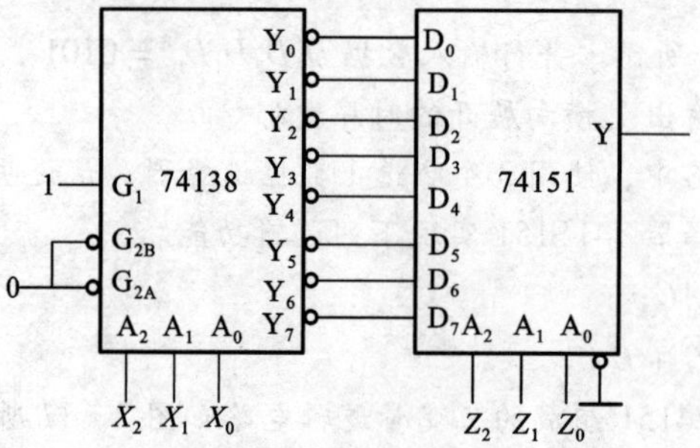

图 7－49　题 23 图

24. 有一台水箱，由大、小两台水泵 M_L 和 M_S 供水，如图 7－50 所示。水箱中设置了 3 个水位检测元件 A、B、C。水面低于检测元件时，检测元件给出高电平；水面高于检测元件时，检测元件给出低电平。现要求当水位超过 C 点时水泵停止工作；水位低于 C 点而高于 B 点时 M_S 单独工作；水位低于 B 点而高于 A 点时 M_L 单独工作；水位低于 A 点时 M_L 和 M_S 同时工作。试用译码器 74LS138 加上适当的逻辑门电路控制两台水泵的运行。

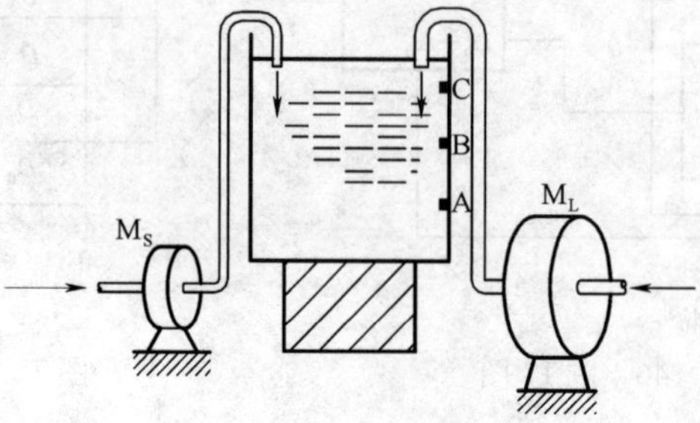

图 7－50　题 24 图

第8章

触发器与时序逻辑电路

学习目标

- 掌握基本RS触发器和同步RS触发器的电路结构、逻辑符号和逻辑功能；掌握常用的钟控触发器如JK触发器、D触发器的电路结构、逻辑符号和逻辑功能。
- 熟悉时序逻辑电路的基本概念、特点及时序逻辑电路的一般分析方法。
- 掌握典型时序逻辑部件计数器和寄存器的工作原理与逻辑功能、典型集成计数器芯片的逻辑功能及其使用方法；掌握任意进制计数器的设计方法。

触发器是时序逻辑电路的重要组成部分。触发器是由逻辑门加反馈线构成的，具有存储数据、记忆信息等多种功能。

数字电路按逻辑功能的不同，可分为**组合逻辑电路**和**时序逻辑电路**两大类。时序逻辑电路简称时序电路，与组合逻辑电路一起构成数字电路的两大重要组成部分。

时序逻辑电路是指电路在任一时刻的输出状态不仅与该时刻各输入状态的组合有关，而且与电路前一时刻的状态（即原状态）有关，时序逻辑电路的特点是具有记忆功能。本章首先介绍组成时序逻辑电路的基本单元——**触发器**。

触发器是具有记忆功能的基本逻辑单元。它有两个输出端 Q 和 $\overline{Q}$，有两个输出稳定的状态：**0状态**和**1状态**。$Q=1$ 称为触发器的1状态，$Q=0$ 称为触发器的0状态。一个触发器可以记忆1位二值信号。

触发器在不同的输入情况下，它可以被置成0状态或1状态；当输入信号消失后，所置成的状态能够保持不变。触发器由1状态变为0状态，或由0状态变为1状态，称为触发器的**翻转**。触发器的 Q 输出端的翻转前状态称为触发器的**初态**或**原态**，它是触发器接收输入信号之前的稳定状态。相对于初态，触发器在触发之后的输出状态称为**次态**或**新态**，它是触发器接收输入信号之后所处的新的稳定状态。

集成触发器可按多种方式分类：

（1）根据工作方式的不同可分为：无时钟的基本RS触发器，是异步工作方式；有时钟控制的钟控触发器，是同步工作方式。

（2）根据逻辑功能的不同可分为：RS触发器、D触发器、JK触发器、T触发器和T′触发器。

（3）根据结构方式的不同（仅限钟控触发器）可分为：维持阻塞触发器、边沿触发器和主从触发器。

（4）根据触发方式不同可分为：电平触发器、边沿触发器和主从触发器。

触发器的逻辑功能可以用**状态表、特性方程、状态转换图**和**波形图**（又称**时序图**）、**激励表**来描述。

8.1　基本 RS 触发器

基本 RS 触发器是触发器电路的基本结构形式，是构成其他类型触发器的基础。从内部结构看，可由与非门组成基本 RS 触发器。

8.1.1　由与非门组成的基本 RS 触发器

1. 电路结构及逻辑符号

由与非门组成的基本 RS 触发器内部电路结构及逻辑符号如图 8－1 所示，它由两个与非门相互交叉耦合而成。有两个信号输入端$\overline{R}$和$\overline{S}$，一般情况下，字母上的“¯”表示**低电平**有效；有两个输出端 Q 和$\overline{Q}$，正常情况下，二者是相反的逻辑状态。这里所加的输入信号（低电平）称为**触发信号**，由它们导致的转换过程称为**翻转**。由于这里的触发信号是电平，因此这种触发器称为**电平控制**触发器。

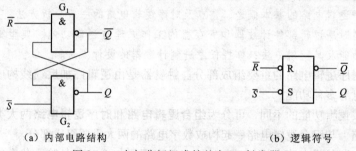

（a）内部电路结构　　（b）逻辑符号

图 8－1　由与非门组成的基本 RS 触发器

2. 工作原理

（1）$\overline{S}=1$，$\overline{R}=1$。假如触发器初始处于 0 状态，即 $Q=0$，$\overline{Q}=1$，Q 端耦合至 G_1 门的输入端，使其输出端$\overline{Q}$变为 1，将此 1 电平再反馈到 G_2 门的输入端，使它的两个输入端都为 1，因而保证了 G_2 门的输出端 Q 为 0，故触发器继续保持原来的 0 状态。同理，若触发器处于 1 状态，在这种输入前提下，Q 也会继续保持 1 状态。

（2）$\overline{S}=1$，$\overline{R}=0$。$\overline{S}=1$，表明$\overline{S}$端保持高电平；而$\overline{R}=0$ 表明是在$\overline{R}$端加低电平或负脉冲。不管 Q 原来的状态是 0 还是 1，根据与非门的逻辑规则$\overline{Q}$必定是 1，将其反馈到 G_2 门的输入端，使其输入全为 1，则 Q 必定为 0。因而$\overline{R}$称为**直接复位端**，即在$\overline{R}$端出现负脉冲或加低电平，可使触发器复位为 0 状态。

（3）$\overline{S}=0$，$\overline{R}=1$。$\overline{R}=1$，表明$\overline{R}$ 端保持高电平；而$\overline{S}=0$ 表明是在$\overline{S}$端加低电平或负脉冲。不管$\overline{Q}$ 原来的状态是 0 还是 1，根据与非门的逻辑规则 Q 必定是 1，将其反馈到 G_1 门的输入端，使其输入全为 1，则$\overline{Q}$必定为 0。因而$\overline{S}$称为**直接置位端**，即在$\overline{S}$端出现负脉冲或加低电平，可使触发器置位为 1 状态。

（4）$\overline{S}=0$，$\overline{R}=0$。这种情况相当于两个输入端同时加低电平或负脉冲，在低电平期间，不管触发器原来状态如何，Q 和$\overline{Q}$必然均为 1。但在负脉冲信息同时撤销之后（恢复高电平），由于 G_1 和 G_2 两个与非门输入端均全为 1，Q 和$\overline{Q}$都有可能出现 0；由于两个与非门传输速率的差异和其他偶然因素，只要有一个先出现为 0，反馈到输入端，必使另一个输出为 1。这种随机性会使 Q 的状态不确定。这种状态不满足触发器的两个输出端 Q 和$\overline{Q}$的逻辑状态应该相反的要求，所以称为**禁止状态**，使用时应该避免这种情况出现。

综上所述，基本 RS 触发器有下述特点：可以存储一个二进制位。如果存储 1，就在$\overline{S}$端加上一个负脉冲；如果存储0，就在 $\overline{R}$ 端加上一个负脉冲。若基本 RS 触发器原来为1状态，欲使之变为0状态，只须令$\overline{R}$端的电平由1变0，$\overline{S}$端的电平由0变1。从功能方面看，基本 RS 触发器只能在$\overline{R}$和$\overline{S}$的作用下置0和置1，所以又称**置位复位触发器**。由于置0或置1都是触发信号低电平有效，因此，$\overline{S}$端和$\overline{R}$端都画有**小圆圈**。

3. 触发器的状态表

为了便于描述，触发器的 Q 输出端的原始状态称为触发器的**初态**或**原态**，用 Q^n 表示，它是触发器接收输入信号之前的稳定状态。

相对于初态，触发器在触发之后的输出状态称为**次态**或**新态**，用 Q^{n+1} 表示，它是触发器接收输入信号之后所处的新的稳定状态。

状态表就是用表格的形式描述触发器在输入信号作用下，触发器的下一个稳定状态（次态）Q^{n+1} 与触发器的原稳定状态（初态）Q^n 和输入信号状态之间的关系，如表8-1所示。

表8-1　用与非门组成的基本 RS 触发器的状态表

输入信号		输出状态	逻辑功能说明
$\overline{S}$	$\overline{R}$	Q^{n+1}	
1	1	状态不变	维持原态
1	0	0	置0
0	1	1	置1
0	0	状态不定	禁止状态

【例8-1】 由与非门组成的基本 RS 触发器的两个输入 $\overline{R}$、$\overline{S}$ 波形如图8-2所示。试画出输出 Q 的波形。设触发器的初态为“0”。

解： 波形如图8-2所示。注意，不定状态是发生在$\overline{R}$和$\overline{S}$同时为0，又同时恢复为1之后。

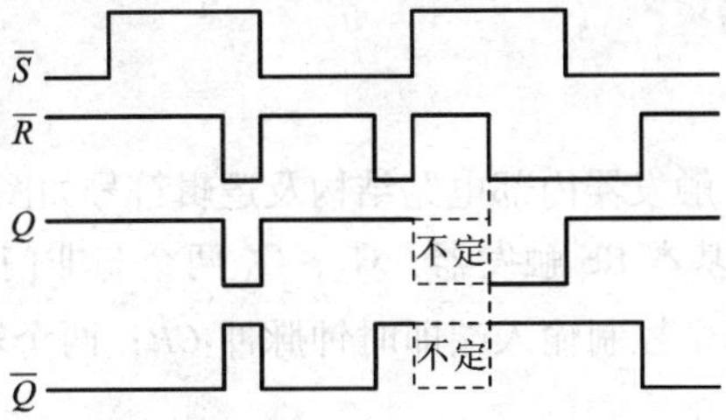

图8-2　例8-1图

8.1.2　基本 RS 触发器逻辑功能的其他表示方法

除了用状态表表示基本 RS 触发器的逻辑功能外，还可以用**波形图**（又称**时序图**）或者状态方程（特性方程）来表示基本 RS 触发器的逻辑功能。

1. 时序图

在给定或假设触发器的初始状态的情况下，根据已知的输入信号波形，可以画出相应的输出端 Q 的波形，上下对应，按时间轴展开，高电平代表1，低电平代表0，这种波形图称为**时序图**，如图8-2所示。

2. 状态方程

以逻辑函数的形式来描述次态与初态及输入信号之间关系的逻辑表达式，称为**状态方程**。将次态 Q^{n+1} 作为输出变量，R、S 作为输入变量，由状态表可以导出基本 RS 触发器的**状态方**

程，经化简可得

$$\begin{cases} Q^{n+1} = S + \overline{R}Q^n \\ RS = 0 \qquad \text{（约束条件）} \end{cases}$$

上式中**约束条件**表示 R 和 S 之积必须等于 0。也就是说触发器输入 R、S 不能同时为 1，以避免出现状态不定现象。该约束条件也可以记作：

$$\overline{R} + \overline{S} = 1$$

综上所述，基本 RS 触发器具有复位（$Q=0$）、置位（$Q=1$）、保持原状态 3 种功能，R 为复位输入端，S 为置位输入端，可以是低电平有效，也可以是高电平有效，这取决于触发器的结构。

8.2 同步触发器

基本 RS 触发器是由输入信号直接控制触发器的输出状态。基本 RS 触发器的触发方式（动作特点）是逻辑电平直接触发，也就是说由输入信号直接控制。在实际工作中，常常要求某些触发器按照一定的频率协调同步动作，为此希望有一种这样的触发器，它们在一个称为**时钟脉冲信号** *CP*（Clock Pulse）的控制下翻转，没有 *CP* 就不翻转，*CP* 到来后才翻转，以保证触发器在同步时刻到来时才由输入信号控制输出状态。把这个控制脉冲信号称为时钟脉冲 *CP*，此时触发器的输出状态就由时钟脉冲 *CP* 和输入信号共同决定。

这种由时钟脉冲和输入信号共同决定输出状态的触发器，称为**同步触发器**或**钟控触发器**。**同步 RS 触发器**是其中最基本的一种电路结构。

时钟脉冲到来之前，触发器的**初态**，用 Q^n 表示；时钟脉冲到来之后，触发器在触发之后的**次态**，用 Q^{n+1} 表示。

8.2.1 同步 RS 触发器

1. 电路结构及逻辑符号

由与非门组成的同步 RS 触发器内部电路结构及逻辑符号如图 8－3 所示。图 8－3（a）中 G_1、G_2 两个与非门组成一个基本 RS 触发器，G_3、G_4 两个与非门是控制门。它有两个输入端 R 和 S，通过控制门输入；一个控制输入端即时钟脉冲 *CP*；两个输出端 Q 和 $\overline{Q}$，正常情况下，二者是相反的逻辑状态。

图 8－3（b）中 C1 表示时钟输入端，C1 中的 C 是控制关联标记，C1 表示受其影响的输入是以数字 1 标记的数据输入，如 1R、1S。

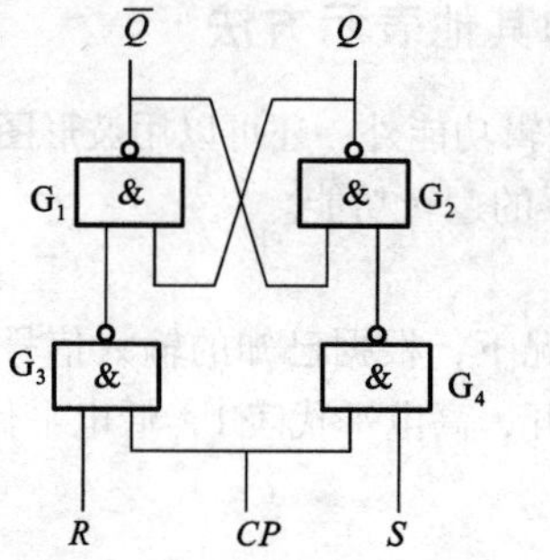

（a）电路结构

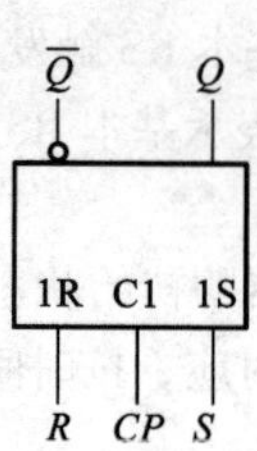

（b）逻辑符号

图 8－3 由与非门组成的同步 RS 触发器

2. 工作原理

从图 8-3 中可以看出，当 $CP=0$ 时，控制门 G_3、G_4 的输出均为“1”，即基本 RS 触发器的 $\overline{R}=1$、$\overline{S}=1$，触发器的状态不变；当 $CP=1$ 时，控制门 G_3、G_4 的输出由 R、S 决定。时钟脉冲过去后（即 $CP=0$），触发器的输出状态又进入保持期。

分析 $CP=1$ 时的工作情况：脉冲到，控制门 G_3、G_4 打开，R、S 信号作用于上面的基本 RS 触发器，G_3 和 G_4 的输出分别是 $\overline{R}$、$\overline{S}$。这样，两个输出端 Q 和 $\overline{Q}$ 的变化规律完全和前面的基本 RS 触发器一致。

3. 状态表

归纳上面的工作分析，得到同步 RS 触发器的状态表如表 8-2 所示。

表 8-2　同步 RS 触发器的状态表

输入信号		初始状态	输出状态	逻辑功能说明
S	R	Q^n	Q^{n+1}	
0	0	0	0	Q^n（维持原态）
0	0	1	1	
0	1	0	0	置 0
0	1	1	0	
1	0	0	1	置 1
1	0	1	1	
1	1	0	状态不定	禁止状态
1	1	1		

由状态表可以看出，它和与非门构成的基本 RS 触发器的状态表实质上是一样的。只是输入信号为高电平有效，属于加了时钟脉冲的电平控制触发器。

由状态表可以看出，同步 RS 触发器的状态转换分别由 R、S 和 CP 控制，其中，R、S 控制状态转换的方向，即转换为何种状态；CP 控制状态翻转的时刻，即何时发生翻转。

8.2.2　同步 RS 触发器逻辑功能的其他表示方法

与基本 RS 触发器一样，同步 RS 触发器的逻辑功能除了用状态表表示之外，也可以用时序图、状态方程（特性方程）和状态转换图来表示。

1. 状态方程

将 Q^{n+1} 作为输出变量，R、S、Q^n 作为输入变量，由状态表可以得到同步 RS 触发器的状态方程，经化简可得

$$\begin{cases} Q^{n+1}=S+\overline{R}Q^n \\ RS=0 \qquad \text{（约束条件）} \end{cases}$$

2. 状态转换图

描述触发器的状态转换关系及转换条件的图形称为**状态转换图**，简称**转换图**。

一般情况下，把触发器的两个稳定状态“0”和“1”用两个圆圈表示，用箭头表示由初态 Q^n 到次态 Q^{n+1} 的转换方向，并在箭头的附近用文字或相应说明来表示完成转换所必需的条件，这种表示图形就是状态图。

图 8-4 为同步 RS 触发器的**状态图**，从图中可以得到和状态表一致的逻辑功能。图中箭头上所表示的是输入信号 S 和 R，“×”表示任意态，即可以是“1”，可以是“0”。例如，当初态为“0”时，在从“0”到“0”圆圈上的箭头附近标明“$S=0$，$R=\times$”，这说明若 $S=0$，不论 R 为“0”还是为“1”，触发器的状态都为“0”；在从左“0”到右“1”的箭头附近标明“$S=1$，$R=0$”，这说明若 $S=1$，$R=0$，触发器的状态变为“1”。当初态为“1”时，在从“1”到“1”圆圈上的箭头附近标明“$S=\times$，$R=0$”，这说明若 $R=0$，不论 S 为“0”还是为“1”，触发器的状态都为“1”。

同步触发器的优点是结构简单，且可以满足触发器按照一定的频率同步工作。但同步触发器有一个严重不足，即在一个时钟脉冲 CP 作用下，触发器的状态可能会翻转两次或者更多，这种现象称为**空翻**。引起空翻的原因是在时钟脉冲 CP 作用期间输入信号依然直接控制着触发器状态的变化，如果输入信号 R、S 发生变化，则触发器状态会跟着变化，从而使得一个时钟脉冲作用期间引起多次翻转，如图 8-5 所示。

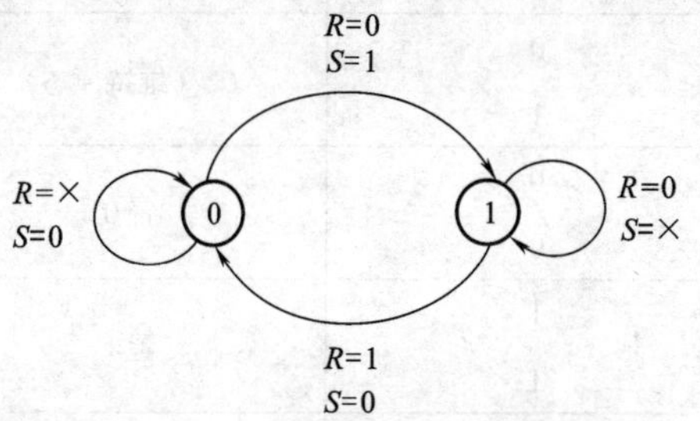

图 8-4　同步 RS 触发器的状态图

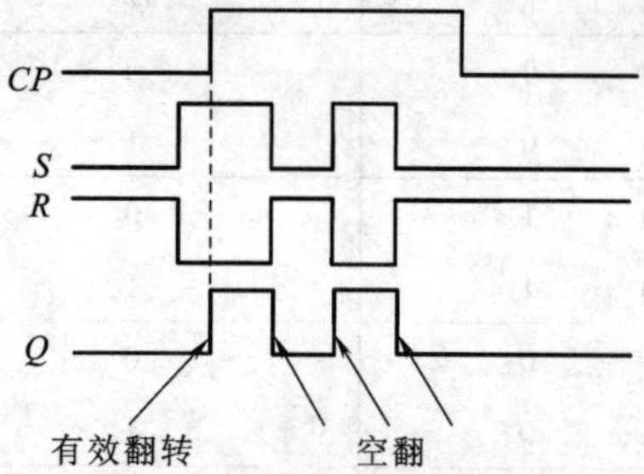

图 8-5　同步 RS 触发器的空翻现象

因此，对于同步触发器，在 $CP=1$ 期间，不允许输入信号 R 和 S 发生变化；否则，会产生空翻现象。另外，在同步触发器接成计数状态时，也容易产生空翻现象。为了避免空翻现象的发生，必须改进触发器的电路结构。

由于同步 RS 触发器的上述缺点，使它的应用受到很大限制。一般只用它作为数码寄存器而不宜用来构成具有移位和计数功能的逻辑部件。

8.3　常用钟控触发器

上述几种同步触发器，采用了同步时钟控制，且具有较强的逻辑功能，但依然存在“空翻”现象。为了进一步解决“空翻”问题，实际应用中广泛采用**边沿触发器**和部分**主从触发器**。经常用到的钟控控制触发器有边沿 JK 触发器、维持阻塞边沿 D 触发器和 CMOS 主从 D 触发器等。

边沿触发器是学习的重点。同时具备以下条件的触发器称为边沿触发方式触发器（简称**边沿**触发器）：

（1）触发器仅在 CP 某一约定跳变到来时，才接收输入信号；

（2）在 $CP=0$ 或 $CP=1$ 期间，输入信号变化不会引起触发器输出状态变化。

因此，边沿触发器不仅克服了空翻现象，而且大大提高了抗干扰能力，工作可靠性更高。

边沿触发方式的触发器有两种类型：一种是维持阻塞式触发器，它是利用直流反馈来维持翻转后的新状态，阻塞触发器在同一时钟内再次产生翻转；另一种是边沿触发器，它是利用触发器内部逻辑门之间延迟时间的不同，使触发器只在约定时钟跳变时才接收输入信号。

边沿触发器的主要类型有上升边沿和下降边沿 JK 触发器。维持阻塞型的主要类型为 D 触发器。

主从触发器由两级触发器构成，其中一级直接接收输入信号，称为**主触发器**，另一级接收主触发器的输出信号，称为**从触发器**。两级触发器的时钟信号互补，从而有效地克服了空翻。主从触发器因工艺相对比较简单，在早期的触发器中使用较多。因其在 $CP=1$ 的期间，可能存在“**一次变化**”的缺点，输入端抗干扰能力较弱，所以现在很少使用了，这里不再详述。

8.3.1　维持阻塞边沿 D 触发器

D 触发器是一种应用极广的触发器，D 触发器的电路结构有很多种，目前国内生产的主要有维持阻塞边沿 D 触发器和主从 CMOS 边沿 D 触发器。

1. 逻辑功能及逻辑符号

维持阻塞边沿 D 触发器的电路结构由一个与非门构成的基本 RS 触发器和控制门组成。维持阻塞边沿 D 触发器的逻辑符号如图 8－6（a）所示。

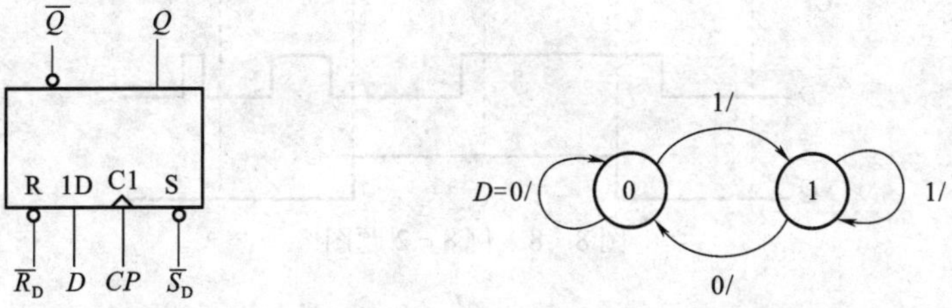

（a）逻辑符号　　　　（b）状态图

图 8－6　维持阻塞边沿 D 触发器的逻辑符号和状态图

关于触发器的逻辑符号的说明：C1 表示时钟输入端，C1 中的 C 是控制关联标记，C1 表示受其影响的输入是以数字 1 标记的数据输入，如 1R，1S，1D，1J，1K 等。C1 编加动态符号“∧”表示**边沿触发**。在集成触发器符号中，*CP* 端有“∧”、无“○”表示触发器采用**上升沿**边沿触发，*CP* 端既有“∧”又有“○”表示触发器采用**下降沿**边沿触发。而对于上一节讲的电平控制触发器来说，其 *CP* 端无“∧”。

2. 状态表、状态方程及状态图

（1）状态表。维持阻塞边沿 D 触发器的状态表如表 8－3 所示。

（2）状态方程。由状态表可以导出状态方程

$$Q^{n+1}=D_n \quad (CP\text{ 上升沿触发})$$

（3）状态图。D 触发器的状态图如图 8－6（b）所示。注意，维持阻塞边沿 D 触发器和同步 D 触发器的逻辑功能是一样的，只是电路结构不同，因而触发特点不同。

表 8－3　维持阻塞边沿 D 触发器的状态表

输入 D	初态 Q^n	输出 Q^{n+1}	逻辑功能说明
0	0	0	置 0
0	1	0	

续表

输入 D	初态 Q^n	输出 Q^{n+1}	逻辑功能说明
1	0	1	置 1
1	1	1	

图 8-7 显示了同步触发器和边沿触发器各自不同的触发特点。

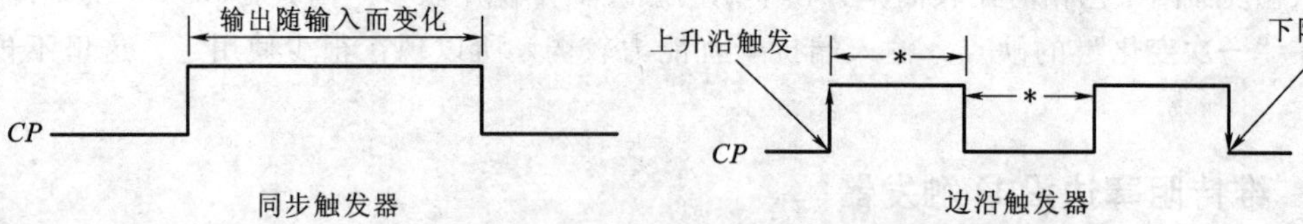

图 8-7　同步触发器和边沿触发器的触发特点比较

*—输入变化不影响输出

【例 8-2】维持阻塞边沿 D 触发器（上升沿触发）的输入 D 波形如图 8-8 所示。试画出输出 Q 的波形。设触发器的初态为“0”。

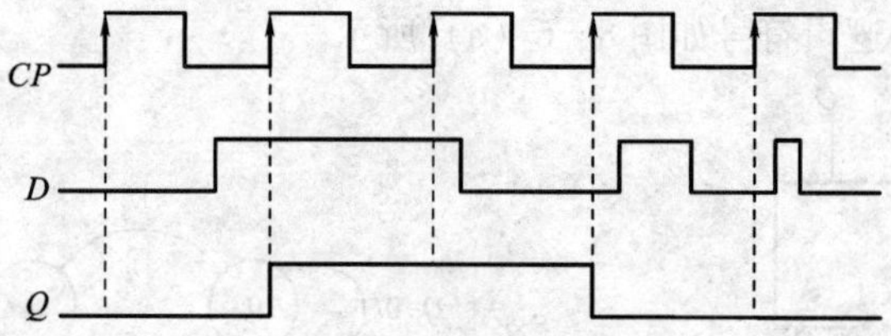

图 8-8　例 8-2 题图

解： 由于是边沿触发器，在画波形图时，应注意触发器的触发翻转发生在时钟脉冲的触发沿（这里是上升沿）。判断触发器次态的依据是时钟脉冲触发沿的前一瞬间（这里是上升沿前一瞬间）输入端的状态。

3. 触发器的异步输入端

前面介绍的几种钟控触发器中，所有的输入信号都受时钟脉冲的控制。相当于这些信号的作用和时钟脉冲是同步的，称为**同步输入端**。

相对于同步输入端，钟控触发器还有另外一种输入信号。它们的作用与时钟脉冲无关，因此称为**异步输入端**，一般的集成触发器都设有异步输入端。例如，在图 8-6 所示的 D 触发器逻辑符号中，$\overline{R}_D$ 和 $\overline{S}_D$ 就是异步输入端，均为低电平有效。当 $\overline{R}_D=0$ 时，不论时钟脉冲和同步输入信号如何，触发器的状态一定为“0”；当 $\overline{S}_D=0$ 时，不论时钟脉冲和同步输入信号如何，触发器的状态一定为“1”，也就是说，$\overline{R}_D$ 和 $\overline{S}_D$ 有着**最高的优先级**。异步输入端通常用来**预置**触发器的初始状态，或者在工作过程中强行置“1”或置“0”。要注意的是，两个异步输入端不能同时为“0”。实际上，从内部结构来看，$\overline{R}_D$ 和 $\overline{S}_D$ 正是基本 RS 触发器的输入端。

8.3.2　边沿 JK 触发器

JK 触发器是钟控触发器中逻辑功能最齐全的一种，它具有置“0”、置“1”、保持和翻转 4 种逻辑功能。

为了进一步提高触发器的抗干扰能力，增强其工作的可靠性，实际应用中广泛采用了**边沿触发器**。这种触发器只在时钟脉冲的上升沿或下降沿工作，而在其他时刻触发器保持原来的状态不变，如表 8－4 所示。

表 8－4　边沿 JK 触发器状态表

输入信号		初始状态	输出状态	CP	逻辑功能说明
J	K	Q^n	Q^{n+1}		
0	0	0	0	↓	$Q^{n+1}=Q^n$（维持原态）
0	0	1	1	↓	
0	1	0	0	↓	$Q^{n+1}=J_n$（输出同 J）
0	1	1	0	↓	
1	0	0	1	↓	$Q^{n+1}=J_n$（输出同 J）
1	0	1	1	↓	
1	1	0	1	↓	$Q^{n+1}=\overline{Q^n}$（输出翻转）
1	1	1	0	↓	

1. 逻辑功能及逻辑符号

边沿 JK 触发器的逻辑符号如图 8－9（a）所示。许多型号的触发器具有多个信号输入端，图 8－9（b）所示是多输入端 JK 触发器，其输入端的逻辑关系为 $J=J_1J_2$，$K=K_1K_2$。

边沿 JK 触发器的逻辑功能和同步 JK 触发器是一样的。主要区别在触发方式不同。由于其内部结构及工作机理较为复杂，这里不再详述。

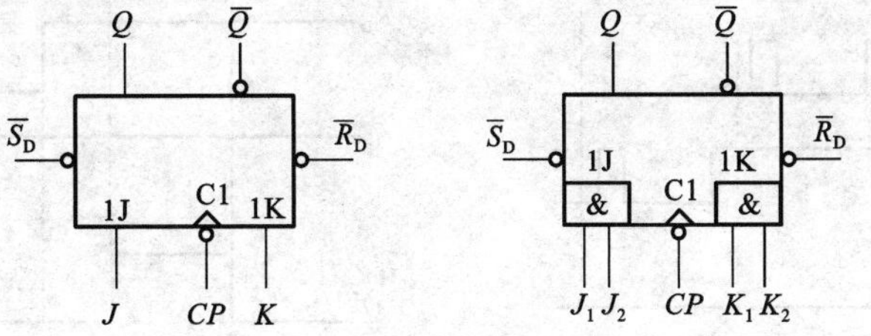

（a）逻辑符号　　（b）多输入端JK触发器

图 8－9　边沿 JK 触发器的逻辑符号

2. 状态图与状态方程

边沿 JK 触发器的状态图，如图 8－10 所示。

状态方程可以从状态表导出

$$Q^{n+1}=J\overline{Q}^n+\overline{K}Q^n$$

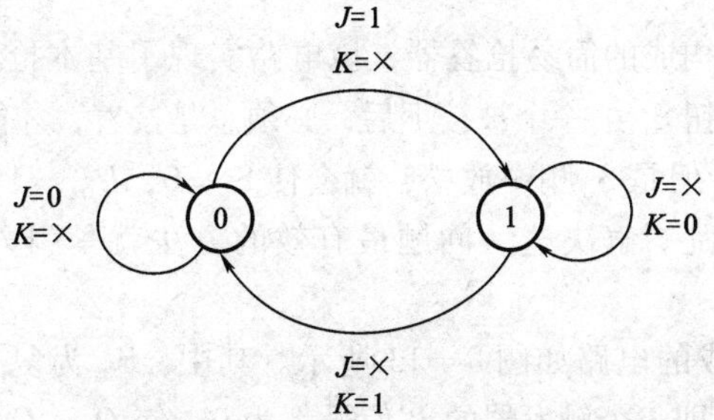

图 8－10　边沿 JK 触发器的状态图

画边沿 JK 触发器工作波形图时，由于接收输入信号的工作在 *CP* 下降沿前完成，在下降沿触发翻转，在下降沿后触发器被封锁，所以不存在空翻的现象，抗干扰性能好，工作速度快。

注意边沿触发器的输入信号一定要在触发时刻到来之前做好准备，亦即边沿触发器的输出状态与触发时刻之前的输入有关。考虑到门电路的延迟时间，即使输入信号与触发时刻同时变化也不能影响边沿触发器的状态。分析边沿 D 触发器时也应有同样考虑。

【例 8－3】 边沿 JK 触发器的两个输入 J、K 波形如图 8－11 所示。试画出输出 Q 的波形。设触发器的初态为“0”。

解： 输出 Q 的波形如图 8－11 所示。

【例 8－4】 边沿 JK 触发器的两个输入 J、K 和异步输入 $\overline{R}_D$、$\overline{S}_D$ 的波形如图 8－12 所示。试画出输出 Q 的波形。设触发器的初态为“0”。

解： 这里除了考虑 J、K 输入，还要要注意异步输入 $\overline{R}_D$、$\overline{S}_D$ 的变化，它们有最高的优先级。输出 Q 的波形如图 8－12 所示。

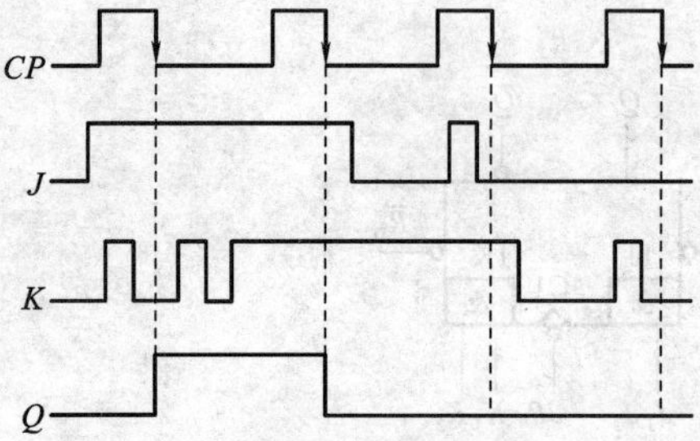

图 8－11　例 8－3 题图

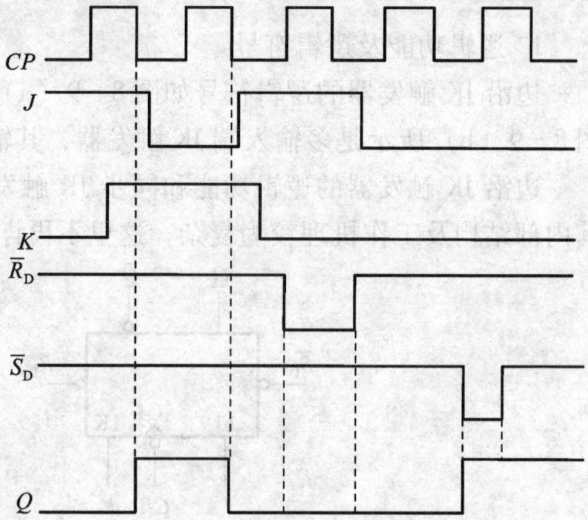

图 8－12　例 8－4 题图

3. T′ 触发器

T′触发器是一种特殊触发器，又称计数型触发器，它的功能是每来一个 *CP* 都翻转一次，即 $Q^{n+1}=\overline{Q}^n$。T′ 触发器通常没有成品。对于 JK 触发器，从其真值表可知，只要让 $J=K=1$，即可变成一个 T′ 触发器。对于 D 触发器，只需连接使 $D=\overline{Q}^n$，也可以变成一个 T′ 触发器。

8.3.3　触发器应用举例

市场上有一种与非门构成的简易抢答器，该电路实现了基本抢答的功能，但是该电路有一个很严重的缺陷，当按钮 S_1 第一个被按下后，必须总是按着，才能保持 $S_1=1$，$U_{OA}=0$，并禁止 B、C、D 信号进入。但是 S_1 稍一放松，就会使 $S_1=0$，$U_{OA}=1$，B、C、D 的抢答信号就有可能进入系统，造成混乱。解决这一问题最有效的方法就是引入具有“记忆”功能的触发器。

用基本 RS 触发器组成的电路如图 8－13 所示。其中，S_R 为复位键，由裁判控制。抢答前，先按以下复位键 S_R，即 3 个触发器的 R 信号都为 0，使 Q_A、Q_B、Q_C 均为 0，3 个发光二极管均不亮。抢答后，如按钮 S_A 第一个被按下，则 FF_A 的 $S=0$，使 Q_A 置 1，G_A 门的输出变为 $U_{OA}=0$，点亮发光二极管 VD_A，同时，U_{OA} 的 0 信号封锁了 G_B、G_C 门，S_B、S_C 再按下无效。

该电路与简易抢答器功能一样，但由于使用了触发器，按键开关只要按下，触发器就能记忆这个信号，如 S_A 第一个被按下，则 FF_A 的 $S=0$，使 Q_A 置 1，然后松开 S_A，此时 FF_A 的 $S=R=1$，触发器保持原态，$Q_A=1$，直到裁判重新按下 S_R 键，新一轮抢答开始。这就是触发器的“记忆”作用。

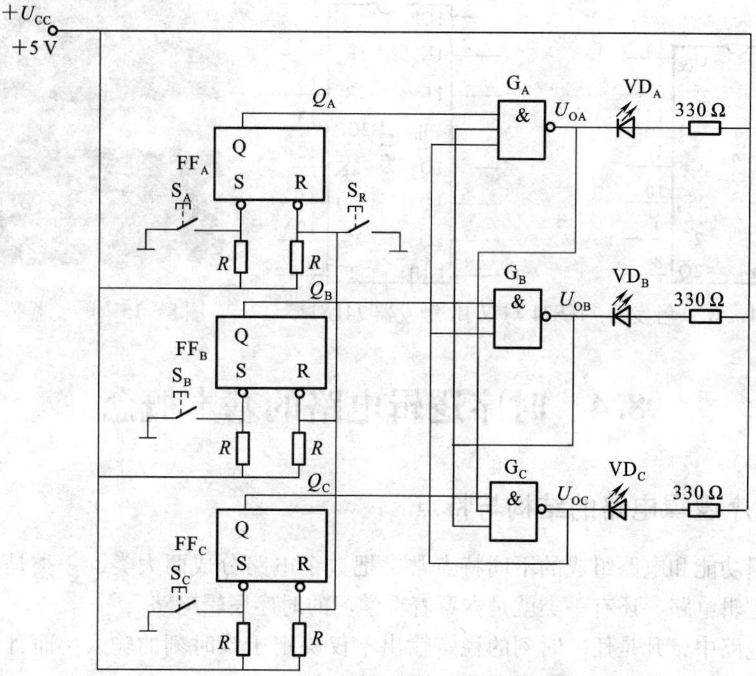

图 8－13　具有“记忆”功能的抢答器

8.3.4　集成触发器简介

伴随集成电路制造业的迅速发展，市场上有许多性能全面的集成触发器可供选用，表 8－5 列出了几种常见的集成触发器。

表 8－5　几种常见的集成触发器

类　型	型　号	电 路 结 构	开 关 器 件	触 发 方 式
RS－FF	74LS297	基本型	TTL	电平直接触发
	4044	基本型	CMOS	电平直接触发
JK－FF	74LS72	主从型	TTL	下降沿
	74LS112	边沿型	TTL	下降沿
	74LS70	边沿型	TTL	上升沿
	4027	边沿型	CMOS	上升沿
D－FF	74LS375	同步型	TTL	高电平
	4042	同步型	CMOS	受控
	74LS74	边沿型	TTL	上升沿
	4013	边沿型	CMOS	上升沿

应用最多的是边沿型触发器。下面以常用的双 D 触发器 74LS74 和双 JK 触发器 74LS112

为例，分别给出它们的外引线图如图 8－14 所示，其实物图如图 8－15 所示。74LS74 为双 D 触发器，上升沿触发；74LS112 为双 JK 触发器，下降沿触发。

$\overline{S}_D$ 是直接置 1 端，$\overline{R}_D$ 是直接复位端。

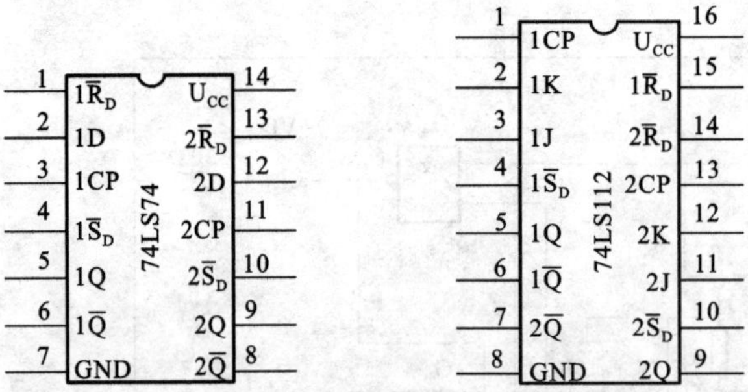

图 8－14　双 D 触发器 74LS74 与双 JK 触发器 74LS112

图 8－15　触发器芯片实物图

8.4　时序逻辑电路的基本概念

8.4.1　时序逻辑电路的结构与特点

按照逻辑功能和电路组成的不同特点常常把数字电路分成两大类，一类是在第 7 章已经介绍的组合逻辑电路，还有一类就是本章着重学习的**时序逻辑电路**。

在数字电路中，凡是任一时刻的稳定输出不仅决定于该时刻的输入，而且还和电路原来状态有关的电路，都称为**时序逻辑电路**，简称**时序电路**。

时序电路的状态是靠具有存储功能的触发器所组成的存储电路来记忆和表征的，所以，从电路组成来看时序电路一定含有触发器。存储电路的输出状态反馈到组合电路的输入端，与输入信号一起，共同决定组合逻辑电路的输出。它的结构框图如图 8－16 所示。

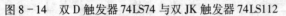

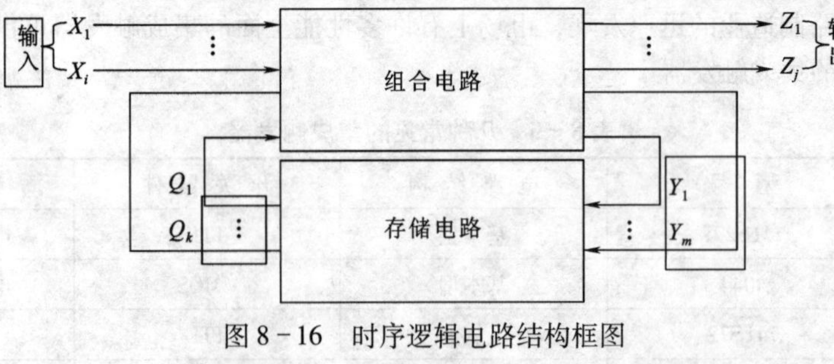

图 8－16　时序逻辑电路结构框图

在图 8－16 所示的时序逻辑电路结构框图中，$X_1 \sim X_i$ 为时序逻辑电路的**输入端**，$Z_1 \sim Z_j$ 为时序逻辑电路的**输出端**，$Y_1 \sim Y_m$ 为存储电路的**驱动输入端**（又称激励输入端），$Q_1 \sim Q_k$ 为存储电路的状态。

时序逻辑电路具有如下特点：

（1）功能上，时序逻辑电路的输出状态不仅与即刻输入变量的状态有关，而且与系统原先的状态有关。

（2）结构上，时序逻辑电路由组合电路和存储电路（记忆单元）组成，其中存储电路一般由触发器构成。

(3) "**状态**"的概念十分重要。存储电路当前时刻的状态，称为"**现态**"或"**原态**"；下一时刻的状态，称为"**次态**"或"**新态**"。

上面讲的是时序逻辑电路的完整框图，以后还会看到，在有些具体的时序电路中，并不都具备如图8-16所示的完整形式。例如，有的时序电路中没有组合电路部分，有的时序电路又可能没有输入逻辑变量，或者不存在独立设置的输出，而以电路的状态直接作为输出。但它们在逻辑功能上仍具有时序电路的基本特征。

例如电子表，当前时刻的状态是11：25：31（11时25分31秒），在秒脉冲的作用下，下一时刻的状态是11：25：32（11时25分32秒）。

它由具有"**记忆**"功能的"存储电路"记住计时电路当前时刻的状态，并产生下一时刻的状态。

8.4.2 时序逻辑电路的分类

按电路中触发器状态变化是否同步可分为同步时序电路和异步时序电路。

(1) 同步时序电路：电路状态改变时，电路中要更新状态的触发器是**同步翻转**的。因为在这种时序电路中，其状态的改变受同一个时钟脉冲控制，各个触发器的 *CP* 信号都是输入时钟脉冲。

(2) 异步时序电路：电路状态改变时，电路中要更新状态的触发器，有的先翻转，有的后翻转，是**异步进行**的。因为在这种时序电路中，有的触发器，其 *CP* 信号就是输入时钟脉冲，有的触发器则不是，而是其他触发器的输出。

按逻辑功能划分有计数器、寄存器、移位寄存器、读/写存储器、顺序脉冲发生器等。在科研、生产和生活中，完成各种各样操作的时序逻辑电路是千变万化的，这里提到的只是几种比较典型的电路。

8.4.3 时序逻辑电路功能的描述方法

时序电路功能的描述方法和触发器有一些相似，但这里的描述对象考虑的是整个时序电路。

1. 逻辑方程式

时序电路的逻辑功能可以用**驱动方程**、**状态方程**和**输出方程**全面描述。因此，只要能写出给定逻辑电路的这3个方程，它的逻辑功能也就表示清楚了。根据这3个方程，就能够求得在任何给定输入变量状态和电路状态下电路的次态和输出。

2. 状态转换表

从理论上讲，有了驱动方程、状态方程和输出方程以后，时序电路的逻辑功能就已经描述清楚了。但从这一组方程式中还不能获得电路逻辑功能的完整印象。这主要是由于电路每一时刻的状态都和电路的历史情况有关的缘故。由此可以想到，如果把电路在一系列时钟信号作用下状态转换的全部过程找出来，则电路的逻辑功能便可一目了然了。

若将任何一组输入变量及电路初态的取值代入状态方程和输出方程，即可算得电路次态和输出值；以得到的次态作为新的初态和这时的输入变量取值一起，再代入状态方程和输出方程进行计算，又可得到一组新的次态和输出值。如此继续，将结果列为真值表形式，便得到**状态转换表**（又称状态转换真值表）。

3. 状态转换图

为了以更加形象的方式立体地表示出时序电路的逻辑功能，有时还进一步把状态转换表的内容表示成**状态转换图**的形式。它比状态转换表更为清晰、直观地描述了同步时序逻辑电路的状态变化。在状态转换图中以圆圈表示电路的各个状态，以箭头表示状态转换的方向。同时，还在箭头旁注明状态转换前的输入变量取值和输出值。通常将输入变量取值写在斜线以上，将输出值写在斜线以下。

4. 时序图

为便于用实验观察的方法检查时序电路的逻辑功能，还可以将状态转换表的内容画成时间波形的形式。在时钟脉冲序列作用下，电路状态、输出状态随时间变化的波形图称为时序图。

由于这 3 种方法和方程组一样，都可以用来描述同一个时序电路的逻辑功能，所以它们之间可以互相转换。

8.5 时序逻辑电路的分析方法

所谓时序逻辑电路的分析，就是根据已知的时序电路找出该电路所实现的逻辑功能。具体地讲，就是要求找出电路的状态和输出的状态在输入变量和时钟信号作用下的变化规律。给定的是时序逻辑电路，待求的是状态表、状态图和时序图。

图8-17 中给出了分析时序电路的一般过程。通常有两种方法：**直观分析法与状态方程分析法**。

如果该电路的连线简单且规律性强，无须用状态方程分析法进行分析，只须观察与定性分析就可画出时序波形图或状态图，该分析方法称为**直观分析法**。

状态方程分析法是一种系统规范的通用方法，要对电路列方程演算，原则上适用于所有时序逻辑电路。

本节重点介绍状态方程分析法。同步时序电路中所有触发器都是在同一个时钟脉冲作用下的，其分析方法比较简单。在分析时序电路时，应设法写出电路的 3 种方程，找出该时序电路所对应的状态表和状态图，具体可按如下步骤进行分析：

(1) 根据给定的时序电路，写出电路的输出方程。

(2) 写出每个触发器的驱动方程，也就是各触发器的输入信号（激励）的逻辑表达式。

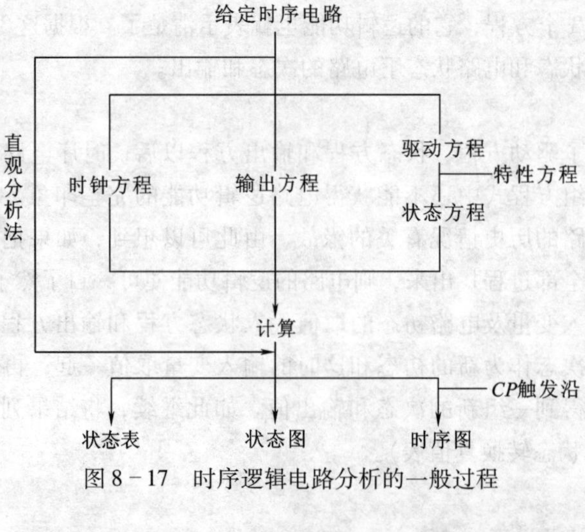

图 8-17 时序逻辑电路分析的一般过程

（3）将驱动方程代入相应触发器的特性方程，得到每个触发器的状态方程。

（4）根据上述方程，求出该时序电路相对应的状态表。方法是：设定电路的现态为某初态，代入上述触发器的状态方程和输出方程中进行计算，得到次态，再将它作为现态代入上述方程，将得到下一个状态，这样反复由现态推算得次态，写出状态图或时序图，以便直观地表示该时序电路的逻辑功能。

（5）若电路中存在着无效状态（即电路未使用的状态）应检查电路能否自启动。

（6）文字叙述该时序电路的逻辑功能。

需要说明的是，上述步骤不是必须执行的固定程序，实际应用中可根据题目要求或具体情况加以取舍。下面举例说明。

【例 8－5】 试分析图 8－18 所示时序电路，画出状态图和时序图。

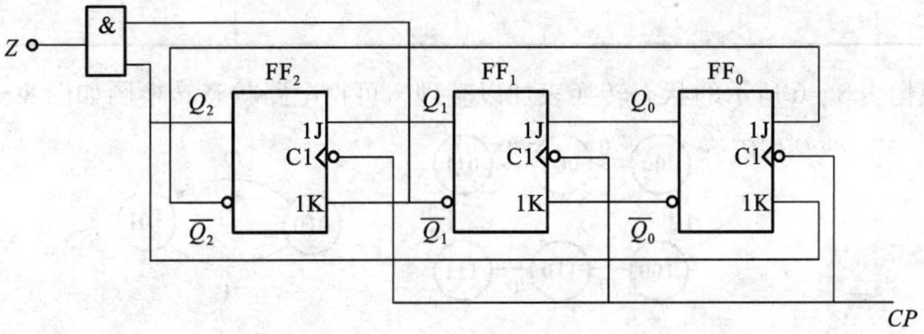

图 8－18　例 8－5 的逻辑电路图

解： 由于 $CP_2 = CP_1 = CP_0 = CP$，可见图 8－18 所示是一个同步时序电路。对于同步时序电路各个触发器的时钟信号是相同的，都是输入 CP 脉冲。触发器都接至同一个时钟脉冲源 CP，所以各触发器的时钟方程可以不写。

（1）写出输出方程：

$$Z = \overline{Q_1^n} Q_2^n$$

写出驱动方程：

$$J_2 = Q_1^n \quad K_2 = \overline{Q_1^n}$$

$$J_1 = Q_0^n \quad K_1 = \overline{Q_0^n}$$

$$J_0 = \overline{Q_2^n} \quad K_0 = Q_2^n$$

（2）写出 JK 触发器的特性方程 $Q^{n+1} = J\overline{Q^n} + \overline{K}Q^n$，然后将各驱动方程代入 JK 触发器的特性方程，得到各触发器的状态方程：

$$Q_2^{n+1} = J_2\overline{Q_2^n} + \overline{K_2}Q_2^n = Q_1^n\overline{Q_2^n} + Q_1^nQ_2^n = Q_1^n$$

$$Q_1^{n+1} = J_1\overline{Q_1^n} + \overline{K_1}Q_1^n = Q_0^n\overline{Q_1^n} + Q_0^nQ_1^n = Q_0^n$$

$$Q_0^{n+1} = J_0\overline{Q_0^n} + \overline{K_0}Q_0^n = \overline{Q_2^n}\,\overline{Q_0^n} + \overline{Q_2^n}Q_0^n = \overline{Q_2^n}$$

即

$$Q_2^{n+1} = Q_1^n，\ Q_1^{n+1} = Q_0^n，\ Q_0^{n+1} = \overline{Q_2^n}$$

$$Z = \overline{Q_1^n}Q_2^n$$

（3）由方程组计算出状态表。设电路的现态为 $Q_2^nQ_1^nQ_0^n = 000$，代入上述触发器的次态方程和输出方程中进行计算，得到次态为 001，再将它作为现态代入上述方程，将得到下一个状态，这样，反复由现态推算得次态，得到电路的状态转换表如表 8－6 所示。

表 8-6　状态转换表

现态			次态			输出
Q_2^n	Q_1^n	Q_0^n	Q_2^{n+1}	Q_1^{n+1}	Q_0^{n+1}	Z
0	0	0	0	0	1	0
0	0	1	0	1	1	0
0	1	1	1	1	1	0
1	1	1	1	1	0	0
1	1	0	1	0	0	0
1	0	0	0	0	0	1
0	1	0	1	0	1	0
1	0	1	0	1	0	1

（4）根据表 8-6 所示的状态转换表加以整理，可得电路状态转换图如图 8-19 所示。

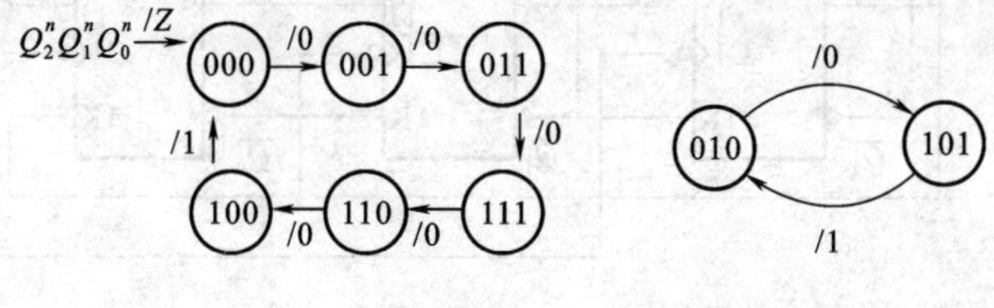

（a）有效循环　　（b）无效循环

图 8-19　电路的状态转换图

（5）关于状态图还需要说明。本电路用了 3 个触发器，电路应该有 $2^n = 2^3 = 8$（n 为触发器数目）个状态。从状态图中可以看出，电路只有效使用了 6 个状态，000、001、011、111、110、100，这 6 个状态称为**有效状态**。电路在 CP 控制脉冲作用下，正常工作时是在有效状态之间的循环，称为**有效循环**。

该电路还有两个状态，101、010 没有使用，这两个状态称为**无效状态**。电路在 CP 脉冲作用下，在无效状态之间的循环，称为**无效循环**。

所谓电路能够**自启动**，就是当电源接通或者由于干扰信号的影响，电路进入到了无效状态时，在 CP 控制脉冲作用下，电路能够进入到有效循环，则称电路能够**自启动**；否则，电路就不能够自启动，本例就是这样。后面将学习如何实现自启动。

（6）画出时序波形图，如图 8-20 所示。

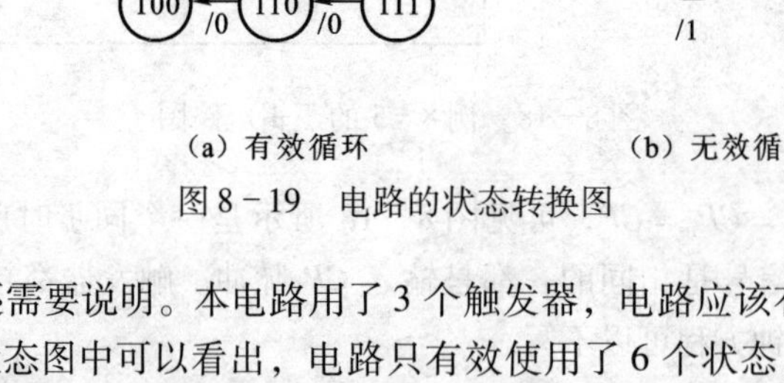

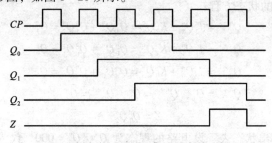

图 8-20　例 8-5 电路的时序波形图

（7）逻辑功能分析。由该例的状态图就可看出，有效循环的 6 个状态分别是 0~5 这 6 个十进制数字的格雷码，并且在时钟脉冲 CP 的作用下，这 6 个状态是按递增规律变化的，即 000→001→011→111→110→100→000→…所以这是一个用格雷码表示的六进制同步加法计数器。当对第 6 个脉冲计数时，计数器又重新从 000 开始计数，并产生输出 $Z=1$。

上述对时序电路的分析步骤不是一成不变的，可根据电路的繁简情况、题目要求和分析者的熟悉程度进行取舍。

此外，由于异步时序电路的状态方程分析过程比较烦琐，故不再介绍。本章对简单异步时序电路仅用**直观分析法**给予介绍。

8.6 异步计数器

在工作、生活、学习与生产科研中，到处都会遇到计数问题，广义地讲，一切能够完成计数工作的设备都是**计数器**，算盘是计数器，里程表是计数器，钟表是计数器，这里要讲的是数字电路中的计数器电路。在数字电路中，把记忆输入 ***CP* 脉冲个数**的操作称为计数，能实现计数操作的电子电路称为**计数器**。它的主要特点如下：

（1）除了输入计数脉冲 CP 信号之外，很少有其他的输入信号，其输出通常也都是现态的函数。输入计数脉冲 CP 是当作触发器的时钟信号对待的。

（2）从电路组成看，其主要组成单元是钟控触发器。

计数器的种类有很多，按照时钟脉冲信号的特点分为**同步计数器**和**异步计数器**两大类。其中，同步计数中构成计数器的所有触发器在同一个时刻进行翻转，其时钟输入端全连在一起；异步计数器即构成计数器的触发器的时钟输入 CP 没有连在一起，各个触发器不在同一时刻变化。

按照计数的数码变化递增或递减分为**加法计数器**和**减法计数器**，也有一些计数器既可实现加计数又可实现减计数，这类计数器称为**可逆计数器**。

按照输出的编码形式可分为二进制计数器、二-十进制计数器、循环码计数器等。

按计数的**模数**（状态总数或容量）可分为十进制计数器、六十进制计数器等。其他进制的计数器，通常都称为 ***N* 进制计数器**。$N=12$ 称为十二进制计数器，$N=60$ 称为六十进制计数器。

计数器不仅用于计数，还可以用于分频、定时等应用，是时序电路中使用最广的一种。从各种各样的小型数字仪表，到大型电子数字计算机，计数器是所有数字系统中不可缺少的组成部分。

8.6.1 二进制异步加法计数器

所谓二进制加法，就是“**逢二进一**”，即 $0+1=1$，$1+1=10$，也就是每当本位是 1，再加 1 时，本位变为 0，同时向高位进位。

由于双稳态触发器有“1”和“0”两个状态，所以一个触发器可以表示 1 位二进制数。如果要表示 n 位二进制数，就得用 n 个触发器。

二进制计数器是计数器中应用最广泛的计数器，这并不是讲它的模数为 2，而是讲其模数为 2^n（其中，n 为构成计数器的触发器的个数），由于二进制计数器充分利用了计数器的资源，且电路简单，又可以改制成其他进制计数器，故在计数器中使用的比例最高。

根据二进制数的递增规律，先列出 4 位二进制加法计数器的状态表（见表 8-7）。

表 8-7　4 位二进制加法计数器的状态表

计数脉冲序号	计数器状态				对应十进制数
	Q_3	Q_2	Q_1	Q_0	
0	0	0	0	0	0
1	0	0	0	1	1
2	0	0	1	0	2
3	0	0	1	1	3
4	0	1	0	0	4
5	0	1	0	1	5
6	0	1	1	0	6
7	0	1	1	1	7
8	1	0	0	0	8
9	1	0	0	1	9
10	1	0	1	0	10
11	1	0	1	1	11
12	1	1	0	0	12
13	1	1	0	1	13
14	1	1	1	0	14
15	1	1	1	1	15
16	0	0	0	0	0

要实现表 8-7 所列的 4 位二进制加法计数，必须用 4 个触发器，它们具有计数功能。采用不同的触发器可有不同的逻辑电路，即使用同种触发器也可得出不同的逻辑电路。

1. 二进制加法计数器的电路组成

根据表 8-7 所示 4 位二进制加法计数的规律，最低位 Q_0（即第一位）是每来一个 *CP* 脉冲变化一次（翻转一次）；次低位 Q_1（亦即第二位）是每来两个脉冲翻转一次，且当 Q_0 从 1 跳 0 时，FF_1 翻转；高位 Q_2（亦即第三位）是每来四个脉冲翻转一次，且当 Q_1 从 1 跳 0 时，FF_2 才翻转，依此类推，高位的触发器 FF_3 也是在邻近的低位触发器 FF_2 从 1 变为 0 进位时翻转。

基于以上分析，采用异步方式构成二进制加法计数器是很容易的。前面讲到，T′触发器是一种计数型触发器，它就是来一个 *CP* 脉冲翻转一次。只要将触发器接成 T′触发器，外来时钟脉冲作为最低位触发器的时钟脉冲，而低位触发器的输出端作为相邻高位触发器的时钟脉冲，使相邻两位之间符合“逢二进一”的加法计数规律，计数器就方便地构成了。图 8-21 是由 JK 触发器组成的 4 位异步二进制加法计数器，其中的 JK 触发器均接成 T′触发器，即 *J*、*K* 输入端都接至 1，或悬空。

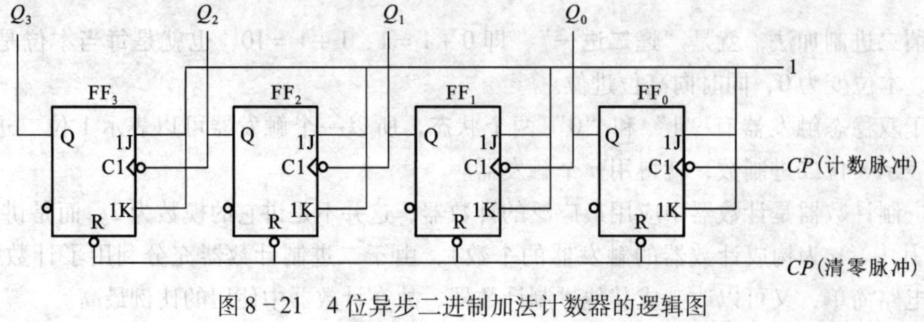

图 8-21　4 位异步二进制加法计数器的逻辑图

2. 计数器的工作原理

由于该电路的连线简单且规律性强，无须用前面介绍的状态方程分析法进行分析，只须做简单的观察与推断就可画出时序波形图或状态图，这种分析方法称为**直观分析法**。

设电路的初始状态为0000，当输入第1个计数脉冲时，FF_0 的状态翻转为1，Q_0 从0跳变为1。这对于 FF_1 来说，出现的时钟信号为脉冲的上升沿，故 FF_1 状态不变。FF_2 和 FF_3 的状态也不会变化，故计数器的状态变为0001。当输入第2个计数脉冲后，FF_0 的状态翻转为0，Q_0 从1跳变为0，这时对于 FF_1 来说，出现的时钟信号为脉冲的下降沿，故 FF_1 状态翻转为1。FF_2、FF_3 的状态不变，计数器的状态为0010。当输入第3个计数脉冲后，FF_0 照翻为1，Q_0 从0跳变为1，FF_2、FF_3 不变，计数器的状态变为0011。

依此类推，电路将以二进制的规律工作下去。当计数器状态为1111时，当出现第16个计数脉冲时，$FF_3 \sim FF_0$ 的状态为0000，同时高端输出一进位信号。图8-22是电路的状态图。

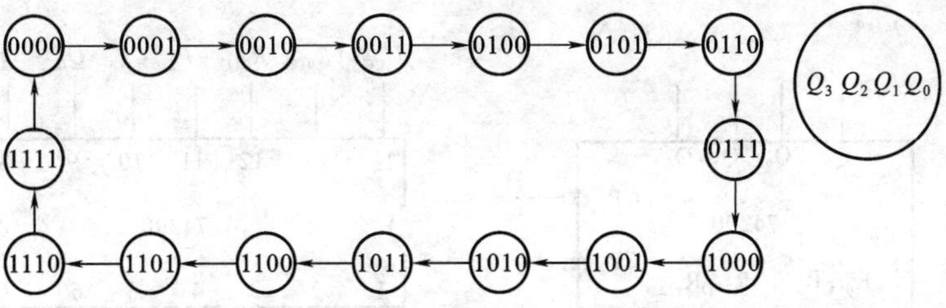

图8-22　电路的状态图

电路的时序波形图可由状态图直接转换而来。将输出状态以高低电平的脉冲形式表示，翻转时机要与 CP 触发时间相对应，按时间轴展开，Q_3、Q_2、Q_1 和 Q_0 按“0”“1”的高低电平对准 CP 的下降沿一一画出即可，如图8-23所示。二进制计数器还可以用于分频。

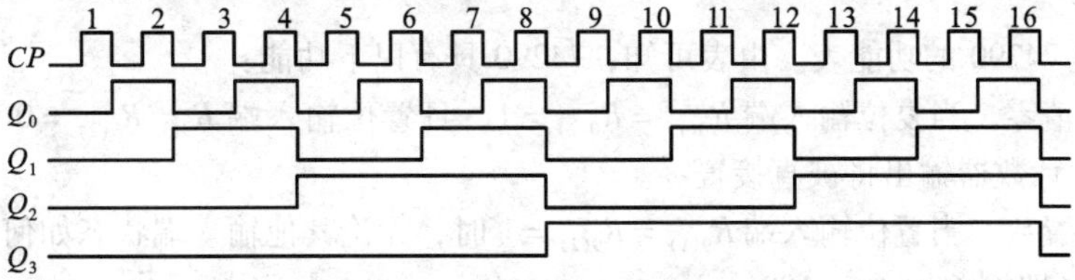

图8-23　二进制加法计数器的时序波形图

之所以称为“**异步**”加法计数器，是由于计数脉冲不是同时加到各位触发器的 CP 端，而只加到最低位触发器，其他各位触发器则由相邻低位触发器的输出的进位脉冲来触发，因此它们状态的变化有先有后，是异步的。

二进制加法计数器也可以用D触发器构成。常用的异步加法计数器还有五进制，十进制等。限于篇幅不一一介绍了。

8.6.2　集成异步加法计数器74290

目前已系列化生产多种中规模集成电路（MSI）计数器，在一个单片上将整个计数器全部集成在上面，因此这种计数器使用起来很方便。一般MSI计数器比小规模集成电路构成的计数器有更多的功能，有的还能方便地改变计数进制。本章将选择其中典型的电路予以介绍，下面介绍一种应用广泛的集成异步计数器。

二-五-十进制计数器74290的逻辑图如图8-24所示。它包含一个独立的1位二进制计数器和一个独立的异步五进制计数器。二进制计数器的时钟输入端为 CP_1，输出端为 Q_0；五进制计数器的时钟输入端为 CP_2，输出端为 Q_1、Q_2、Q_3。如果将 Q_0 与 CP_2 相连，CP_1 作时钟脉冲输入端，$Q_0 \sim Q_3$ 作输出端，则为8421BCD码十进制计数器。

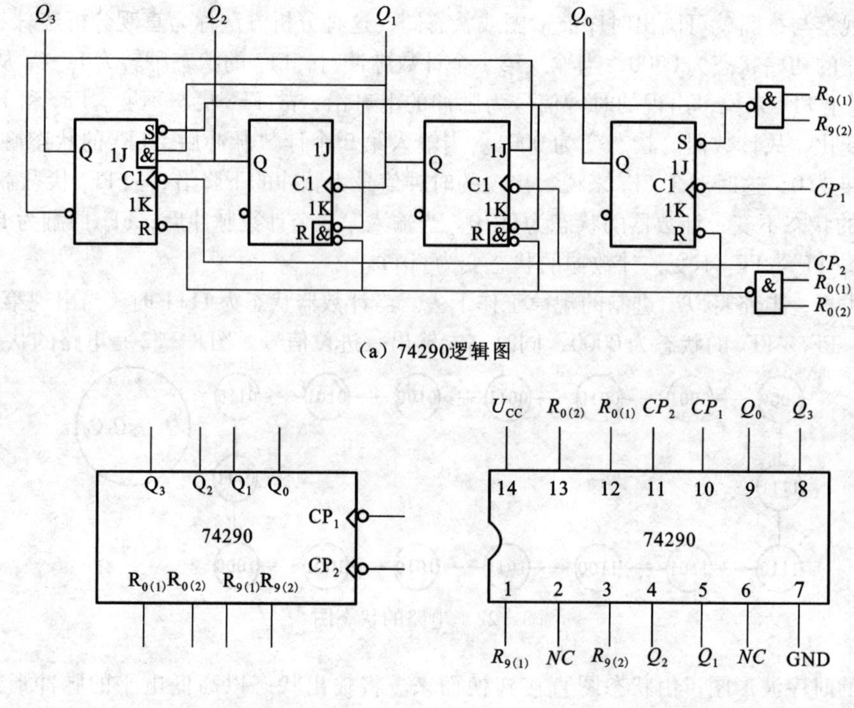

（a）74290逻辑图

（b）逻辑符号　（c）外引线排列图

图8－24　二-五-十进制异步加法计数器74290

表8－8是74290的功能表。由表可知，74290具有以下功能：

（1）异步清零。当复位输入端 $R_{0(1)}=R_{0(2)}=1$，且置位输入端 $R_{9(1)}R_{9(2)}=0$ 时，不论有无时钟脉冲 CP，计数器输出将被直接置零。

（2）异步置数。当置位输入端 $R_{9(1)}=R_{9(2)}=1$ 时，无论其他输入端状态如何，计数器输出将被直接置9（即 $Q_3Q_2Q_1Q_0=1001$）。

（3）计数。当 $R_{0(1)}R_{0(2)}=0$，且 $R_{9(1)}R_{9(2)}=0$ 时，在计数脉冲（下降沿）作用下，进行二-五-十进制加法计数。

表8－8　74290的功能表

复位输入		置位输入		时钟	输出				工作模式
$R_{0(1)}$	$R_{0(2)}$	$R_{9(1)}$	$R_{9(2)}$	CP	Q_3	Q_2	Q_1	Q_0	
1	1	0	×	×	0	0	0	0	异步清零
1	1	×	0	×	0	0	0	0	
×	×	1	1	×	1	0	0	1	异步置9
0	×	0	×	↓	计数				加法计数
0	×	×	0	↓	计数				
×	0	0	×	↓	计数				
×	0	×	0	↓	计数				

74290 为二-五-十进制计数器，从上面仅能看到其内部有一个二进制计数器和一个五进制计数器，其没有十进制计数器的功能，欲实现十进制计数器功能须将二进制计数器和五进制计数器进行串联，就可以实现其功能，下面说明 3 种计数过程：

（1）从 CP_1 端输入计数脉冲，由 Q_0 输出，$FF_1 \sim FF_3$ 三位触发器不用，这时为二进制计数器。

（2）从 CP_2 端输入计数脉冲，由 Q_3，Q_2，Q_1 端输出，这时为五进制计数器。

（3）将 Q_0 与 CP_2 相连，输入计数脉冲至 CP_1。而后逐步由现状态分析下一状态（从初始状态“0000”开始），一直分析到恢复“0000”为止。读者可自行分析，列出状态表，可知这种连接为 8421 码十进制计数器。

8.7 同步计数器

为了提高计数速度，常常采用同步计数器，其特点是计数脉冲 CP 同时接到各位触发器的时钟脉冲输入端，当计数脉冲到来时，各触发器同时被触发，应该翻转的触发器是同时翻转的，不需要逐级推移。同步计数器又称**并行计数器**。本节讨论几种典型的同步计数器。

8.7.1 同步十进制计数器

二进制计数器具有结构简单、运算方便等特点，但是日常生活中所接触的大部分都是十进制数，特别是当二进制数的位数较多时，识别很不直观，所以有必要讨论十进制计数器。

在十进制计数体制中，每位数都可能是 0，1，2，…，9 十个数码中的任意一个，且“逢十进一”，故必须由 4 个触发器的状态来表示 1 位十进制数的 4 位二进制编码。而 4 位编码总共有 16 个状态，所以必须去掉其中的 6 个状态，这里考虑采用 8421BCD 编码，去掉 1010 ~ 1111 这 6 个状态，用 8421BCD 码的编码方式来表示 1 位十进制数。

图 8-25 所示为由 4 个下降沿触发的 JK 触发器组成的 8421BCD 码同步十进制加法计数器的逻辑图。下面用前面介绍的同步时序逻辑电路的分析方法对该电路进行分析：

（1）写出驱动方程：

$$J_0 = 1 \qquad K_0 = 1$$

$$J_1 = \overline{Q}_3^n Q_0^n \qquad K_1 = Q_0^n$$

$$J_2 = Q_1^n Q_0^n \qquad K_2 = Q_1^n Q_0^n$$

$$J_3 = Q_2^n Q_1^n Q_0^n \qquad K_3 = Q_0^n$$

（2）写出 JK 触发器的特性方程 $Q^{n+1} = J\overline{Q}^n + \overline{K}Q^n$，然后将各驱动方程代入 JK 触发器的特性方程，得各触发器的次态方程：

$$Q_0^{n+1} = J_0\overline{Q}_0^n + \overline{K}_0 Q_0^n = \overline{Q}_0^n$$

$$Q_1^{n+1} = J_1\overline{Q}_1^n + \overline{K}_1 Q_1^n = \overline{Q}_3^n Q_0^n \overline{Q}_1^n + \overline{Q}_0^n Q_1^n$$

$$Q_2^{n+1} = J_2\overline{Q}_2^n + \overline{K}_2 Q_2^n = Q_1^n Q_0^n \overline{Q}_2^n + \overline{Q_1^n Q_0^n} Q_2^n$$

$$Q_3^{n+1} = J_3\overline{Q}_3^n + \overline{K}_3 Q_3^n = Q_2^n Q_1^n Q_0^n \overline{Q}_3^n + \overline{Q}_0^n Q_3^n$$

输出端为进位 $$CO = Q_3^n Q_0^n$$

（3）根据状态方程列出状态表。设计数器的初始状态为 $Q_3Q_2Q_1Q_0 = 0000$，并代入式各触发器次态方程，得到第 1 个计数脉冲到来后各触发器的状态为 $Q_0 = 1$，$Q_1 = 0$，$Q_2 = 0$，$Q_3 = 0$，这说明只有 Q_0 由 0 翻转到 1。再将 $Q_3Q_2Q_1Q_0 = 0001$ 代入次态方程，得到在第 2 个脉冲后的状态，$Q_3Q_2Q_1Q_0$ 变为 0010。依此类推，把所有的原状态代入次态方程后，可以得到该计数器的所有工作状态，整个状态表如表 8－9 所示。由表 8－9 可知，当第 10 个计数脉冲到来时，计数器的状态由 1001 返回到 0000，同时产生进位。

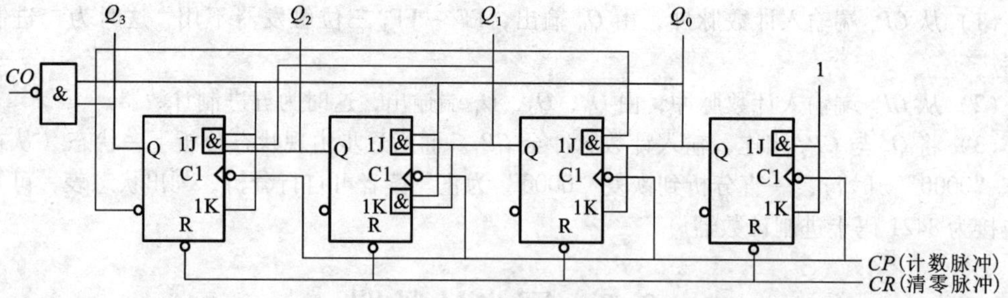

图 8－25　8421BCD 码同步十进制加法计数器的逻辑图

表 8－9　同步十进制加法计数器的状态表

计数脉冲序号	现态				次态				输出
	Q_3^n	Q_2^n	Q_1^n	Q_0^n	Q_3^{n+1}	Q_2^{n+1}	Q_1^{n+1}	Q_0^{n+1}	CO
0	0	0	0	0	0	0	0	1	0
1	0	0	0	1	0	0	1	0	0
2	0	0	1	0	0	0	1	1	0
3	0	0	1	1	0	1	0	0	0
4	0	1	0	0	0	1	0	1	0
5	0	1	0	1	0	1	1	0	0
6	0	1	1	0	0	1	1	1	0
7	0	1	1	1	1	0	0	0	0
8	1	0	0	0	1	0	0	1	0
9	1	0	0	1	0	0	0	0	1

（4）作状态图及时序图。根据状态转换表作出电路的状态图如图 8－26 所示，画出时序图如图 8－27 所示。由状态表、状态图或时序图可知，该电路是一个 8421BCD 码十进制加法计数器。

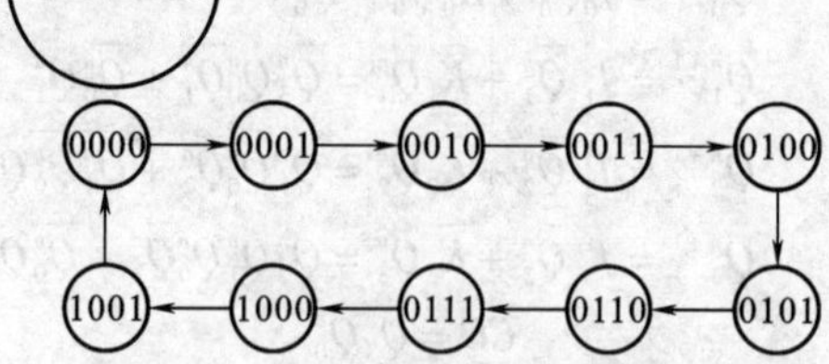

图 8－26　图 8－25 的状态图

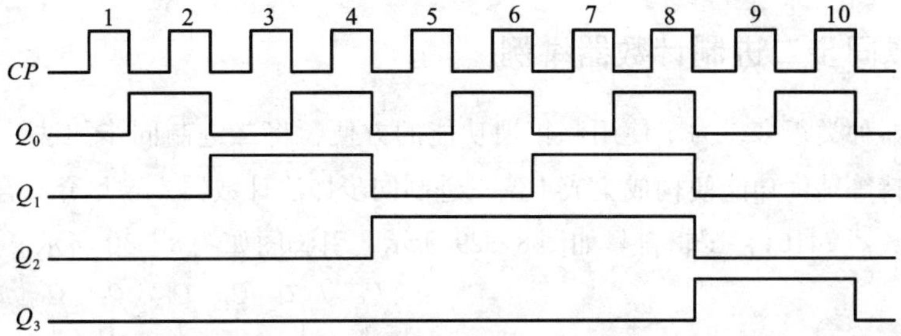

图 8－27　图 8－25 的时序图

（5）检查电路能否自启动。由于电路中有 4 个触发器，它们的状态组合共有 16 种，而在 8421BCD 码计数器中只用了 10 种，称为有效状态，其余 6 种状态称为无效状态。本电路万一进入无效状态后能够自启动，并返回有效状态，限于篇幅不再详细分析其过程。

【例 8－6】 试分析图 8－28 所示的时序电路。$A=0$ 时，列出状态转换表，说明电路功能。

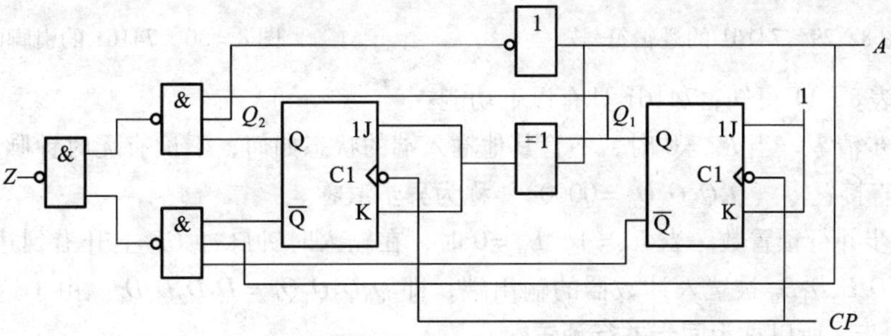

图 8－28　例 8－6 的电路图

解： 该电路有输入信号，输入信号 A 为工作方式控制信号，属同步时序电路。

当 $A=0$ 时：

（1）写出驱动方程：

$$J_1 = K_1 = 1$$

$$J_2 = K_2 = Q_1^n$$

（2）写出输出方程：

$$Z = Q_1^n Q_2^n$$

（3）代入 JK 触发器的特性方程 $Q^{n+1} = J\overline{Q}^n + \overline{K}Q^n$，得到状态方程：

$$Q_1^{n+1} = \overline{Q}_1^n, \qquad Q_2^{n+1} = Q_1^n \overline{Q}_2^n + \overline{Q}_1^n Q_2^n$$

（4）列出状态表。设初始态为 00，代入状态方程，依次由现态得到下一状态，列出状态表如表 8－10 所示。

表 8－10　状　态　表

Q_2^n	Q_1^n	Q_2^{n+1}	Q_1^{n+1}	Z
0	0	0	1	0
0	1	1	0	0
1	0	1	1	0
1	1	0	0	1

（5）画出状态转换图。（Q_2Q_1）00→01→10→11→00。

（6）结论。四进制同步加法计数器，能够自启动。当 $Q_2Q_1=11$ 时有进位 $Z=1$。

该电路还可以拓展，假设当 $A=1$ 时，该电路将变为减法计数器，读者可以自行验证。

8.7.2 集成同步二进制计数器举例

集成计数器种类很多，为了使用和扩展功能的方便，将二进制同步加法计数器增加了一些如置数、保持等辅助功能便构成集成4位二进制同步加法计数器。这里介绍常用的4位二进制同步加法计数器74161，逻辑符号如图8－29所示，引脚图如图8－30所示。

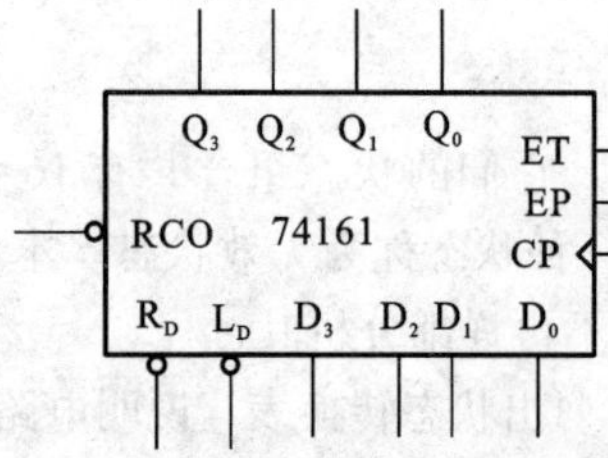

图8－29 74161的逻辑符号

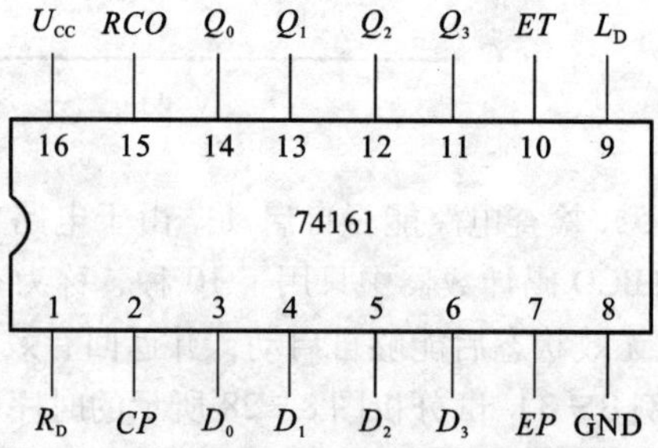

图8－30 74161的引脚图

由功能表8－11可知，74161具有以下功能：

（1）异步清零。当 $R_D=0$ 时，不管其他输入端的状态如何，不论有无时钟脉冲 CP，计数器输出将被直接置零（$Q_3Q_2Q_1Q_0=0000$），称为**异步清零**。

（2）同步并行预置数。当 $R_D=1$、$L_D=0$ 时，在输入时钟脉冲 CP 上升沿到达后，并行输入端的数据 $D_3D_2D_1D_0$ 被置入计数器的输出端，即 $Q_3Q_2Q_1Q_0=D_3D_2D_1D_0$。由于这个操作要与 CP 上升沿同步，所以称为**同步并行预置数**。

（3）计数。当 $R_D=L_D=EP=ET=1$ 时，在输入时钟脉冲 CP 上升沿到达后，计数器进行二进制加法计数。

（4）保持。当 $R_D=L_D=1$，且 $EP\cdot ET=0$，即两个使能端中有一个为零时，则计数器保持原来的状态不变。这时，如 $EP=0$、$ET=1$，则进位输出信号 RCO 保持不变；如 $ET=0$ 则不管 EP 状态如何，进位输出信号 RCO 为低电平0。

表8－11 74161的功能表

清零	预置	使能	时钟	预置数据输入	输出	工作模式
R_D	L_D	EP ET	CP	D_3 D_2 D_1 D_0	Q_3 Q_2 Q_1 Q_0	
0	×	× ×	×	× × × ×	0 0 0 0	异步清零
1	0	× ×	↑	d_3 d_2 d_1 d_0	d_3 d_2 d_1 d_0	同步置数
1	1	0 ×	×	× × × ×	保持	数据保持
1	1	× 0	×	× × × ×	保持	数据保持
1	1	1 1	↑	× × × ×	计数	加法计数

常用的同步4位二进制加法计数器还有74163，功能与74161类似，其特点是采用同步清零，这个操作要与下一个 CP 上升沿同步，所以称为**同步清零**。

其他几种常见的集成计数器如表8－12所示。读者在今后需要应用时可以举一反三，或查阅相关手册加以选择。

表 8-12 几种常见的集成计数器

CP 脉冲计数方式	型　号	计 数 模 式	清 零 方 式	预置数方式
同步	74161	4 位二进制加法	异步（低电平）	同步
	74HC161	4 位二进制加法	异步（低电平）	同步
	74163	4 位二进制加法	同步（低电平）	同步
	74LS192	双时钟 4 位十进制可逆	异步（低电平）	异步
	74LS193	双时钟 4 位二进制可逆	异步（高电平）	异步
	74160	十进制加法	异步（低电平）	同步
	74LS190	单时钟十进制可逆	无	异步
异步	74LS293	双时钟 4 位二进制加法	异步	无
	74LS290	二-五-十进制加法	异步	异步

8.8 任意进制计数器

从市场化角度考虑，目前常见的计数器芯片在计数进制上只生产应用较广的几种类型，如十进制、十六进制、12 位二进制、14 位二进制等。在需要其他任意一种进制的计数器时，一般只能利用已有的集成计数器产品通过外电路的不同连接方式得到。所谓任意进制的计数器就是指 N 进制计数器，即来 N 个计数脉冲，计数器状态归零重复一次。

构成 N 进制计数器基本设计思路是：利用模为 M 的集成计数器的**清零控制端**或者**置数控制端**，在 N 进制计数器的顺序计数过程中，若设法使之跳越 $M-N$ 个状态，就可以得到 N 进制计数器。

实现跳跃的方法有**清零法**（或称复位法）和**置数法**（或称置位法）两种。本节重点介绍清零法（或称复位法），适用于有清零输入端的计数器。

集成计数器一般都设置有清零输入端和置数输入端，而且无论是清零还是置数都有同步和异步之分，有的则采用**异步方式**——通过钟控触发器异步输入端实现清零或置数，而与 CP 信号无关。有的集成计数器采用**同步方式**——当下一个 CP 触发沿到来时才能完成清零或置数任务。集成计数器中，通过其功能表可以容易地鉴别其清零和置数方式。

假定已有的是 M 进制计数器，而需要得到 N 进制计数器。首先考虑当 $N<M$ 时的情况。

8.8.1 用异步清零端构成 N 进制计数器

异步清零法适用于具有异步清零端的集成计数器，如 74290、74160 等。当集成 M 进制计数器从状态 S_0 开始计数时，若输入的计数脉冲输入 N 个脉冲后，M 进制集成计数器处于 S_N 状态。如果利用 S_N 状态产生一个清零信号，加到清零输入端，则使计数器回到状态 S_0，如图 8-31所示，这样就跳过了（$M-N$）个状态，故实现了模数为 M 的 N 进制计数器。这一过程中 S_N 状态只是过渡状态，持续时间很短。

利用具有异步清零端的集成 M 进制计数器来设计 N 进制计数器的设计步骤如下：

（1）写出状态 S_N 的二进制代码。

（2）求出清零信号 R_D，即求出加在异步清零端信号的逻辑表达式。

（3）画出计数器电路图。

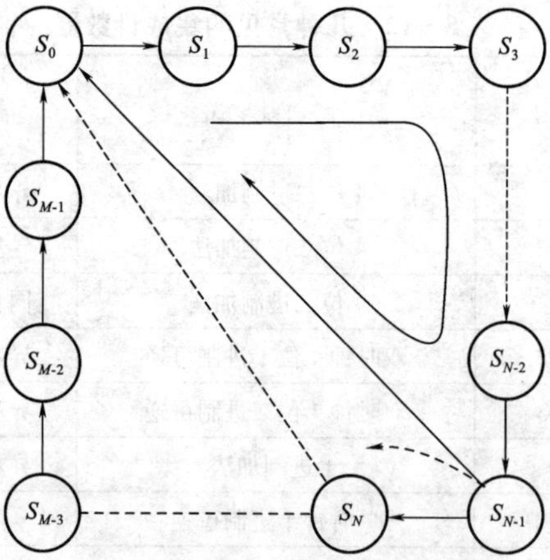

图 8－31　异步清零法示意图

【例 8－7】试用 74LS161 设计十二进制计数器（异步清零法）。

解：74LS161 为 4 位二进制同步加法计数器，具有异步清零端。

（1）写出状态 S_N 的二进制代码：$S_N = S_{12} = 1100$。

（2）求出清零信号 R_D。由题意知，当 $Q_3Q_2Q_1Q_0 = 1100$ 时，用于实现反馈的与非门将输出低电平，计数器清"0"。所以，1100 这个状态并不能持久，即当 $Q_3Q_2Q_1Q_0 = 1100$ 时，$R_D = 0$。所以有 $R_D = \overline{Q_3Q_2}$。这里 R_D 端是异步清零端，它的优先级高，与非门输出的低电平即刻产生清零，然后进入 0000 状态。

（3）画出计数器电路如图 8－32 所示。

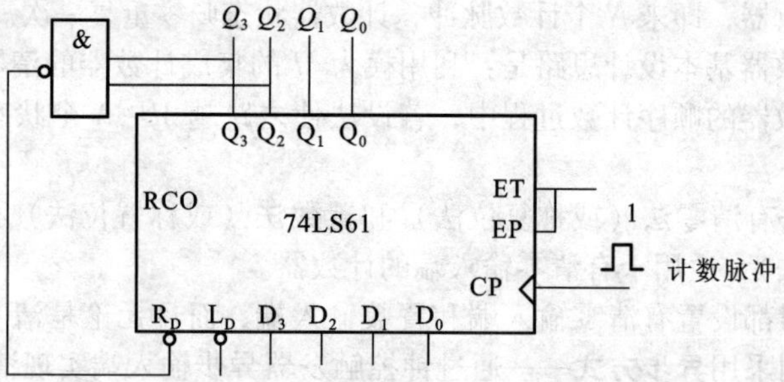

图 8－32　异步清零法构成十二进制计数器

【例 8－8】试用 74LS290 设计七进制计数器（异步清零法）。

解：按照同样的方法，可以组成如图 8－33 所示的用集成计数器 74LS290 和与门构成的七进制计数器。清零信号 $R_0 = Q_2Q_1Q_0$，当第 7 个脉冲到来时，清零端得到有效高电平，计数器反馈清零，0111 只是短暂的过渡状态。

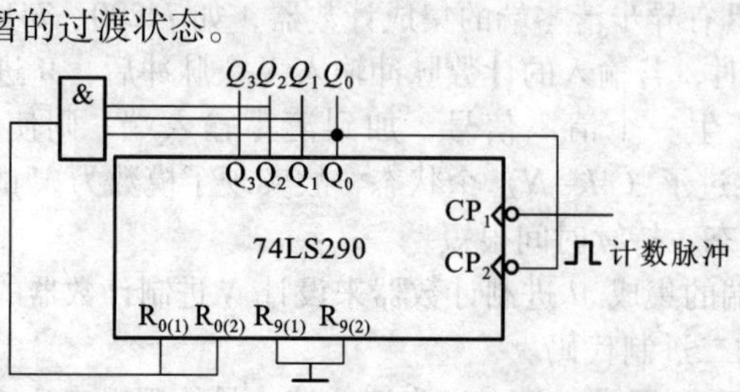

图 8－33　异步清零法组成七进制计数器

8.8.2 用同步置数控制端构成 N 进制计数器

置数法与清零法不同，它是利用集成 M 进制计数器的同步**置数控制端** L_D 的作用，预置数的数据输入端 $D_0 \sim D_3$ 均设置为0来实现的。适用于具有同步置数控制端的集成计数器。

具体方法是，当集成 M 进制计数器从状态 S_0 开始计数时，若输入的 CP 计数脉冲输入了 $N-1$ 个脉冲后，M 进制集成计数器处于 S_{N-1} 状态。如果利用 S_{N-1} 状态产生一个置数控制信号，加到置数控制端，当下一个 CP 计数脉冲到来时，则使计数器回到状态 S_0，即 $S_0 = Q_3Q_2Q_1Q_0 = D_3D_2D_1D_0 = 0000$，这就跳过了（$M-N$）个状态，故实现了模数为 M 的 N 进制计数器。

【例8-9】 试利用74LS161的置数控制端设计一个六进制计数器（采用同步置数法）。

解：（1）采用同步置数法。令状态 $S_0 = 0000$，$D_3 \sim D_0$ 均接0。

（2）写出状态 S_{N-1} 的二进制代码：$S_{N-1} = S_{6-1} = S_5 = 0101$。

（3）求出置数信号：$L_D = \overline{Q_2Q_0}$，如图8-34所示。

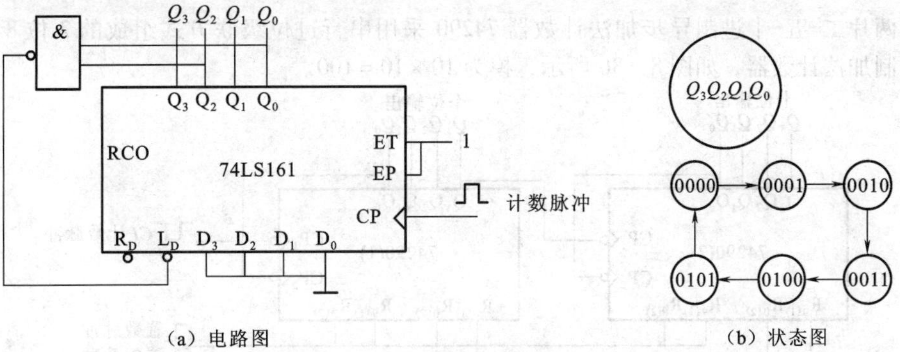

图8-34 同步置数法构成六进制计数器

8.8.3 多片集成计数器级联实现大容量 N 进制计数器

上面所介绍的用 M 进制计数器实现 N 进制计数器的方法均是针对 $N<M$ 的 N 进制计数器。如果需要设计 $N>M$ 的 N 进制计数器，则需要利用多片集成计数器进行容量的扩展。主要使用两种方法，即分解法和整体置零法。

1. 分解法

若 N 可以分解为两个小于 N 的因数相乘，即 $N = N_1 N_2$，则可采用串行进位方式或并行进位方式将一个 N_1 进制计数器和一个 N_2 进制计数器连接起来，构成 N 进制计数器。

2. 整体置零法

整体置零法，其原理与 $M>N$ 时的反馈清零法类似。首先将两片 N 进制计数器按最简单的方式接成一个大于 M 进制的计数器（例如常用 $N_1N_2 = 100$ 进制），然后在计数器计为 M 状态时通过门电路译出异步置零信号 $R_D = 0$，将两片计数器同时置零。

级联方式一般有两种：在**串行进位**方式中，以低位片的进位输出信号作为高位片的时钟输入信号；在**并行进位**方式中，以低位片的进位输出信号作为高位片的工作状态控制信号（计数的使能信号），两片的 CP 输入端同时接计数输入信号。

如果集成计数器没有进位/借位输出端，这时可根据具体情况，用计数器的输出信号 Q_3、Q_2、Q_1、Q_0 产生一个进位/借位。

【例8-10】 数字钟表中的分、秒计数都是六十进制，试用两片74290计数器芯片级联成六十进制计数器。

解：采用分解法，六十进制写为 $M=60=6\times10$。六十进制计数器由两片 74290 组成，个位 74290(1) 接为十进制，十位 74290(2) 接为六进制。

集成计数器没有进位/借位输出端，根据具体情况，用计数器的输出信号 Q_3 产生一个进位。本电路的连接如图 8－35 所示。个位的最高位 Q_3 联到十位的 CP_1 端。

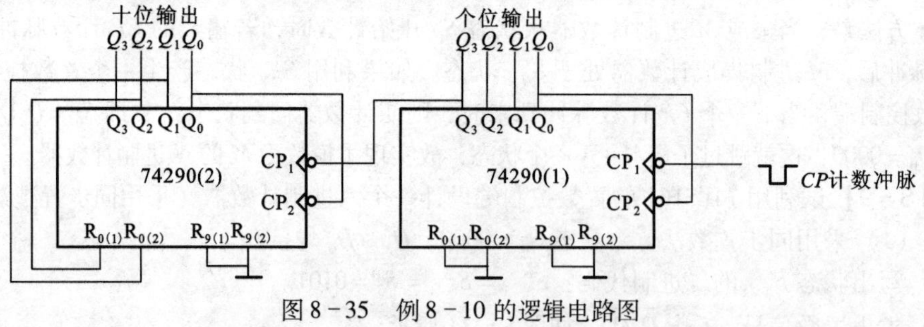

图 8－35　例 8－10 的逻辑电路图

用两片二-五-十进制异步加法计数器 74290 采用串行进位级联方式组成的 2 位 8421BCD 码十进制加法计数器，如图 8－36 所示，模为 $10\times10=100$。

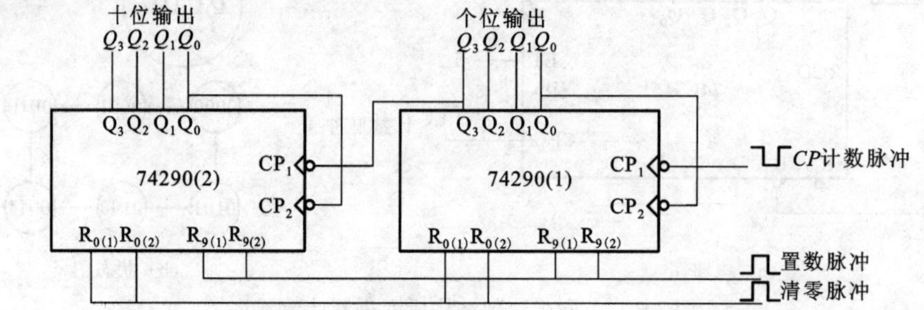

图 8－36　74290 异步级联组成一百进制计数器

【**例 8－11**】用 74290 组成四十八进制计数器。

解：因为 $N=48$，而 74290 为 $M=10$ 的十进制计数器，所以要用两片 74290 构成此计数器。

方法：采用整体置零法，先将两个芯片采用串行进位连接方式连接成一百进制计数器，然后借助 74290 的异步清零功能，在输入第 48 个计数脉冲后，计数器输出状态为 0100 1000 时，高位片 74290(2) 的 Q_2 和低位片 74290(1) 的 Q_3 同时为 1，使与门输出 1，加到两个芯片异步清零端上，使计数器立即返回 0000 0000 状态，这样，就组成了四十八进制计数器。状态 0100 1000 仅在极短的瞬间出现，为过渡状态，无影响。

本例整个计数器电路如图 8－37 所示。要说明的是，本例用**分解法**也可以做。

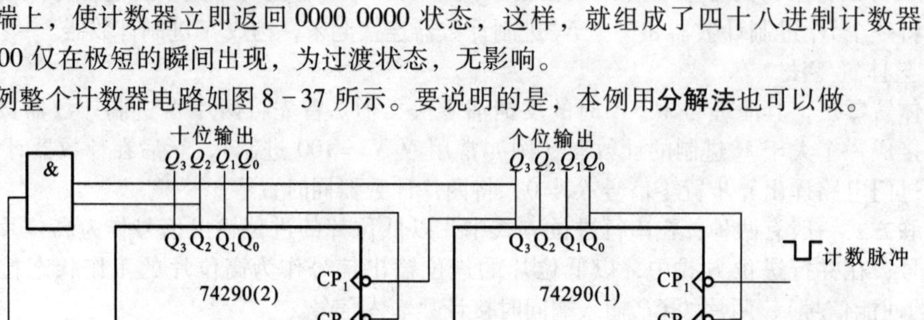

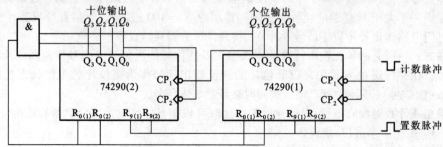

图 8－37　四十八进制计数器电路

图 8－38 是用两片 4 位二进制加法计数器 74161 采用同步级联方式构成的 8 位二进制同步加法计数器，模为 16×16＝256。

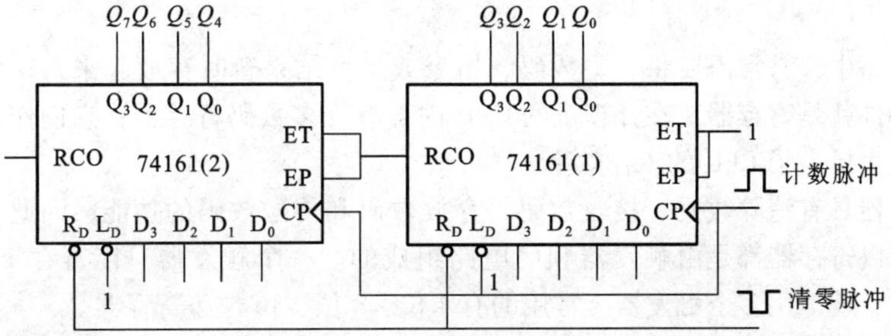

图 8－38　两片 4 位二进制计数器 74161 构成 256 进制计数器

【例 8－12】试用两片同步二进制计数器 74161 接成五十进制计数器。

解：先将两片二进制计数器 74161 级联组成的二百五十六进制计数器，再加上相应的反馈门电路。十进制数 50 对应的二进制数为 00110010。当计数到 50 时，计数器的状态 $Q_7 \sim Q_0$＝00110010 时，反馈归零函数为 $R_D=\overline{Q_5Q_4Q_1}$，故此时与非门将输出低电平，使两片 74161 同时被清零，实现了五十进制计数，如图 8－39 所示。

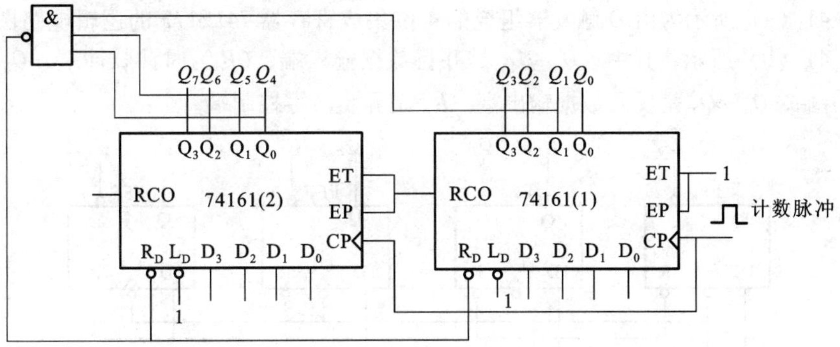

图 8－39　74161 级联组成五十进制计数器

【例 8－13】某石英晶体振荡器输出脉冲信号的频率为 32 768 Hz，用 74161 组成分频器，将其分频为频率为 1 Hz 的脉冲信号。

解：计数器应用广泛，还可以用作分频器。此题因为 $32\ 768=2^{15}$，经 15 级二分频，就可获得频率为 1 Hz 的脉冲信号。因此将 4 片 74161 级联，从高位片 74161(4) 的 Q_2 输出即可，其电路接法如图 8－40 所示。

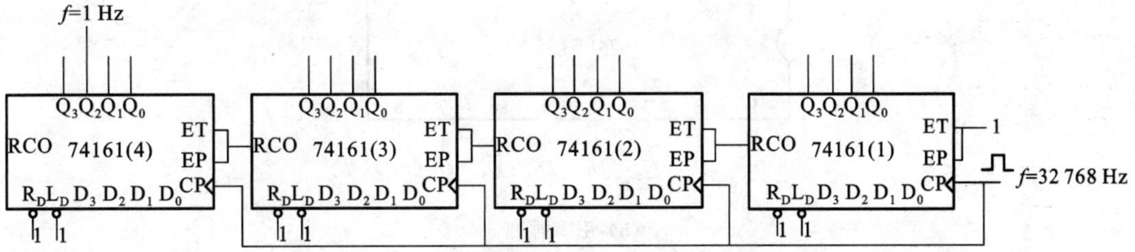

图 8－40　例 8－13 的计数器分频电路接法

8.9 寄 存 器

在数字电路中，常常需要将一些数码、指令或运算结果暂时存放起来，这些暂时存放数码或指令的部件就是**寄存器**。在计算机的 CPU 内部有许多数码寄存器，它们作为存放数据的缓冲单元，大大提高了 CPU 的工作效率。

由于寄存器具有清除数码、接收数码、存放数码和传送数码的功能，因此，它必须具有记忆功能，所以寄存器都是由触发器和门电路组成的。一个触发器只能寄存 1 位二进制数，要存多位数时，就得用多个触发器。常用的有 4 位、8 位、16 位等寄存器。

寄存器存放数码的方式有**并行**和**串行**两种。并行方式就是数码各位从各对应位输入端同时输入到寄存器中；串行方式就是数码从一个输入端逐位输入到寄存器中。

从寄存器取出数码的方式也有并行和串行两种。在**并行方式**中，被取出的数码各位在对应于各位的输出端上同时出现；在**串行方式**中，被取出的数码在一个输出端逐位出现。

寄存器常分为**数码寄存器**和**移位寄存器**两种，其区别在于有无移位功能。

8.9.1 数码寄存器

图 8－41（a）所示为由 D 触发器组成的 4 位集成寄存器 74LS175 的逻辑电路图，其引脚图如图 8－41（b）所示。其中，$D_0 \sim D_3$ 是并行数据输入端，CP 为时钟脉冲端，$Q_0 \sim Q_3$ 是并行数据输出端，$\overline{Q}_0 \sim \overline{Q}_3$ 是反码数据输出端。R_D 是异步清零控制端。

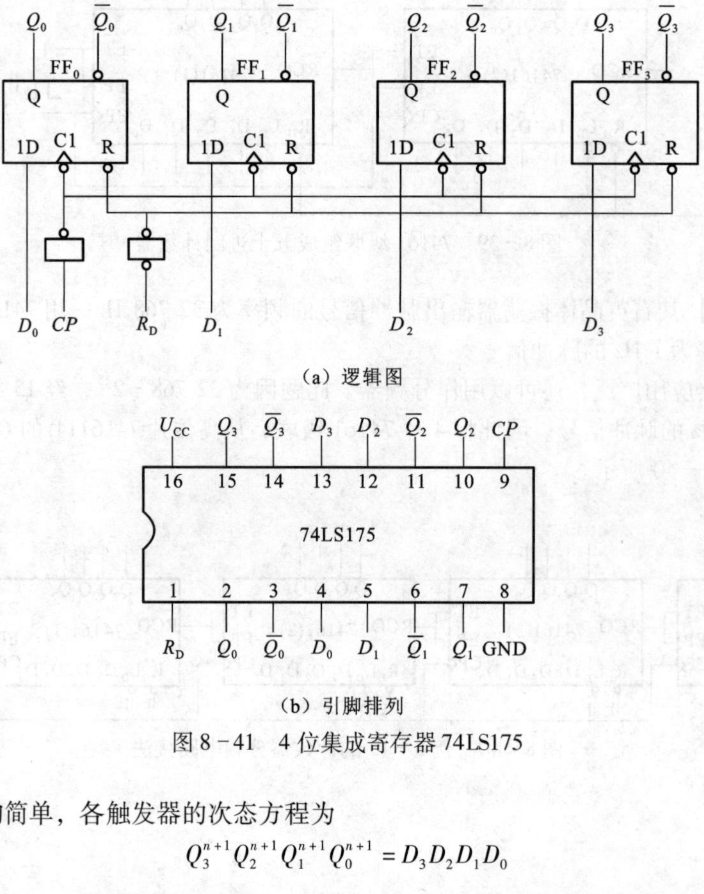

（a）逻辑图

（b）引脚排列

图 8－41　4 位集成寄存器 74LS175

该电路结构简单，各触发器的次态方程为

$$Q_3^{n+1}Q_2^{n+1}Q_1^{n+1}Q_0^{n+1} = D_3D_2D_1D_0$$

该电路的数码接收过程为：将需要存储的4位二进制数码送到数据输入端 $D_0 \sim D_3$，在 CP 端送一个时钟脉冲，脉冲上升沿作用后，4位数码并行地出现在4个触发器 Q 端。设输入的二进制数为"1011"。CP 过后，$D_0 \sim D_3$ 进入触发器组，$Q_0 \sim Q_3$ 将变为1011。在往寄存器中寄存数据或代码之前，必须先将寄存器清零。

74LS175 的功能见表8－13。

表8－13　74LS175 的功能表

清　零	时　钟	输　入	输　出	工作状态
R_D	CP	D_0　D_1　D_2　D_3	Q_0　Q_1　Q_2　Q_3	
0	×	×　×　×　×	0　0　0　0	异步清零
1	↑	D_0　D_1　D_2　D_3	D_0　D_1　D_2　D_3	数据寄存
1	1	×　×　×　×	保持	数据保持
1	0	×　×　×　×	保持	数据保持

8.9.2　移位寄存器

在计算机中，常常要求寄存器有"**移位**"功能。所谓移位，就是每当一个移位正脉冲（时钟脉冲）到来时，触发器组的状态便向右或向左移1位，也就是指寄存的数码可以在移位脉冲的控制下依次进行移位。例如，在进行乘法运算时，要求将部分积右移；将并行传送的数据转换成串行传送的数据，以及将串行传送的数据转换成并行传送的数据的过程中，也需要"移位"。具有移位功能的寄存器称为**移位寄存器**。

根据数码的移位方向可分为**左移寄存器**和**右移寄存器**。按功能又可分为**单向移位寄存器**和**双向移位寄存器**。

移位寄存器的每一位也是由触发器组成的，但由于它需要有移位功能，所以每位触发器的输出端与下一位触发器的数据输入端相连接，所有触发器共用一个时钟脉冲 CP，使它们同步工作。一般规定，右移是**由低位向高位移**，左移是**由高位向低位移**，而不管看上去的方向如何。例如，一个移位寄存器中的数码是1001，移动情况见表8－14。

表8－14　移 位 方 向

原 数 据	低位		高位		移 位 方 向
	1	0	0	1	
右移：串入→	×	0	0	1	→1 串出
左移：串出 1←	1	0	0	×	←串入

1. 单向右移寄存器

由D触发器组成的4位右移寄存器如图8－42所示，根据逻辑图列出如下方程：

时钟方程：$CP_0 = CP_1 = CP_2 = CP_3 = CP$。

驱动方程：$D_0 = D_1$，$D_1 = Q_0^n$，$D_2 = Q_1^n$，$D_3 = Q_2^n$。

状态方程：$Q_0^{n+1} = D_1$，$Q_1^{n+1} = Q_0^n$，$Q_2^{n+1} = Q_1^n$，$Q_3^{n+1} = Q_2^n$。

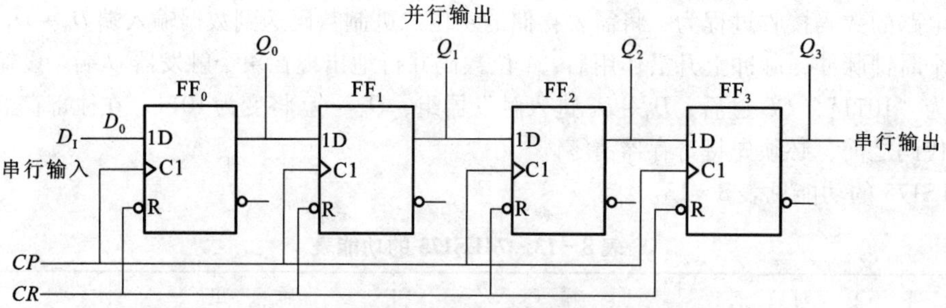

图 8-42　D 触发器组成的 4 位右移寄存器

依据状态方程进行工作分析：设移位寄存器的初始状态为 0000，串行输入数码 $D_I = D_3D_2D_1D_0 = 1011$，从高位（$D_3$）到低位（$D_0$）依次输入。由于从 CP 上升沿开始到输出新状态的建立需要经过一段传输延迟时间，所以当 CP 上升沿同时作用于所有触发器时，它们输入端的状态都未改变。于是，FF_1 按 Q_0 原来的状态翻转，FF_2 按 Q_1 原来的状态翻转，FF_3 按 Q_2 原来的状态翻转，同时，输入端的串行代码 D_I 存入 FF_0，总的效果是寄存器的代码依次右移 1 位。在 4 个移位脉冲作用后，输入的 4 位串行数码 1011 全部存入了寄存器中。右移寄存器的状态表如表 8-15 所示，时序图如图 8-43 所示。

表 8-15　右移寄存器的状态表

移位脉冲	输入数码	输出			
CP	D_I	Q_0	Q_1	Q_2	Q_3
0	×	0	0	0	0
1	1	1	0	0	0
2	0	0	1	0	0
3	1	1	0	1	0
4	1	1	1	0	1

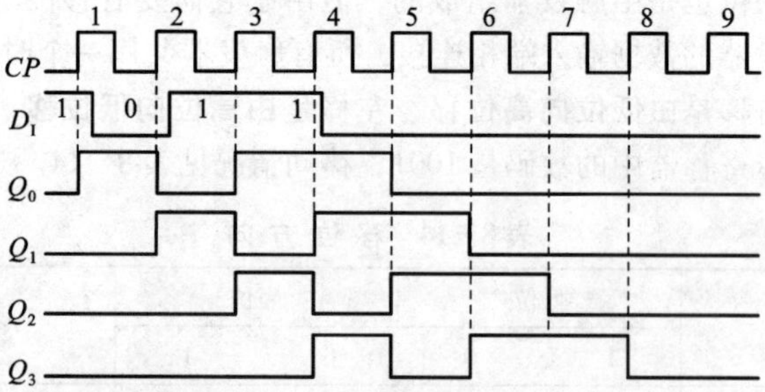

图 8-43　4 位右移寄存器的时序图

2. 移位寄存器型计数器

如果把移位寄存器的输出以一定方式馈送到串行输入端，则可得到一些电路连接十分简单、编码别具特色、用途极为广泛的移位寄存器型计数器。移位寄存器型计数器简称**移存型计数器**，它是由单向移存器构成的同步式计数器，主要有**环形计数器和扭环形计数器**。

环形计数器电路的结构特点为 $D_0 = Q_{n-1}^n$，即将触发器 FF_{n-1} 的输出 Q_{n-1} 接到 FF_0 的输入端 D_0。

图 8-44 所示是一个 $n=4$ 的环形计数器。取 $D_0 = Q_3$，即将 FF_3 的输出 Q_3 接到 FF_0 的输入端 D_0。由于这样连接以后，触发器构成了环形，故称为**环形计数器**，实际上它就是一个自循环的移位寄存器。

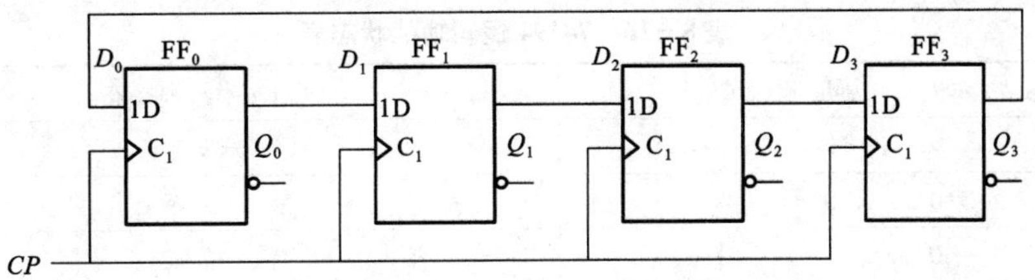

图 8 - 44　4 位环形计数器

由图 8 - 45 所示状态图可知，这种电路在输入计数脉冲 CP 作用下，可以循环移位一个 1，也可以循环移位一个 0。如果选用循环移位一个 1，则有效状态将是 1000、0100、0010、0001。工作时，应先用启动脉冲将计数器置入有效状态，例如 1000，然后加上 CP。

取由 1000、0100、0010 和 0001 所组成的状态循环为所需要的有效循环，同时还存在着其他几种无效循环。可见，一旦脱离有效循环之后，电路将不会自动返回有效循环中去，所以此种环形计数器**不能自启动**。为确保它能正常工作，必须首先通过串行输入端或并行输入端将电路置成有效循环中的某个状态，然后再开始计数。

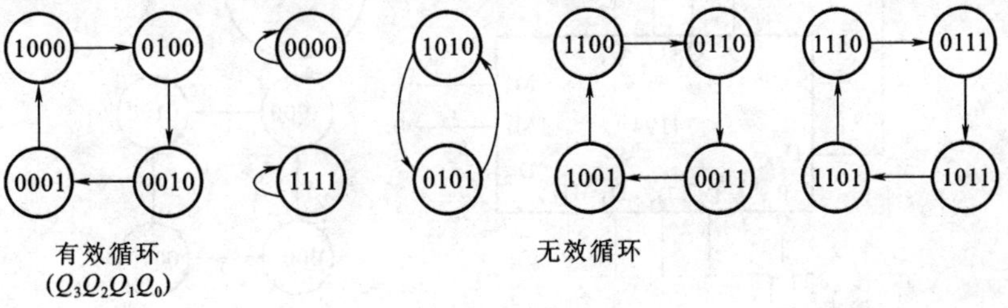

图 8 - 45　4 位环形计数器的状态图

环形计数器的突出特点是，正常工作时所有触发器中只有一个 1（或 0）状态，因此，许多应用场合可以直接利用各个触发器的 Q 端作为电路的状态输出，不需要附加译码器。当连续输入 CP 脉冲时，各个触发器的 Q 端，将轮流地出现矩形脉冲，所以这种电路称为**环形脉冲分配器**。

3. 集成双向移位寄存器 74194

在实际应用中一般采用集成移位寄存器。集成寄存器的种类很多，在这里介绍一种具有多种功能的中规模集成电路 74194。它是具有左移、右移、清零、数据并入、并出、串入、串出等多种功能双向移位寄存器。外引线排列如图 8 - 46 所示。其逻辑功能状态表见表 8 - 16，D_{SL} 和 D_{SR} 分别是左移和右移串行输入。D_0、D_1、D_2 和 D_3 是并行输入端。Q_0 和 Q_3 分别是左移和右移时的串行输出端，Q_0、Q_1、Q_2 和 Q_3 同时也可并行输出一组数据，作为并行输出端。

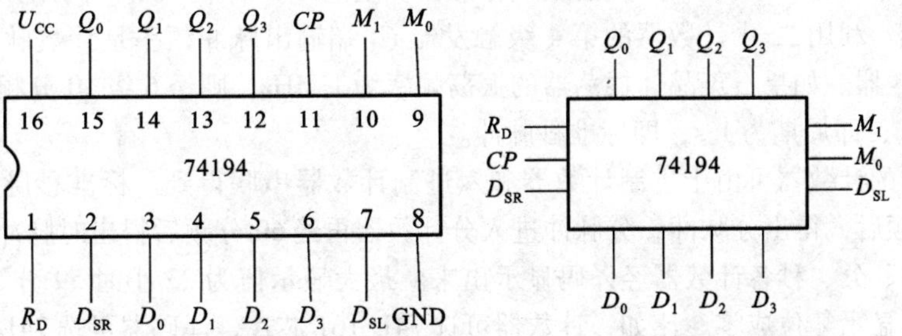

（a）引脚排列图　　（b）逻辑功能示意图

图 8 - 46　集成移位寄存器 74194

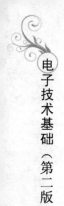

表 8-16　74194 逻辑功能状态表

R_D	M_1	M_0	CP	工作状态
0	×	×	×	异步清零
1	0	0	×	保持
1	0	1	↑	右移
1	1	0	↑	左移
1	1	1	×	并行输入

图 8-47 是用 74194 构成的环形计数器的逻辑图和状态图。令 $M_1M_0=01$，在 CP 作用下移位寄存器将进行右移操作。在第 4 个 CP 到来之前 $Q_0Q_1Q_2Q_3=0001$。这样在第 4 个 CP 到来时，由于 $D_{SR}=Q_3=1$，故在此 CP 作用下 $Q_0Q_1Q_2Q_3=1000$。可见该计数器共 4 个状态，为模 4 计数器。

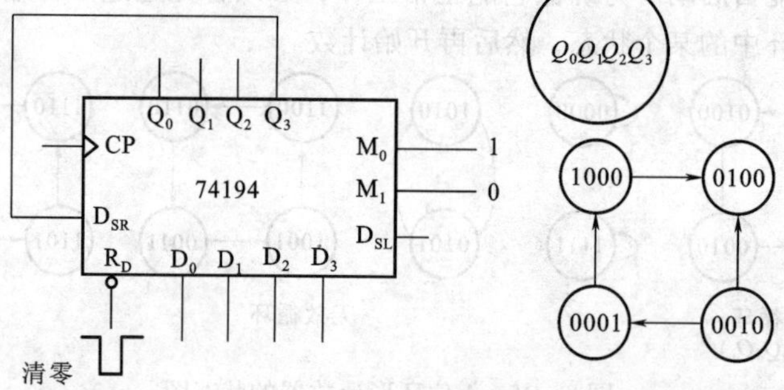

图 8-47　用 74194 构成的环形计数器

8.10　时序逻辑电路综合举例

8.10.1　数字钟

所谓数字钟就是用数字电路组成的电子计时系统。它能够用数码管显示出精确的时、分和秒，并具有手调的功能，应用广泛。数字钟可以用多种不同的电路来实现，这里采用 CD4000 系列的 CMOS 数字集成电路来设计该数字钟。图 8-48 所示为数字钟的计数、译码、显示电路。

石英晶体振荡器和 6 级 10 分频器组成标准秒发生电路。其中“非”门用作整形以进一步改善输出波形。利用二–十计数器的第 4 级触发器 Q_3 端输出脉冲频率是计数脉冲的 1/10，构造一级 10 分频器。如果石英晶体振荡器的振荡频率为 1 MHz，则经 6 级 10 分频后，输出脉冲的频率为 1 Hz，即周期为 1 s，即标准秒脉冲。

六十进制的计数器可由十进制计数器和六进制计数器串联得到。标准秒脉冲进入秒计数器进行 60 分频后，得出分脉冲；分脉冲进入分计数器再经 60 分频后得出时脉冲；时脉冲进入时计数器。时、分、秒各计数器经译码显示出来。最大显示值为 23 小时 59 分 59 秒，再输入一个脉冲后，显示复位成零。比如，计数器可选 74LS161 芯片，译码器可选 74LS248 芯片，显示器可选 LC5011-11。

校“时”和校“分”的校准电路是相同的，下面以校“分”电路为例说明。“与非”门

G_1、G_2、G_3 构成一个二选一电路。正常计时时，通过基本 RS 触发器打开“与非”门 G_1，而封闭 G_2 门，这样秒计数器输出的脉冲可经 G_1、G_3 进入分计数器，而此时 G_2 由于一个输入端为 0，校准用的秒脉冲进不去。在校准“分”时，按下开关 S_1，触发器翻转，情况正好相反，G_1 被封门而 G_2 打开，标准秒脉冲直接进入分计数器进行快速校“分”。

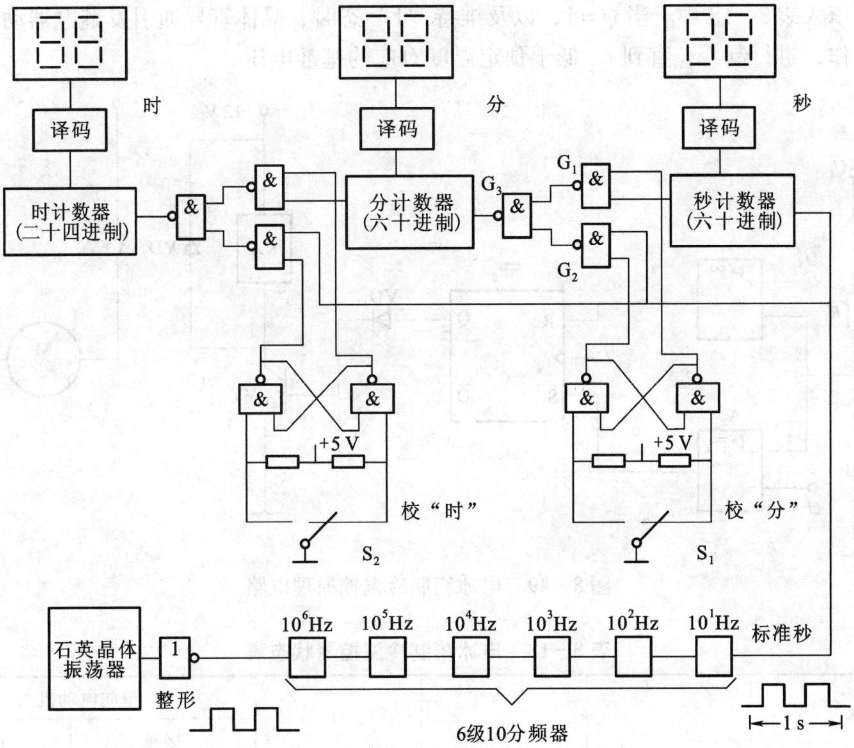

图 8-48 数字钟的计数、译码、显示电路

8.10.2 电冰箱制冷温控原理电路

【例 8-14】 如图 8-49 所示为 ZG 牌电冰箱制冷温控电路。已知基准电压 $U_1 = 2$ V，$U_2 = 4$ V，U_S 为温控采样电压，R_t 为负温度系数的热敏电阻器，KA 为继电器，FF_0 为同步 RS 触发器，M 为单相电动机。要求：

(1) 说明 A_1，A_2 在此电路中的作用。

(2) 说明电位 U_S 随温度变化的规律。

(3) 当温度单方向变化，U_S 由高变低时，将各部分电路的工作状态填入表 8-17 中。

表 8-17 工 作 状 态

U_S	R	S	Q	单相电动机 M	
				接通	断开
$U_S > U_2$					
$U_S = U_2$					
$U_S = U_1$					
$U_S < U_1$					

解：（1）A_1，A_2 是电压比较器。将采样电压 U_S 与两个预定温度对应的基准电压比较。

（2）R_t 为负温度系数的热敏电阻器，温度降低，R_t 增大，分压比变化，U_S 将下降。温度升高，R_t 减小，分压比变化，U_S 将上升。

（3）当温度单方向变化，U_S 由高变低时，可大致分几个范围，$R-S-Q$ 的状态依次变化情况，已填入表 8－18 中。当 $Q=1$，以及维持"1"态时，晶体管导通引发继电器动作，接通电动机工作，进行制冷，直到 U_S 低于预定温度对应的基准电压。

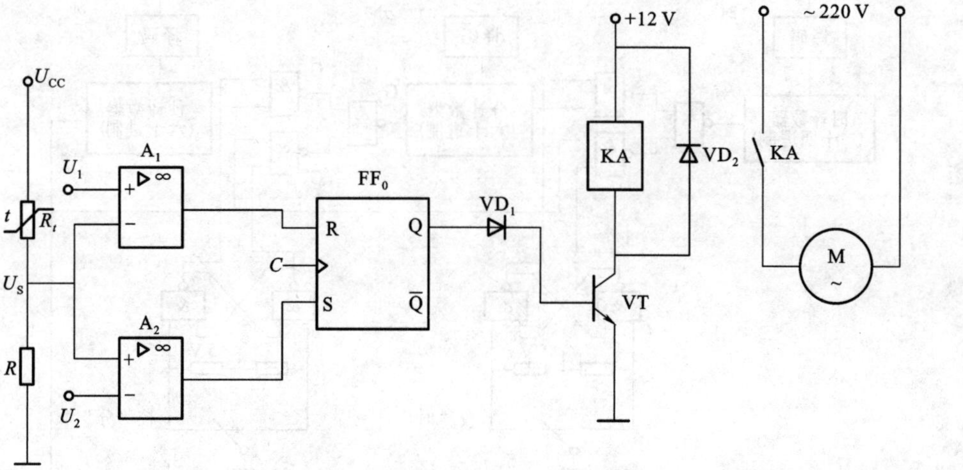

图 8－49　电冰箱制冷温控原理电路

表 8－18　电冰箱制冷温控器状态表

U_S	R	S	Q	单向电动机 M	
				接通	断开
$U_S>U_2$	0	1	1	1	
$U_S=U_2$	0	0	Q^n	1	
$U_S=U_1$	0	0	Q^n	1	
$U_S<U_1$	1	0	0		1

8.10.3　光电计数系统

图 8－50 所示为产品自动装箱计数生产线原理框图。该生产线日传送产品数万箱，每箱内装产品 12 件。每传送来一件产品，将光源遮住一次，通过光电元件产生一个脉冲信号，再经整形（使脉冲整齐）后输入十二进制（产品件数）计数器，每输入 12 个脉冲，完成一箱包装；同时输出一个脉冲到个位十进制（箱数）计数器，计以 1。再经译码器由 LED 数码管显示箱数。当个位十进制计数器输入 10 个脉冲后，输出一个脉冲（进位）到十位计数器，计以 10。计数过程，依此类推。图 8－50 中 LED 数码管显示：已装箱 05231 箱。

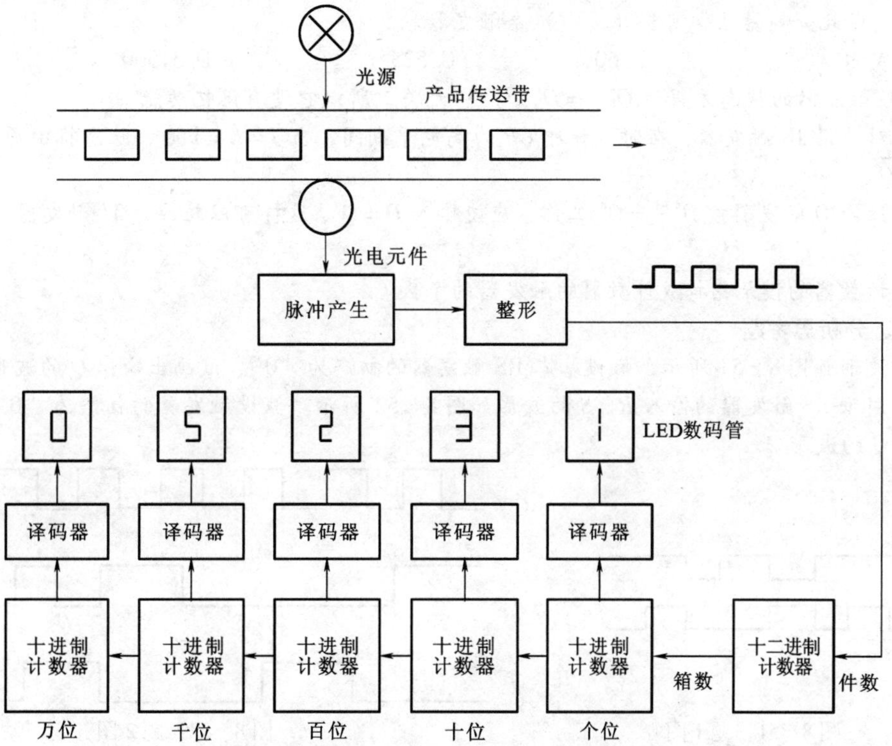

图 8－50　产品自动装箱计数生产线原理框图

习　　题

一、填空题

1. 基本 RS 触发器，在正常工作时，如果约束条件是$\overline{R}+\overline{S}=1$，则它的输入禁止状态为 $R=$________，$S=$________。

2. 在一个时钟脉冲 CP 的作用下，引起触发器两次或多次翻转（状态改变）的现象称为触发器的________。触发方式为________式或________式的触发器不会出现这种现象。

3. JK 触发器的状态方程为________。

4. JK 触发器转换为 T′触发器时，应该使 $J=$________。

5. 一个 4 位右移寄存器初态为 0000，输入二进制数为 $D_3D_2D_1D_0=1011$，经过________个 CP 脉冲后寄存器状态变为 $Q_3Q_2Q_1Q_0=1100$。

二、选择题与判断题

1. 下列逻辑电路中为时序逻辑电路的是（　　）。

A. 变量译码器　　B. 加法器　　C. 数码寄存器　　D. 数据选择器

2. 同步计数器和异步计数器比较，同步计数器的显著优点是（　　）。

A. 工作速度高　　B. 触发器利用率高

C. 电路简单　　D. 不受时钟 CP 控制

3. N 个触发器可以构成最大计数长度（进制数）为（　　）的计数器。

A. N　　B. $2N$　　C. N^2　　D. 2^N

4. 某电视机水平-垂直扫描发生器需要一个分频器将 31 500 Hz 的脉冲转换为 60 Hz 的脉

冲，欲构成此分频器至少需要（　　）个触发器。

A. 10　　B. 60　　C. 525　　D. 31500

5. D 触发器的状态方程为 $Q^{n+1}=D$，与 Q^n 无关，所以它没有记忆功能。（　　）

6. 对边沿 JK 触发器，在时钟脉冲 CP 为高电平期间，当 $J=K=1$ 时，状态将由原来的 Q^n 翻转为 $\overline{Q}^n$。（　　）

7. 欲使 D 触发器按 $Q^{n+1}=\overline{Q}^n$ 工作，应使输入 $D=\overline{Q}^n$，这样可以转换为 T′ 触发器。（　　）

8. 计数器的模是指构成计数器的触发器的个数。（　　）

三、分析思考题

1. 波形如图 8－51 所示，假设基本 RS 触发器的初态为“0”，试画出输出 Q 的波形。

2. 同步 RS 触发器的输入 R、S 的波形如图 8－52 所示。假设触发器的初态为“0”，试画出输出 Q 的波形。

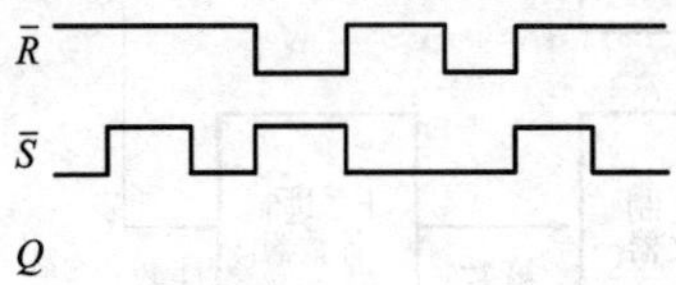

图 8－51　题 1 图

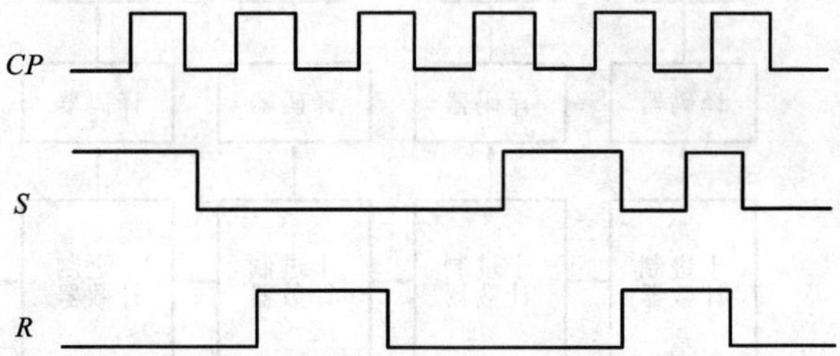

图 8－52　题 2 图

3. 下降沿触发的边沿 JK 触发器，其输入 J、K 的波形如图 8－53 所示。假设触发器的初态为“0”，试画出输出 Q 的波形。若触发器的初态为“1”，试画出输出 Q 的波形。

4. 图 8－54 为 JK 触发器（下降沿触发的边沿触发器）的 CP、S_D、R_D、J、K 的波形，假设触发器的初态为“0”，试画出触发器 Q 的波形。

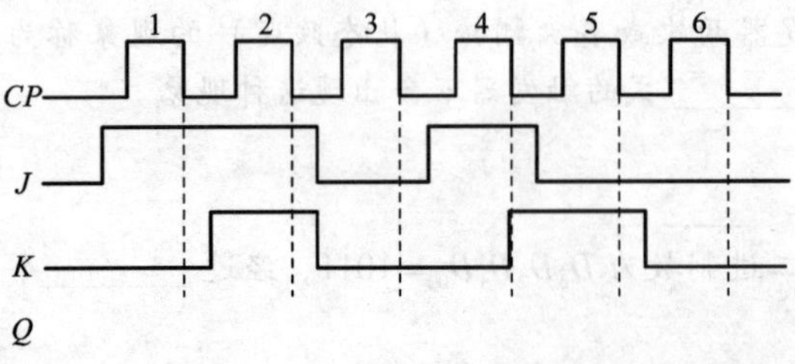

图 8－53　题 3 图

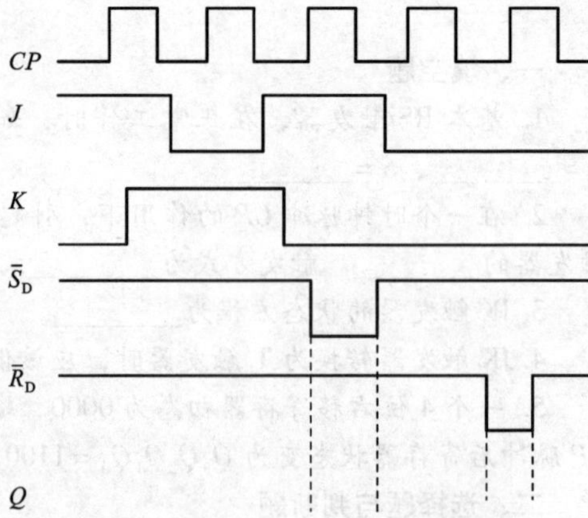

图 8－54　题 4 图

5. 上升沿触发的 D 触发器，其输入 D 波形如图 8－55 所示。假设触发器的初态为“0”，试画出输出 Q 的波形。

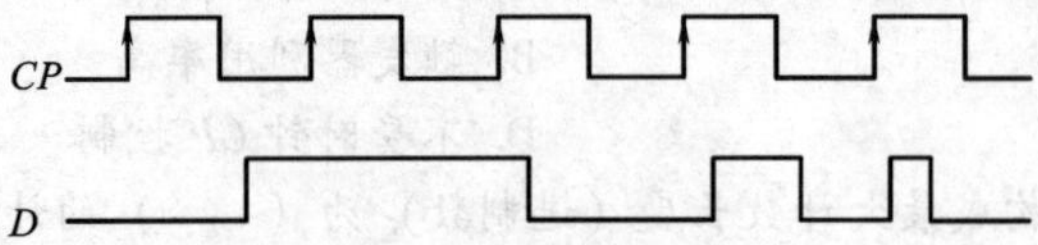

图 8－55　题 5 图

6. 逻辑电路如图 8－56 所示。试分析该电路具有何种触发器功能。

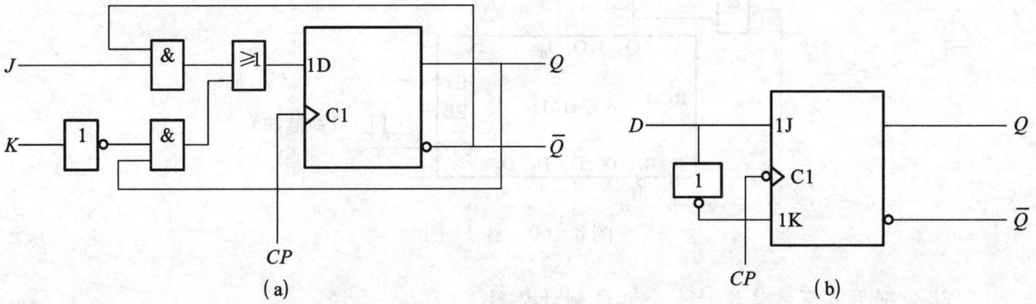

图 8－56　题 6 图

7. 试画出图 8－57 所示各触发器输出 Q 的波形。假设触发器的初态全部为“0”。

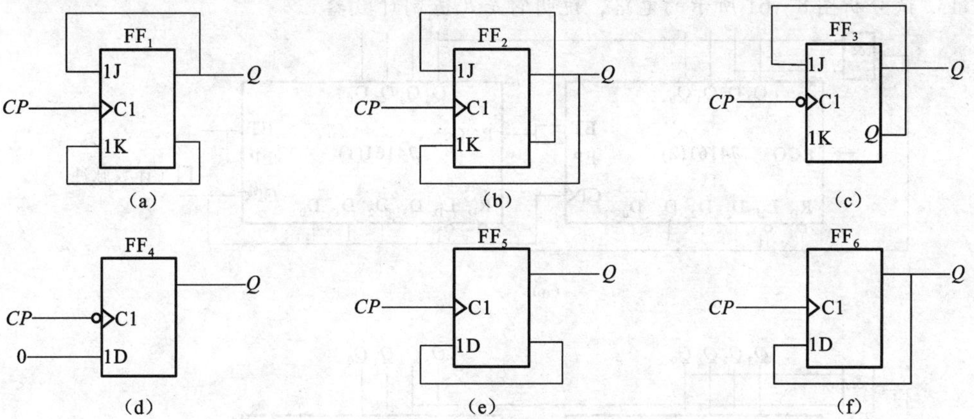

图 8－57　题 7 图

8. 试用 D 触发器组成 3 位二进制异步加法计数器，画出逻辑图。

9. 试分析图 8－58 所示电路，画出它的状态图，说明它是几进制计数器。

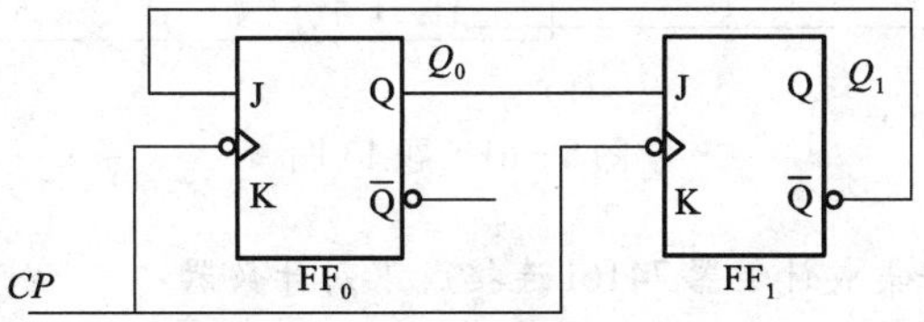

图 8－58　题 9 图

10. 试分析图 8－59 的减法计数器电路。画出状态转换图，说明电路功能。

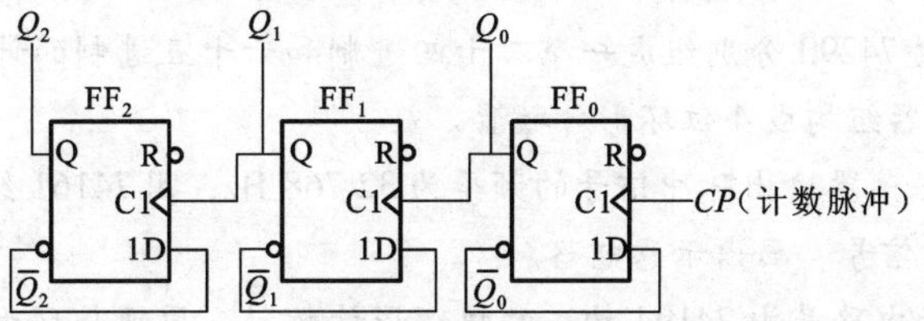

图 8－59　题 10 图

11. 试分析图 8－60 所示的电路，画出它的状态图，说明它是几进制计数器。

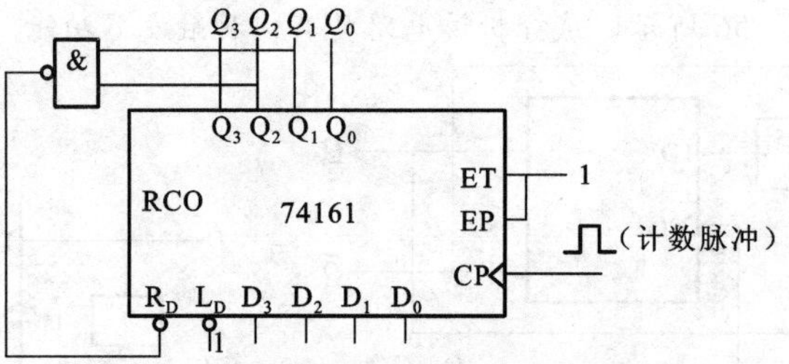

图 8－60　题 11 图

12. 试分别用以下方法设计一个九进制计数器。

（1）利用 74290 的异步清零功能；

（2）利用 74161 的同步置数功能。

13. 试分析图 8－61 所示的电路，说明它是几进制计数器。

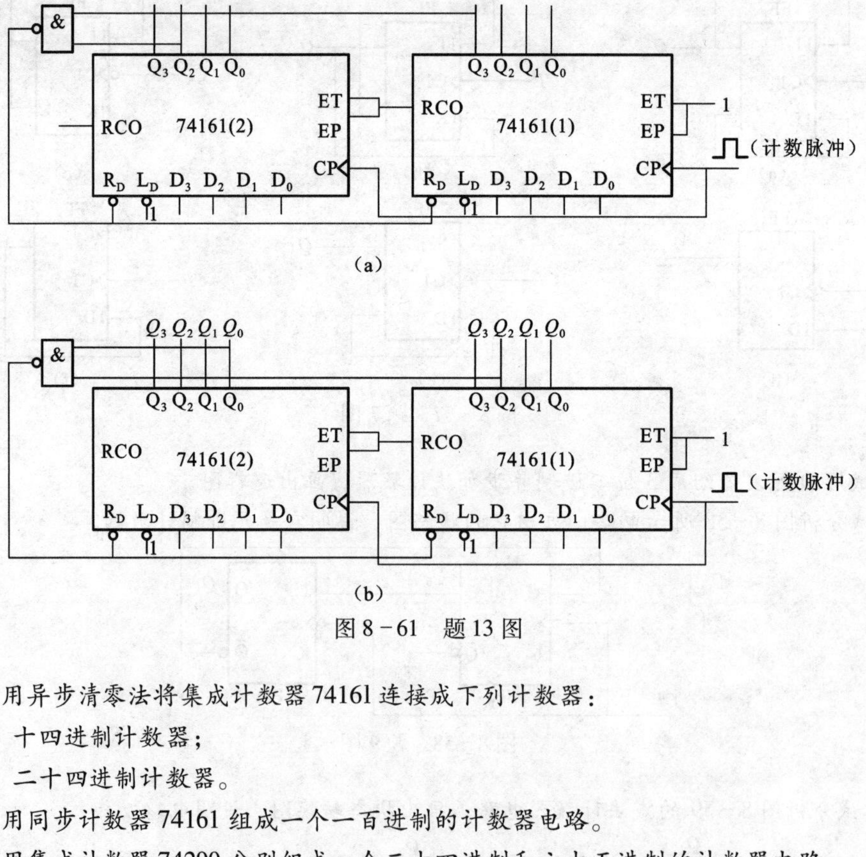

图 8－61　题 13 图

14. 用异步清零法将集成计数器 74161 连接成下列计数器：

（1）十四进制计数器；

（2）二十四进制计数器。

15. 用同步计数器 74161 组成一个一百进制的计数器电路。

16. 用集成计数器 74290 分别组成一个二十四进制和六十五进制的计数器电路。

17. 试用 JK 触发器组构成 4 位环形计数器。

18. 某石英晶体振荡器输出脉冲信号的频率为 32 768 Hz，用 74161 组成分频器，将其分频为频率为 2 Hz 的脉冲信号。画出示意电路。

19. 图 8－62 所示电路是由 74194 构成的扭环形计数器，原理与环形计数器类似。设初始状态 0000，试分析其工作过程，完成其他空余的状态图。

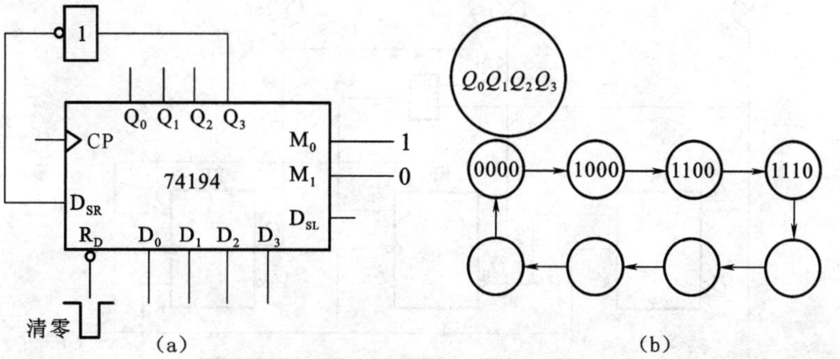

图 8 - 62　扭环形计数器

20. 试分析图 8 - 63 所示的电路，说明它是几进制计数器。画出它的状态图。

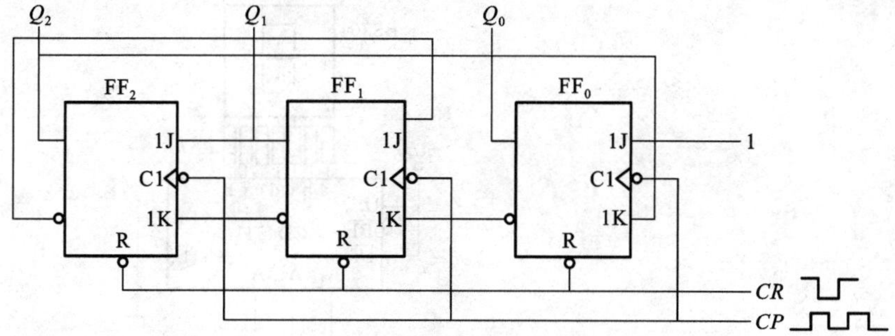

图 8 - 63　题 20 图

21. 图 8 - 64 所示电路是由 JK 触发器组成的移位寄存器，设待存数码是 1101。

（1）试画出在 *CP* 作用下各触发器 *Q* 的波形。

（2）该寄存器是左移还是右移？其数码输入和输出属于什么方式？

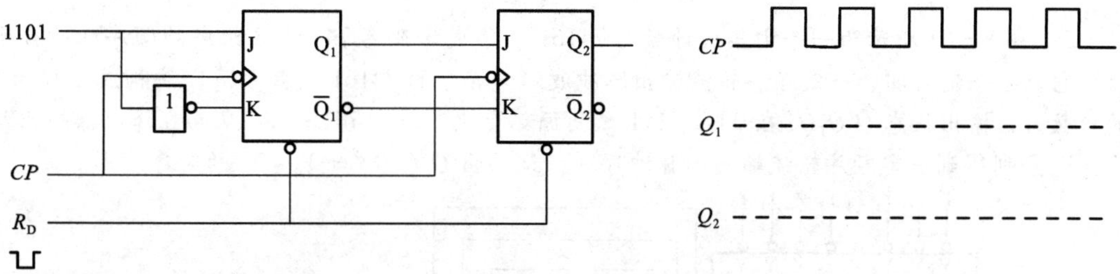

图 8 - 64　题 21 图

22. 试分析图 8 - 65 所示的电路，此电路是一晚会彩灯采光控制电路。设 $Q_A = 1$ 时，对应的红灯亮；$Q_B = 1$，绿灯亮；$Q_C = 1$，黄灯亮。试分析该电路的状态变化，说明 3 组彩灯点亮的顺序。设初始状态为 000。

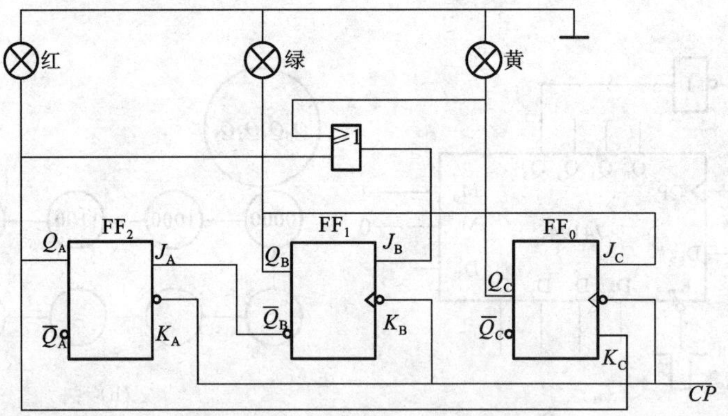

图 8－65　题 22 图

23. 图 8－66 所示电路是一个摇奖用随机数字显示器，CD4511 是七段显示译码器。S 是叫停按钮。用来显示随机数字，试说明其工作原理，并设计一个方案将其扩展为 4 位随机数字显示器。

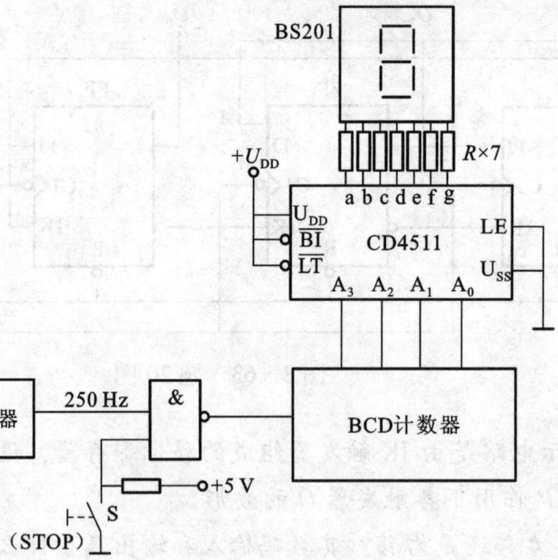

图 8－66　题 23 图

24. 图 8－67 所示为一个由集成计数器 74161 和集成译码器 74LS138 组成的顺序脉冲分配器。它能按一定时间、一定顺序轮流输出脉冲波形。其中的 74161 用异步清零法构成了模为 8 的计数器，输出状态 $Q_2Q_1Q_0$ 在 000 ～111 之间循环变化，送入 74LS138，从而在译码器输出端 $Y_0 \sim Y_7$ 分别得到一定顺序轮流输出的脉冲序列。试画出 $Q_2Q_1Q_0$ 与 $Y_0 \sim Y_7$ 的时序波形。

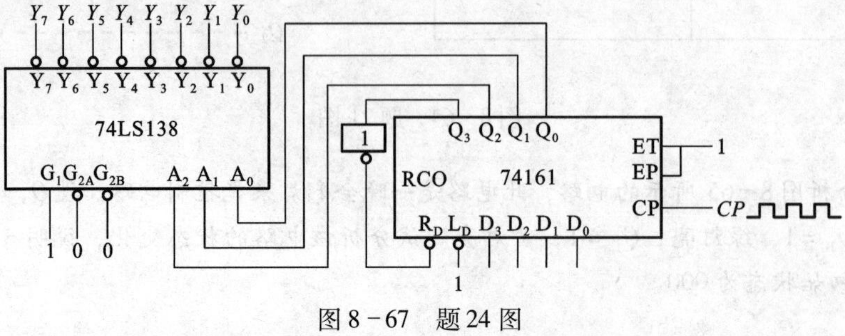

图 8－67　题 24 图

25. 用减法计数器和译码显示电路，设计一个 30 s 倒时计，画出逻辑电路。

第9章 脉冲波形的产生与变换

学习目标

- 掌握定时电路555集成定时器的结构组成与工作原理。
- 掌握555集成定时器的组成的单稳态触发器，施密特触发器，多谐振荡器诸电路的组成特点、工作原理及工作波形图；熟悉555集成定时器各种拓展应用。

信号产生与变换电路常用于产生各种宽度、幅值的脉冲信号，对信号进行变换、整形以及完成模拟信号与数字信号之间的转换等。数字系统中的各个部件是按照时钟脉冲的节拍有条不紊地工作的，这些脉冲波形的获取通常采用两种方法：一种是利用脉冲信号发生器直接产生；另一种则是对已有的信号进行变换。

在数字脉冲电路中，研究的是一些间断性和突发性特点的、短暂出现的周期或非周期的时间函数的电压或电流。脉冲信号的波形多种多样，有矩形脉冲、尖脉冲、阶梯脉冲、锯齿脉冲等。图9－1给出了一个数字脉冲电路的典型应用——数字测速系统，这是测量电动机转速的数字测速系统示意图，测量的结果以十进制数字显示出来。电动机每转一圈，光线透过圆孔上的小孔照射光电元件一次，产生一个脉冲，光电元件每秒发出的脉冲信号个数反映电动机的转速。光电信号较弱，必须放大。放大后的脉冲还不能直接用来测量，还得经过整形电路整形，以得到宽度和幅度一定的矩形脉冲，如图9－1（c）所示。为了测量转速，还要有个时间标准，如以s为单位，把1 s内的脉冲个数记录下来，就得出电动机每秒的转速。这个标准时间是由采样脉冲整形电路产生的，它是一个宽度为1 s的矩形脉冲，让它去控制门电路，把“门”打开，在这段时间内，来自整形电路的脉冲可以经过门电路进入计数器，而后再经过二-十进制显示译码器显示出十进制数，这就是电动机的转速。

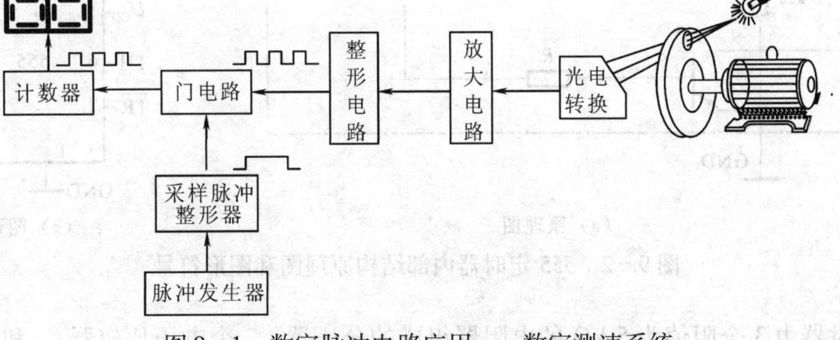

图9－1　数字脉冲电路应用——数字测速系统

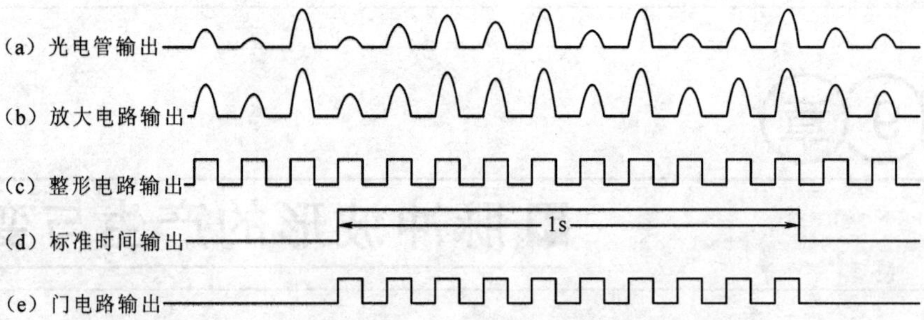

图 9-1　数字脉冲电路应用——数字测速系统（续）

9.1　集成 555 定时器

集成 555 定时器是一种将模拟功能与逻辑功能巧妙地结合在一起的中规模集成电路。该电路功能灵活、适用范围广，只要在外部配上几个适当的阻容元件，就可以很方便地构成多谐振荡器、施密特触发器和单稳态触发器等电路，完成脉冲信号的**产生**、**定时**和**整形**等功能。因而在控制、定时、检测、仿声、报警等方面有着广泛应用。目前生产的定时器有双极型和 CMOS 两种类型，其型号分别有 NE555（或 5G555）和 C7555 等多种。下面以典型集成 555 定时器为例说明其功能和应用。

9.1.1　555 定时器电路结构

555 定时器内部结构的原理图如图 9-2(a)所示，图形符号如图 9-2(b)所示。

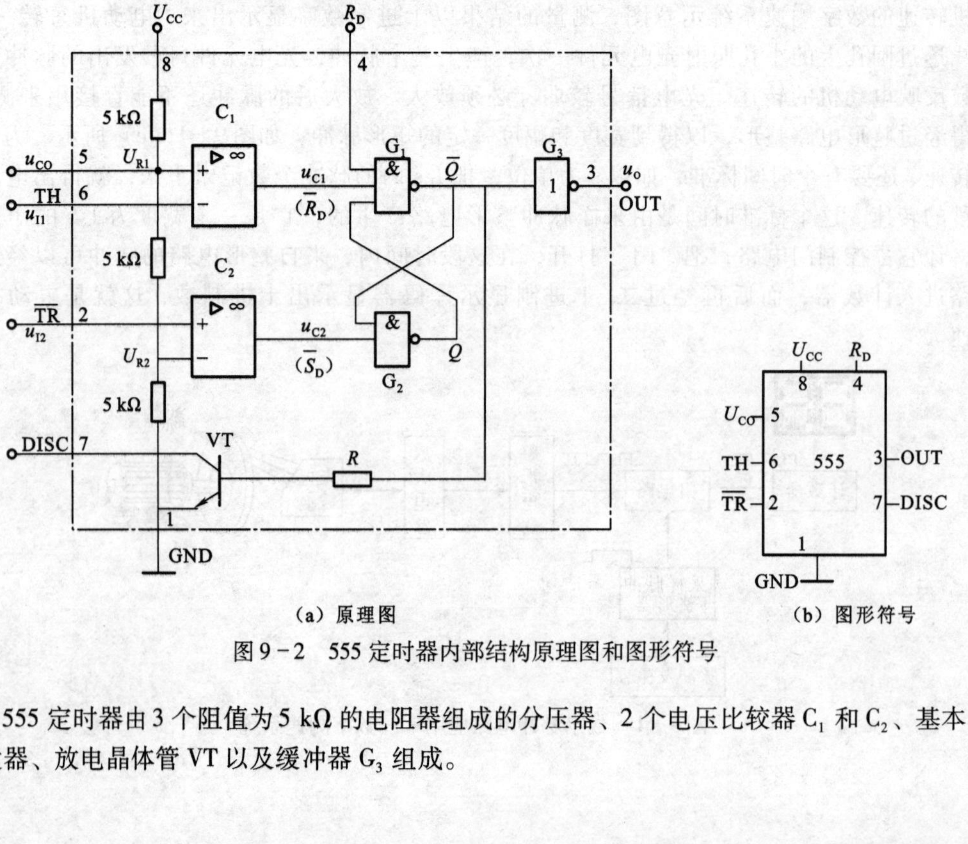

(a) 原理图　　　　(b) 图形符号

图 9-2　555 定时器内部结构原理图和图形符号

555 定时器由 3 个阻值为 5 kΩ 的电阻器组成的分压器、2 个电压比较器 C_1 和 C_2、基本 RS 触发器、放电晶体管 VT 以及缓冲器 G_3 组成。

（1）电阻分压器。电阻分压器由3个阻值相同的电阻器串联构成。它为2个比较器 C_1 和 C_2 提供基准电平。如引脚5悬空，则比较器 C_1 的基准电平为 $\frac{2}{3}U_{CC}$，比较器 C_2 的基准电平为 $\frac{1}{3}U_{CC}$。如果在引脚5外接控制电压 u_{CO}，则可改变2个比较器 C_1 和 C_2 的基准电平。当引脚5不外接电压时，通常接0.01 μF的电容器，再接地，以抑制干扰，起稳定电阻器上的分压比的作用。

（2）比较器。比较器 C_1 和 C_2 是两个结构完全相同的高精度电压比较器。C_1 的引脚6称为**高触发输入端**（又称**阈值输入端**）TH，C_2 的引脚2称为**低触发输入端** $\overline{TR}$。

（3）基本RS触发器。基本RS触发器由两个与非门构成，复位端4可以从外部进行置"0"，当 $R_D=0$ 时，使 $Q=0$。工作时，该触发器的状态受比较器输出 u_{C1} 和 u_{C2} 的控制。

（4）放电晶体管VT及缓冲器 G_3。晶体管VT在电路中作为开关使用，其状态受RS触发器输出端控制，当 $Q=1$ 时，VT截止；当 $Q=0$ 时，VT饱和导通。输出缓冲器 G_3 由接在输出端的非门构成，其作用是提高定时器的带负载能力，隔离负载对定时器的影响。G_3 的输出为定时器的输出端3（u_O）。

9.1.2 555定时器工作原理

定时器的主要功能取决于比较器 C_1 和比较器 C_2 的输出，它控制着RS触发器和放电晶体管VT的状态。图9-2中 R_D 为复位输入端，当 R_D 为低电平时，不管其他输入端的状态如何，输出 u_O 为低电平，因此在正常工作时，应将其接高电平。

由图9-2可知，当在控制电压输入端5脚悬空时，比较器 C_1 和 C_2 比较电压分别为 $\frac{2}{3}U_{CC}$ 和 $\frac{1}{3}U_{CC}$。

（1）当 $u_{I1}>\frac{2}{3}U_{CC}$，$u_{I2}>\frac{1}{3}U_{CC}$ 时，比较器 C_1 输出低电平，比较器 C_2 输出高电平，基本RS触发器被置0，放电晶体管VT导通，输出端 u_O 为低电平。

（2）当 $u_{I1}<\frac{2}{3}U_{CC}$，$u_{I2}<\frac{1}{3}U_{CC}$ 时，比较器 C_1 输出高电平，比较器 C_2 输出低电平，基本RS触发器被置1，放电晶体管VT截止，输出端 u_O 为高电平。

（3）当 $u_{I1}<\frac{2}{3}U_{CC}$，$u_{I2}>\frac{1}{3}U_{CC}$ 时，基本RS触发器 $\overline{R}=1$、$\overline{S}=1$，触发器状态不变，电路亦保持原状态不变。

综合上述，可得555定时器功能表如表9-1所示。

表9-1　555定时器功能表

输入			输出	
阈值输入（u_{I1}）	触发输入（u_{I2}）	复位（R_D）	输出（u_O）	放电晶体管VT
×	×	0	0	导通
$<\frac{2}{3}U_{CC}$	$<\frac{1}{3}U_{CC}$	1	1	截止
$>\frac{2}{3}U_{CC}$	$>\frac{1}{3}U_{CC}$	1	0	导通
$<\frac{2}{3}U_{CC}$	$>\frac{1}{3}U_{CC}$	1	不变	不变

注意，如果刻意在电压控制端（5 脚）施加一个外加电压 u_{CO}（其值在 $0 \sim U_{CC}$ 之间），比较器的参考电压将发生变化，电路相应的阈值电压、触发电平也将随之变化，进而影响电路状态。

通常，555 定时器的双极型产品型号最后的 3 位数码都是 555，如图 9－3 所示，CMOS 产品型号的最后 4 位数码都是 7555，它们的结构、工作原理以及外部引脚排列基本相同。产品型号为 556 和 7556 则是双定时器（含有两个 555）。

图 9－3　一种 555 定时器实物图

一般双极型定时器具有较大的驱动能力，而 CMOS 定时电路具有低功耗、输入阻抗高等优点。555 定时器工作的电源电压很宽，并可承受较大的负载电流。双极型定时器电源电压范围为 5～16 V，最大负载电流可达 200 mA；CMOS 定时器电源电压变化范围为 3～18 V，最大负载电流在 4 mA 以下。

常用的集成定时器有 5G555（TTL 电路）和 CC7555（CMOS 电路）等。

9.2　单稳态触发器

第 8 章讲到的触发器有两个稳定的状态，即 0 和 1，所以触发器又称**双稳态电路**。与双稳态电路不同，**单稳态触发器**有一个**稳定状态**和一个**暂稳态**，这个稳定状态是 0 或者 1。

单稳态触发器在数字电路中一般用于**定时**（产生一定宽度的矩形波）、**整形**（把不规则的波形转换成宽度、幅度都相等的波形）以及**延时**（把输入信号延迟一定时间后输出）等。

单稳态触发器（简称**单稳**）具有下列特点：

（1）电路有一个**稳态**和一个**暂稳态**。

（2）在外来触发脉冲作用下，电路由**稳态**翻转到**暂稳态**。

（3）暂稳态是一个不能长久保持的状态，经过一段时间后，电路会自动返回到稳态。暂稳态的持续时间与触发脉冲无关，仅取决于电路本身的元件参数。

单稳态和双稳态触发器触发方式的异同如图 9－4 所示。

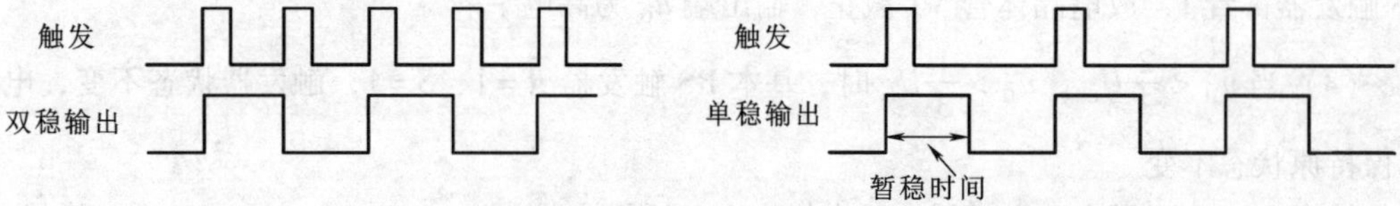

图 9－4　单稳态和双稳态触发器触发方式的异同

9.2.1　用 555 定时器构成单稳态触发器

由 555 定时器构成的单稳态触发器及工作波形，如图 9－5 所示。

（1）平时 $u_I \geqslant \frac{1}{3}U_{CC}$。电源接通瞬间，电路有一个稳定的过程，即电源通过电阻器 R 向电容器 C 充电，当 u_C 上升到 $\frac{2}{3}U_{CC}$ 时，基本 RS 触发器复位，$\overline{Q}=1$　u_O 为低电平，放电晶体管 VT 导通，电容器放电，电路进入稳定状态，如图 9－5 中起始段所示。

(2) 若在单稳输入端施加负脉冲的触发信号$\left(u_{\mathrm{I}} < \frac{1}{3}U_{\mathrm{CC}}\right)$，$u_{\mathrm{C2}} = 0$，触发器发生翻转，电路进入暂稳态，$u_{\mathrm{O}}$ 输出高电平，且放电晶体管 VT 截止。

(3) 此后电容器 C 逐渐充电，u_C 渐升至$\frac{2}{3}U_{\mathrm{CC}}$时，$u_{\mathrm{C1}} = 0$，电路又发生翻转，$u_{\mathrm{O}}$ 为低电平，放电晶体管 VT 导通，电容器 C 放电，电路从暂稳态恢复至稳态。

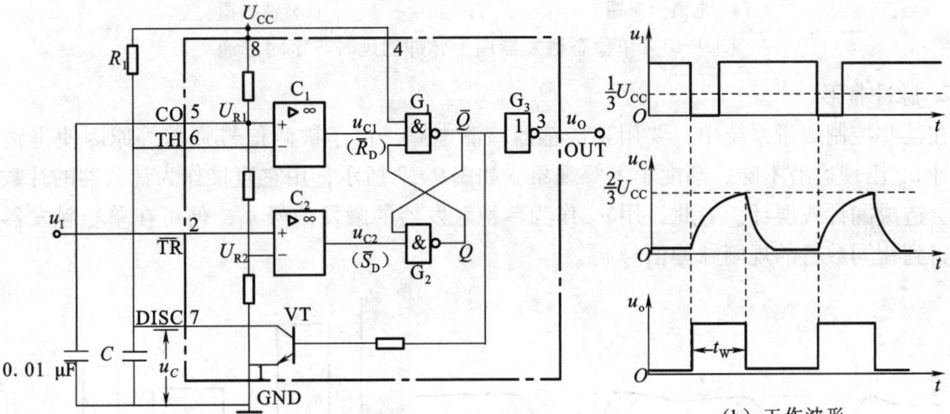

(a) 电路图　　　　(b) 工作波形

图 9-5　555 定时器组成单稳态触发器

如果忽略 VT 的饱和压降，则 u_C 从零电平上升到$\frac{2}{3}U_{\mathrm{CC}}$的时间，即为输出电压 u_{O} 的脉宽 t_{W}，也就是电路的暂稳态持续时间，根据电路理论对 RC 瞬态过程的分析推导，可得到

$$t_{\mathrm{W}} = RC\ln\frac{U_{\mathrm{CC}} - 0}{U_{\mathrm{CC}} - \frac{2}{3}U_{\mathrm{CC}}} = 1.1RC$$

这种电路产生的脉冲宽度可从几微秒至数分，精度可达 0.1%。通常 R 的取值在几百欧至几兆欧之间，C 的取值为几百皮法至几百微法。

这里有几点需要注意，一是触发输入信号的逻辑电平，在无触发时是高电平，必须大于$\frac{2}{3}U_{\mathrm{CC}}$，低电平必须小于 $\frac{1}{3}U_{\mathrm{CC}}$，否则触发无效；二是触发信号的低电平宽度要窄，其低电平的宽度应小于单稳暂稳态的时间，否则当暂稳时间结束时，触发信号依然存在，输出与输入反相。此时单稳态触发器相当于反相器。

9.2.2　单稳态触发器的应用

1. 延时与定时

(1) **延时**。在图 9-6 中，u'_{O} 的下降沿比 u_{I} 的下降沿滞后了时间 t_{W}，即延迟了时间 t_{W}。单稳态触发器的这种延迟作用常被应用于时序控制中。

(2) **定时**。在图 9-6 中，单稳态触发器的输出电压 u'_{O}，用作与门的输入定时控制信号，当 u'_{O} 为高电平时，与门打开，$u_{\mathrm{O}} = u_{\mathrm{A}}$；当 u'_{O} 为低电平时，与门关闭，u_{O} 为低电平。显然与门打开的时间是恒定不变的，就是单稳态触发器输出脉冲 u'_{O} 的宽度 t_{W}。

如图 9-6 所示，单稳态触发器的正脉冲输出端控制一个与门，在 t_{W} 时间内与门输出 CP 脉冲。

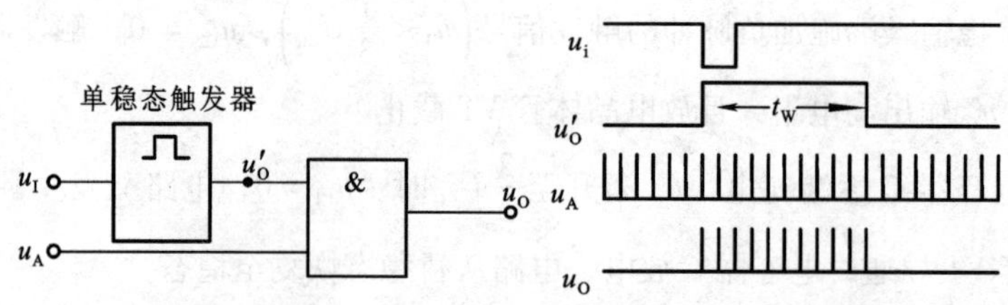

（a）电路示意图　　（b）波形图

图9-6　单稳态触发器用于脉冲的延时与定时选通

2. 脉冲整形

在某些控制测量系统中，要用到传感器检测电路。由于被测信号强弱等原因使得输出的电脉冲 u_R 出现边沿不陡、幅度不等等现象。如图9-7所示，用它直接作为计数器的计数脉冲往往会造成漏计或误计。为此，用 u_R 作为单稳触发器的触发信号 u_I，便可在单稳触发器的输出端得到相同数目的规则脉冲信号 u_O。

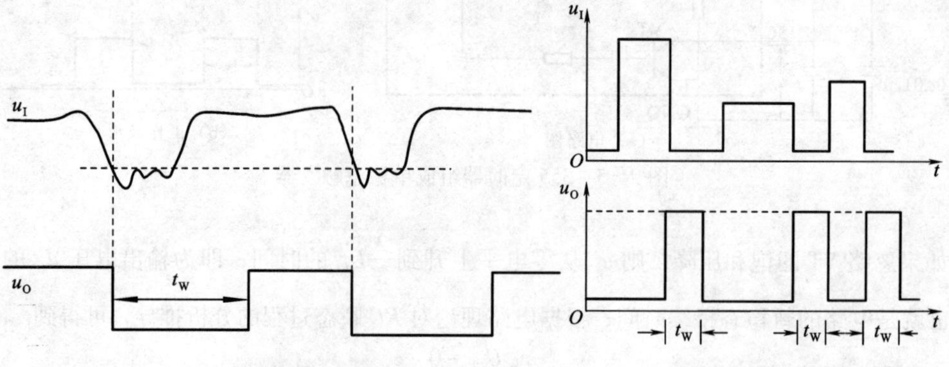

（a）脉冲整形（反相输出）　　（b）脉冲鉴幅整形

图9-7　单稳触发器在脉冲整形中的应用

9.3　施密特触发器

9.3.1　用555定时器构成施密特触发器

1. 施密特触发器的特点

施密特触发器是一种特殊的双稳态时序电路，在第3章已经讲到的**滞回比较器**实际上也是施密特触发器，其特性一致。它具有如下两个特点：

（1）施密特触发器属于**电平触发**，对于缓慢变化的信号同样适用。只要输入信号电平达到相应的触发电平，输出信号就会发生突变，从一个稳态翻转到另一个稳态，并且稳态的维持依赖于外加触发输入信号。

（2）对于正向和负向增长的输入信号，电路有不同的阈值电平。这一特性称为**滞后特性**或**回差特性**。施密特触发器是一种特殊的门电路，与普通的门电路不同，施密特触发器有两个阈值电压，分别称为**正向阈值电压**和**负向阈值电压**。在输入信号从低电平上升到高电平的过程中使电路状态发生变化的输入电压称为**正向阈值电压**（U_{T+}），在输入信号从高电平下降到低电平的过程中使电路状态发生变化的输入电压称为**负向阈值电压**（U_{T-}）。正向阈值电压

与负向阈值电压之差称为**回差电压**（ΔU_T）。回差电压为

$$\Delta U_T = U_{T+} - U_{T-}$$

普通门电路的电压传输特性曲线是单调的，施密特触发器的电压传输特性曲线则是滞回的。

2. 电路组成与工作原理

将 555 定时器的阈值输入端和触发输入端连在一起，便构成了施密特触发器，如图 9－8（a）所示。简记为“二六一搭”，即输入端引脚 2 和引脚 6 相连。当输入如图 9－8（b）所示的三角波信号时，则从施密特触发器的 u_O 端可得到方波输出。

假设输入信号电压 u_I 是三角波，当 $u_I < \frac{1}{3}U_{CC}$ 时，比较器 C_2 输出 $u_{C2}=0$，基本 RS 触发器置 1，$Q=1$，$\overline{Q}=0$，输出 $u_O=1$。

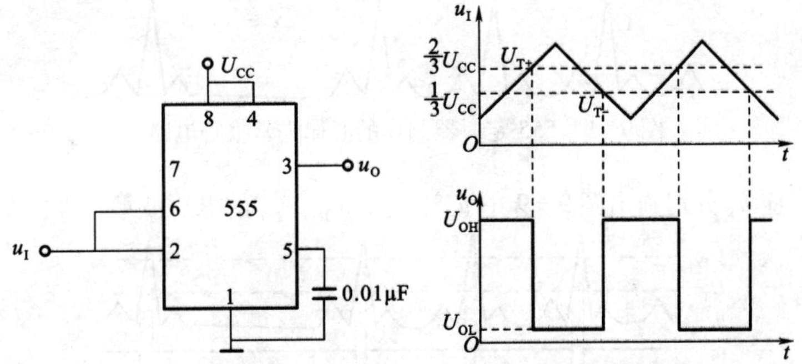

（a）工作电路　　（b）工作波形图

图 9－8　由 555 定时器构成的施密特触发器

（1）当 u_I 上升到 $\frac{2}{3}U_{CC}$ 时，比较器 C_1 输出 $u_{C1}=0$，此时基本 RS 触发器置 0，$Q=0$，$\overline{Q}=1$，输出 $u_O=0$。

（2）u_I 由高电位下降到稍小于 $\frac{1}{3}U_{CC}$ 后，比较器 C_2 输出 $u_{C2}=0$，基本 RS 触发器又置 1，$Q=1$，$\overline{Q}=0$，输出 u_O 又跳变为高电平 $u_O=1$。如此连续变化，在输出端得到矩形波输出，其工作波形如图 9－8（b）所示。从工作波形图上可以看出：上限阈值电压 $U_{T+}=\frac{2}{3}U_{CC}$；下限阈值电压 $U_{T-}=\frac{1}{3}U_{CC}$；回差电压 $\Delta U_T = U_{T+} - U_{T-} = \frac{1}{3}U_{CC}$。

9.3.2　施密特触发器的应用

施密特触发器用作整形电路，把不规则的输入信号整形成为矩形脉冲。还可用于脉冲鉴幅等。

【例】图 9－9 所示为一心律失常报警电路，图中 u_I 是经过放大后的心电信号，其幅值 $u_{Im}=4$ V。设 u_{O2} 初态为高电平。

（1）对应 u_I 分别画出图中 u_{O1}、u_{O2}、u_O 三点的电压波形；

（2）说明电路的组成及工作原理。

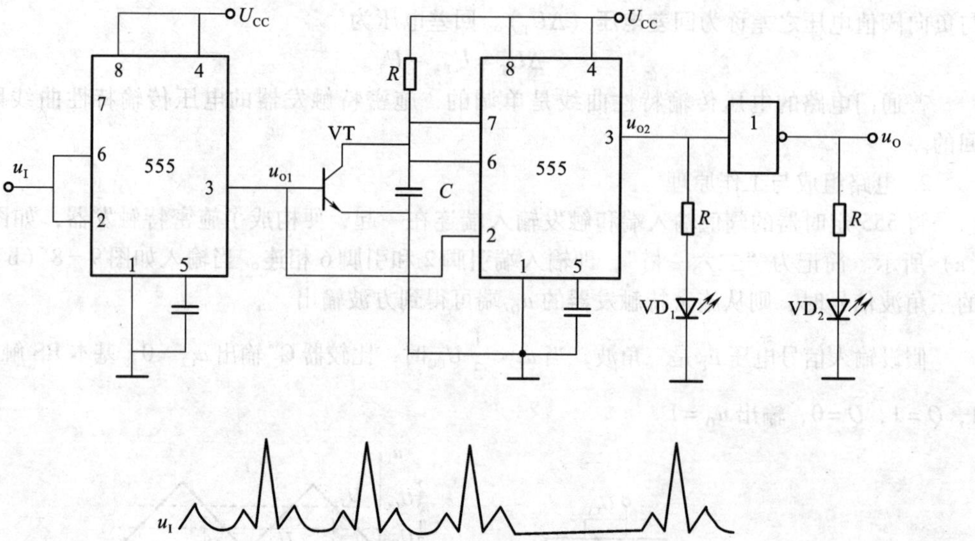

图 9－9　555 定时器制作的心律失常报警电路

解：（1）对应 u_I 分别画出图 9－9 中 u_{O1}、u_C、u_{O2}、u_O 的电压波形，如图 9－10 所示。

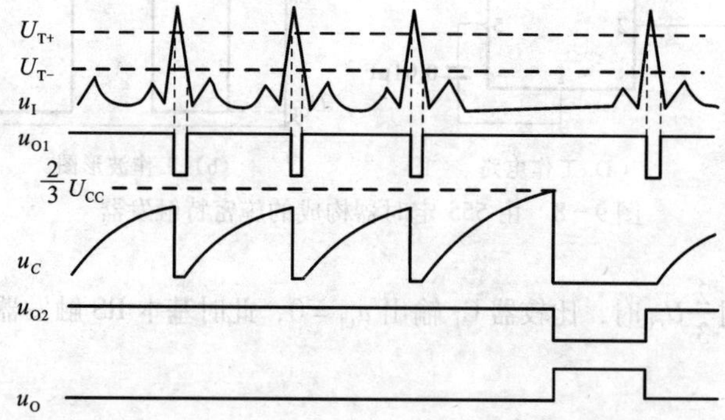

图 9－10　u_{O1}、u_C、u_{O2}、u_O 的电压波形

（2）电路的组成及工作原理：第一级 555 定时器构成施密特触发器，将心律信号整形为矩形脉冲信号；第二级 555 定时器构成可重复触发的单稳态触发器，又称失落脉冲检出电路。当心律正常时，u_{O1} 无丢失脉冲，输出标准均匀的周期脉冲信号，使得 U_C 不能充电至 $\frac{2}{3}U_{CC}$，所以 u_{O2} 始终为高电平，u_O 始终为低电平，发光二极管 VD_1 亮，VD_2 不亮，表示心律正常；当心律出现漏搏时，u_{O1} 高电平维持时间加长，可使 U_C 充电至 $\frac{2}{3}U_{CC}$，u_{O2} 变为低电平，u_O 变为高电平，发光二极管 VD_2 亮，VD_1 不亮，表示心律失常（VD_2 每亮一次，表示心电波有一个漏搏产生）。本电路如果加上计数器和单片机等时序电路，还可以实现统计和分析等高级功能。

9.4　多谐振荡器

多谐振荡器是一种自激振荡器电路，该电路在接通电源后无须外接触发信号就能产生一定频率和幅值的矩形脉冲或方波。由于矩形脉冲中含有丰富的高次谐波，故称为多谐振荡器。另外，多谐振荡器在工作过程中不存在稳定状态，故又称无稳态电路。

这里脉冲的产生就像是“无中生有”，它也和模拟振荡器一样，将电源提供的能量转换成按一定规律变化的信号，只不过这里的信号形式是脉冲。多谐振荡器是一种常用的脉冲波形发生器，触发器和时序电路中的时钟脉冲一般是由多谐振荡器产生的。

9.4.1 由555定时器构成的多谐振荡器

1. 电路工作原理

由555定时器构成多谐振荡器的电路如图9-11（a）所示，其工作波形如图9-11（b）所示。与单稳态触发器比较，它是利用电容器的充放电来代替外加触发信号，所以，电容器上的电压信号应该在两个阈值之间按指数规律转换。充电回路是 R_1、R_2 和 C，此时相当输入是低电平，输出是高电平；当电容器 C 充电达到 $\frac{2}{3}U_{CC}$ 时，即输入达到高电平时，$u_{C1}=0$，电路的状态发生翻转，输出为低电平，电容器开始放电。当电容器放电达到 $\frac{1}{3}U_{CC}$ 时，$u_{C2}=0$，触发器 Q 端变为1，电路的状态又开始翻转，如此不断循环。电容器 C 之所以能够放电，是由于有放电端7脚的存在，因7脚的状态与输出端一致，为低电平，所以电容器 C 可放电。

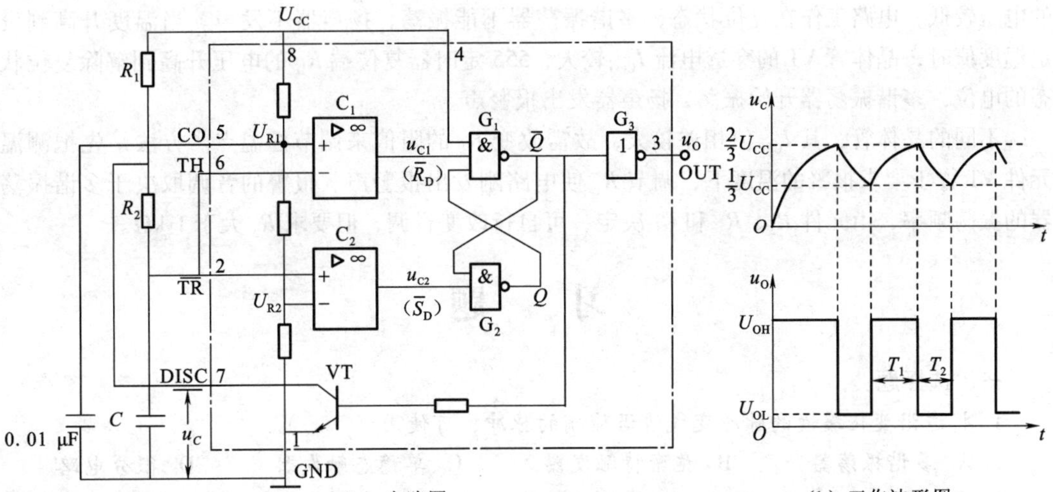

（a）电路图　　（b）工作波形图

图9-11　由555定时器构成多谐振荡器的电路

2. 振荡频率的估算

（1）电路振荡周期 T：

$$T=T_1+T_2=0.7\,(R_1+2R_2)\,C$$

（2）电路振荡频率 f：

$$f=\frac{1}{T}\approx\frac{1.43}{(R_1+2R_2)\,C}$$

（3）输出波形**占空比** q：定义 $q=T_1/T$，即脉冲宽度与脉冲周期之比，称为**占空比**，即

$$q=\frac{T_1}{T}=\frac{0.7\,(R_1+R_2)\,C}{0.7\,(R_1+2R_2)\,C}=\frac{R_1+R_2}{R_1+2R_2}$$

9.4.2 多谐振荡器的应用

简易温控报警器

利用555定时器构成可控音频振荡电路，在一定条件下可以使输出端的扬声器发声报警，图9-12是利用多谐振荡器构成的简易温控报警电路，用于火警或热水温度报警，电路简单、调试方便。

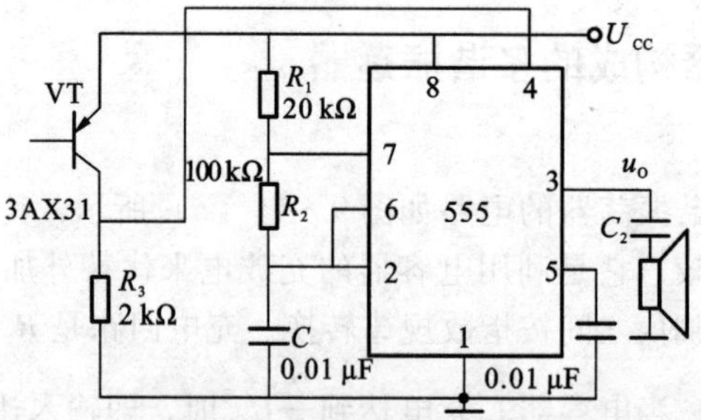

图9-12 多谐振荡器用作简易温控报警电路

图9-12中晶体管VT可选用锗管3AX31或3AX81，也可选用3DU型光敏管。3AX31等锗管在常温下，集电极和发射极之间的穿透电流I_{CEO}一般为10～50 μA，且随温度升高而增大较快。当温度低于设定温度值时，晶体管VT的穿透电流I_{CEO}较小，555定时器复位端R_D（4脚）的电压较低，电路工作在复位状态，多谐振荡器不能振荡，扬声器不发声。当温度升高到设定温度值时，晶体管VT的穿透电流I_{CEO}较大，555定时器复位端R_D的电压升高到解除复位状态的电位，多谐振荡器开始振荡，扬声器发出报警声。

不同的晶体管，其I_{CEO}值相差较大，故需改变R_1的阻值来调节控温点。方法是先把测温元件VT置于要求报警的温度下，调节R_1使电路刚发出报警声。报警的音调取决于多谐振荡器的振荡频率，由元件R_2、R_3和C_1决定，可自行改变音调，但要求R_2大于1 kΩ。

习　题

一、选择题

1. 将边沿变化缓慢的脉冲变成边沿陡峭的脉冲，可使用（　　）。

A. 多谐振荡器　　B. 施密特触发器　　C. 单稳态触发器　　D. 微分电路

2. 含有RC元件的脉冲电路，分析的关键是（　　）。

A. 电容的充放电　　B. 电阻两端的电压　　C. 门电路　　D. 触发器

3. 555定时器的驱动电流可达（　　）。

A. 200 μA　　B. 20 mA　　C. 200 mA　　D. 20 A

二、分析计算题

1. 如图9-13所示，555定时器构成的施密特触发器，当输入信号为图示周期性心电波形时，试画出经施密特触发器整形后的输出电压波形。

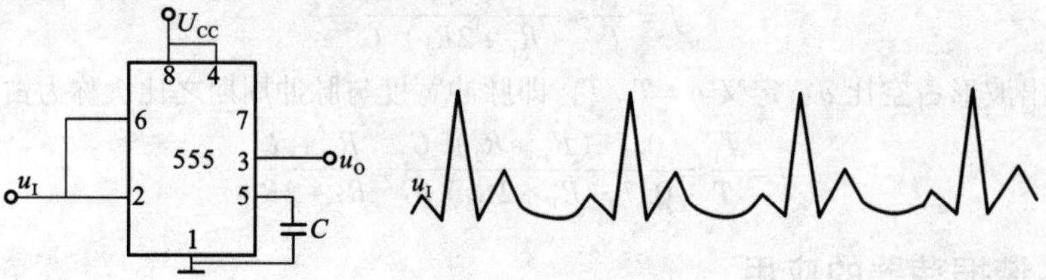

图9-13　题1图

2. 图9－14所示为一个防盗报警电路。a、b两端被一细铜丝接通，此铜丝置于认为盗窃者必经之处。当盗窃者闯入室内将铜丝碰断后，扬声器即发出报警声。

（1）试问555定时器接成何种电路？

（2）说明本报警电路的工作原理。

3. 图9－15所示为一简易触摸开关电路，当手摸金属片时，发光二极管亮，经过一定时间后发光二极管熄灭。试说明其工作原理，并问发光二极管能亮多长时间？（输出端电路稍加改变也可接门铃、短时用照明灯、厨房排烟风扇等）。

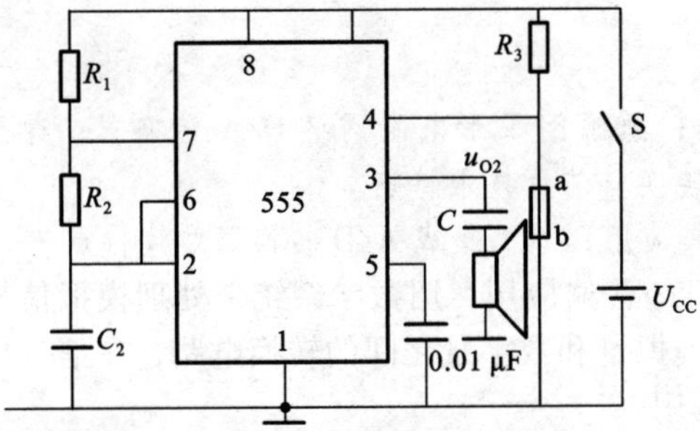

图9－14　题2图

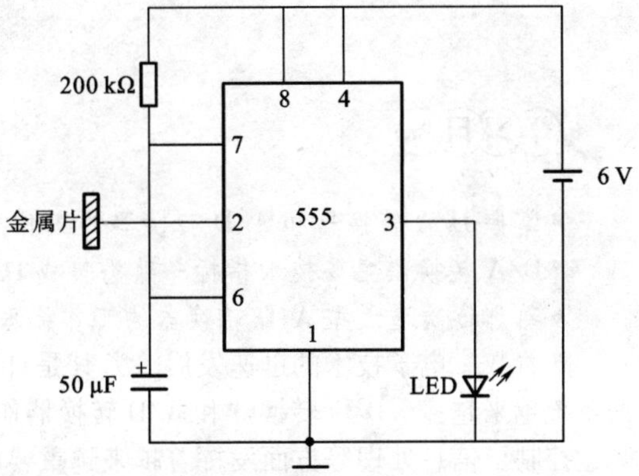

图9－15　题3图

4. 用555定时器设计一个光亮照明提示电路，当光亮达到一定程度时产生报警。（提示：光电二极管当无光照时，呈现高阻；当有光照时，光电二极管呈现低阻）。

第10章 数-模与模-数转换器

学习目标

- 掌握 D/A 转换器和 A/D 转换器的工作原理；熟悉倒 T 形电阻网络 D/A 转换器；熟悉 D/A 转换器主要技术指标；熟悉集成 D/A 转换器芯片技术特点。
- 熟悉逐次逼近型 A/D 转换器的工作原理及其应用；熟悉集成 A/D 转换器芯片特点。

随着数字电子技术的迅速发展，尤其是计算机的普遍应用，用**数字系统**来处理模拟信号的系统越来越多。D/A 转换器和 A/D 转换器作为模拟量和数字量之间的转换电路，在信号检测、控制、信息处理等方面发挥着越来越重要的作用。

10.1 概 述

自然界中存在的物理量大都是连续变化的量，如温度、时间、角度、速度、流量、压力等。有规律但却不连续的变化量称为**数字量**（Digital），又称**离散量**。

数字系统通常由输入接口、输出接口、数据处理和控制器构成。输入接口和输出接口的主要任务是将模拟量转换为数字量，或将数字量转换为模拟量，处理器的主要作用是控制系统内部各部件的工作，使它们按照一定的程序操作。

为了能够用数字系统或计算机处理模拟信号，必须把模拟信号转换成相应的数字信号才能够送入数字系统或计算机中进行处理。另一方面，实际中往往需要用被数字系统处理过的量去控制连续动作的执行机构，如电动机转速的连续调节等，所以又需将数字量转换为模拟量。

把从模拟信号到数字信号的转换称为**模-数转换**，又称 A/D 转换（Analog to Digital）；把从数字信号到模拟信号的转换称为**数-模转换**，又称 D/A 转换（Digital to Analog）。同时，把实现 A/D 转换的电路称为 **A/D 转换器**（Analog Digital Converter），简写为 **ADC**；把实现 D/A 转换的电路称为 **D/A 转换器**（Digital Analog Converter），简写为 **DAC**。

由此可见，A/D 转换器和 D/A 转换器是数字系统和各种工程技术相联系的桥梁，也可称之为两者之间的接口，在两者之间起着“**翻译**”的作用。带有模-数和数-模转换电路的监控系统大致可用图 10-1 所示的框图表示。

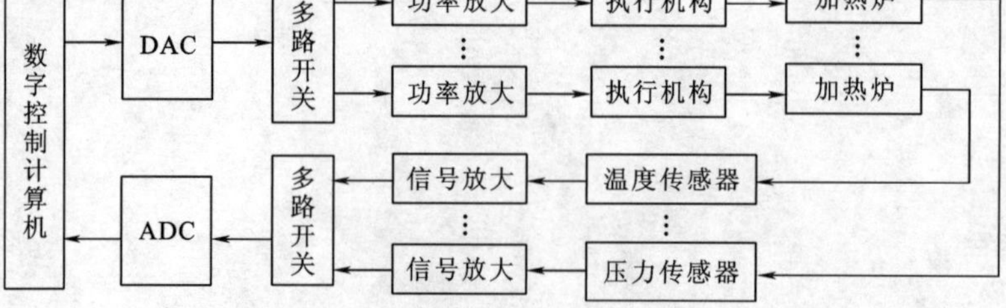

图 10-1 A/D 转换器和 D/A 转换器原理框图

图 10-1 中被监控的是温度和压力等参数，由传感器将它们转换为模拟电信号，经放大器放大，送入 A/D 转换器转换为数字量，由数字计算机进行处理，再由 D/A 转换器还原为模拟量，经过功率放大去驱动执行部件。为了保证数据处理结果的准确性，A/D 转换器和 D/A 转换器必须有足够的转换精度。同时，为了适应快速过程的控制和检测的需要，A/D 转换器和 D/A 转换器还必须有足够快的转换速度。

10.2 D/A 转换器

10.2.1 D/A 转换器的原理

D/A 转换器是将输入的二进制数字信号转换成与之成比例的模拟信号，以电压或电流的形式输出。因此，D/A 转换器可以看作是一个译码器。

前面讲过，把一个多位二进制数中每一位的 1 所代表的数字大小称为这一位的权，如果一个 n 位二进制数用 $D_n=d_{n-1}d_{n-2}\cdots d_1d_0$ 表示，从最高位（Most Significant Bit，MSB）到最低位（Least Significant Bit，LSB）的权将依次为 2^{n-1}，2^{n-2}，…，2^1，2^0。将输入的每一位二进制代码按其权的大小转换成相应的模拟量，然后将代表各位的模拟量相加，所得的总模拟量就与数字量成正比，这样便实现了从数字量到模拟量的转换。一般常用的线性 D/A 转换器，其输出模拟电压 u_O 和输入数字量 D_n 之间成正比关系，可记作 $u_O=KD_n$，式中 K 为比例系数。

通过图 10-2 来理解 D/A 转换器的转换含义。图中 d_0~d_{n-1} 为输入的 n 位二进制数，u_O 或 i_O 为与输入二进制数成比例的输出电压或电流。DAC 将输入的二进制数字信号 D（又称编码信号）转换（翻译）成模拟信号，并以电压或电流的形式输出。

图 10-3 表示了 3 位二进制代码的数字信号经过 D/A 转换器后的输出模拟（电压）信号的对应关系。每一个二进制代码的编码数字信号可翻译成一个相对应的十进制数值。3 位二进制 D/A 转换器对应着 8 个等级（成比例）的电压信号。

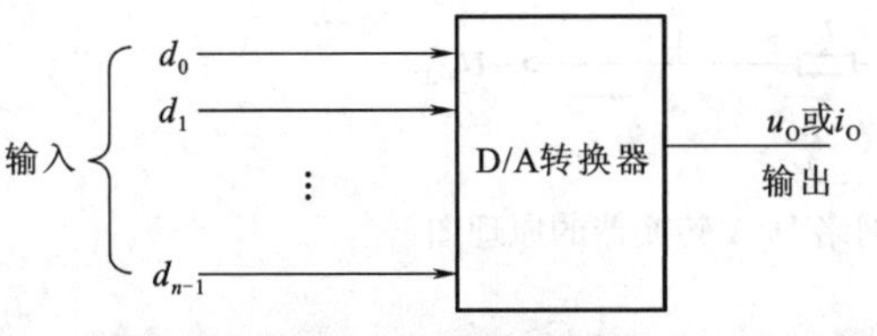

图 10-2 D/A 转换器的转换含义

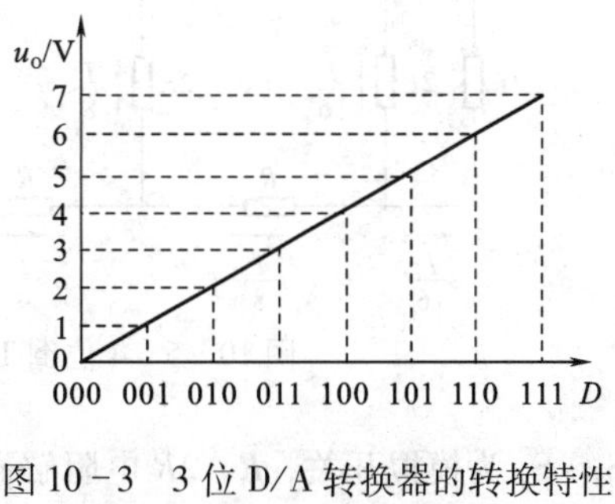

图 10-3 3 位 D/A 转换器的转换特性

由图 10-3 还可看出，两个相邻数码转换出的电压值是不连续的，两者的电压差由最低码位代表的位权值决定。它是信息所能分辨的**最小电压量**，最小电压量用 U_{LSB} 表示（即最低有效位 1 LSB 对应的模拟电压）。对于 3 位二进制代码，该差值为 $\frac{1}{8}$ 的满量程电压。

对应于最大输入数字量的是**最大电压输出值**（数字量全为 1 时），最大输出电压用 U_{FSR} 表示（Full Scale Range，FSR），又称**满量程电压**。在图 10-3 中，1 LSB = 1 KV；1 FSR = 7 KV（K 为比例系数）。

n 位 D/A 转换器的框图，如图 10-4 所示。

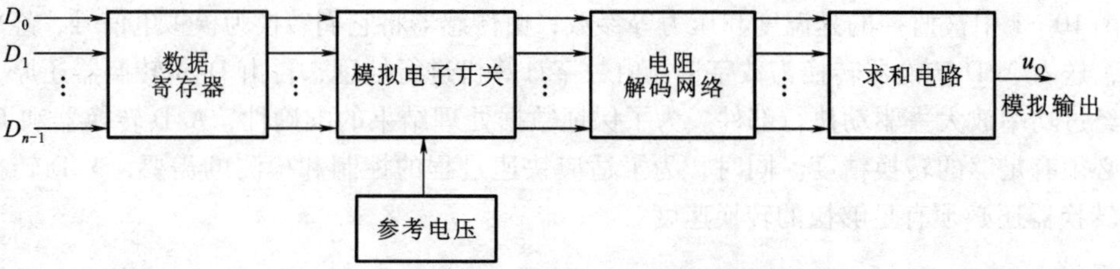

图 10-4　n 位 D/A 转换器的框图

D/A 转换器通常由数据寄存器、模拟电子开关、电阻解码网络、求和电路及参考电压几部分组成。数字量以串行或并行方式输入、存储于数据寄存器中，数据寄存器输出的各位数码，分别控制对应位的模拟电子开关，使数码为 1 的位在位权网络上产生与其权值成正比的电流值，再由求和电路将各种权值相加，即得到数字量对应的模拟量。

D/A 转换器按电阻解码网络结构不同分为 T 形电阻网络 D/A 转换器、倒 T 形电阻网络 D/A 转换器、权电流 D/A 转换器及权电阻网络 D/A 转换器等。按模拟电子开关电路的不同，又可分为 CMOS 开关型和双极型开关 D/A 转换器。下面介绍一种常用的 D/A 转换器——倒 T 形电阻网络 D/A 转换器。

10.2.2　倒 T 形电阻网络 D/A 转换器

在单片集成 D/A 转换器中，使用最多的是倒 T 形电阻网络 D/A 转换器。

4 位倒 T 形电阻网络 D/A 转换器的原理图如图 10-5 所示。

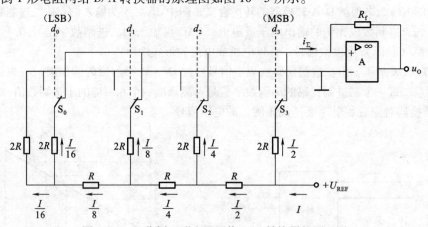

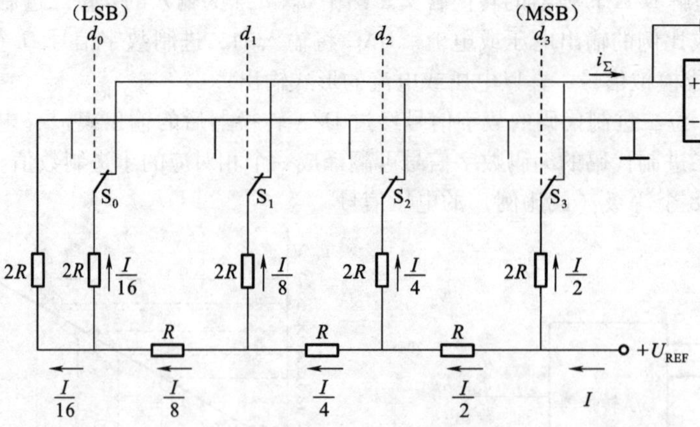

图 10-5　4 位倒 T 形电阻网络 D/A 转换器的原理图

$S_0 \sim S_3$ 为模拟开关，$R-2R$ 电阻解码网络呈倒 T 形，运算放大器 A 构成求和电路。S_i 由输入数码 d_i 控制，当 $d_i=1$ 时，S_i 接运放反相输入端（虚地），I_i 流入求和电路；当 $d_i=0$ 时，S_i 将电阻器 $2R$ 接地。

由图 10-5 可知，按着虚短、虚断的近似计算方法，求和放大器反相输入端的电位始终接近于零，所以无论模拟开关 S_i 合到哪一边，与 S_i 相连的 $2R$ 电阻器均等效接“地”（地或虚地）。流过每个支路的电流也始终不变。这样流经电阻器 $2R$ 的电流与开关位置无关，为确定值。

分析 $R-2R$ 电阻解码网络可以发现，从每个接点向左看的二端网络等效电阻均为 R。从最左侧将电阻折算到最右侧，先是两个 $2R$ 并联，电阻值为 R，再和 R 串联，又是 $2R$，一直折算到最右侧，电阻仍为 R。流入每个 $2R$ 电阻器的电流从高位到低位按 2 的整倍数递减。设由基准电压源提供的总电流为 I（$I=U_{REF}/R$），则流过各开关支路（从右到左）的电流分别为 $I/2$、$I/4$、$I/8$ 和 $I/16$。

于是可得总电流

$$i_{\Sigma}=\frac{U_{REF}}{R}\left(\frac{d_0}{2^4}+\frac{d_1}{2^3}+\frac{d_2}{2^2}+\frac{d_3}{2^1}\right)=\frac{U_{REF}}{2^4\times R}\sum_{i=0}^{3}(d_i\cdot 2^i)$$

输出电压为

$$u_o=-i_{\Sigma}R_f=-\frac{R_f}{R}\cdot\frac{U_{REF}}{2^4}\sum_{i=0}^{3}(d_i\cdot 2^i)$$

将输入数字量扩展到 n 位，可得 n 位倒 T 形电阻网络 D/A 转换器输出模拟量与输入数字量之间的一般关系式如下：

$$\begin{aligned}u_O&=-\frac{R_f}{R}\cdot\frac{U_{REF}}{2^n}(d_{n-1}\cdot 2^{n-1}+d_{n-2}\cdot 2^{n-2}+\cdots+d_1\cdot 2^1+d_0\cdot 2^0)\\&=-\frac{R_f}{R}\cdot\frac{U_{REF}}{2^n}\left[\sum_{i=0}^{n-1}(d_i\cdot 2^i)\right]\end{aligned}$$

设 $K=\frac{R_f}{R}\cdot\frac{U_{REF}}{2^n}$，$D_n$ 表示括号中的 n 位二进制数，则有

$$u_O=-KD_n$$

且当 $D_n=0$ 时，$u_O=0$。

当 $D_n=11\cdots11$ 时，最大输出电压为

$$U_m=U_{FSR}=-\frac{2^n-1}{2^n}U_{REF}$$

因此，输出 u_O 的变化范围是 $0\sim-\frac{2^n-1}{2^n}U_{REF}$。

上式表明，输出的模拟电压正比于输入的数字量 D_n，实现了从数字量到模拟量的转换。要使 D/A 转换器具有较高的精度，对电路中的参数有以下要求：

（1）倒 T 形电阻网络中 R 和 $2R$ 电阻器的比值精度要高。

（2）基准电压稳定性好。

（3）倒 T 形电阻网络 D/A 转换器，由于各支路的电流直接流入求和运放的输入端，不存在传输时间差，从而提高了转换速度，减少了动态过程中输出端可能出现的尖峰脉冲。所用的电阻阻值仅两种，串联臂为 R，并联臂为 $2R$，便于制造。每个模拟开关的开关电压降要相等。为实现电流从高位到低位按 2 的整倍数递减，模拟开关的导通电阻也相应地按 2 的整倍数递增。

倒 T 形电阻网络 D/A 转换器是目前广泛使用的 D/A 转换器中速度较快的一种。常用的 CMOS 开关倒 T 形电阻网络 D/A 转换器的集成电路有 AD7520（10 位）、AD7524（8 位）、DAC1210（12 位）等。

10.2.3 D/A 转换器的主要技术指标

为了保证信号处理结果的准确性，D/A 转换器必须有足够的精度。D/A 转换器的转换精度通常用分辨率和转换误差来描述。

1. 分辨率

分辨率用输入二进制数的有效位数表示。在分辨率为 n 位的 D/A 转换器中，输出电压能

区分 2^n 个不同的输入二进制代码状态，能给出 2^n 个不同等级的输出模拟电压。

分辨率也可以用 D/A 转换器的最小输出电压 U_{LSB} 与最大输出电压 U_{FSR} 的比值来表示。U_{LSB} 是带有最低有效位 LSB 权重的数字信号相对应的模拟电平；U_{FSR} 表示满量程值，即对应于输入数字量全为“1”时的输出模拟量。

$$\text{分辨率}=\frac{U_{LSB}}{U_{FSR}}=\frac{-\dfrac{U_{REF}}{2^n}\times 1}{-\dfrac{U_{REF}\ (2^n-1)}{2^n}}=\frac{1}{2^n-1}$$

例如，10 位 D/A 转换器的分辨率为

$$\frac{U_{LSB}}{U_{FSR}}=\frac{1}{2^{10}-1}=\frac{1}{1\ 023}\approx 0.001$$

分辨率越高，转换时对输入量的微小变化的反应越灵敏。分辨率与输入数字量的位数有关，n 越大，分辨率越高。

2. 转换精度

转换精度是实际输出值与理论计算值之差，这种差值由转换过程各种误差引起，主要指静态误差，它包括：

（1）**非线性误差**。它是由电子开关导通的电压降和电阻网络电阻值偏差产生的，常用满刻度的百分数来表示。

（2）**比例系数误差**。它是参考电压 U_{REF} 的偏离而引起的误差，因为 U_{REF} 是比例系数，故称为比例系数误差。

（3）**漂移误差**。它是由运算放大器零点漂移产生的误差。当输入数字量为 0 时，由于运算放大器的零点漂移，输出模拟电压并不为 0。这使输出电压特性与理想电压特性产生一个相对位移。

D/A 转换器的转换误差通常用数字量的最低有效位（LSB）作为衡量单位。通常要求D/A转换器的误差小于 $U_{LSB}/2$。例如，一个 D/A 转换器的输出模拟电压满刻度值为 10 V，转换精度为 ±0.2%。则其最大输出电压误差为

$$\Delta U_{max}=\pm 0.2\%\times 10\ \text{V}=\pm 20\ \text{mV}$$

3. 建立时间

从数字信号输入 D/A 转换器起，到输出电流（或电压）达到稳态值所需的时间称为**建立时间**。建立时间的大小决定了转换速度。目前 10～12 位单片集成 D/A 转换器（不包括运算放大器）的建立时间可以在 1 μs 以内。

【例 10-1】一个 6 位倒 T 形 D/A 转换器，若 $U_{REF}=-10$ V，$R_f=R$，试求：

（1）当 LSB 自 0 变为 1 时，输出电压 u_O 的变化；

（2）当 $D=110101$ 时的 u_O；

（3）当 $D=111111$ 时的 u_O。

解：（1）LSB 从 0→1，即 D 从 000000→000001。

$$u_O=-\frac{U_{REF}}{2^n}D^n=-\frac{-10}{2^6}\ (2^0\times d_0)=\frac{10}{2^6}\ (2^0\times 1)\ =0.16\ \text{V}=U_{LSB}$$

（2）$D=110101$ 时，代入同样公式，得 $u_O=8.28$ V。

（3）$D=111111$ 时，$u_O=U_{FSR}=-\dfrac{2^n-1}{2^n}U_{REF}=9.84$ V。

【例 10-2】二进制加法计数器和权电阻网络 DAC 连接如图 10-6 所示。$Q_i=1$ 时，S_i 处在位置 1；$Q_i=0$ 时，S_i 处在位置 0。设 $R_f=R/2$。

（1）求出 $u_O=f(Q_2, Q_1, Q_0)$；

（2）设计数器初态为 000，画出对应 CP 的 10 个连续脉冲的输出波形。

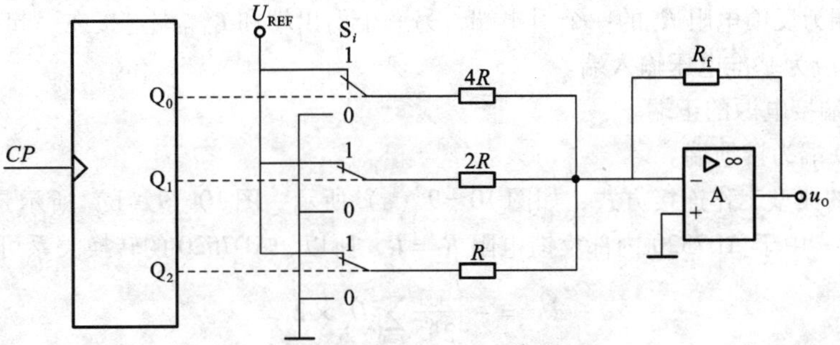

图 10-6　例 10-2 电路图

解：（1）根据集成运放求和电路导出：$u_O=-\dfrac{U_{REF}}{2^3}\sum\limits_{i=0}^{2}Q_i\cdot 2^i$。

（2）输入 10 个 CP 后，输出波形图如图 10-7 所示。

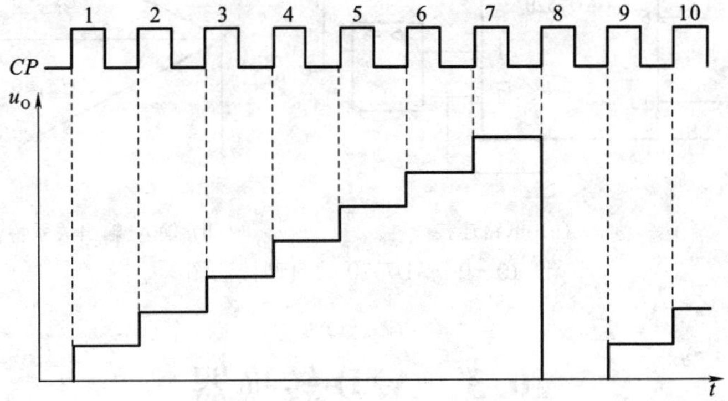

图 10-7　例 10-2 输出波形图

10.2.4　集成 D/A 转换器

单片集成 D/A 转换器产品的种类繁多，性能指标各异，按其内部电路结构不同一般分为两类：一类集成芯片内部只集成了电阻网络（或恒流源网络）和模拟电子开关，另一类集成了组成 D/A 转换器的全部电路。根据输出模拟信号的类型，D/A 转换器可分为电流型和电压型两种。常用的 D/A 转换器大部分是电流型，当需要将模拟电流转换成模拟电压时，通常在输出端外加运算放大器。集成 D/A 转换器 AD7520 就属于这一类，应用时需要外接运算放大器。下面以它为例介绍集成 D/A 转换器结构及其应用。

1. D/A 转换器 AD7520 的组成

AD7520 是 10 位 CMOS 电流开关型 D/A 转换器，其结构简单，通用性好。AD7520 芯片内只含倒 T 形电阻网络、CMOS 电流开关和反馈电阻（$R_f=10\ \text{k}\Omega$），该集成 D/A 转换器在应用时必须外接参考电压源和运算放大器。AD7520 芯片引脚如图 10-8 所示。

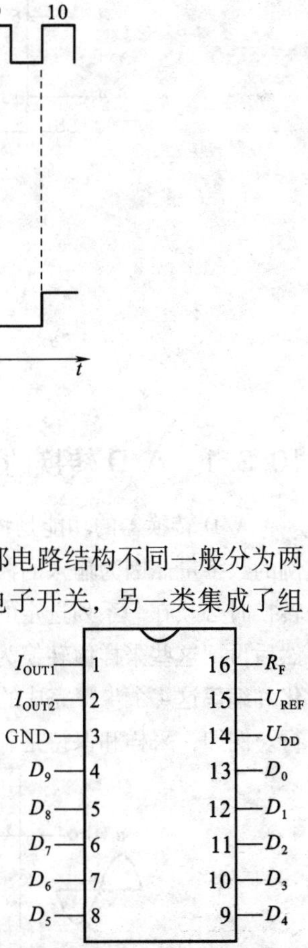

图 10-8　AD7520 芯片引脚图

2. D/A 转换器 AD7520 的引脚与连接

AD7520 的引脚说明如下：

（1）$D_0 \sim D_9$（即 $A_0 \sim A_9$）为 10 个数码控制位，控制着内部 CMOS 的电流开关。

（2）I_{OUT1} 和 I_{OUT2} 为电流输出端。

（3）R_f 端为反馈电阻 R_f 的一个引出端，另一个引出端和 I_{OUT1} 端连接在一起。

（4）U_{REF} 端为基准电压输入端。

（5）U_{DD} 端接电源的正端。

（6）GND 端为接地端。

AD7520 的典型工作连接方式，如图 10－9（a）所示。图 10－9（b）所示是电路的输入-输出关系特性。由于 AD7520 内部反馈电阻 $R_f = R$，所以，AD7520 的转换关系可写为

$$U_o = -\frac{U_{REF}}{2^{10}}\sum_{i=0}^{9} D_i \times 2^i$$

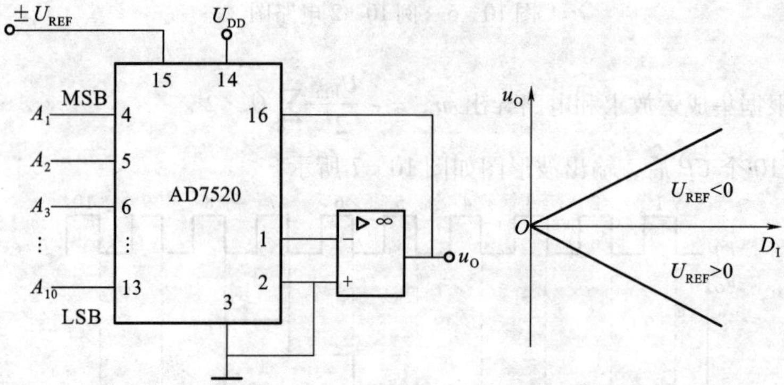

（a）电路连接　　（b）输入-输出关系特性

图 10－9　AD7520 的典型接法图

10.3　A/D 转换器

10.3.1　A/D 转换的一般步骤和采样定理

A/D 转换器的功能是将输入的模拟电压转换为输出的数字信号，将模拟量转换成与其成比例的数字量。因为输入的模拟信号在时间上是连续量，输出的数字信号代码是离散量，所以进行转换时必须在一系列选定的瞬间（亦即时间坐标轴上的一些规定点上）对输入的模拟信号采样，然后再把这些采样值转换为输出的数字量。因此，一般的 A/D 转换过程是通过**采样**、**保持**、**量化**和**编码**这 4 个步骤完成的，转换过程如图 10－10 所示。在具体实施时，常把这 4 个步骤合并进行。例如，采样和保持是利用同一电路连续完成的，量化和编码是在转换过程中同步实现的。

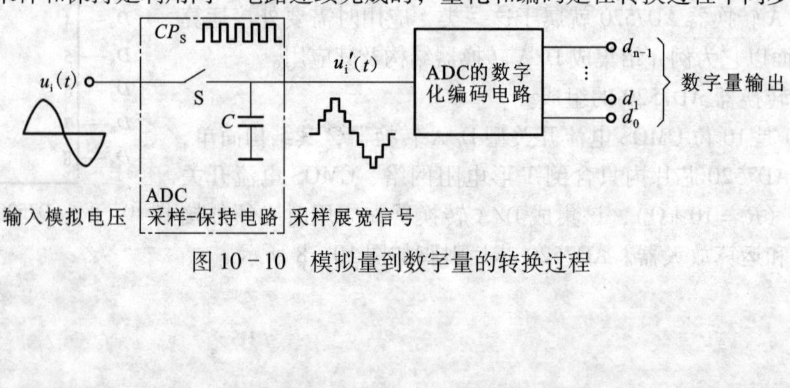

图 10－10　模拟量到数字量的转换过程

1. 采样定理

读者可能会想，一个连续的波形经采样后变成了一个离散的波形，那它还代表原始的信息吗？可以证明，为了正确无误地用图 10－11 中所示的采样信号 u_S 表示模拟信号 u_i，必须满足

$$f_S \geqslant 2f_{imax}$$

式中　f_S——采样频率；

f_{imax}——输入信号 u_i 的最高频率分量的频率。

采样频率提高以后留给每次进行转换的时间也相应地缩短了，这就要求转换电路必须具备更快的工作速度。因此，不能无限制地提高采样频率，通常取 $f_S=(3\sim5)\ f_{imax}$ 已满足要求。

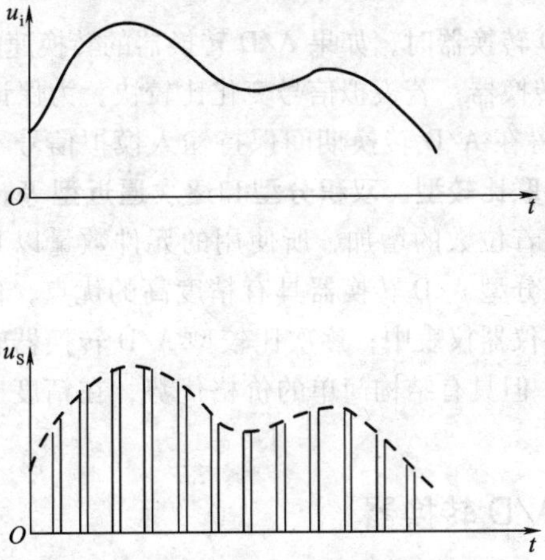

图 10－11　对输入模拟信号的采样

因为每次把采样电压转换为相应的数字量都需要一定的时间，所以在每次采样以后必须把采样电压保持一段时间。可见，进行 A/D 转换时所用的输入电压，实际上是每次采样结束时的 u_i 值。通常采样-保持电路是不可分割的整体。

2. 量化和编码

输入的模拟电压经过采样保持后，得到的是阶梯波。由于阶梯的幅度是任意的，将会有无限个数值，因此该阶梯波仍是一个可以连续取值的模拟量。另一方面，由于数字量的位数有限，只能表示有限个数值（n 位数字量只能表示 2^n 个数值）。因此，用数字量表示连续变化的模拟量时就有一个类似于四舍五入的近似问题。必须将采样后的样值电平归并到与之接近的离散电平上。任何一个数字量的大小都是以某个最小数量单位的整倍数来表示的。因此，在用数字量表示采样电压时，也必须把它化成这个最小数量单位的整倍数，这个转化过程就称为**量化**。所规定的最小数量单位称为**量化单位**，用 Δ 表示。显然，数字信号最低有效位中的 1 表示的数量大小，就等于 Δ。把量化的数值用二进制代码表示，称为**编码**。这个二进制代码就是 A/D 转换的输出信号。既然模拟电压是连续的，那么它就不一定能被 Δ 整除，因而不可避免地会引入误差，把这种误差称为**量化误差**。在把模拟信号划分为不同的量化等级时，用不同的划分方法可以得到不同的量化误差。

3. 采样-保持电路

采样-保持电路原理图，如图 10－12 所示。

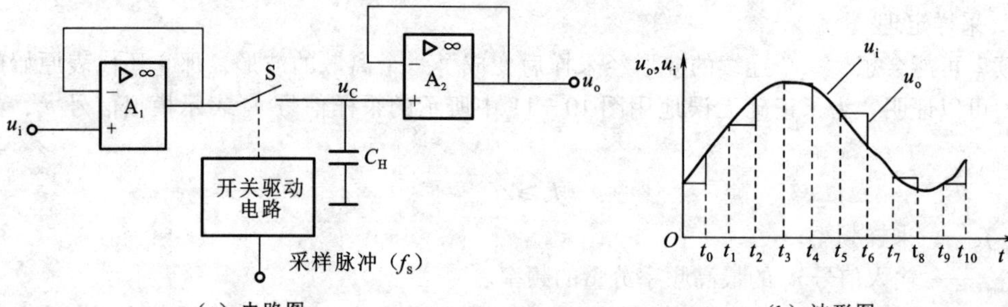

（a）电路图　　（b）波形图

图 10－12　采样-保持电路原理图

在实际系统中用到 A/D 转换器时，如果 A/D 转换器的转换速度比模拟信号高许多倍，则模拟信号可直接加到 A/D 转换器；若模拟信号变化比较快，为保证转换精度，要在 A/D 转换之前加采样-保持电路，使得在 A/D 转换期间保持输入模拟信号不变。A/D 转换器也有很多种，从电路结构看可分为**并联比较型**、**双积分型**和**逐次逼近型**等。并联比较型 A/D 转换器具有转换速度高的优点，但随着位数的增加，所使用的元件数量以几何级数上升，使得造价剧增，故应用并不广泛；双积分型 A/D 转换器具有精度高的优点，但转换速度太低，一般应用于非实时控制的高精度数字仪器仪表中；逐次比较型 A/D 转换器转换速度虽然不及并联比较型，属于中速 A/D 转换器，但具有结构简单的价格优势，在精度上可以达到一般工业控制要求，故目前应用比较广泛。

10.3.2　逐次逼近型 A/D 转换器

逐次逼近的基本思路是：它先把一个 n 位二进制代码假想为转换结果，然后把这个假想结果通过 D/A 转换器转换成模拟电压，接下来通过比较器验证；如果这个电压比待转换的电压低，就把一个较大的二进制代码作为新的假想结果；如果这个电压比待转换的电压高，就把一个较小的二进制代码作为新的假想结果。这个过程反复进行，直至假想结果最接近待转换的电压。逐次逼近转换过程也与用天平称物重非常相似，只不过是使用了**电压砝码**。

A/D 转换器在结构上由顺序脉冲发生器、逐次逼近寄存器、DAC 和电压比较器等组成，图 10－13 为其原理框图。

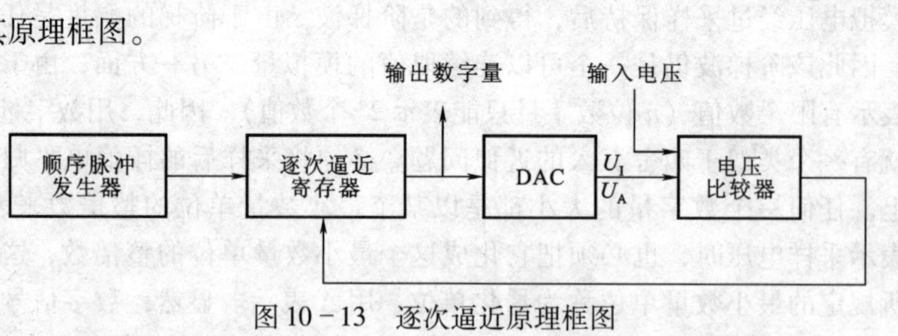

图 10－13　逐次逼近原理框图

逐次逼近型 A/D 转换器属于直接型 A/D 转换器，它能把输入的模拟电压直接转换为输出的数字代码，而不需要经过中间变量。

10.3.3　A/D 转换器的主要技术指标

1. 分辨率

A/D 转换器的分辨率用输出二进制数的位数表示，位数越多，误差越小，转换精度越高。例如，输入模拟电压的变化范围为 0～5 V，输出 8 位二进制数可以分辨的最小模拟电压为

$5\ V\times 2^{-8}=19.53\ mV$；而输出 12 位二进制数可以分辨的最小模拟电压为 $5\ V\times 2^{-12}\approx 1.22\ mV$。

2. 相对精度

在理想情况下，所有的转换点应当在一条直线上。相对精度是指实际的各个转换点偏离理想特性的误差。

3. 转换速度

转换速度是指完成一次转换所需的时间。转换时间是指从接到转换控制信号开始，到输出端得到稳定的数字输出信号所经过的这段时间。

【例 10-3】某信号采集系统要求用一片 A/D 转换集成芯片在 1 s 内对 16 个热电偶的输出电压分时进行 A/D 转换。已知热电偶输出电压范围为 0～0.025 V（对应于 0～300 ℃温度范围），需要分辨的温度为 0.1 ℃，试问应选择多少位的 A/D 转换器，其转换时间为多少？

解：对于从 0～300 ℃温度范围，信号电压范围为 0～0.025 V，分辨的温度为 0.1 ℃，这相当于$\frac{0.1}{300}=\frac{1}{3\ 000}$的分辨率。易知 10 位 A/D 转换器的分辨率为$\frac{1}{2^{10}}=\frac{1}{1\ 024}$，这个分辨率不够；而 12 位 A/D 转换器的分辨率为$\frac{1}{2^{12}}=\frac{1}{4\ 096}$，所以必须选用 12 位的 A/D 转换器方可满足要求。

系统的采样速率为 16 次/s，采样时间为 62.5 ms。对于这样慢的采样，任何一个 A/D 转换器都可以达到。可选用带有采样－保持（S/H）的逐次比较型 A/D 转换器或不带 S/H 的双积分型 A/D 转换器均可。

10.3.4 集成 A/D 转换器及其应用

A/D 转换器集成芯片种类较多，下面以常用的 AD574 为例介绍其功能及应用。图 10－14 为 AD574 引脚图，为 8 路输入 12 位逐次逼近型 A/D 转换器。其转换原理与 3 位逐次逼近型 A/D 转换器的转换原理相同。另外，它从方便应用角度增加了模拟输入通路选择、输出锁存及控制等，可直接与单片微机系统相连。

AD574 是一个完整的 12 位逐次逼近式带三态缓冲器的 A/D 转换器，它可以直接与 8 位或 16 位微型机相连。AD574 的分辨率为 12 位，转换时间为 15～35 μs。

1. AD574 的电路组成

AD574 由模拟芯片和数字芯片两部分组成。其中，模拟芯片由高性能的 AD565（12 位 D/A 转换器）和参考电压模块组成，它包括高速电流输出开关电路、激光切割的膜片式电阻网络，故其精度高，可达 $\pm\frac{1}{4}$LSB；数字芯片是由逐次逼近寄存器（SAR）、转换控制逻辑、时钟、总线接口和高性能的锁存器、比较器组成，逐次逼近的转换原理前已述及，此处不再重复。

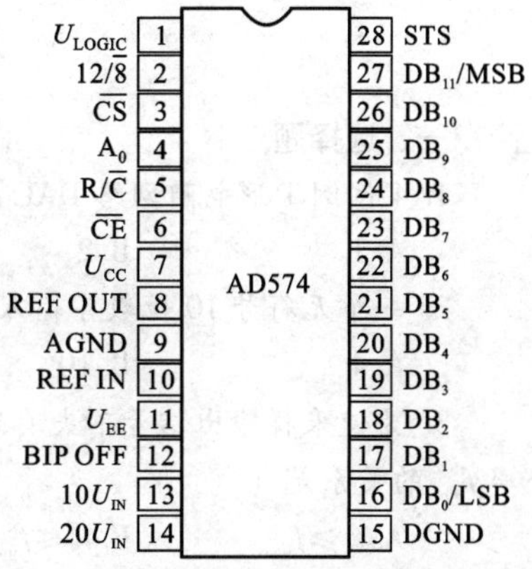

图 10－14　AD574 引脚图

2. AD574 引脚功能说明

AD574 各个型号都采用 28 引脚双列直插式封装，引脚图如图 10－14 所示。

$DB_0\sim DB_{11}$：12 位数据输出，分 3 组，均带三态输出缓冲器。

U_{LOGIC}：逻辑电源 +5 V（+4.5～+5.5 V）。

U_{CC}：正电源 +15 V（+13.5 ~ +16.5 V）。

U_{EE}：负电源 −15 V（−13.5 ~ −16.5 V）。

AGND、DGND：模拟、数字地。

$\overline{CE}$：片允许信号，高电平有效。简单应用中固定接高电平。

$\overline{CS}$：片选择信号，低电平有效。

$R/\overline{C}$：读/转换信号。$\overline{CE}=1$，$\overline{CS}=0$，$R/\overline{C}=0$ 时，转换开始，启动负脉冲，400 ns。

$\overline{CE}=1$、$\overline{CS}=0$、$R/\overline{C}=1$ 时，允许读数据。

A_0：转换和读字节选择信号。

$$\begin{cases}\overline{CE}=1、\overline{CS}=0、R/\overline{C}=0、A_0=0 \text{ 时，启动按12位转换；}\\ \overline{CE}=1、\overline{CS}=0、R/\overline{C}=0、A_0=1 \text{ 时，启动按8位转换。}\end{cases}$$

$$\begin{cases}\overline{CE}=1、\overline{CS}=0、R/\overline{C}=1、A_0=0 \text{ 时，读取转换后高8位数据；}\\ \overline{CE}=1、\overline{CS}=0、R/\overline{C}=1、A_0=1 \text{ 时，读取转换后低4位数据（低4位+0000）。}\end{cases}$$

$12/\overline{8}$—输出数据形式选择信号。$12/\overline{8}$ 端接 PIN1（U_{LOGIC}）时，数据按 12 位形式输出。$12/\overline{8}$ 端接 PIN15（DGND）时，数据按双 8 位形式输出。

STS：转换状态信号。转换开始 STS = 1；转换结束 STS = 0。

$10U_{IN}$：模拟信号输入。单极性 0 ~ 10 V，双极性 ±5 V。

$20U_{IN}$：模拟信号输入。单极性 0 ~ 20 V，双极性 ±10 V。

REF IN：参考电压输入；REF OUT：参考电压输出。

BIP OFF：双极性偏置。

3. A/D 转换器的应用

A/D 转换器的应用几乎遍及科学、技术、生产和生活的各个领域。A/D 转换器的种类很多，按转换二进制的位数分类包括：8 位的 0804、0808、0809；10 位的 AD7570、AD573、AD575；12 位的 AD574、AD578、AD7582 等。在现代过程控制及各种智能仪器、智能家电、仪表中，常用微处理器和 A/D 转换器组成数据采集系统，用来采集被控（被测）对象数据以达到由计算机进行实时检测、控制的目的。

习　题

一、选择题

1. 4 位倒 T 形电阻网络 DAC 的电阻网络的电阻取值有（　　）种。

A. 1　　B. 2　　C. 4　　D. 8

2. 一个无符号 10 位数字输入的 DAC，其输出电平的级数为（　　）。

A. 4　　B. 10　　C. 1024　　D. 2^9

3. 为使采样输出信号不失真地代表输入模拟信号，采样频率 f_S 和输入模拟信号的最高频率 f_{imax} 的关系是（　　）。

A. $f_S \geq f_{imax}$　　B. $f_S \leq f_{imax}$　　C. $f_S \geq 2f_{imax}$　　D. $f_S \leq 2f_{imax}$

4. 将幅值上、时间上离散的阶梯电平统一归并到最邻近的指定电平的过程称为（　　）。

A. 采样　　B. 量化　　C. 保持　　D. 编码

5. D/A 转换器的位数越多，能够分辨的最小输出电压变化量就越（　　），转换精度越（　　）。

A. 小　　　　　　B. 大　　　　　　C. 高　　　　　　D. 低

二、分析计算题

1. 什么是ADC和DAC？举例说明其用途。

2. 已知D/A转换器的最小分辨电压 $U_{LSB}=2.442$ mV，最大满量程输出模拟电压 $U_{FSR}=10$ V，求该转换器输入二进制数字量的位数 n。

3. 在一个10位二进制数的DAC中，已知最大满量程输出模拟电压 $U_{FSR}=5$ V，求最小分辨电压 U_{LSB} 和分辨率。

4. 在图10-15给出的倒T形电阻网络DAC中，已知 $R=R_f$、$U_{REF}=-8$ V，试计算输入数字量从全0变到全1时，输出电压的变化范围。

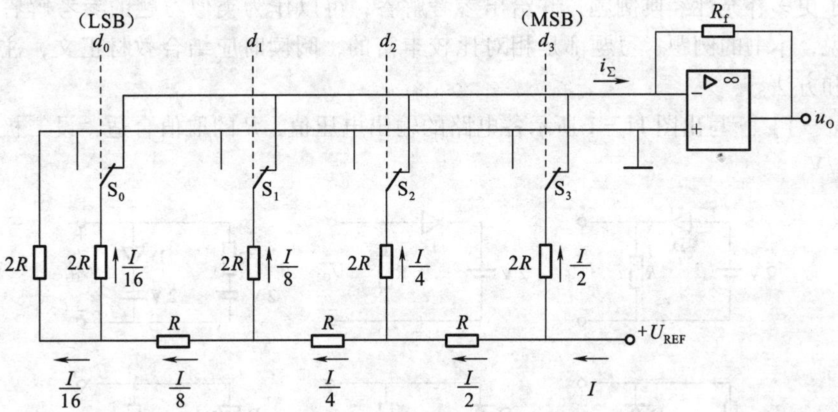

图10-15　题4图

5. 某信号采集系统要求用一片A/D转换集成芯片在1 s内对15个热电偶的输出电压分时进行A/D转换。已知热电偶输出电压范围为0～0.05 V（对应于0～200 ℃温度范围），需要分辨的温度为0.1 ℃，试问应选择多少位的A/D转换器，其转换时间为多少？

6. 图10-16所示电路可用作阶梯波发生器。如果计数器是加/减计数器，它和D/A转换器相适应，均是10位（二进制），时钟频率为1 MHz，求阶梯波的周期，试画出加法计数和减法计数时D/A转换器的输出波形（使能信号 E，$E=0$，加计数；$E=1$，减计数）。

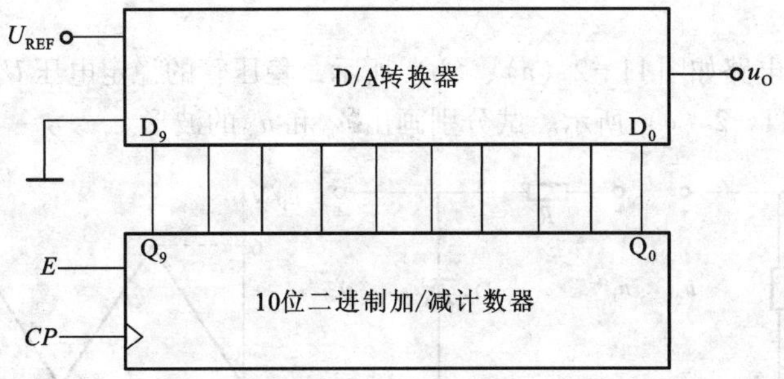

图10-16　题6图

第10章　数-模与模-数转换器

第11章

典型例题解析

本章是典型例题解析部分，主要归纳了教材中各章节的重点难点，针对学习内容和考核方向给出了更多补充性经典例题，并给出参考解答，可以作为类似习题的参考解答和知识拓展。应当说，本书的例题、习题都是相对比较丰富的，阅读时应结合教材正文，注重研读解题的思路和方法。

【例 11-1】 写出图 11-1 所示各电路的输出电压值，R 的取值合适，设二极管导通电压 $U_D=0.7$V。

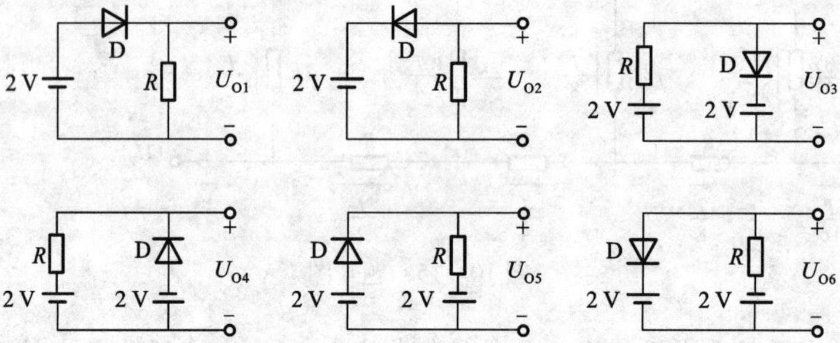

图 11-1　例 11-1 题图

解： 首先判断二极管两端实际承受电压。绕回路一周，考虑电源方向及数值叠加，若二极管加正向电压，则导通，$U_D=0.7$ V；若二极管加反向电压，则截止，内阻极大而断开，$I_D=0$。

$U_{O1}\approx1.3$ V（二极管正向导通），$U_{O2}=0$（二极管反向截止），$U_{O3}\approx-1.3$ V（二极管正向导通），$U_{O4}\approx2$ V（二极管反向截止），$U_{O5}\approx1.3$ V（二极管正向导通），$U_{O6}\approx-2$ V（二极管反向截止）。

【例 11-2】 电路如图 11-2（a）、（b）所示，稳压管的稳定电压 $U_Z=3$ V，R 的取值合适，u_i 的波形如图 11-2（c）所示。试分别画出 u_{o1} 和 u_{o2} 的波形。

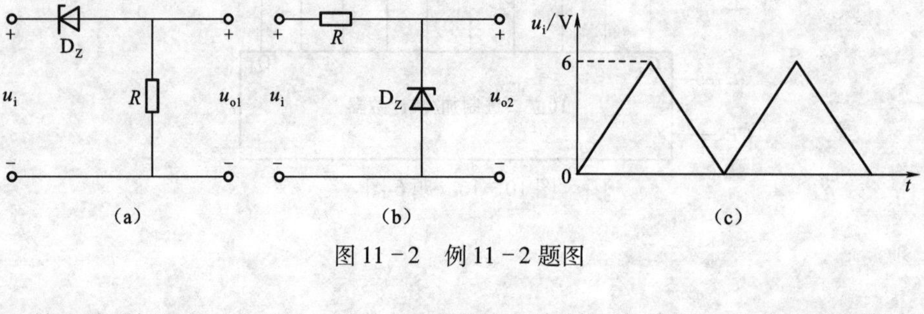

图 11-2　例 11-2 题图

解： 输出波形如图 11-3 所示。图 11-2 所示的电路中，对于图 11-2（a）所示的电路，当 $u_i>3$ V 时，稳压管 D_Z 反向击穿，$u_o=(u_i-3)$ V，当 $u_i<3$V 时，稳压管 D_Z 未击穿，$u_o=0$ V。

对于图 11－2（b）所示的电路，当 $u_i > 3V$ 时，稳压管 D_Z 反向击穿，$u_o = U_Z$，当 $u_i < 3V$ 时，稳压管 D_Z 未击穿，$u_o = u_i$。

【例 11－3】 分析如图 11－4 所示电路对正弦交流信号有无放大作用。图中各电容器对交流可视为短路。

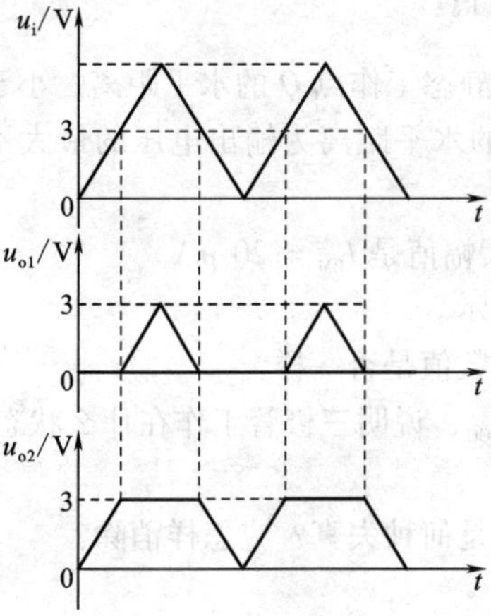

图 11－3　输出波形

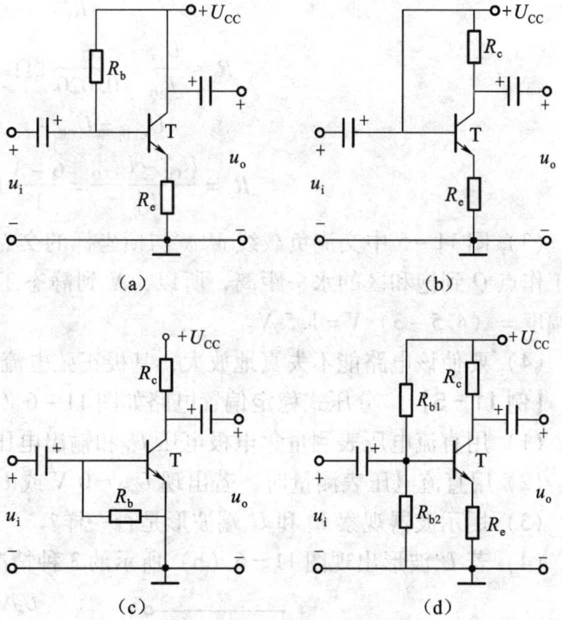

图 11－4　例 11－3 题图

解： 阻容耦合基本放大器的组成原则：

（1）电源极性连接要保证三极管工作在放大状态，即发射结正偏，集电结反偏。

（2）要通过合适的偏置电阻给出适当的直流工作点，以保证被放大的交流信号不失真。

（3）要保证信号源、放大器、负载之间的交流传输，同时隔断三者之间的直流联系。

图 11－4（a）电路不能实现电压放大。电路缺少集电极电阻 R_c，输出 u_o 对地交流短路。

图 11－4（b）电路不能实现电压放大。电路中缺少基极偏置电阻 R_b，输入 u_i 对地交流短路。

图 11－4（c）电路不能实现电压放大。电路中三极管发射结没有直流偏置电压，静态电流 $I_{BQ} = 0$，放大电路工作在截止状态。

图 11－4（d）电路能实现动态信号电压放大。

【例 11－4】 基本共射放大电路的输出特性及交、直流负载线如图 11－5 所示，试求：

（1）电源电压 U_{CC}，稳态电流 I_{BQ}、I_{CQ}、U_{CEQ} 的值；

（2）电阻 R_b、R_c 的值；

（3）输出电压的最大不失真幅度；

（4）要使该电路能不失真的放大，基极正弦电流的最大幅值是多少？

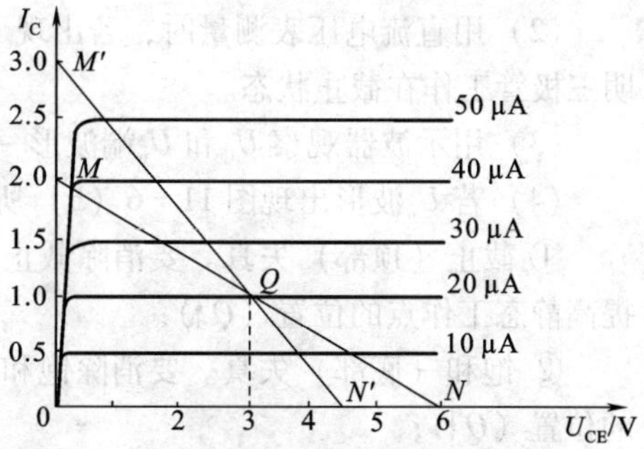

图 11－5　例 11－4 题图

解：（1）图 11－5 中比较平坦的直线 MN 为直流

负载线，其与横轴的交点为电源电压 $U_{CC}=6$ V。静态工作点 Q 对应的值：$I_{BQ}=20\ \mu A$，$I_{CQ}=1$ mA，$U_{CEQ}=3$ V。

（2）固定偏置基本共射极电路，满足

$$I_{BQ}=\frac{U_{CC}-U_{BEQ}}{R_b}\approx\frac{U_{CC}}{R_b}$$

$$R_b\approx\frac{U_{CC}}{I_{BQ}}=\frac{6}{0.020}\ k\Omega=300\ k\Omega$$

$$U_{CEQ}=U_{CC}-I_{CQ}R_c$$

$$R_c=\frac{U_{CC}-U_{CEQ}}{I_{CQ}}=\frac{6-3}{1}\ k\Omega=3\ k\Omega$$

（3）图 11－5 中交流负载线 $M'N'$ 与横坐标的交点 N' 到静态工作点 Q 的水平距离，小于静态工作点 Q 到饱和区的水平距离，所以，N' 到静态工作点的水平距离为输出电压的最大不失真幅度＝（4.5－3）V＝1.5 V。

（4）要使该电路能不失真地放大，基极正弦电流的最大幅值是 $I_{BM}=20\ \mu A$。

【例 11－5】 分压式稳定偏置电路如图 11－6（a）所示。

（1）用直流电压表测量集电极电压 U_C 和输出电压 U_o 的数值是否一样？

（2）用直流电压表测量时，若出现 $U_{CE}\approx0$ V 或 $U_{CE}\approx U_{CC}$，说明三极管工作在什么状态？

（3）用示波器观察 U_C 和 U_o 端波形是否一样？

（4）若 U_o 波形出现图 11－6（b）所示的 3 种情况，各是何种失真？应怎样消除？

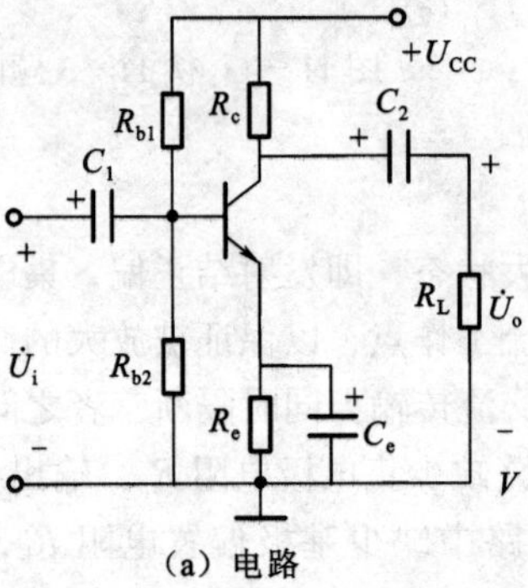

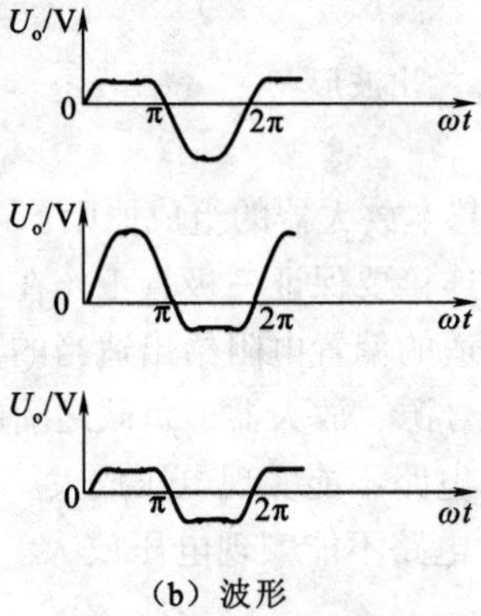

图 11－6　例 11－5 题图

解：（1）用直流电压表测量集电极电压 U_C 和输出电压 U_o 的数值不一样。U_C 端有直流电压，U_o 端无直流电压。C_2 隔直流。

（2）用直流电压表测量时，若出现 $U_{CE}\approx0$ V，三极管工作在饱和状态；若 $U_{CE}\approx U_{CC}$，说明三极管工作在截止状态。

（3）用示波器观察 U_C 和 U_o 端波形一样。C_2 通交流。

（4）若 U_o 波形出现图 11－6（b）所示的 3 种情况，分别为

① 截止（顶部）失真。要消除截止（顶部）失真，可减小 R_{b1}（$R_{b1}\downarrow$），提高了 U_B，适度提高静态工作点的位置（$Q\uparrow$）；

② 饱和（底部）失真。要消除饱和（底部）失真，可增大 R_{b1}（$R_{b1}\uparrow$），降低静态工作点的位置（$Q\downarrow$）；

③ 双向（顶部、底部）失真。要消除双向（顶部、底部）失真，可增大电源 U_{CC}，使静

态工作点 Q 应向右上方移动，增加了输出动态范围。

讨论：

（1）基本放大器中的信号是交、直流共存的。交流信号是被放大的量；直流信号的作用是使放大器工作在放大状态，且有合适的静态工作点，以保证不失真地放大交流信号。

（2）若要使放大器正常地放大交流信号，必须设置好三极管（BJT）工作状态及工作点，这首先需要作直流量的计算；若要了解放大器的交流性能，又需要作交流量的计算。而直流量与交流量的计算均可采用模型分析法，并且是分别独立进行的。切不可将两种信号混为一谈。放大器的直流等效电路用于直流量的分析；交流小信号等效电路用于交流量的分析。

（3）BJT 是非线性器件，不便直接进行电路的计算。一般需将其转换为器件等效模型，来代替电路中的三极管。在放大器直流等效电路中，采用 BJT 的直流放大模型；在放大器交流小信号等效电路中，采用 BJT 的交流小信号模型。要注意，BJT 的交流小信号模型尽管属于交流模型，但其参数却与直流工作点有关，比如：r_{be} 的值是要由静态电流 I_{CQ} 来决定的。

【例 11-6】 在图 11-7 所示放大电路中，已知直流电源 $U_{CC}=15$ V，$R_{b1}=62$ kΩ，$R_{b2}=13$ kΩ，$R_c=4.7$ kΩ，$R_{e1}=100$ Ω，$R_{e2}=1.8$ kΩ，$R_L=5.6$ kΩ，$\beta=60$，C_1、C_2、C_e 容量足够大。试分析：

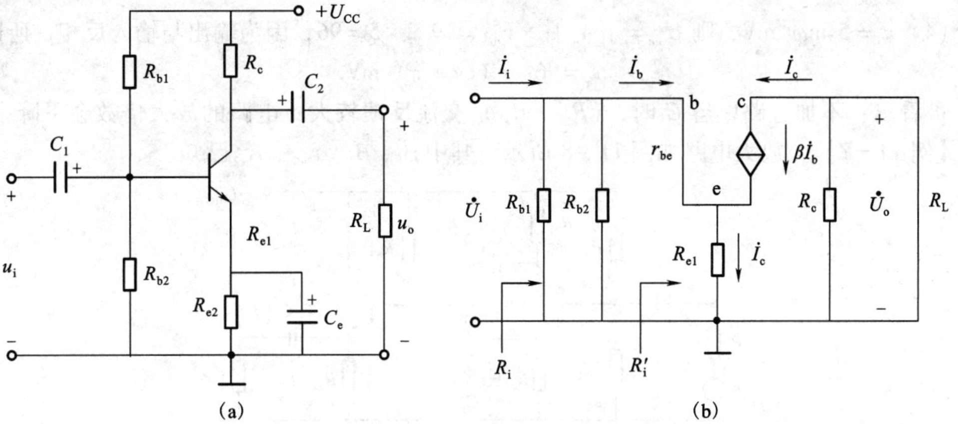

图 11-7　例 11-6 题图

（1）电路的静态工作点；

（2）电压放大倍数、输入电阻及输出电阻；

（3）不接 C_e 时的电压放大倍数；

（4）若输入信号电压 $u_i=5\sin\omega t$ mV，试写出接 C_e 时输出信号电压的表达式。

解：（1）静态工作点

$$U_{BQ}=\frac{R_{b2}}{R_{b1}+R_{b2}}U_{CC}=\frac{13}{62+13}\times 15\ \text{V}=2.6\ \text{V}$$

$$I_{CQ}\approx I_{EQ}=\frac{U_B-U_{BEQ}}{R_{e1}+R_{e2}}=\frac{2.6-0.7}{0.1+1.8}\ \text{mA}=1\ \text{mA}$$

$$I_{BQ}=\frac{I_{CQ}}{\beta}=\frac{1}{60}\ \text{mA}=0.0167\ \text{mA}\approx 16.7\ \mu\text{A}$$

$$U_{CEQ}=U_{CC}-I_{CQ}R_c-I_{EQ}R_e\approx U_{CC}-I_C(R_c+R_{e1}+R_{e2})$$
$$=[15-1\times(4.7+0.1+1.8)]\text{ V}=8.4\text{ V}$$
$$r_{be}=300+(1+\beta)\frac{26(\text{mV})}{I_E(\text{mA})}=300+(1+60)\frac{26(\text{mV})}{1(\text{mA})}$$
$$=1886\ \Omega=1.89\ \text{k}\Omega$$

（2）电压放大倍数、输入电阻及输出电阻

由图 11－7（b）可知，C_e的存在使 R_{e2} 被交流短路，R_{e1} 有交流反馈作用，所以

$$\dot{U}_o=-\dot{I}_cR'_L=-\beta\dot{I}_bR'_L=-\beta\dot{I}_b(R_c//R_L)$$
$$\dot{U}_i=\dot{I}_br_{be}+(1+\beta)\dot{I}_bR_{e1}$$
$$\dot{A}_u=\frac{\dot{U}_o}{\dot{U}_i}=-\frac{\beta R'_L}{r_{be}+(1+\beta)R_{e1}}=-\frac{60\times2.56}{1.89+61\times0.1}=-19.2$$
$$R_i=R_{b1}//R_{b2}//[r_{be}+(1+\beta)R_{e1}]$$
$$=62//13//(1.89+61\times0.1)\ \text{k}\Omega=4.59\ \text{k}\Omega$$
$$R_o=R_c=4.7\ \text{k}\Omega$$

（3）若不接 C_e，R_{e2}没被交流短路，则

$$\dot{A}_u=-\frac{\beta R'_L}{r_{be}+(1+\beta)(R_{e1}+R_{e2})}=-\frac{60\times2.56}{1.89+61\times(0.1+1.8)}=-1.30$$

（4）$u_i=5\sin\omega t$ mV，则 $U_{om}=|\dot{A}_u|\times U_{im}=19.2\times5=96$，因为输出与输入反相，所以

$$u_o=96\sin(\omega t+\pi)\ \text{mV}$$

可看出：不加旁路电容 C_e时，$(R_{e1}+R_{e2})$ 交流反馈较大，电路的放大倍数会下降很多。

【例 11－7】 放大电路如图 11－8 所示，其中 β_1、β_2、r_{be1}、r_{be2}已知。

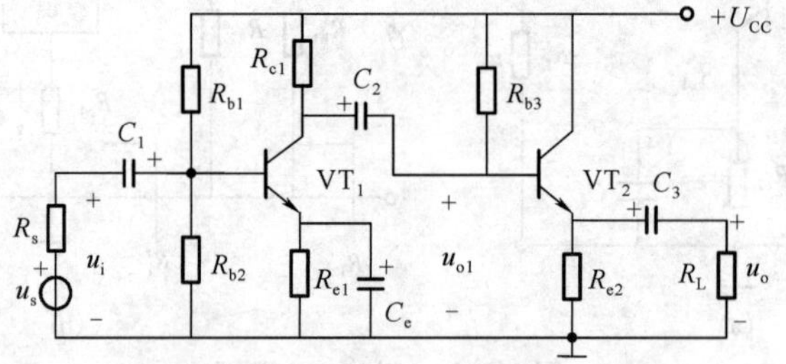

图 11－8　例 11－7 题图

（1）判断 VT$_1$、VT$_2$分别组成何种接法的放大电路；

（2）写出每一级放大电路静态工作点参数的表达式；

（3）写出放大电路输入电阻、输出电阻及电压放大倍数的表达式。

解： 在要求有较大的放大倍数时，若单级不能实现，可用几个单级放大器级联起来。多级放大器有许多不同的组合方式，按总的技术要求来设计组合。

本题的目的是要读者进一步熟悉多级放大器，掌握由共集、共射组合电路各种参数的计算方法。

（1）VT$_1$组成分压偏置式的共发射极放大电路；VT$_2$为共集电极接法的射极跟随器。

（2）第一级放大电路的静态工作点：

$$U_{BQ1}=\frac{R_{b2}}{R_{b1}+R_{b2}}U_{CC}$$

$$I_{CQ1}\approx I_{EQ1}=\frac{U_{B1}-U_{BEQ1}}{R_{e1}}$$

$$I_{BQ1}=\frac{I_{CQ1}}{\beta_1}$$

$$U_{CEQ1}=U_{CC}-I_{CQ1}(R_{c1}+R_{e1})$$

第二级放大电路的静态工作点：

$$I_{BQ2}=\frac{U_{CC}-U_{BEQ2}}{R_{b3}+(1+\beta_2)R_{e2}}$$

$$I_{CQ2}\approx\beta_2 I_{BQ2}$$

$$U_{CEQ2}=U_{CC}-I_{CQ2}R_{e2}$$

(3) 输入电阻、输出电阻及电压放大倍数。计算中必须要将第二级的输入电阻作为前一级负载。必须明确，第一级的输入电阻即为放大器的输入电阻。最后一级的输出电阻即为放大器的输出电阻。

总输入电阻为

$$R_i=R_{i1}=R_{b1}//R_{b2}//r_{be1}$$

总输出电阻为

$$R_o=R_{o2}=R_{e2}//\frac{(r_{be2}+R_{c1}//R_{b3})}{1+\beta_2}$$

第二级输入电阻为

$$R_{i2}=R_{b3}//[r_{be2}+(1+\beta_2)(R_{e2}+R_L)]$$

第一级负载为

$$R'_{L1}=R_{c1}//R_{i2}$$

故

$$\dot{A}_{u1}=\frac{\dot{U}_{o1}}{\dot{U}_{i1}}=-\frac{\beta_1 R'_{L1}}{r_{be1}}=-\frac{\beta_1(R_{c1}//R_{i2})}{r_{be1}}$$

$$\dot{A}_{u2}=\frac{\dot{U}_{o2}}{\dot{U}_{i2}}=\frac{(1+\beta_2)R'_L}{r_{be2}+(1+\beta_2)R'_L}=\frac{(1+\beta_2)(R_{e2}//R_L)}{r_{be2}+(1+\beta_2)(R_{e2}//R_L)}$$

最后

$$\dot{A}_u=\frac{\dot{U}_o}{\dot{U}_i}=\frac{\dot{U}_{o2}\dot{U}_{o1}}{\dot{U}_{i2}\dot{U}_{i1}}=\dot{A}_{u2}\dot{A}_{u1}$$

【例 11-8】 理想集成运放电路如图 11-9 所示，试求出 u_{o1}、u_{o2}、u_o 的值。

解：在这个集成运放电路中，A_1 构成减法电路，A_2 构成同相跟随电路，A_3 构成反相加法电路，本题只作提示，经逐级代入公式可得到

$$u_{o1}=2\ \text{V},\qquad u_{o2}=4\ \text{V},\qquad u_{o3}=-10\ \text{V}$$

【例 11-9】 设图 11-10 中各集成运放均为理想运放，$U_1=0.04$ V，$U_2=-1$ V，问经过多长时间输出电压 U_o 将产生跳变，并画出 U_{o1}、U_{o2}、U_o 的波形图［设 U_C（0）=0 V］。

本题练习分析、计算多级运放并画出各级输出电压波形。

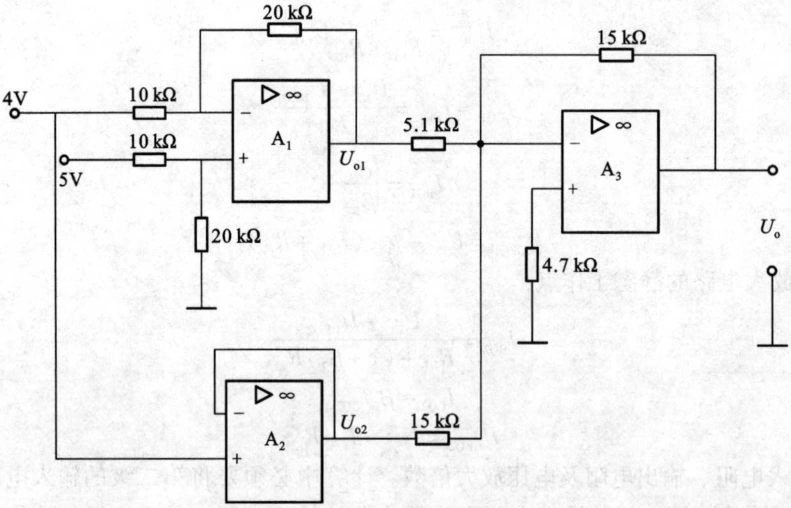

图 11 -9　例 11 -8 题图

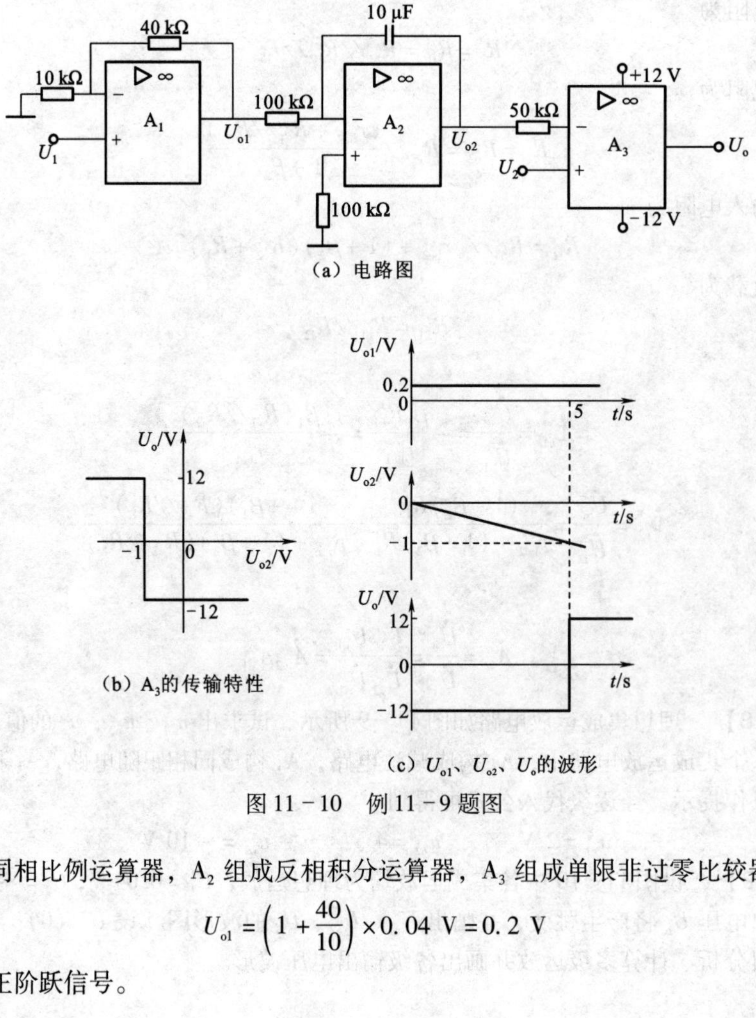

（a）电路图

（b）A_3的传输特性

（c）U_{o1}、U_{o2}、U_o的波形

图 11 -10　例 11 -9 题图

解： A_1 组成同相比例运算器，A_2 组成反相积分运算器，A_3 组成单限非过零比较器。

（1）
$$U_{o1}=\left(1+\frac{40}{10}\right)\times 0.04\ \text{V}=0.2\ \text{V}$$

可见，U_{o1}是正阶跃信号。

(2) $$U_{o2} = -\frac{1}{RC}\int U_{o1}\,\mathrm{d}t = -\frac{U_{o1}}{RC}t = -\frac{0.2}{100\times10^3\times10\times10^{-6}}t = -0.2t$$

可见，U_{o2}是一条过原点的负斜线。

(3) 参考电压 $U_R = U_2 = -1$ V，U_{o2}是比较输入电压，反相输入。传输特性如图 11－10 (b) 所示。

当 $U_{o2} = U_- = U_+ = -1$ V 时发生跳变，即 $-0.2t = -1$，故解得 $t = 5$ s。

(4) 由 A_3 的传输特性及图 11－10 (c) 中 0～5 s 内 U_{o2}的值是 0～－1 V 可知，U_o 跳变前的初始值为－12 V，因此确认 U_o 在 5 s 时刻由－12 V 跳变到＋12 V，是正跳变。

(5) 画波形图。将 U_{o1}、U_{o2}、U_o 的波形如图 11－10 (c) 所示。

【例 11－10】 介绍差分放大电路在智能手机上的应用。

解： 差分放大电路能够放大差模信号，抑制共模信号，这一特点应用在智能手机上，如图 11－11 所示。手机设有两个麦克（传声器）MIC，主麦克用于通话，输入通话的声音带有噪声背景；副麦克则专门采样输入背景噪声，背景噪声可视为共模信号成分，经过差分电路处理后，噪声充分抵消，基本上只留下单纯通话的声音，保证了通话清晰。

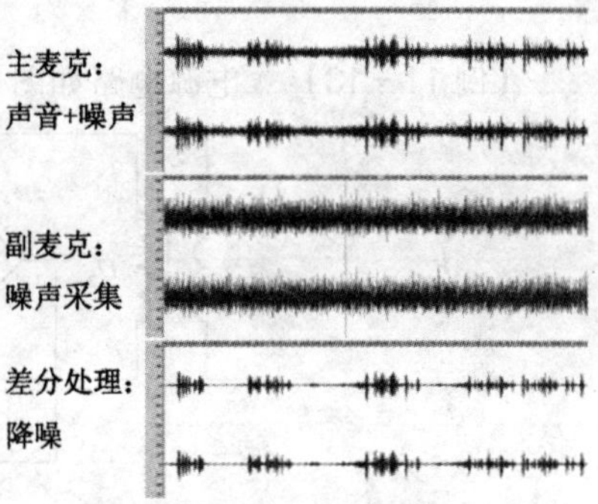

图 11－11 例 11－10 题图

【例 11－11】 两级运放电路如图 11－12 (a) 所示，已知两个运放电路输出电压的最大值均为 ±10 V，试画出 u_{o1} 和 u_o 的电压波形。

解： 第一级是 RC 振荡器，正常工作输出正弦波，第二级是单限比较器，参考电压为 5 V。比较器在输入过＋5 V 时发生跳变。u_{o1} 和 u_o 的电压波形如图 11－12 (b) 所示。

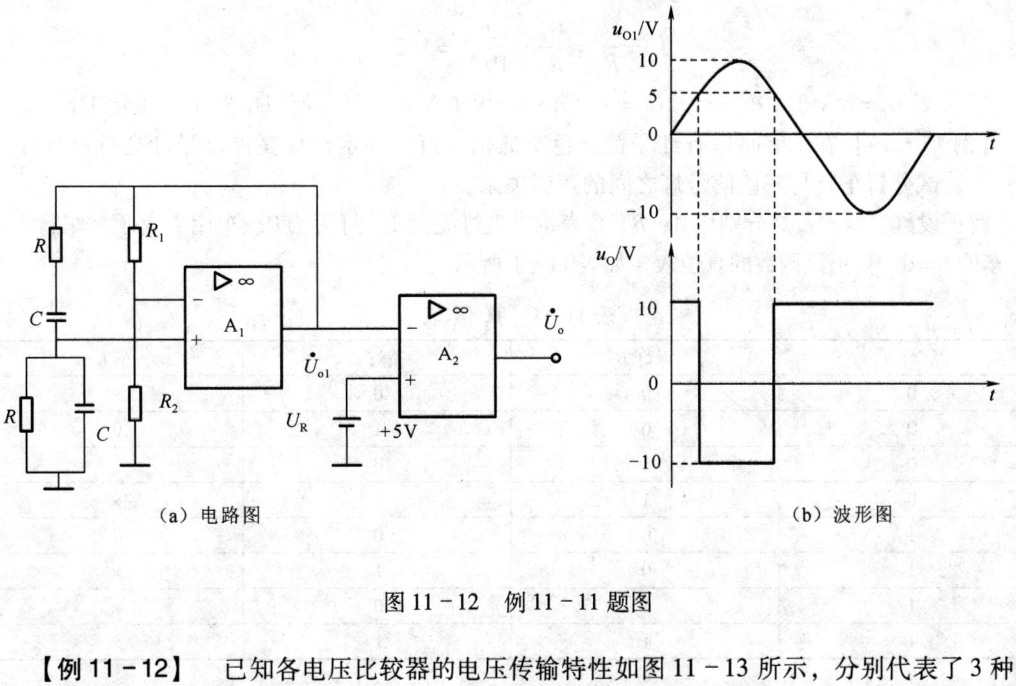

(a) 电路图 (b) 波形图

图 11－12 例 11－11 题图

【例 11－12】 已知各电压比较器的电压传输特性如图 11－13 所示，分别代表了 3 种类型的比较器，试说出其名称。

解：分别是单限比较器、滞回比较器和双限窗口比较器。双限窗口比较器的电路有两个参考电压，电路结构第 3 章中分析计算题第 13 题。

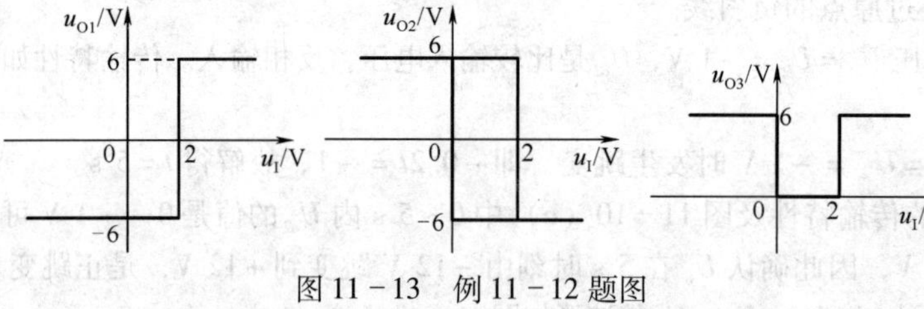

图 11－13　例 11－12 题图

【例 11－13】　电源电路如图 11－14 所示，已知 $U_2 = 15$ V。

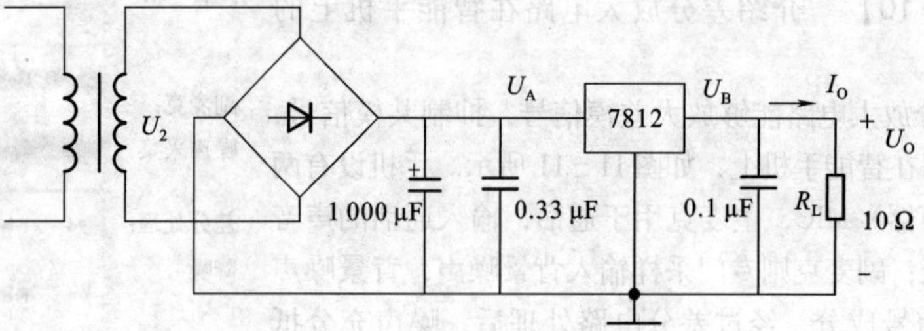

图 11－14　例 11－13 题图

（1）分别求 U_A、U_B 及 I_O；

（2）若 U_2改为 8 V，电路可否正常工作？为什么？

解：（1）

$$U_A = 1.2U_2 = 1.2 \times 15\ \text{V} = 18\ \text{V}$$

三端集成稳压器 7812 的输出电压是 12 V，所以，$U_B = 12$ V

$$I_O = \frac{U_O}{R_L} = \frac{U_B}{R_L} = \frac{12}{10}\ \text{A} = 1.2\ \text{A}$$

（2）当 $U_2 = 8$ V 时，$U_A = 1.2U_2 = 1.2 \times 8\ \text{V} = 9.6\ \text{V} < 12\ \text{V}$，所以电路不能正常工作。

【例 11－14】在十字路口有红绿黄三色交通信号灯，规定红灯亮停，绿灯亮行，黄灯亮等一等，试分析车行与三色信号灯之间的逻辑关系。

解：设红、绿、黄灯分别用 A、B、C 表示，且灯亮为 1，灯灭为 0。车用 L 表示，车行 $L = 1$，车停 $L = 0$。列出该函数的真值表，如表 11－1 所示。

表 11－1　真 值 表

红灯 A	绿灯 B	黄灯 C	车 L
0	0	0	×
0	0	1	0
0	1	0	1
0	1	1	×
1	0	0	0
1	0	1	×
1	1	0	×
1	1	1	×

显而易见，在这个函数中，有 5 个最小项是不会出现的，如$\overline{A}\overline{B}\overline{C}$（三个灯都不亮）、$AB\overline{C}$（红灯绿灯同时亮）等。因为一个正常的交通信号灯系统不可能出现这些情况，如果出现了，

车可以行也可以停，即逻辑值任意。

在有些逻辑函数中，输入变量的某些取值组合不会出现，或者一旦出现，逻辑值可以是任意的。这样的取值组合所对应的最小项称为无关项、任意项或约束项，在卡诺图中用符号×来表示其逻辑值。

带有无关项的逻辑函数的最小项表达式为：$L=\sum m(\quad)+\sum d(\quad)$。

如本例函数可写成 $L=\sum m(2)+\sum d(0,3,5,6,7)$。

化简具有无关项的逻辑函数时，要充分利用无关项可以当0也可以当1的特点，尽量扩大卡诺圈，使逻辑函数更简。

如果不考虑无关项，包围圈只能包含1个最小项，其表达式为

$$L=\overline{A}B\overline{C}$$

如果把与它相邻的3个无关项当作1，则包围圈可包含4个最小项，其表达式为

$$L=B$$

其含义为：只要绿灯亮，车就行。

【例11-15】 分析图11-15所示计数器为几进制计数器。

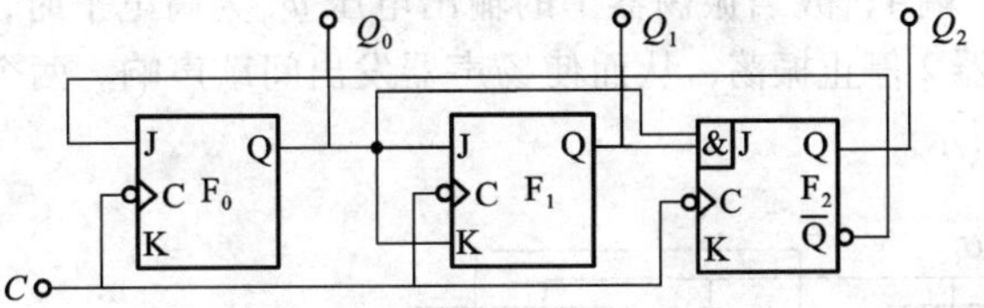

图11-15 例11-15题图

解：由图11-15可知，由于计数脉冲 C 同时接到每个触发器的时钟输入端，所以该计数器为同步计数器。3个触发器的驱动方程分别为：

F_0：$J_0=\overline{Q}_2$、$K_0=1$

F_1：$J_1=K_1=Q_0$

F_2：$J_2=Q_1Q_0$、$K_2=1$

列出状态表（见表11-2）的过程：首先假设计数器的初始状态为000，并依此根据驱动方程确定 J、K 的值，然后根据 J、K 的值确定在计数脉冲 C 触发下各触发器的 Q 状态。在第1个计数脉冲 C 触发下各触发器的状态变为001，按照上述步骤反复代入原态，根据 J、K 的值导出次态，直到第5个计数脉冲 C 时，计数器的状态又回到初始状态000，即每来5个计数脉冲计数器状态重复一次，所以该计数器为五进制计数器。波形图如图11-16所示。

表11-2 状态表

计数脉冲	Q_2	Q_1	Q_0	J_0	K_0	J_1	K_1	J_2	K_2
0	0	0	0	1	1	0	0	0	1
1	0	0	1	1	1	1	1	0	1
2	0	1	0	1	1	0	0	0	1
3	0	1	1	1	1	1	1	1	1
4	1	0	0	0	1	0	0	0	1
5	0	0	0	1	1	0	0	0	1

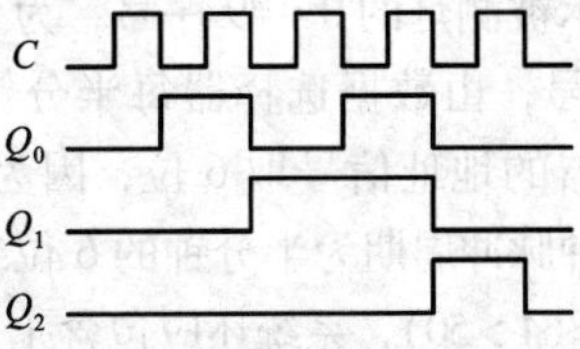

图11-16 波形图

【例11-16】 图11-17是用两片4位二进制加法计数器74161采用同步级联方式构成的8位二进制同步加法计数器，试说明其是几进制。

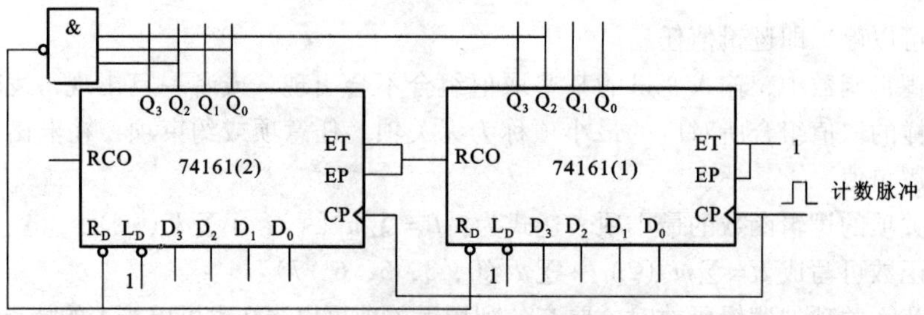

图 11－17　例 11－16 题图

解：异步清零法适用于具有异步清零端的集成计数器。当计数到 01010100 时，对应十进制数为 84，引起反馈清零，因此是 84 进制计数器。

【例 11－17】　由 555 定时器组成的多谐振荡器在电子门铃、电子琴等声响装置中应用十分广泛。例如，图 11－18 是由两个多谐振荡器构成的模拟声响发生器。试说明其工作过程。

解：左侧振荡器 555－1 的振荡频率较低（整定元件为 R_1、R_2、C_1）比如 2 Hz；右侧振荡器 555－2 的振荡频率较高（整定元件为 R_3、R_4、C_2）比如 1 kHz。由于低频振荡器的输出端 3 接到高频振荡器的复位端 4，故当振荡器 1 的输出电压 u_{O1} 为高电平时，振荡器 2 就振荡；当 u_{O1} 为低电平时，振荡器 2 停止振荡，从而使扬声器发出间歇声响。两个振荡器的输出电压波形如图 11－18（b）所示。

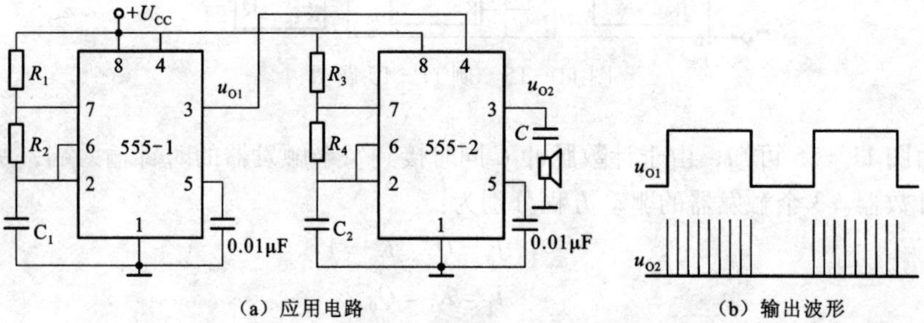

图 11－18　模拟声响发生器

【例 11－18】　某工厂厂区有 50 盏路灯，试为该厂配电值班室设计一个路灯巡回检测电路，要求每盏灯每次检测半分钟。电路要实时显示被测灯的序号，有灯损坏要显示出来并显示出已损坏灯的序号，在每盏灯的回路中串联一采样电阻，由电阻向检测电路提供信号，灯好时检测电路输出 5 V 电压，灯坏时电压为零。

解：（1）确定方案。根据设计要求必须有计数分频电路，以实现定时半分钟检测一盏灯，还应通过计数显示被测灯的 0～49 序号，为了能依次检测 50 个灯信号，由数据选择器每半分钟选通一个通道，选择器的地址信号取 6 位，因为 $2^6=64>50$，可以由时钟脉冲周期为半分钟的 6 位二进制计数器产生（$2^6=64>50$），系统还应包含工作电源。根据以上分析，可画出其系统框图，如图 11－19 所示。

（2）根据系统框图各部分的要求，选择的主要器件如表 11－3 所示。

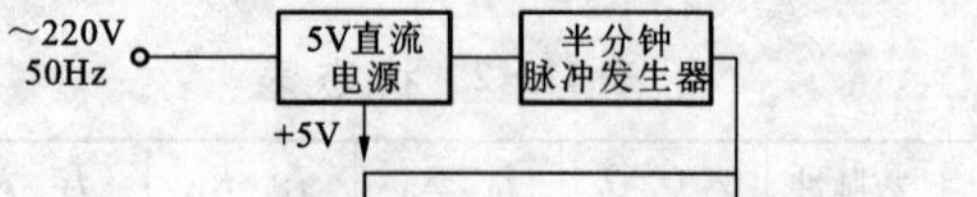

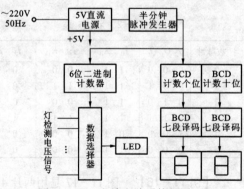

图 11－19　巡检电路系统框图

表 11-3　选择的主要器件

器件名称	型　号	器件名称	型　号
二-五-十进制计数器	74LS90	集成稳压电路	W7805
4 位二进制计数器	74LS163	双 4 选 1 数据选择	74LS153
十进制计数器	74LS160	16 选 1 数据选择器	74LS150
七段显示译码器	74LS47		

对没学过的器件，要学会根据已学的同类器件举一反三，它们的功能毕竟是类似的。例如 74LS90，类似讲过的 74LS290。4 位二进制计数器 74LS163，类似 74LS161。

（3）画出逻辑电路图，如图 11-20 和图 11-21 所示。

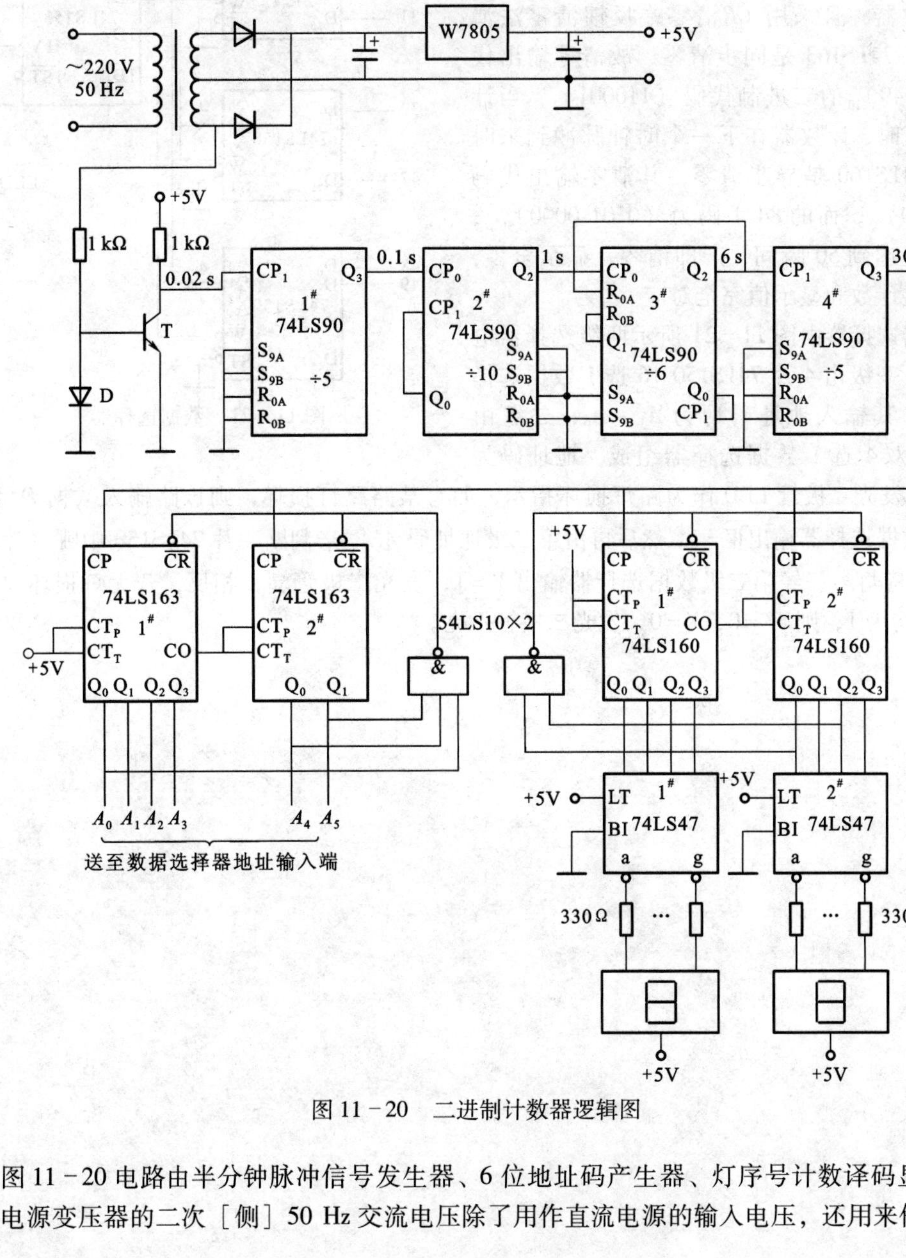

图 11-20　二进制计数器逻辑图

图 11-20 电路由半分钟脉冲信号发生器、6 位地址码产生器、灯序号计数译码显示器组成。电源变压器的二次［侧］50 Hz 交流电压除了用作直流电源的输入电压，还用来作为半分

钟脉冲信号发生器的信号源，经三极管限幅整形变为 50 Hz 方波信号。再由 4 片 74LS90 依次构成五、十、六和五分频电路，最后获得周期为 30 s 的频率信号。地址码产生电路由 2 片 74LS163 4 位二进制计数器组成。其高位 2 个输出端 Q_1Q_0 地址码为 A_5A_4，低位 4 个输出端 $Q_3\sim Q_0$地址码为 $A_3\sim A_0$，总共构成了 6 位地址码。灯序号计数译码显示器由 2 片 74LS160 BCD 码十进制计数器和 2 片七段译码器驱动器和 LED 数码管组成。这两组计数器均构成五十进制计数器，且采用 $\overline{CR}$清零端反馈清零法清零。由于 74LS163 是同步清零，故清零输出代码取用 $(49)_{10}$的二进制代码 $(110001)_2$，当计数达此值时，计数器在下一个时钟脉冲到来时返零；74LS160 是异步清零，其清零输出代码取用 $(50)_{10}$，而的 8421 码为 $(0101\ 0000)_{BCD}$，在计数值达到 50 瞬间，产即清零，显示全零，这使两组计数和显示值完全对应。

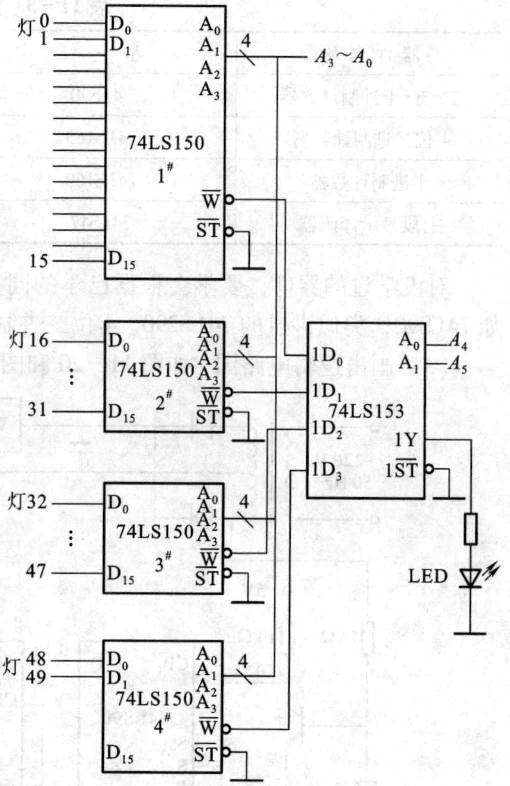

图 11－21　数据选择器

数据选择器由图 11－21 所示两级选择器电路组成。一级由 4 片 74LS150 16 选 1 数据选择器构成，其输入地址码均为 $A_3\sim A_0$；二级由 74LS153 双 4 选 1 数据选择器组成，地址码为 A_5A_4。由发光二极管 LED 作为路灯损坏指示，如有某路路灯损坏，则该路输入数据 D_i 为 0，第一级数据选择器输出$\overline{W}=1$，然后再由第二级地址码 A_5A_4 来判断 4 片 74LS150 中哪一片输出$\overline{W}$为所对应灯号，经第二级数据选择器输出 $Y=1$，发光二极管亮；相反，若无灯损坏，各路输入 D_i 均为 1，则 $\overline{W}=0$，$Y=0$，发光二极管不亮。

附录

附录 A　半导体集成电路型号命名方法（GB 3430—1989）

本标准适用于按半导体集成电路系列和品种的国家标准所生产的半导体集成电路（以下简称器件）。

一、型号的组成

器件的型号由五部分组成，其五部分的符号及意义如下：

第零部分		第一部分		第二部分	第三部分		第四部分	
用字母表示器件符合国家标准		用字母表示器件的类型		用阿拉伯数字和字符表示器件的系列和品种代号	用字母表示器件的工作温度范围		用字母表示器件的封装	
符号	意义	符号	意义		符号	意义	符号	意义
C	符合国家标准	T	TTL 电路		C	0～70℃	F	多层陶瓷扁平
		H	HTL 电路		G	－25～70℃	B	塑料扁平
		E	ECL 电路		L	－25～85℃	H	黑瓷扁平
		C	CMOS 电路		E	－40～85℃	D	多层陶瓷双列直插
		M	存储器		R	－55～85℃	J	黑瓷双列直插
		μ	微型机电路		M	－55～125℃	P	塑料双列直插
		F	线性放大器				S	塑料单列直插
		W	稳压器				K	金属菱形
		B	非线性电路				T	金属圆形
		J	接口电路				C	陶瓷片状载体
		AD	A/D 转换器				E	塑料片状载体
		DA	D/A 转换器				G	网格阵列
		D	音响、电视电路					
		SC	通信专用电路					
		SS	敏感电路					
		SW	钟表电路					

二、示例

例：肖特基 TTL 双 4 输入与非门

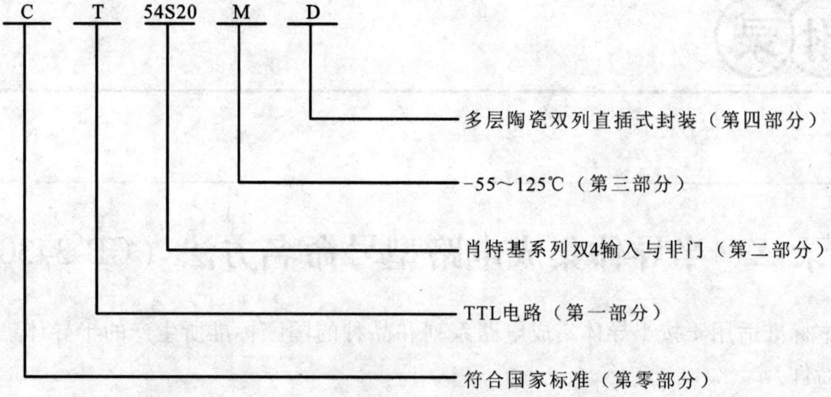

附录 B　半导体器件型号命名方法

第一部分		第二部分		第三部分				第四部分	第五部分
用数字表示器件的电极数目		用汉语拼音字母表示器件的材料极性		用汉语拼音字母表示器件的类型				用数字表示器件的序号	表示规格号
符号	意义	符号	意义	符号	意义	符号	意义		
2	二极管	A B C D	N 型，锗材料 P 型，锗材料 N 型，硅材料 P 型，硅材料	P V W C Z L S N U K X G	普通管 微波管 稳压管 参量管 整流管 整流堆 隧道管 阻尼管 光电器件 开关管 低频小功率管（$f_a<3$ MHz，$P_C<1$ W） 高频小功率管（$f_a\geqslant 3$ MHz，$P_C<1$ W）	D A T Y B J CS BT FH PIN JG	低频大功率管（$f_a<3$ MHz，$P_C\geqslant 1$ W） 高频大功率管（$f_a\geqslant 3$ MHz，$P_C\geqslant 1$ W） 半导体闸流管（可控整流管） 体效应器件 雪崩管 阶跃恢复管 场效应器件 半导体特殊器件 复合管 PIN 管 激光器件		
3	三极管	A B C D E	PNP 型，锗材料 NPN 型，锗材料 PNP 型，硅材料 NPN 型，硅材料 化合物材料						

参考文献

[1] 秦曾煌．电工学：下册[M].5 版．北京：高等教育出版社，1999.
[2] 周良权．数字电子技术基础[M]．北京：高等教育出版社，2002.
[3] 康华光．电子技术基础[M].4 版．北京：高等教育出版社，1998.
[4] 阎石．数字电子技术基础[M].4 版．北京：高等教育出版社，1998.
[5] 沈复兴，陈利水．电子技术基础：下册[M]．北京：电子工业出版社，2004.
[6] 李中发．电子技术[M]．北京：中国水利水电出版社，2006.
[7] 胡宴如．电子实习：I[M]．北京：中国电力工业出版社，1996.
[8] 汪红．电子技术[M]．北京：电子工业出版社，2004.
[9] 曾令琴．电子技术基础[M].2 版．北京：人民邮电出版社，2010.
[10] 江小安．数字电子技术[M]．西安：西安电子科技大学出版社，1996.
[11] 方舒燕．模拟电子技术[M]．北京：中国电力出版社，2008.
[12] 徐晓光．电子技术[M]．北京：中国机械工业出版社，2004.
[13] 中国集成电路大全编写委员会编．中国集成电路大全：CMOS 电路[M]．北京：国防工业出版社，1995.